生物化学精要

冀芦沙　曹雪松　郭尚敬　主编

科学出版社
北京

内容简介

生物化学是高等学校多个学科专业的一门基础课程，它是分子生物学和分子遗传学等课程的基础。通过此课程的学习，学生应在已有生物化学及相关知识的基础上，进一步加深和拓展生物化学的基本理论，从更深层次认识生物化学的基本原理、事实和现象，为分子生物学和分子遗传学的学习奠定必要的基础；强化生物化学基本理论，全面提高自己的分析和解决问题的能力。本书配备有交互式课件，可方便师生使用。

本书可作为生物学、农学、化学、制药、材料、环境、医学、药学、食品等相关专业的本科教学用书，也可作为相关专业研究生及科研和工程技术人员的参考用书。

图书在版编目（CIP）数据

生物化学精要/冀芦沙，曹雪松，郭尚敬主编. —北京：科学出版社，2017.4

ISBN 978-7-03-052412-6

Ⅰ. ①生… Ⅱ. ①冀… ②曹… ③郭… Ⅲ. ①生物化学–教材 Ⅳ. ①Q5

中国版本图书馆 CIP 数据核字（2017）第 065388 号

责任编辑：刘 畅 / 责任校对：贾娜娜

责任印制：徐晓晨 / 封面设计：铭轩堂

科学出版社出版

北京东黄城根北街 16 号

邮政编码：100717

http://www.sciencep.com

北京中石油彩色印刷有限责任公司 印刷

科学出版社发行 各地新华书店经销

*

2017 年 4 月第 一 版 开本：787×1092 1/16

2017 年 7 月第二次印刷 印张：17 1/2

字数：448 000

定价：58.00 元

（如有印装质量问题，我社负责调换）

《生物化学精要》编写委员会

主　　编　冀芦沙　曹雪松　郭尚敬

副 主 编　张永忠　桑　青　刘连芬

其他编委　（按姓氏笔画排序）

王宁新　王圣惠　王琪琳

刘立科　刘迎新　孙　静

李雪萍　李燕洁　张杰道

郗冬梅　高　峥　郭英慧

前　言

生物化学是在分子水平上研究生物体内化学变化本质的一门学科，从生物学角度更好地诠释了化学现象和化学本质。生物化学知识可应用于许多领域，如环保、材料、食品、卫生等，生物化学以其理论性强、概念抽象、名词繁多及各种代谢过程复杂烦琐，堪称生物学科中最抽象、最难懂的学科之一，并被列为众多高校生物类专业学生必修的基础课程。随着社会对高等学校促进科技创新的需求越来越强烈，在生物化学的教学中，如何激发学生的兴趣，如何利用书本知识去解决实际问题，培养学生创新的生物化学思维，一直以来都是教学工作者不断研究和探讨的课题。

本书以生物大分子的结构和功能为核心，重点讲授蛋白质、酶、核酸、生物膜的结构和功能，以及代谢调节与细胞信号转导的基本知识。全面拓宽和深化基础理论，力争较全面地反映当代生物化学研究热门领域的重大成就和发展趋势，达到打好基础、拓宽视野的目的，并作好有关课程间的协调，尽量避免不必要的重复。在传授知识的同时，尤其注重对创新意识和科学思维方法及自学能力的培养。寄希望于学生将生物化学的研究成果、逻辑思维和研究方法渗透到本专业的学习、研究之中，为充实专业研究内容、开拓新的研究领域服务。本书主要有以下三个特点。

（1）重点突出，难点易化：在每一章节讲授之前，简要概括本章或本节的重点和难点，指出教学目标和要求。这样有利于知识的衔接和连贯，在学生的头脑里形成一个清晰的主线，重点和难点就是这个主线上的每一个细小的环节。在每个知识点的展示过程中，提出一个学生感兴趣的问题，既可激发学生学习的积极性与主动性，又能让学生对知识点产生深刻的印象，便于长期记忆。

（2）内容体现创新性：本书主要参考南京大学杨荣武老师主编的《生物化学原理》和张丽萍老师主编的《生物化学简明教程》的结构框架，在知识点的展示过程中，着重体现学科前沿和实验结果的展示。由于本科院校也担负着为社会输送科研人才的重任，考虑到目前高校研究生入学考试生物化学课程设定的重点内容，本书适当调整了生物化学教学过程中相应章节的比例。

（3）多媒体教学资源的使用：为了使学生更加深入和形象地学习本课程，编者同时制作了一套多媒体教学资源，加深学生对相关的专业的掌握和理解，读者可通过填写书后的“读者反馈表”获取。

本书得到山东省研究生教育优质课程建设项目“高级生物化学”和山东省研究生教育创新计划项目“面向理论知识和实践技能协同发展的地方高等学校学科教学（生物）硕士创新型培养模式”的支持。

编　者

2017 年 3 月 1 日

目　　录

第二篇　物质代谢及其调节

第三篇　基因信息的传递

第四篇　物质运输与细胞信号转导

绪　　论

【目的要求】

明确学习生物化学的目的和学习方法以指导全课程的学习。

【掌握】

生物化学的概念。

【熟悉】

生物化学研究的主要内容及其与医学的关系。

【了解】

生物化学的发展简史。

第一节　生物化学概论

一、生物化学简介

生物化学是生命科学类及其相关专业的一门专业基础课程。通过此课程的学习，学生应在已有的中学生物化学及相关知识的基础上，进一步加深和拓展生物化学的基本理论，更深层次地认识生物化学的基本原理、事实和现象，为分子生物学和分子遗传学等后续课程的学习奠定必要的基础；强化生物化学基本实验理论、实验技能，系统提高分析和解决问题的能力；了解当今生物化学在生命科学研究中重大而深远的作用，为进一步学习和科学研究奠定坚实的基础。同时，生物化学的基本理论、基础知识和研究技术不但用以深刻地揭示生命运动的本质，而且为生物技术的发展奠定了基础，还日益广泛地渗透到工农业生产、医药卫生、环境保护及人民生活的许多领域。

二、生物化学课程的目的和任务

本课程以生物大分子的结构和功能为核心，重点讲述蛋白质、酶、核酸、生物膜的结构和功能，以及代谢调节与细胞信号转导的基本知识。全面拓宽和深化基础理论，反映当代生物化学研究领域的重大成就和发展趋势，达到打好专业基础、拓宽视野的目的。在传授知识的同时，尤其注重对创新意识和科学思维方法及自学能力的培养，这将有助于学生将生物化学的研究成果、逻辑思维和研究方法渗透到本专业的学习、研究之中，为充实专业研究内容、开拓新的研究领域服务。

三、21 世纪生物化学基础研究的特征与动向

20 世纪中期，随着蛋白质空间结构的 X 射线解析和 DNA 双螺旋结构的发现，开始了一个崭新的生物化学时代。对遗传信息的载体——核酸和生命功能的执行者——蛋白质的研究成了生物化学研究的主要内容。经过科学工作者半个多世纪的努力，生物化学已成为自然科

学中最重要的学科之一。当前生物化学基础研究的特征和动向可归结成以下 6 个方面。

（1）生物化学的主导力量——分子生物学。

（2）生物化学的研究模式——集约型、合作型。

（3）生物化学的思维方式——整体性、复杂性、综合性。

（4）生物化学的研究技术——越来越依赖高新技术。

（5）生物化学的交叉研究——多领域多学科交叉的新阶段。

（6）生物化学的投入产出——基础研究和应用紧密结合。

第二节　生物化学的发展史

一、19 世纪末以前的叙述生物化学阶段

生物化学是在生物学发展的基础上融合了化学、物理学、生理学等学科的理论和方法形成的科学，主要研究动物、植物、微生物等生命物体的化学组成和生命过程中的化学变化，所以人们认为生物化学是生命的化学。

1.“燃烧”学说是生物化学的奠基石

生命是发展的。生命起源、生物进化、人类起源等均已说明生命是发展的，因此人们对生命化学的认识也是在发展之中的，生物化学的发展可以追溯到 18 世纪下半叶（约是乾隆年间），要从拉瓦锡研究燃烧和呼吸说起。

法国著名的化学家拉瓦锡（Antoine-Laurent Lavoisier，1743～1794），他曾经钻研燃烧现象，并进而研究了呼吸作用。他从 29 岁开始燃烧的研究，发现磷燃烧后成为磷酸，硫燃烧后成为硫酸；磷酸和硫酸分别比磷和硫重，这表明燃烧并不是失去了“燃素”，而是跟氧结合的过程。他又利用天平和量热器，测量了豚鼠等动物在一定时间内的呼吸，定量测定了 CO_2 和释放的热量，从而证实动物的呼吸作用就好像物体的燃烧一样，只不过动物体的呼吸是缓慢和不发光的燃烧。他的研究成果彻底推翻了“燃素说”，为生命过程中的氧化奠定了基础。

瑞典化学家舍勒（Carl Wilhelm Scheele，1742～1786）从 14 岁开始就跟随一位药剂师作学徒，在 8 年的学徒生涯里，他废寝忘食地学习化学，并利用业余时间进行化学实验。在 1770 年他 28 岁时，从酒石里分离出了酒石酸，之后他又分析了膀胱结石获得了尿酸，分析研究了柠檬酸、苹果酸、没食子酸或称为五倍子酸，分析研究了甘油。舍勒在无机化学方面也有很多贡献，他曾经拒绝了柏林大学和英国请他担任化学教授职务的邀请，一生乐于他的化学实验。

这是 18 世纪的成果，是由化学家通过科学实验，发现了生物体的呼吸作用，以及生物体的中间代谢产物。所以拉瓦锡和舍勒是生物化学的先驱和奠基人。

2.“新陈代谢”和“蛋白质”赋予生物化学生命

进入 19 世纪后，在物理学、化学、生物学方面有了极大的进展，如 1804 年道尔顿的原子论，1869 年门捷列夫的元素周期律，1895 年伦琴发现了 X 射线，1835 年贝采利乌斯说明了催化作用，1859 年达尔文发表了《物种起源》，1865 年孟德尔的豌豆杂交实验和遗传定律，1848 年亥姆霍兹找到了肌肉中热能来源，贝尔纳发现了肝脏生糖功能等。如此多的发现和进展极大地促进了生物化学的发展，而且也是现代生物化学发展的前提。此外，生产的发展、工业的发达和社会的进步也极大地推动了生物化学的发展。

德国化学家李比希（Liebig）是农业化学的奠基人，也是生理化学和碳水化合物化学的创始

人之一，他于1826年在德国吉森大学建立了李比希实验室，并首创了在大学进行化学实验的教学。1842年撰写的《有机化学在生理学和病理学上的应用》，首次提出了“新陈代谢”这个学术名词。他研究了许多有机化合物，并对脂肪、血液、胆汁和肌肉提取物进行了研究。他有很多杰出的学生，其中有位叫施洛斯比尔格尔（Julius Schlossberger），是第一位担任生理化学教授职务的人，他于1840～1859年在德国蒂宾根大学教授有机化学和生理化学。施洛斯比尔格尔逝世后，蒂宾根大学生理化学的盛名延续了一个世纪。历任的生理化学教授都是当时一流的生理化学专家，具有医学和有机化学的基础，如霍佩-赛勒（Hoppè-Seyler）、Gustav、Han Thierfelder（研究脂肪氧化）和Franz-Knoop（研究脂肪氧化，尿中排出的马尿酸）等。

3. 生物化学的诞生

霍佩-赛勒（1825～1859），因将生理化学（即生物化学）建立成一门独立的学科而著名。1877年他首次提出了“生物化学”这个名词，创办和编辑了第一种生理化学杂志，出版了《生理化学及病理化学分析手册》，首次获得了纯的卵磷脂，并获得晶体状的血红素。首创“蛋白质”一词，又研究过代谢、叶绿素及血液。他带领他的学生对病理液体和脓细胞进行研究，其中一位学生Friedrich Miescher（1844～1895）从脓细胞核中分离出了脱氧核糖核蛋白，另一位学生Albrecht Kossel（1853～1927）因对蛋白质、细胞及细胞核化学的研究而获得1910年的诺贝尔生理学或医学奖。霍佩-赛勒建立了著名的斯特拉斯堡研究所，并在此担任生理化学教授，在科学研究和培养学生方面都作出了巨大的贡献。总之，1840～1900年，德国的生理化学跟其他科学领域一样，处于开拓和领先地位。并对美国的生理化学发展起了非常重要的推动作用。例如，池廷登（Russel Henry Chittenden）是美国留德学生，回到美国纽黑文的耶鲁大学教授生理化学，是全美第一位任生理化学教授职务的留德归美学生。他在生理化学方面任教长达30年，居美国生理化学的领导地位。他与他的德国老师寇南（Willy Kühne）合作对胃液和肠液消化过程的产物进行了化学研究，发现了不少新东西，也进行了蛋白质的分解实验。再如，艾贝尔（John Jacob Abel，1857～1938）曾在德国留学7年，获斯特拉斯堡大学医学博士，返美后在密西根大学和约翰斯·霍普金斯大学任教，他分离了肾上腺素，1925年制成了胰岛素晶体，1932年领导内分泌研究室。总的说来，美国生理化学初始阶段受德国的影响较深。

二、20世纪上半叶的动态生物化学阶段

20世纪后，生物化学有了很大的发展。德国、美国、英国、法国都有了生物化学的学术中心。就生物化学来说，20世纪前半叶，在蛋白质、酶、维生素和物质代谢及生物氧化方面都有了很大的发展。

霍普金斯（Sir Frederick Gowland Hopkins，1861～1947），英国剑桥大学生物化学教授，因发现维生素而与荷兰的艾克曼（Christiaan Eijkman，1858～1930）共获1929年的诺贝尔生理学或医学奖。霍普金斯创建了剑桥大学生物化学学院和实验室，从事教学和研究的人员都是生物化学方面的精英，为生物化学的发展作出了较大的贡献。

20世纪初至第二次世界大战前夕，德国在生物化学方面仍占领先地位，如埃米尔·费歇尔（Emil Fischer，1852～1919），研究糖和嘌呤类物质，获1902年的诺贝尔化学奖。汉斯·费歇尔（Hans Fischer，1881～1945），因对血红素和叶绿素的研究而获1930年的诺贝尔化学奖。迈尔霍夫（Otto Meyerhof，1884～1951），因研究肌肉代谢的糖原-乳酸循环与英国的

Archibald Vivian Hill 共获 1922 年的诺贝尔生理学或医学奖。威尔施泰特（Richard Willstatter，1872～1942），因研究叶绿素及其植物色素结构而获得 1915 年的诺贝尔化学奖。温道斯（Adolf Windaus，1876～1959），因研究维生素等有重要生物学作用的物质而获得 1928 年的诺贝尔化学奖。瓦尔堡（Otto Warburg，1883～1970），因对细胞呼吸的研究而获 1931 年的诺贝尔生理学或医学奖。

在留德学生的推动下，20 世纪前半叶，美国的生物化学方面也有很大发展。例如，耶鲁大学池廷登的后继者门德尔（Lafayette Benedict Mendel，1872～1935），发现了维生素和蛋白质的营养价值，建立了现代营养学概念。20～30 年代营养和维生素的研究在美国比较突出。再如，哈佛医学院的福林（Otto Folin），于 1909 年任生物化学教授，1915 年福林教授将哈佛大学生物化学系办成了有影响的学术中心，重点放在分析方法和临床应用研究上。福林建立了尿中肌酸和肌酸酐的测定方法、氨基酸测定方法、尿氮测定方法。福林和吴宪（我国生物化学家）于 1919～1922 年设计了血液分析的颜色测定方法。

三、20 世纪下半叶生物化学进入分子生物学阶段

大约从 20 世纪中叶起，生物化学得到了迅猛的发展，并且生物化学的领域也向深度和广度拓展，其原因是：①物理学家、化学家及遗传学家等参与到生物化学的研究中来；②研究人员迁居和交往频繁；③研究方法有了突破和改进；④信息交流量增大。

从研究方法的改进上来说，相继出现了色谱技术、电泳技术、超速离心技术、荧光分析技术、同位素示踪技术及电子显微镜的应用等。可以说生物化学的分离、纯化和鉴定的方法向微量、快速、精确、简便和自动化的方向发展。

从不同学科专家的参与上来看，英国物理学家肯德鲁（John Cowdery Kendrew）测定了肌红蛋白的结构。英国物理学家佩鲁茨（Max Ferdinand Perutz）用 X 射线衍射技术分析了血红蛋白的结构，二人共获 1962 年的诺贝尔化学奖。美国化学家鲍林（Linus Pauling）因确定了氢键在蛋白质结构中及大分子间相互作用的重要性，并认为某些蛋白质具有类似螺旋的结构，研究了镰状细胞贫血病，提出了“分子病”，获得了 1954 年的诺贝尔化学奖和 1962 年的诺贝尔和平奖。桑格（Frederick Sanger）英国生物化学家，经过 10 年的研究，于 1955 年确定了牛胰岛素的结构，获得了 1958 年的诺贝尔化学奖。1980 年他又设计出了一种测定 DNA 核苷酸排列顺序的方法，而与吉尔伯特（Walter Gilbert）、伯格（Pall Berg）共获 1980 年的诺贝尔化学奖。麦克林托克（Barbara McClintock），从事玉米遗传研究 40 年，发现了可移动的遗传成分，因而获得了 1983 年的诺贝尔生理学或医学奖。

生物化学领域中，在 20 世纪获得诺贝尔奖的成果还有：克雷布斯（Sir Hans Adolf Krebs）1937 年发现三羧酸循环，李普曼（Fritz Albert Lipmann）1947 年成功地分离出了 CoA（辅酶 A），1953 年确定了其分子结构，克雷布斯和李普曼二人共获 1958 年的诺贝尔生理学或医学奖。奥乔亚（Severo Ochoa）发现细菌内的多核苷酸磷酸化酶，并合成了核糖核酸。科恩伯格（Arthur Korberg）发现 DNA 在细胞内及试管内的复制方式，奥乔亚和科恩伯格二人共获 1959 年的诺贝尔生理学或医学奖。威尔金斯（Maurice Wilkins）完成了对 DNA 的 X 射线衍射分析，沃森（James Dewey Watson）和克里克（Francis Harry Compton Crick）提出了 DNA 的双螺旋结构，三人共获 1962 年的诺贝尔生理学或医学奖。尼伦伯格（Marshall Warren Nirenberg）破译遗传密码，霍利（Robert William Holly）阐明酵母丙氨酸 tRNA 的核苷酸的

排列顺序，并证明所有 tRNA 的结构类似，科拉纳（Har Gobind Khorana）首次人工复制出酵母基因，三人共获 1969 年的诺贝尔生理学或医学奖。莫诺（Jàcques Monod）和雅各布（Francois Jacob）发现了操纵子而获得 1965 年的诺贝尔生理学或医学奖。

20 世纪 90 年代开始，传统生物学研究手段和简单借鉴应用化学方法的研究策略已不能适应生命科学深入研究的需要。这样，生物学家和化学家不得不在更高层次上合作。1990 年开始实施的人类基因组计划是生命科学领域有史以来最庞大的全球性研究计划。这一阶段，在生物大分子的结构与功能上取得了令人瞩目的研究进展，特别是对基因转录调控、细胞周期和信号跨膜转导等问题的研究取得了突破性进展，打破了传统学科间的界限并催化和衍生出新的分支学科或生长点。分子生物学已经从研究单个基因发展到对生物体整个基因组结构与功能的研究。

21 世纪初，由美国、英国、法国、德国、日本和中国 6 国 2000 多位生物科学家通力合作完成了人类基因组计划研究项目，确定了构成人类基因组的 30 亿个核苷酸的排列序列，为最终揭示人类生命奥秘、维护生命健康作出了革命性贡献。

20 世纪下半叶生物化学取得的一些其他主要进展及成果见表 0-1。

表 0-1　20 世纪下半叶生物化学取得的一些其他主要进展及成果

研究领域	意义	进展	研究前景
人类基因组计划	人类基因组计划是生命科学领域有史以来最庞大的全球性研究计划	2006 年诺贝尔化学奖授予在“真核转录的分子基础”研究领域作出贡献的美国科学家罗杰·科恩伯格。科学家绘制出了人类核基因组 30 亿个核苷酸的排列顺序	人类生命的奥秘还没有揭示，基因功能和基因调控仍须科学家继续探索
生物工程	生物工程是20世纪70年代初开始兴起的一门新兴的综合性应用学科，蛋白质的生物功能与其空间结构的关系非常密切	2007 年诺贝尔生理学或医学奖授予了“在涉及胚胎干细胞和哺乳动物 DNA 重组方面的一系列突破性发现”的 3 位科学家。2008 年诺贝尔化学奖授予 3 位发现并发展了绿色荧光蛋白（GFP）的科学家。2009 年诺贝尔化学奖授予了在核糖体结构和功能研究中有突出贡献的 3 位科学家。2009 年生理学或医学奖授予 3 位美国科学家，以表彰 3 人对于端粒酶的突破性研究成果，他们的研究对癌症和衰老研究具有重要的意义	研究核苷酸的结构和功能特别是DNA及基因的结构，包括人体全套基因的结构，相信其将会给整个生命科学、医学、农业带来崭新的面貌
生物膜的结构与功能	生物膜与膜生物工程是现代生物科学的重大方向之一，它对阐明生物能量转换、信息识别传递和物质转移等诸多生命现象具有重大意义	2003 年诺贝尔化学奖授予美国科学家彼得·阿雷格和罗德里克·麦金龙，分别表彰他们发现细胞膜水通道，以及对离子通道结构和机制研究作出的开创性贡献。他们研究的细胞膜通道就是人们以前猜测的“城门”	新陈代谢的调节控制、遗传变异、生长发展、细胞癌变等也与生物膜息息相关。21 世纪对生物膜的结构、功能、人工模拟与人工合成的研究将是重点课题之一
机体自身调控的分子机制	生物化学是研究生命的物质基础和阐明生命过程中化学变化规律的一门科学。其中，对机体自身调控的分子机制的研究取得了非常重要的成果	2002 年诺贝尔化学奖表彰了 2 项成果：一项是约翰·芬恩与田中耕一发明了“对生物大分子进行确认和结构分析的方法”及“对生物大分子的质谱分析法”；另一项是瑞士科学家库尔特发明了“利用核磁共振技术测定溶液中生物大分子三维结构的方法”。2004 年诺贝尔化学奖授予了 3 位发现了泛素调节的蛋白质降解的科学家，他们的成果就是发现了一种蛋白质“死亡”的重要机制	阐明生物体内新陈代谢调节的分子基础，揭示其自我调节的规律，不仅有助于揭示生命之谜，还可以用于工业体系，使其高效率、自动化生产某些产品
生物化学与医学的交叉	生物化学的成就有力地促进了许多基础医学的研究工作，发展和建立了一些新的交叉学科	2001 年诺贝尔化学奖授予在不对称合成方面取得了突出成绩的 3 位科学家，他们的发现为合成具有新特性的分子和物质开创了全新的研究领域，为抗生素、消炎药和心脏病药物的合成提供了新的研究思路和视角。2006 年诺贝尔化学奖授予美国科学家罗杰·科恩伯格，他在“真核转录的分子基础”研究领域作出了巨大的贡献，人类的多种疾病如癌症、心脏病等都与这一过程发生紊乱有关，他的研究具有医学上的“基础性”作用	生命体的健康发展是生物化学与医学研究永恒的起点和共同的目标，这就意味着生物化学与医学将在更宽的视野进行合作

四、生物化学成果的应用

从百余年来生物化学领域的获奖来看，诺贝尔化学奖的颁发与生物化学的发展交相辉映，推动了生物化学的快速发展。

1. 核酸及蛋白质的新设计

由于蛋白质和核酸是构成生命的基本物质，因此对于它们的研究，尤其是其空间结构和活性的改变会带来如何的变化将成为生物化学的研究方向，并将长期受到关注。

2. 生物膜的应用

生物膜是构成细胞所有膜的总称，是生命系统重要的组成部分之一，对调节细胞生命活动意义重大。生物膜的功能主要有物质运输、能量转化、细胞识别和信息传递等，因此膜生物工程的应用是当今生物化学的研究热点。2003 年，美国科学家 P. Agre 和 R. M. Kinnon 共同获得了诺贝尔化学奖，其原因是二人均在细胞膜通道领域作出了开创性的贡献。具体来说，R. M. Kinnon 发现了细胞膜水通道及运作机制，而 P. Agre 则发现了水通道蛋白及其结构和工作原理。他们的成就开辟了一个全新的研究领域，即细胞化学，这使有关生物膜的研究成为科研热点。

生物膜将细胞与外部世界隔离开来，但却并不是完全隔离的。实际上，细胞膜由不同的通道所贯通，这些通道专门为特定的离子或分子使用并且不允许其他物质通过。之所以这样，是因为通道最重要的特性是其具有选择性。细胞膜通道包括水通道和特种离子通道。所谓水通道，实际上是一种水通道蛋白（aquaporin，AQP）。由于水通道蛋白的存在，机体的水平衡才得以维持。例如，细胞膜不允许泄漏出质子，水分子因为通道壁的原子所形成的局部电场作用而缓慢地通过狭窄的通道，但是质子却不能通过，因为它们自身所带的正电荷使它们在途中停下来而被拒绝通过。对于离子通道，以允许钾离子通过而阻止钠离子通过的通道为例，在进入离子过滤器之前，两种离子均被水分子所包围，离子被水分子束缚，其与水中的氧原子的距离一定。在过滤器中，钾离子与氧原子之间的距离是与其在通过通道前被水分子所包围时的距离相同的，因此可以通过过滤器；然而钠离子却不能通过，这是由于它在过滤器中与氧离子的距离不匹配，因此仍留在水溶液中。

利用细胞膜通道的原理，对细胞通道进行的研究可以帮助科学家寻找具体的病因，并研制相应的药物。例如，一些神经系统疾病和心血管疾病就是由细胞膜通道功能紊乱造成的。另外，利用不同的细胞膜通道可以调节细胞的功能，从而达到治疗疾病的目的。例如，中药就是通过调节人体体液的成分和不同成分的浓度而达到治疗疾病的目的。对于生物膜，除了治疗疾病，其应用还可以体现在污水治理方面，即将某种微生物菌种制成制剂后，按要求直接投放到受污染水体，形成生物膜，以便对污水进行降解和净化。

3. 基因工程技术的应用

通常所说的基因工程，实际上就是利用重组 DNA 技术改造生物的基因结构以达到预期目的的一项高新技术。具体方法是利用分子生物学的方法分离目的基因，并对目的基因进行剪切，将剪切好的基因片段与载体连接，然后引入宿主细胞进行复制和表达的生物学技术。基因工程的具体步骤包括两个：首先从某些生物体获取（或人工合成）所需要的 DNA 片段，即目的基因，将目的基因与获得的基因的载体进行体外重组；然后将重组的 DNA 转化到受体细胞中，以此可以改变受体细胞的遗传性质。通过这样的手段，可以获得需要的产品或特定的优良性状。由于可以产生人类所需要的物质或者组建出新的生物类型，从而定向改变生物性状，因此基因工程有着广泛的应用前景。现在，人们在农业、医疗、环境保护等方面都在使用基因工程技术。基因工程技术可以让人们直接定向并达到预期的目的。

1）农业技术的新方法　在农业上，科学家利用基因重组得到预想中的新品种。将目的基因（如抗虫基因和耐除草剂基因）与某些农作物的基因重组，以降低新品种的生产成本，如抗虫番茄等。还有经过对大鼠的生长素基因改造的超级小鼠，生长速度和体重都比正常小鼠大很多，此项技术应用于家畜的培育有可能产生巨大的生产价值。

2）医疗技术的新进步　在成功进行了动植物基因的改造之后，1999 年，美国科学家破解了人类第 22 组基因排序，人类基因组计划由此迈出了成功的一步。通过对每个基因的测定，科学家可以找到治疗和预防多种疾病的新方法，有关人类生长、发育、衰老、遗传和病变的秘密也将随之揭开。可以预见，在今后的时间里，科学家有可能揭示人类大约 5000 种基因遗传病的致病基因，可以根据基因图有针对性地对有关病症下药，从而为癌症、糖尿病、心脏病等各种致命疾病找到基因疗法。此外，由于基因工程方法成本低且产量高，目前市场上的很多药品（如多种疫苗、蛋白质类药物、抗生素等）都是通过基因工程制备而来的。

3）环境保护的新举措　基因工程的成果还可以应用在环境保护方面，如通过基因工程制成的 DNA 探针。DNA 探针是由一个特定的 DNA 片段制成的，将其与被测病毒的 DNA 杂交，就可以检测病毒。此法可以灵敏并快速地检测环境中的病毒、细菌等污染。利用基因工程培育的指示生物能灵敏地反映环境污染的情况，却不易因环境污染而大量死亡，甚至还可以吸收和转化污染物。利用基因工程制成的“超级细菌”能吞食和分解多种污染环境的物质，如石油中的多种烃类化合物，或吞食转化汞、镉等重金属，分解 DDT 等毒害物质。从 1901 年至今，百余年来的诺贝尔化学奖的历史使我们认识到，化学触及人类生产与生活的各个方面，生物化学作为从化学学科衍生出来的一门学科，在不长的时间内得到了迅速的发展，从叙述生物化学、动态生物化学到机能生物化学，每一次生物化学领域的新成就和诺贝尔化学奖的获得都标志着生物化学的一个新里程碑出现。展望未来，我们应该相信，生物化学的研究将更加辉煌。

第一篇　生物大分子的结构与功能

生物化学是研究生物大分子的各种结构——化学结构、几何空间结构和分子内部各基团相互作用的本质与其宏观的化学性质、物理性质及生物学活性间相互联系的科学。经典的化学结构理论指出，物质的内部结构完全决定了其典型化学反应性能，同时也决定了许多其他方面的性能；反过来，通过对这些典型化学性能的研究，原则上也能推导出其化学结构，甚至主体结构的一些轮廓。蛋白质分子是由 22 种氨基酸构成的，但氨基酸和蛋白质的性能有很大的差别，蛋白质分子具有运输、保护、运动、催化等生命物质的功能。生物体内发挥重要功能的各种大分子通常是由基本结构单位按一定的排列顺序和连接方式而形成的多聚体。蛋白质和核酸是体内主要的生物大分子。例如，血红蛋白是机体血液中运输氧气的蛋白质；组成皮肤的胶原蛋白，具有保护作用；肌肉的运动是靠肌球蛋白和肌动蛋白的滑动来实现的；肌体中成千上万种的生理生化反应是靠一种特殊的蛋白质——酶来催化等。而氨基酸分子则没有这些功能，这说明当分子与分子以某种方式结合时，就会表现出原有分子不曾有的崭新性质和功能，绝不是它的组成成分简单地加和。再如，核酸由 4 种核苷酸构成，核苷酸是小分子物质，并不表现出任何生命物质的特征，一旦这些小分子结合成核酸分子，其性质就出现了从无生命物质向生命物质的飞跃。

氨基酸和蛋白质、核苷酸和核酸的结构与功能的不同，是由组成大分子的小分子的数量、连接方式及小分子间的相互作用引起的，蛋白质分子中，个别氨基酸的改变或排列顺序的差异，就可影响其肽链的折叠，从而影响其生物功能。大多数酶是由活细胞产生的生物催化剂，本质为蛋白质，具有高度专一性和高效催化作用。当生物化学反应结束后，只要将酶与反应产物分离，酶便能一次又一次地催化相同的反应。酶与一般催化剂的区别在于其具有高效性、专一性、不稳定性及可调节性。同时，酶的催化作用可受多种因素的调节，从而改变其催化活性，特别是代谢过程中的一些关键性酶，往往是重要的调节对象。

第一章　蛋白质的生物化学

【目的要求】

熟练掌握蛋白质的各级结构及与其对应的生物学功能。

【掌握】

1. 蛋白质的元素组成特点，氨基酸的结构通式，氨基酸的分类、三字英文缩写符号。
2. 肽、肽键与肽单元的概念。
3. 蛋白质一级结构的概念及其主要的化学键。
4. 蛋白质二级结构的概念、主要化学键和形式：α-螺旋，β-折叠，β-转角与无规卷曲。
5. 蛋白质三级结构的概念和维持其稳定的化学键：疏水作用、离子键、氢键和范德瓦耳斯力。
6. 蛋白质四级结构的概念和维持其稳定的化学键。
7. 蛋白质的结构与功能的关系：一级结构决定空间结构，空间结构决定生物学功能。别构效应的概念。
8. 蛋白质的理化性质：两性电离，胶体性质，变性的概念和意义，紫外吸收和呈色反应。

【熟悉】

1. 肽链的概念，多肽链的写法。生物活性肽的概念，重要的生物活性肽 GSH。
2. 肽单元的特点。
3. 模体（motif）、结构域（domain）、分子伴侣的概念。
4. 蛋白质的分类。
5. 蛋白质分离和纯化技术：盐析、电泳和分子筛效应的原理。

【了解】

1. 胰岛素分子的一级结构。
2. 分子伴侣对蛋白质分子空间结构形成的影响。
3. 蛋白质构象改变与疾病的关系，如朊病毒蛋白与疯牛病。
4. 多肽链中氨基酸序列分析的原理。
5. 蛋白质空间结构预测的原理和意义。

第一节　蛋白质的分子组成

蛋白质生物化学研究的是蛋白质的结构、性质、功能及彼此的关系。生物体最重要的组成物质是蛋白质和核酸。核酸是遗传大分子，负责遗传信息的储存与传递。蛋白质是功能大分子，是生物体的结构、性质与功能的具体体现者。例如，遗传信息的复制、传递和表达要依靠各种蛋白质才能完成；细胞的骨架是由许多种蛋白质构成的三维网状结构，而细胞的各种生命活动都是在细胞骨架上进行的；生命的运动依赖于各种运动蛋白；氧的运输要靠血红蛋白来完成；动物体对疾病的抵抗力是由免疫球蛋白执行的；细胞能够认识“自己”与“非己”，是靠糖蛋白的特殊功能来完成的；机体的代谢活动要依赖各种酶和激素来完成，大部分酶是蛋白质，激素中有相当一部分是肽类。可见蛋白质在生命活动中无所不在，无时无刻不在发挥着重要功能。近年来发现，羊的瘙痒病（scrapie）是由一种最简单的具有感染性的蛋白质因子（prion）引起的，它比类病毒还小，未检查出其含有核酸物质，而只是一种蛋白质颗粒。这是值得人们思考的问题。

要研究蛋白质的功能，首先必须深入了解它的结构，特别是空间结构（三维结构），因为结构决定功能，生命物质的功能和它的结构二者是统一的，有什么样的结构必有什么样的功能，反之亦然。例如，酶蛋白的催化功能只有在彻底弄清楚酶的活性中心与底物如何结合及如何反应，才能真正了解酶的作用机制。再如，在彻底弄清楚血红蛋白的分子构象及与氧分子结合后的构象的变化之后，才能完整地阐述动物机体中氧和二氧化碳的运载过程。因此，本章中首先介绍蛋白质结构原理的最新进展，然后再介绍几类蛋白质的结构与功能的关系及其他相关问题。

蛋白质的结构很早就得到科学家的关注，但在 20 世纪 50 年代以前一直未能取得满意的结果。直到 1952 年丹麦生物化学家林德斯洛姆-兰（Linderstrom-lang）第一次提出蛋白质三级结构的概念，才使蛋白质结构的研究走上了正确的道路。Linderstrom-lang 的三级结构概念：一级结构是指多肽链中氨基酸的顺序，而不涉及其空间排列状态；二级结构是指多肽链骨架（主链）的局部空间结构，不涉及侧链构象，也不考虑与其他肽链片段之间的关系及整个肽链的空间排列状况；三级结构是指整个肽链的折叠情况，或者说是指肽链中全部原子在空间的排列状态。这一概念一经提出，立即得到了许多科学家的认同。1958 年，英国晶体学家马克斯·佩鲁茨在研究蛋白质晶体时发现，有些蛋白质由几条相同或不同的肽链组成，每条肽链都有完整的三级结构，称为亚基，几个亚基排列成空间几何状态，并靠非共价键结合在一起，他将这种结构称为四级结构。现在，蛋白质的一级结构、二级结构、三级结构、四级结构的概念已由国际生物化学与分子生物学联盟协会（IUBMB）的生化命名委员会采纳并作出正式定义。到目前为止，清楚一级结构的蛋白质已有 2000 多种。虽然蛋白质三级结构的研究资料极大丰富了人们对蛋白质空间结构规律的认识，但同时，蛋白质四级结构水平的概念也已不能满足人们的要求。因此近年来，蛋白质化学家又在四级结构水平的基础上增加了两种新的结构水平，即超二级结构和结构域。超二级结构是 1973 年罗斯曼（Rossman）提出的，是指蛋白质结构中存在的各种二级结构组合物，是构成三级结构的构件。结构域的概念是由免疫化学家波特（Porter）提出的，是指蛋白质分子中那些明显分开的球状部分。例如，动物的免疫球蛋白（IgG）含有 12 个结构域。现已证明许多蛋白质含有明显的结构域。这两种新的蛋白质结构概念目前已被生物化学家及分子生物学家所公认。所以，我们所提到的蛋白质结构应包括六级水平的结构，即一级结构→二级结构→超二级结构→结构域→三级结构→四级结构。

蛋白质三维结构的深入研究，不但从分子水平上深入揭示了生命的奥秘，而且可用于生产实践。例如，20 世纪 80 年代兴起的蛋白质工程技术，就是利用现代生物技术改造蛋白质的分子结构，提高其生物活性，使其更加符合人类的需要。所以，将蛋白质生物化学的理论知识应用于生产实践，必将为人类作出更大的贡献。

第二节　蛋白质的一级结构

一、蛋白质一级结构的构成

蛋白质是不分支的生物大分子，由 22 种氨基酸组成（从各种生物体中发现的氨基酸有

180 种，参与蛋白质组成的基本氨基酸有 22 种，称为蛋白氨基酸，其他的称为非蛋白氨基酸），氨基酸在多肽链中有一定的排列顺序，蛋白质的一级结构是指蛋白质分子中氨基酸的排列顺序。蛋白质一级结构也称为蛋白质的共价结构。当然，蛋白质一级结构中还应包括二硫键的定位。蛋白质一级结构包括以下几方面内容。

（1）蛋白质分子中多肽链的数目。

（2）每一条多肽链末端氨基酸的种类。

（3）每一条多肽链中氨基酸的种类、数目和排列顺序。

（4）链内二硫键的位置和数目。

（5）链间二硫键的位置和数目。

蛋白质一级结构的表示方法一般是从左到右表示多肽链的氨基端到羧基端。氨基酸的种类和排列顺序通常用三字母表示，即氨基酸英文名称的前三个字母。但为了更加方便，国际生物化学与分子生物学联盟（IUBMB）推荐了一套单字母表示法。

二、蛋白质一级结构的分析

1955 年，英国生物化学家桑格（Sanger）首先完成了胰岛素一级结构的分析，为蛋白质一级结构的研究开辟了道路。但这项工作花费了他整整 10 年的时间。随后，埃德曼（Edman）液相自动顺序分析仪和固相顺序分析仪及气相色谱-质谱（GC-MS）等方法相继出现，使蛋白质一级结构的分析速度明显加快。现在分析一个相对分子质量在 10 万左右的蛋白质只需要几天的时间就可完成。蛋白质一级结构分析的综述和专著文献很多，在此我们只作简要的概述。

蛋白质一级结构分析的基本步骤如下。

（1）蛋白质样品的纯化。

（2）测定 N 端和 C 端氨基酸。

（3）至少以两种方式裂解肽链成肽段。

（4）肽段的分离纯化。

（5）肽段的顺序分析。

（6）肽段重叠重组以确定肽链的全部氨基酸顺序。

（7）二硫键的定位。

（一）蛋白质中二硫键的拆分及蛋白质的纯化

在测定蛋白质的一级结构之前，首先必须保证被测蛋白质样品的纯度，只有均一的蛋白质样品，才能保证顺序测定结果准确可靠；其次要了解它的分子质量和亚基数。如果某些蛋白质分子是由两个以上的肽链组成的，第一步必须将多肽链分开。蛋白质多肽链之间有非共价键和共价键（二硫键）作用力。如果只有非共价键，可用脲或盐酸胍等变性剂将其分开。如果肽链之间有二硫键，则需要用拆开二硫键的方法进行处理。拆开二硫键的化学方法主要有以下两种。

1. 过甲酸氧化法

用过甲酸（过氧化氢+甲酸）可使蛋白质分子中的二硫键断裂。反应一般在 0℃下进行 2h 左右，就能使二硫键中的两个硫全部转变为磺酸基。这样被氧化的半胱氨酸称为磺基丙氨酸，反应如下。

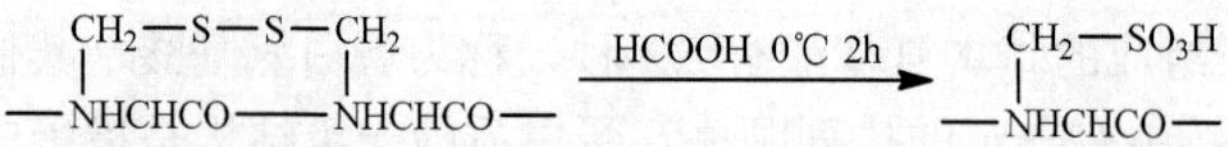

$$\begin{array}{c} CH_2-S-S-CH_2 \\ -NHCHCO-\!\!-NHCHCO- \end{array} \xrightarrow{HCOOH\ 0℃\ 2h} \begin{array}{c} CH_2-SO_3H \\ -NHCHCO- \end{array}$$

如果蛋白质分子中同时存在半胱氨酸，那么也会被氧化成磺基丙氨酸。此外，甲硫氨酸和色氨酸也可被氧化，从而增加了分析的复杂性。

2. 巯基乙醇还原法

利用巯基乙醇也可使蛋白质中二硫键断裂。高浓度的巯基乙醇在pH8～9、室温下作用数小时后，可将二硫键定量地还原为—SH。在此反应系统中还需加入8mol/L脲或6mol/L盐酸胍使蛋白质变性，多肽链松散成为无规则的构象，从而有利于巯基乙醇作用于二硫键。此反应是可逆的，因此要使反应完全，巯基乙醇的浓度必须保持在0.1～0.5mol/L，反应如下。

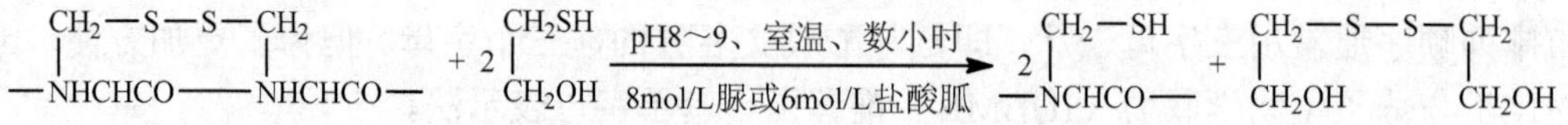

$$\begin{array}{c} CH_2-S-S-CH_2 \\ -NHCHCO-\!\!-NHCHCO- \end{array} + 2\begin{array}{c} CH_2SH \\ CH_2OH \end{array} \xrightarrow[\text{8mol/L脲或6mol/L盐酸胍}]{\text{pH8～9、室温、数小时}} 2\begin{array}{c} CH_2-SH \\ -NCHCO- \end{array} + \begin{array}{c} CH_2-S-S-CH_2 \\ CH_2OH \qquad CH_2OH \end{array}$$

被还原生成的—SH不稳定，极易被重新氧化生成—S—S—，故需要稳定。稳定—SH的方法通常是用碘乙酸（ICH_2COO^-）使—SH羧甲基化（$—SHCH_2COO^-$），或者用氰乙烯（$CH_2═CH—CN$）使—SH氰乙基化（$—SHCH_2CH_2CN$）。

蛋白质多肽链被拆开后，要将它们分离纯化。常用的分离纯化方法通常有凝胶过滤法、离子交换层析法、电泳法等。分离纯化后的每条肽链再进行末端分析。

（二）末端分析

分析肽链末端氨基酸的方法很多，常用的有以下几种。

1. N端氨基酸分析

1）二硝基氟苯法（DNP、FDNB、DNFB）　　此方法是1945年由Sanger提出的，其反应过程如下（图1-1）。

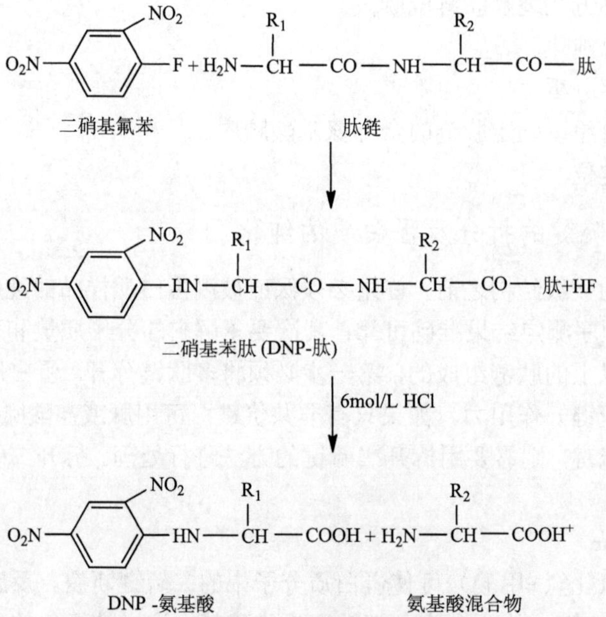

$$O_2N-C_6H_3(NO_2)-F + H_2N-CH(R_1)-CO-NH-CH(R_2)-CO-\text{肽}$$

二硝基氟苯　　肽链

$$\downarrow$$

$$O_2N-C_6H_3(NO_2)-HN-CH(R_1)-CO-NH-CH(R_2)-CO-\text{肽}+HF$$

二硝基苯肽 (DNP-肽)

$$\downarrow 6mol/L\ HCl$$

$$O_2N-C_6H_3(NO_2)-HN-CH(R_1)-COOH + H_2N-CH(R_2)-COOH^+$$

DNP -氨基酸　　氨基酸混合物

图1-1　二硝基氟苯法

DNP-氨基酸可用有机溶剂抽提后，通过层析法来鉴定它是何种氨基酸。Sanger 用此法成功地测定出胰岛素的 N 端氨基酸分别为甘氨酸和苯丙氨酸。

2）二甲基氨基萘磺酰氯法（DNS-Cl）　此方法是 1956 年由哈特利（Hartley）等提出的。二甲基氨基萘磺酰氯又称丹磺酰氯，简称 DNS-Cl。其反应过程如下（图 1-2）。

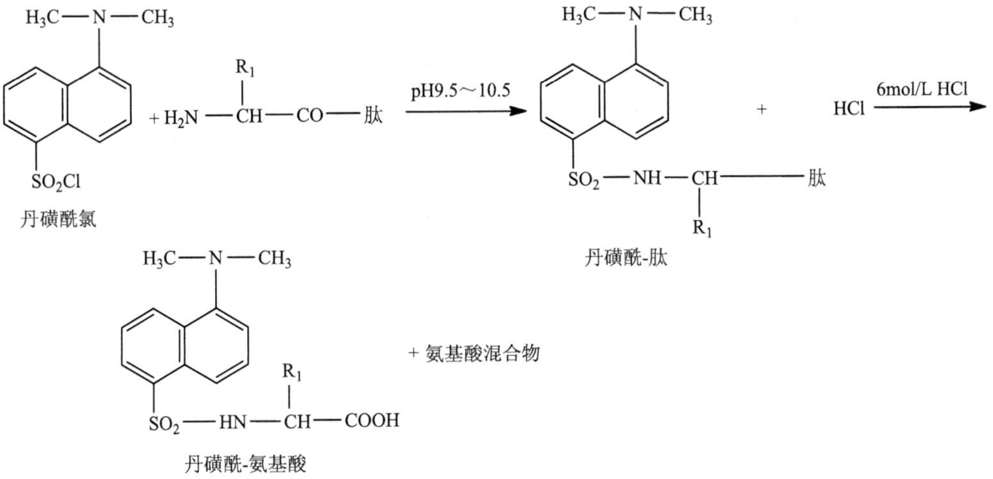

图 1-2　二甲基氨基萘磺酰氯法

丹磺酰-氨基酸具有强烈的黄色荧光，可用纸电泳或聚酰胺薄膜层析法进行鉴定。此法的优点是灵敏度高（比 DNP 法高 100 倍），且丹磺酰-氨基酸的稳定性好。

2. C 端氨基酸分析

1）肼解法　这是分析 C 端氨基酸最常用的方法。将多肽溶于无水肼中，100℃下进行反应，可使 C 端氨基酸以游离状态释放出来，而其他氨基酸都与肼反应生成氨基酰肼化合物，此类化合物可与苯甲醛作用变成水不溶性的二苯基衍生物而沉淀。游离的 C 端氨基酸可采用 DNS-Cl 或 DNP 等方法进行鉴定。

2）羧肽酶水解法　羧肽酶可以专一地水解羧基端氨基酸。根据酶解的专一性不同，可分为羧肽酶 A、B、C 和 Y（A 和 B 来自胰脏，C 来自柑橘叶，Y 来自面包酵母）。应用羧肽酶水解 C 端氨基酸时，首先要进行动力学实验，以便选择合适的酶浓度和反应时间，以保证释放出的氨基酸主要是 C 端氨基酸。

（三）氨基酸组成分析

在进一步分析多肽链的氨基酸顺序之前，首先要了解它是由哪些氨基酸组成的，每种氨基酸有多少。分析组成的方法有层析法和离子交换层析法两种。层析法是将多肽链用酸完全水解成游离氨基酸，然后进行 DNS（Dansyl）标记，聚酰胺薄膜层析。这是一种超微量的分析方法，但用于定量分析尚不够准确。离子交换层析是一种精确的氨基酸组分分析的定量方法，它是将多肽链完全水解后，通过离子交换法使各种氨基酸相互分开，再分别进行定量测定。氨基酸自动分析仪就是在此基础上发展起来的。

（四）多肽链的降解

多肽链的氨基酸组成往往是比较复杂的，因此直接分析多肽链的氨基酸顺序还是很困难的，多采用将多肽链进一步降解成肽链片段，先分析各片段的氨基酸顺序，再重叠重组确定肽链的全部氨基酸排列顺序。肽链的裂解是蛋白质一级结构研究中的重要问题，它要求裂解点少，选择性强，反应产率高。目前主要有化学法和酶解法两种方法。多肽链的降解至少要用两种对肽链有不同裂解点的方法，降解生成两套以上不同的肽段。否则，将给下一步的重叠重组造成极大的困难。

1. 化学法

最常用的化学法是溴化氢法，此法能选择性地断裂甲硫氨酸的羧基端肽键。溴化氢化学降解法的优点：①一般蛋白质中含甲硫氨酸较少，因此裂解点少，可获得较大的肽链片段；②产率在 80%以上；③作用条件温和，在室温下作用几到十几个小时即可。

近年来，有一种羟胺法开始受到人们的重视。羟胺能专一地裂解天冬酰胺和甘氨酸之间的肽键（Asn—Gly）。在酸性条件下裂解天冬酰胺和脯氨酸之间的肽键（Asn—Pro）。现已有人将这种方法用在某些蛋白质一级结构的分析上。

2. 酶解法

酶解法比化学法有更多的优越性，使用也更广泛。因其具有较高的专一性，而且水解产率较高，所以可选择各种不同专一性的酶进行专一的裂解。常用的酶及其专一性如表 1-1 所示。

表 1-1　氨基酸顺序分析常用蛋白酶及其专一性

酶名称	水解的肽键
胰蛋白酶	Lys（赖氨酸）、Arg（精氨酸）的羧基端肽键
胰凝乳蛋白酶	Trp（色氨酸）、Tyr（酪氨酸）、Phe（苯丙氨酸）的羧基端肽键
弹性蛋白酶	Leu（亮氨酸）、Ile（异亮氨酸）、Ala（丙氨酸）的羧基端肽键
胃蛋白酶	Tyr（酪氨酸）、Trp（色氨酸）、Phe（苯丙氨酸）的氨基端肽键
木瓜蛋白酶	Arg（精氨酸）、Lys（赖氨酸）、Gly（甘氨酸）、Leu（亮氨酸）等的羧基端肽键
嗜热菌蛋白酶	Phe（苯丙氨酸）、Leu（亮氨酸）、Ile（异亮氨酸）、Tyr（酪氨酸）、Trp（色氨酸）、Met（甲硫氨酸）、Val（缬氨酸）的氨基端肽键
枯草杆菌蛋白酶	疏水侧链氨基酸残基之间的肽键

在酶法裂解肽链时，可适当地选取一些化学药品来修饰某些氨基酸，以控制酶的专一性，使所得的肽链片段更大一些。例如，用顺丁烯二酸酐或甲基顺丁烯二酸酐修饰赖氨酸，则胰蛋白酶仅使精氨酸的羧基端肽键断裂，若用 1, 2-二羰基化合物或 1, 3-二羰基化合物修饰精氨酸，则胰蛋白酶仅能裂解赖氨酸羧基端肽键。当然，修饰后的氨基酸还可以解封闭，解封闭后，酶仍能选择性地作用于这些氨基酸的肽键。目前倾向于采用这种裂解方式。

（五）肽段的分离

肽段的分离方法主要是凝胶过滤法，但单靠凝胶过滤法分离的肽段一般纯度不够，常需辅以离子交换层析法进行纯化。将裂解的肽段分离纯化后便可逐一进行分析。

（六）肽段的顺序分析

肽段的氨基酸顺序分析有化学法和酶解法两种。

1. 化学法——Edman 降解法

其反应过程如图 1-3 所示，这是目前用于顺序分析最主要的方法。它的原理是从 N 端开始，逐步降解，降解一个，分析一个。先将肽段与异硫氰酸苯酯（PTH 试剂）在 pH8～9 的条件下作用，肽段的游离 N 端连接到异硫氰酸苯酯的 C 原子上，生成苯异硫甲氨酰肽，简称 PTC-肽。在强酸（三氟乙酸）作用下，可使靠近 PTC 基的氨基酸环化，肽键断裂形成苯氨基噻唑啉酮衍生物（ATZ）和一个失去末端氨基酸的肽链，此肽链不被破坏，因而又出现一个新的 N 端氨基酸。苯氨基噻唑啉酮衍生物用有机溶剂抽提出来进行鉴定。但此衍生物很不稳定，在水中可转变为稳定的苯乙内酰硫脲氨基酸（PTH-氨基酸），此化合物比较稳定，便于分析鉴定。

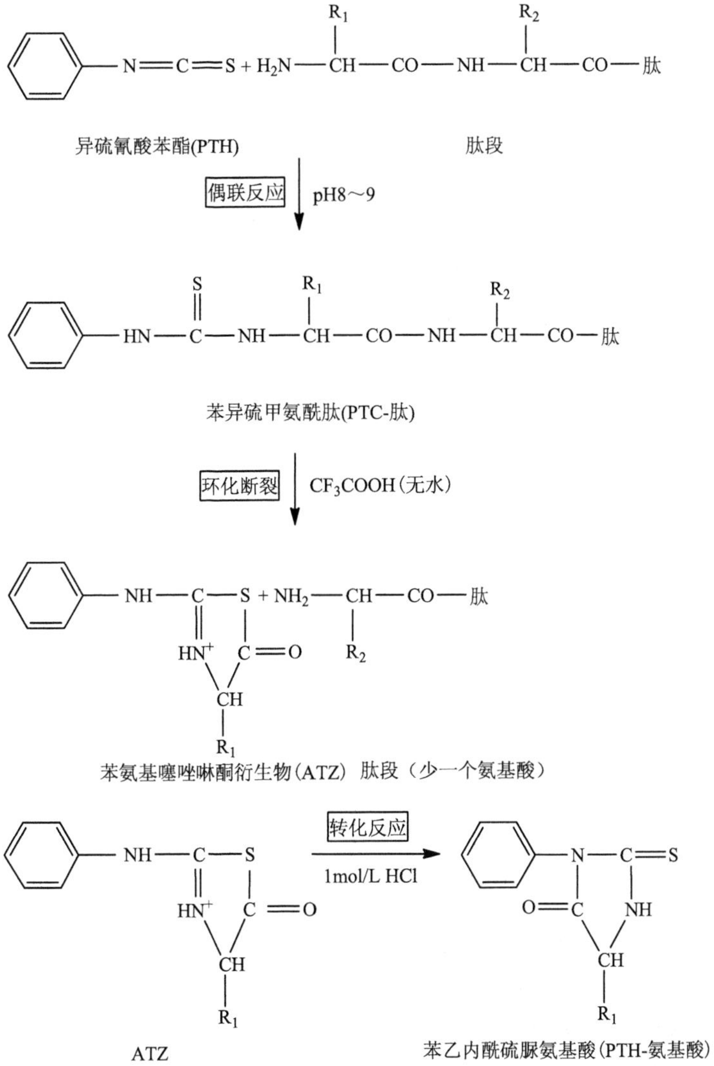

异硫氰酸苯酯(PTH) 肽段

偶联反应 pH8～9

苯异硫甲氨酰肽(PTC-肽)

环化断裂 CF_3COOH(无水)

苯氨基噻唑啉酮衍生物(ATZ) 肽段（少一个氨基酸）

转化反应 1mol/L HCl

ATZ 苯乙内酰硫脲氨基酸(PTH-氨基酸)

图 1-3 Edman 降解法

这些步骤通常称为 Edman 降解法。Edman 降解法的优点是样品用量少，灵敏度高。PTH-氨基酸可用各种层析法进行鉴定，如纸层析、薄层层析等。虽然此方法具有很多优点，但由于操作烦琐，工作量大，因此，有人根据 Edman 降解法的原理作了一系列的改进。例如，

1967年形成的液相顺序自动分析仪和1970年形成的固相顺序分析仪都是在Edman降解法的基础上进一步改进而成的。再如，1976年有人将Edman降解法的异硫氰酸苯酯试剂改为甲氨偶氮苯-异硫氰酸盐（DABITC），这是一种有色试剂，产物DABTH-氨基酸呈橘黄色，因此鉴定时不需要染色，用肉眼即可分辩。此方法灵敏度高，是目前一种很可取的方法。

2. 酶解法

蛋白水解酶中有一类是肽链外切酶或称外肽酶，如氨肽酶和羧肽酶，它们分别从肽链的N端和C端逐个向里切。因此，原则上只要能跟随酶水解的过程分别定量测出释放的氨基酸，便能确定氨基酸的顺序。但这种方法实际上有许多困难，局限性很大，它只能用来测定末端附近很少几个残基的顺序。

另外，质谱法和气谱-质谱（GC-MS）联用法也已用于肽链的氨基酸顺序分析。这是一种不同于Edman降解法和酶解法的物理化学方法，具有一定的发展前途，但目前应用还不是十分普遍，其原理不再介绍。

（七）肽段的重叠重组

一旦获得用两种不同方法断裂的肽段的全部氨基酸顺序，就可用重叠重组的方法确定出整条肽链的氨基酸排列顺序。肽段的重叠重组方法可通过下面的例子来说明。实际工作中所得到的肽段远比下面例子中的肽段大得多，但原理是一样的。

例如，有一个肽链，通过末端分析已知N端为丙氨酸，C端为缬氨酸，通过氨基酸组成分析已知其为十肽，假如先以糜蛋白酶水解，得一套肽段（A）；再以胰蛋白酶水解，则得到另一套肽段（B）。肽段的顺序分析结果如下（图1-4）。

A：丙—苯丙 + 甘—赖—天冬酰胺—酪 + 精—色 +组—缬
B：丙—苯丙—甘—赖 + 天冬酰胺—酪—精 + 色—组—缬
推理如下：

A—1	丙—苯丙
B—1	丙—苯丙—甘—赖
A—2	甘—赖—天冬酰胺—酪
B—2	天冬酰胺—酪—精
A—3	精—色
B—3	色—组—缬
A—4	组—缬

此十肽的氨基酸顺序为：丙—苯丙—甘—赖—天冬酰胺—酪—精—色—组—缬

图1-4　肽段的顺序分析结果

（八）二硫键的定位

蛋白质分子不经任何处理，直接用酶水解，检出其中含二硫键的肽段，然后将二硫键拆开，分别测定两个肽段的顺序，将这两个肽段的顺序与测出的一级结构比较，就能找出二硫键的位置。含二硫键肽段的检出方法如下。

1. 凝胶过滤或离子交换层析

用凝胶过滤或离子交换层析法分离各肽段，然后用特殊的二硫键显色反应找出含二硫键的肽段。

2. 对角线电泳或层析

1966年，布朗（Brown）和哈特莱（Hartlay）用对角线电泳进行二硫键的定位。此方法是将水解后的肽段混合物先进行第一向电泳，样品点在中间，电泳完毕后，将样品纸条剪下，置于装有过甲酸的器皿中，用过甲酸蒸气处理 2h，使二硫键断裂。此时含二硫键肽段的净电荷发生了改变。然后，将纸条放在另一张纸上，进行第二向电泳，电泳条件与第一向相同，因此，电泳后各个不含二硫键的肽斑均坐落在纸的对角线上。而那些含二硫键的肽段由于被氧化，电荷发生了改变，在第二向电泳中，其迁移速度不同于在第一向电泳中的速度，所以这些肽斑就偏离对角线。肽斑可用茚三酮显色。对角线法速度快，操作简便，并适用于小分子样品，是直接分离含二硫键肽段的好方法（图 1-5）。

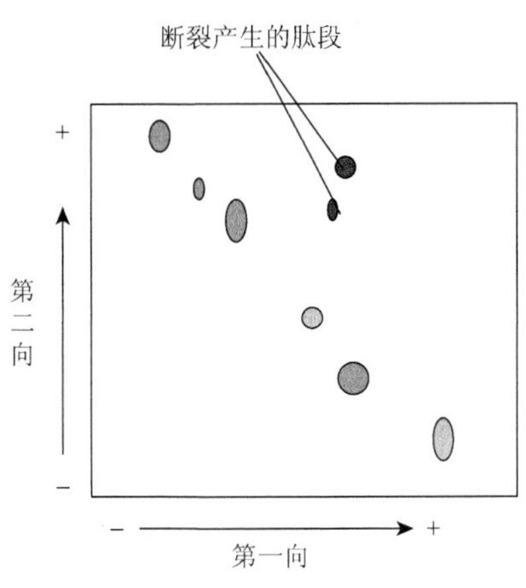

图 1-5　对角线电泳图解

蛋白质一级结构的分析正向着自动化、快速化和微量化的方向发展，关键的问题仍然是进一步寻找蛋白质裂解和肽段分离的方法。近年来，又有许多新的方法和思路出现，如 X 射线衍射法测定蛋白质一级结构；分离出相应蛋白质的 mRNA，测定出 mRNA 的核苷酸排列顺序，再由 mRNA 的核苷酸排列顺序通过密码子排出蛋白质的一级结构等。这些大胆的设想必将有助于蛋白质一级结构研究工作的发展，使人们掌握更多的工具和方法去探索生命的奥秘。

三、研究蛋白质一级结构的意义

研究蛋白质一级结构对了解蛋白质结构与功能的关系、生物进化、预测蛋白质构象等生物学问题都具有重要的意义。在此作以简要概述。

（一）蛋白质一级结构与分子进化

自然界中的蛋白质有 10^{10}～10^{12} 种之多。不同的生物体各有自己的一套蛋白质，但是自然界中还存在着许多同源蛋白质。所谓同源蛋白质是指不同种属的生物体中执行同一功能的蛋白质，如动物体的血红蛋白都具有运输氧的功能，细胞色素 c 都具有传递电子的功能。从不同生物体的同源蛋白质一级结构的比较研究中发现，它们之间在氨基酸排列顺序上有许多异同，由此反映了物种的进化，也证实了达尔文进化论的正确性。例如，从低等生物到高等生物细胞色素 c 一级结构的比较中及从脊椎动物血红蛋白一级结构的比较中绘制出的“进化树”，与分类学研究的结果完全相同。

同源蛋白质一级结构的比较研究工作开展最多的是细胞色素 c。细胞色素 c 是从微生物到植物、动物及人体都具有的一种最古老的蛋白质，是传递电子的载体。脊椎动物的细胞色素 c 由 104 个氨基酸残基组成，昆虫类的细胞色素 c 由 108 个氨基酸残基组成，植物的细胞色素 c 则有 112 个氨基酸残基，所有生物的细胞色素 c 都含有一个辅基——血红素。比较不同生物的细胞色素 c 的一级结构发现，有 35 个氨基酸残基是完全不变的，这 35 个氨基酸残基正是完成细胞色素 c 生物学功能必不可少的。这就是说，虽然生物不断进化，但只要细胞色素 c 仍然担负着传递电子的作用，那么，为了完成这一功能所必需的氨基酸就始终不会改变。

比较目前研究过的近百种生物的细胞色素 c 的氨基酸顺序，可以看出差异的大小与亲缘关系密切相关（表 1-2）。

表 1-2　各种有机体细胞色素 c 中氨基酸顺序的差异

相互比较的生物种类	氨基酸顺序中差异的数目	相互比较的生物种类	氨基酸顺序中差异的数目
人-黑猩猩	0	哺乳动物内部	平均 5.1
人-恒河猴	1	猪-牛-羊	0
人-其他哺乳动物	平均约 10	马-牛	3
人-禽类	平均约 13	哺乳动物-禽类	平均 9.9
人-昆虫	平均约 30	哺乳动物-爬虫类	平均 14.3
人-植物	平均约 40	陆生脊椎动物-鱼类	平均 18.5
人-微生物	平均约 50	脊椎动物-无脊椎动物	平均 26.0

同源蛋白质分子中氨基酸排列顺序的种属差异部分是生物进化过程中基因突变的结果。如果基因突变导致蛋白质一级结构改变，但不影响其功能，这种蛋白质就被保留下来，这正是同源蛋白质种属差异的原因。

分子进化研究是随着蛋白质一级结构的研究发展起来的一个课题。众所周知，生物均由古生物进化而来，也就是说任何生物都有其祖先，那么，蛋白质是否也存在祖先蛋白的问题呢？从对几种不同蛋白质一级结构相似性的分析来看，可以说祖先蛋白的概念是成立的。例如，丝氨酸蛋白水解酶与胰蛋白酶、糜蛋白酶 A、弹性蛋白酶及凝血酶原的氨基酸顺序极其相似，虽然它们的祖先蛋白的结构还不清楚，但是人们认为这些蛋白质是来自于一个共同的祖先。再如，动物的肌红蛋白与血红蛋白的 α、β 链的一级结构和三级结构是非常相似的，甚至植物的豆血红蛋白的结构也与它们很相似，这是因为它们有共同的祖先蛋白。它们是由同一祖先（珠蛋白）的基因发生变异形成的。又如，含有 51 个氨基酸残基的胰岛素是由 84 个氨基酸残基的胰岛素原经酶作用切去 C 链后生成的。而神经生长因子（NGF）是由 118 个氨基酸残基组成的，它与胰岛素的一级结构极其相似，因此可以认为胰岛素与神经生长因子均由祖先蛋白胰岛素原进化而来。这种从一个共同祖先蛋白发展出另一种新蛋白质的现象称为分叉进化。分叉进化形成的两种不同蛋白质都保留着过去的痕迹，反映在氨基酸顺序上就有相同之处。因此，蛋白质一级结构的研究是推动分子进化研究的一个重要方面。

（二）一级结构与功能的关系

蛋白质的氨基酸顺序与生物功能具有密切关系，特别是蛋白质与其他生物大分子物质之间的相互作用及其作用方式都是由氨基酸顺序决定的。

（1）细胞膜上的血型糖蛋白的一级结构就与膜结构有着重要关系。血型糖蛋白的相对分子质量为31 000，含糖量为60%，由131个氨基酸残基组成，它的分子中含有16条寡聚糖链。血型糖蛋白分子一部分位于细胞外面，为N端部分，含有糖残基，是亲水的肽段；中间的一部分跨过细胞膜，这部分是由疏水氨基酸组成的；还有一部分位于细胞的内部，也是亲水的肽段。细胞外的部分含有寡聚糖链，与细胞的识别有关，血型糖蛋白的跨膜部分由疏水氨基酸组成，故与生物膜的脂质双分子层能以疏水作用力结合在一起。细胞内的部分由于是亲水的，因此能溶于细胞质中。

（2）蛋白质与核酸的结合也与蛋白质的氨基酸顺序有密切关系。例如，真核细胞染色体DNA与组蛋白相结合，作用力是蛋白质分子中氨基酸残基上的正电荷与DNA分子中磷酸基团上的负电荷之间的静电引力。小牛组蛋白含有129个氨基酸残基，在前36个氨基酸中有12个带正电荷（如Lys、Arg等）而不含负电荷氨基酸。因此，这部分肽段能与DNA双螺旋中带负电的磷酸基团通过静电引力相结合，而其他部分则折叠成球状（图1-6）。

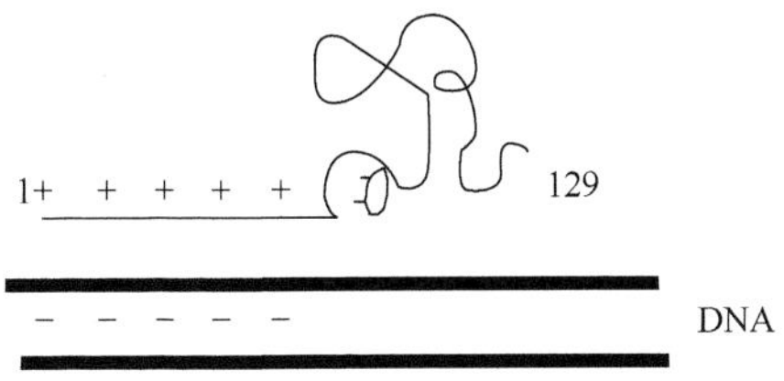

图1-6 小牛组蛋白与DNA结合状态

（3）有些激素是简单的多肽，它们各自具有特殊的功能，大多数的结构也已研究清楚，我们可以通过比较来了解肽链一级结构与功能的关系。例如，牛的催产素和抗利尿素的结构相似，都是环八肽，但有两个氨基酸不同。结构如下（图1-7）。

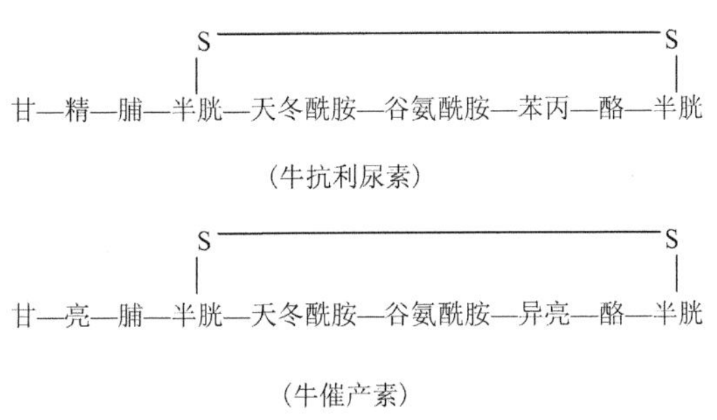

图1-7 牛的催产素和抗利尿素的结构

由于结构相似，两者在生理功能上也有相似之处，但活性差别很大。催产素主要是促进子宫收缩的催产作用，但同时也具有微弱的抗利尿活性；抗利尿素的主要作用是抗利尿和增血压，但也具有微弱的催产活性。这说明由于结构相似也引起功能上互有另一种激素的微弱活性；同时也说明只要结构有差异，哪怕是相差一两个氨基酸，其生物学活性就会有较大差别。

（4）蛋白质一级结构改变，往往会导致功能的改变。例如，正常人血红蛋白β链从N端开始第6位氨基酸是谷氨酸，当此氨基酸被缬氨酸取代时，将导致镰状细胞贫血病。谷氨酸的侧链是带有负电荷的亲水羧基，而缬氨酸的侧链是不带电荷的疏水基团。当谷氨酸被缬氨酸取代后使 Hb 的表面电荷性质发生了改变，于是等电点改变，溶解度降低和不正常聚合增加，以致红细胞收缩变形而成为镰刀状，且输氧能力下降，细胞脆弱，容易溶血，严重的可导致死亡。正是人们所说的分子病中的一种，是由基因突变引起的，具有遗传性。

（5）在动物体内的某些生化过程中，蛋白质分子的肽链必须先按特定的方式断裂，然后才能呈现生物活性。蛋白质分子的这一特性具有重要的生物学意义。这是蛋白质分子结构与功能高度统一的表现。例如，在酶的调控中，早就发现，许多酶有一个无活性的前体，经专一的酶（或其他物质）作用切去一段肽链后，才成为有活性的酶（如胃肠道中的几种蛋白酶及血液中的凝血酶等）。再如，血液凝固过程中，纤维蛋白原转变为纤维蛋白的过程。纤维蛋白原是无活性的前体，呈细长的纤维状，由 6 条肽链组成，2 条 α 链，2 条 β 链，2 条 γ 链，所以可表示为$(A\alpha B\beta\gamma)_2$。血液凝固过程中，在凝血酶的作用下，分别从 α 链和 β 链的 N 端水解下来 2 个肽段，即 2 个 A 肽和 2 个 B 肽。A 肽为 19 肽，B 肽为 21 肽。从一级结构上讲，它们都含有较多的酸性氨基酸。当切除 A、B 肽后，使蛋白质分子的负电荷减少，促进了纤维蛋白分子的聚合，进而在凝血因子的作用下，形成网状结构的纤维蛋白，使血液凝固。其过程如下（图 1-8）。

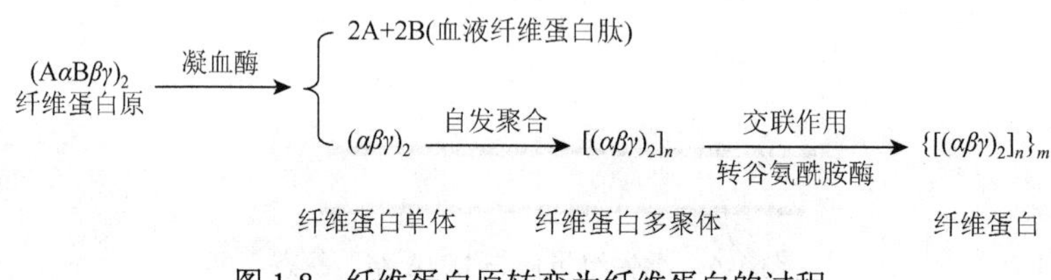

图 1-8　纤维蛋白原转变为纤维蛋白的过程

近年来发现许多肽类激素也都存在着前体。例如，胰岛素的前体——胰岛素原是由 84 个氨基酸残基组成的一条长链，即在胰岛素原的 A、B 两链之间连接着一段由 30 多个氨基酸组成的 C 链。经专一的酶水解切除 C 链后，才形成通过二硫键使 A、B 两链相连的活性胰岛素。

蛋白质在初合成或分泌运输阶段或贮存阶段是无活性的前体，在到达其发挥作用的部位或在需要其发挥作用时，才转变成有生理功能的蛋白质，这是生物体内一种十分巧妙的调控过程。

综上所述，我们可以清楚地看到，蛋白质一级结构的研究对阐明生命现象的本质是非常重要的。

（三）从蛋白质一级结构预测其二级结构、三级结构

研究蛋白酶一级结构的一个重要目的是利用氨基酸顺序的资料预测蛋白质的二级结构以至三级结构，甚至还可以预测蛋白质的某些功能。因为蛋白质一级结构包含着蛋白质分子的所有结构信息，人们可以利用这些信息预测出蛋白质的空间结构。许多科学家在这方面已做了不少工作。例如，1975 年利维特（Levitt）和沃谢尔（Warshel）利用胰蛋白酶抑制剂的氨基酸顺序之间的热力学相互作用数据（最小能量和热能化）模拟了该蛋白质的折叠结构，其结果与 X 射线衍射的结果具有相当好的一致性。1979 年仇（Chou）和费思曼（Fasman）根据蛋白质中氨基酸残基形成 α-螺旋、β-折叠或 β-转角的倾向，预测了由一级结构折叠成二级结构、超二级结构的构象，也得到了很好的结果。1982 年索尔（Sauer）等指出："顺序的

同源性反映出结构的同源性。”这是很有意义的概念。现在，人们已经能够利用计算机来研究蛋白质的分子构象。英国成立了生物化学计算机组织，我们可以相信，随着计算机在生物化学中的广泛应用，今后这方面的进展将会更加迅速。

第三节　蛋白质的二级结构

蛋白质二级结构是指多肽链主链上局部原子的空间排列状态。二级结构是靠肽链中 >N—H 与 >C═O 之间所形成的氢键而得到稳定的。所以二级结构只涉及肽链主链的局部原子及其链内的氢键，而不涉及侧链构象和与其他肽段之间的关系。

一、肽键

在蛋白质分子中氨基酸通过肽键连接成多肽，肽键的结构如下（图 1-9）。

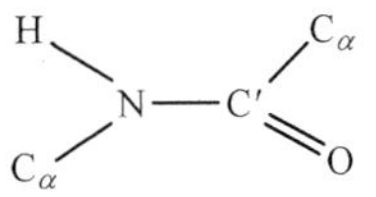

H　C_α
N—C′
C_α　O

图 1-9　肽键的结构

波林（Pauling）和莫曼奈（Momany）分别于 1951 年和 1975 年测定了肽的键长和键角。发现肽键（即 C′—N）的长度为 0.133nm（1.33Å），而正常的 C—N 键长为 0.149nm（1.49Å），C═N 键长为 0.127nm（1.27Å）。可见，肽键的长度介于单键和双键之间。并且 C═O 比正常的醛或酮中的 C═O 长了 0.0012nm（0.012Å），Pauling 解释这个现象是由于下列两个极端结构（图 1-10 中的Ⅰ和Ⅱ）之间的共振引起的。

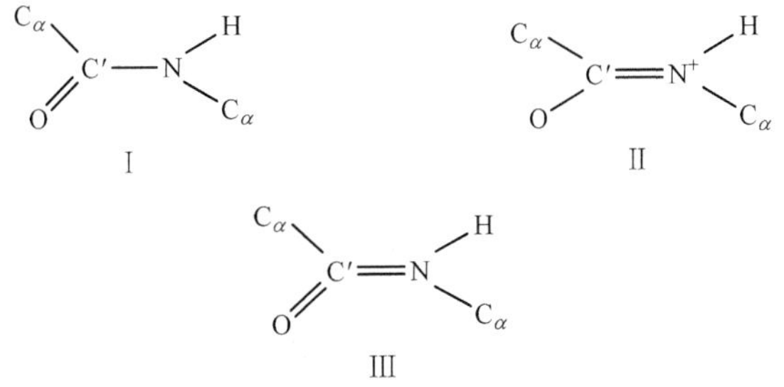

C_α　H
C′—N
O　C_α
Ⅰ

C_α　H
C′═N^+
O　C_α
Ⅱ

C_α　H
C′═N
O　C_α
Ⅲ

图 1-10　肽键的空间构型

肽键的实际结构是一个共振杂化体（如图 1-10 中的结构Ⅲ），这是介于结构Ⅰ和结构Ⅱ的中间状态，可以看作结构Ⅰ和结构Ⅱ的“杂交结构”（结构Ⅰ和结构Ⅱ的比例为 3∶2）。肽键的 C—N 单键有 40%的双键性质，肽键中 C═N 双键有 40%的单键性质，因此，肽键具有部分双键的性质（约 40%），不能自由旋转，所以肽键是一个刚性平面，称为肽平面（酰胺平面）。结构Ⅲ中的 6 个原子差不多处于同一平面内。在肽平面内，两个 C_α 处于顺式构型或反式构型。在反式构型中，两个 C_α 原子及其取代基团相互远离，而顺式构型中它们彼此接近，引起 C_α 上 R 之间的空间位阻。所以反式构型比顺式构型稳定，但也有例外，如脯氨酸的肽键是反式的，也可以是顺式的，因为四氢吡啶环引起的空间位阻消去了反式构型的优势。

二、多肽链的折叠

前面已经讲过，肽键实际上是一个共振杂化体，形成刚性的肽平面。肽平面是肽链上的重复单位，称为肽单位或肽基。肽链主链的构象可以用“二面角”来描述。两个肽平面由C_α的四面体键相连接。C_α—N_1键和C_α—C_2键都是单键，所以相邻的两个肽平面可分别绕C_α—N_1键和C_α—C_2键旋转。绕C_α—N_1键旋转的角度称φ（psi角），绕C_α—C_2键旋转的角度称ψ（phi角）。原则上φ和ψ可以取−180°～180°，当φ的旋转键C_α—N_1两侧的N_1—C_1和C_α—C_2呈顺式时，规定φ=0°；同样，ψ的旋转键C_α—C_2两侧的C_α—N_1和C_2—N_2呈顺式时，规定ψ=0°。从C_α向N_1看，将沿顺时针方向旋转C_α—N_1键形成的φ角度规定为正值，逆时针旋转为负值；从C_α向C_2看，将沿顺时针旋转C_α—C_2键所形成的ψ角度规定为正值，逆时针旋转为负值（图1-11）。

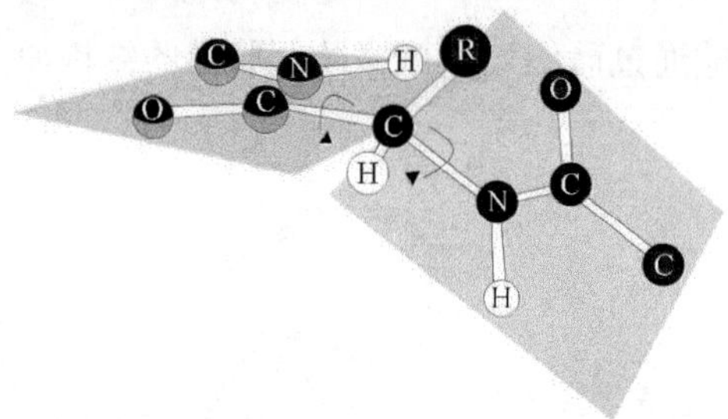

图1-11　完全伸展的肽链构象（φ=180°，ψ=180°）

虽然φ和ψ可以在−180°～180°自由旋转，但并不是任意二面角所决定的肽键构象都是立体化学所允许的。例如，φ=0°，ψ=0°的构象是不可能存在的。因为两个相邻平面上的酰胺基H原子和羧基O原子的接触距离比其范德华半径之和小，所以将发生空间位阻。二面角所决定的构象能否存在，主要取决于相邻肽单位中非键合原子之间接近时有无阻碍（或者说能量是否达到最低）。

Ramachandran等在1963年研究多肽链的立体化学时，对这一复杂问题作了近似的处理。

Ramachandran等将原子看作简单的硬球，根据范德华半径可以确定非键合原子之间的最小接触距离（表1-3）。

表1-3　非键合原子范德华半径距离与最小接触距离　（单位：Å）

	C	N	O	H
C	3.20 （3.00）	2.90 （2.80）	2.80 （2.70）	2.40 （2.20）
N		2.70 （2.60）	2.70 （2.60）	2.40 （2.20）
O			2.70 （2.60）	2.40 （2.20）
H				2.20 （1.90）

注：上行为范德华半径距离，下行带括号的数据为Ramachandran测得的非键合原子的最小接触距离

Ramachandran 根据非键合原子之间的最小接触距离，确定哪些二面角（φ，ψ）决定的相邻二肽单位的构象是立体化学允许的，哪些是不允许的。用 φ 对 ψ 作图，得到 $\varphi\psi$ 图（$\varphi\psi$map），或者称为 Ramachandran 构象图。

Ramachandran 等将 13 种球蛋白的 2500 个残基的主链的二面角作出分布图。在分布图中有两个最密集的区域：一个的最大密度接近（−60°，−60°），它反映球蛋白的右手 α-螺旋的位置，另一个的最大密度位于（−60°，120°），相当于 β-折叠的区域。

在 Ramachandran 构象图（图 1-12）上表现出了允许区、部分允许区（临界限制区）和不允许区。实线封闭区为允许区，在此区域内任何二面角所决定的肽链构象都是立体化学允许的。因为在此肽链构象中，非键合原子之间的距离不小于标准接触距离，二者之间没有斥力，构象的能量最低，所以这种构象是最稳定的。位于允许区的有 α-螺旋、平行 β-折叠、反平行 β-折叠及胶原螺旋。实线以内的区域为部分允许区，在此区域内 $\varphi\psi$ 所决定的肽链构象也是立体化学允许的，但是不够稳定，如 3_{10} 螺旋、π-螺旋及 α_L-螺旋等。实线以外的区域为不允许区，因为在这些肽链的构象中，非键合原子之间的距离小于极限值（比标准接触距离小 0.1～0.2Å），二者产生很大的斥力，构象的能量很高。例如，当 φ=0°，ψ=180°时，两个肽链平面上的羧基氧原子之间的距离太近，是不允许的；当 φ=180°，ψ=0°时，两个肽链平面上的氢原子之间的距离太近，也是立体化学所不允许的。

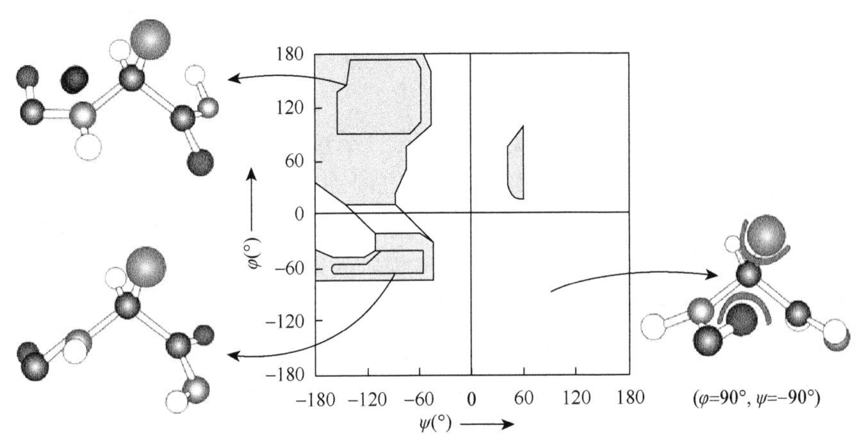

图 1-12　Ramachandran 构象图

由于上述原因，肽链的折叠具有相当大的局限性，肽链的折叠只能以不发生空间障碍为标准，形成若干允许构象。但值得一提的是甘氨酸和天冬酰胺偏离允许构象很远。甘氨酸缺乏侧链的制约，常以此满足肽链急剧转折的需要，这是允许的，也是可以理解的；但天冬酰胺为何有此表现，至今未得到圆满的解释。

如果肽链规则折叠，在一段连续的肽单位中具有同一相对取向，也就是具有相同的（φ，ψ）角，这时肽链就构成一种线性组合，形成二级结构。目前已肯定下来的二级结构主要有以下几种：α-螺旋、β-折叠、三股胶原螺旋、回折结构、3_{10} 螺旋、π-螺旋等。

1. α-螺旋

α-螺旋是人们首先肯定的一种蛋白质空间结构形式，也是蛋白质中最常见、含量最丰富的二级结构。20 世纪二三十年代，X 射线衍射技术创始人布拉格（William Lawrence Bragg）创立了一个强有力的学派，他们利用这一技术去测定无机分子的结构，同时对生命物质也表现出了极强的兴趣。这个学派的代表人物有阿斯特伯瑞（Astbury）、贝尔纳（Bernal）、克鲁福特（Croufoot）等，从 30 年代开始对蛋白质和核酸的 X 射线衍射进行了大量的研究。Astbury 首先获得了毛发纤维的衍射照片，并且发现拉伸的毛发和不拉伸的毛发衍射图样不同。这两种衍射图样代表了两种不同的空间结构，他提出不拉伸的毛发称为 α 结构，拉伸的毛发称为 β 结构，并肯定前者比后者的结构更致密。到 1951 年，波林（Pauling）和科里（Correy）提出了 α-螺旋和 β-折叠。α-螺旋和 β-折叠就是 Astbury 所说的 α 结构和 β 结构。衍射实验和以后大量的事实证明，α-螺旋的确是广泛存在于蛋白质中的一种基本的二级结构。

α-螺旋的特征：①肽链中的肽键平面绕 C_α 相继旋转一定的角度形成 α-螺旋，并沿中心轴盘曲前进；②螺旋上升时，每个氨基酸残基围绕中心轴盘旋 100°（360/3.6），二面角分别为：φ=–65°，ψ=–41°；③螺旋每绕一圈(360°)经过 3.6 个氨基酸残基（肽单位），每个重复单位沿中心轴上升 0.15nm（1.5Å），螺距为 0.54nm（0.15×3.6=0.54）（5.4Å），5 圈螺旋形成一个周期，含 18 个氨基酸残基，周期长为 2.665nm（26.65Å）；④肽链中的全部 $>$C═O 和 $>$N—H 几乎都平行于螺旋轴，每个氨基酸残基的 $>$N—H 与前面第四个残基上的 $>$C═O 靠近而形成氢键，即借氢键闭合为环，此环的原子数目为 13 个原子；⑤所有的氨基酸侧链均伸向螺旋的外侧；⑥酰胺基的 3 个原子 N、C、O 与螺旋轴的距离分别等于 0.157nm、0.161nm、0.176nm（1.57Å、1.61Å、1.76Å），此距离仅比范德华半径小 0.01nm，因此可以认为 α-螺旋具有原子密堆积的结构，中心腔附近没有空腔。这是它稳定的一个重要因素。

以 α-螺旋作为基本结构的最典型实例是毛发的 α-角蛋白。毛发是一种坚韧的纤维，α-螺旋作为它的基本结构单位，就好像棉纱和绳子之间的关系一样。这里有复杂的结构组织，但一些细节还不能十分肯定。α-角蛋白的基本构象如下：首先，三股右手 α-螺旋向左缠绕，拧成原纤维（在这个过程中，α-螺旋沿轴线有相应的倾斜，重复距离从 0.54nm 缩短到 0.51nm），直径为 2.0nm。原纤维纵向穿过毛发。然后，9 股原纤维排列成一个圆圈，围绕着另 2 股原纤维，构成“9+2”的电缆式结构，称为微纤维，直径为 8nm。这种“9+2”的结构在其他蛋白质中也曾发现过。微纤维被包埋在含硫量很高的无定型基质中。成百根这样的微纤维又结合成不规则的纤维束，称为粗纤维，直径为 200nm。一根典型的羊毛纤维横截面直径为 20μm，由直径大约为 2μm 的细胞堆积而成。在这些细胞中粗纤维沿轴纵向排列。所以一根看似简单的毛发，具有高度有序的结构（α-螺旋→原纤维→微纤维→粗纤维→细胞→毛发纤维）。

毛发的性能取决于 α-螺旋及这样的组织方式。α-角蛋白有非常好的伸缩性，一根毛发可以拉长到原来长度的 2 倍，这时 α-螺旋被撑开，各圈间的氢键被破坏，过渡为 β 结构。当张力去除后，氢键本身并不足以使纤维返回到原来的状态。但螺旋是被包埋在基质中的，螺旋中的半胱氨酸与基质中的半胱氨酸之间是以众多的二硫键交联起来的。一般认为每 4 圈就有一个交联。这种交联既可抵抗张力，又形成了外力去除后使纤维复原的恢复力。结构的稳定性主要是由这些二硫键保证的。从任何意义上讲，毛发都不是一个活泼的或活性很高的蛋白质，但它仍具有这样复杂的结构，而且分子的性能直接取决于分子的结构及其特殊的组织方式。

2. β-折叠

早在 20 世纪二三十年代人们就设想，在蛋白质中存在一种近乎完全伸展的肽链构象。直到 50 年代初，人们才认识到，由于侧链之间的范德华斥力使这种完全伸展的肽链构象不可能存在，当然多聚甘氨酸除外。1951 年 Pauling 和 Corey 提出一种稍有折叠的肽链构象，称为 β-折叠。以后证实，这又是一种广泛存在于蛋白质分子中的二级结构。

β-折叠的结构特征：①多肽链呈锯齿状折叠构象，酰胺基的取向使相邻的 C_α 为侧链腾出了空间，从而避免了任何空间障碍。②在这种构象中 C_α—C_β 键几乎垂直于折叠层平面，使相邻的侧链交替地分布在层的两侧而远离折叠层。③β-折叠为两股平行或多股平行，分为平行折叠层和反平行折叠层。如果相邻两股链的方向相同，为平行 β-折叠；如果相邻两股链的方向相反，则为反平行 β-折叠（图 1-13）。反平行 β-折叠在纤维轴上的重复距离等于 0.7nm（7.0Å），而平行 β-折叠在纤维轴上的重复距离则为 0.65nm（6.5Å）。在纤维蛋白中，β-折叠层主要取反平行方式。在球蛋白中，反平行和平行 β-折叠均广泛存在。④在 β-折叠的两个肽段之间，$>$C═O 和 $>$N—H 形成氢键，这是稳定 β-折叠的主要力量。⑤β-折叠有的是平面的，有的是非平面的。大多数球蛋白中的 β-折叠是非平面的，具有右手扭曲，这种扭曲有利于围绕 α-螺旋紧紧地组装起来。扭曲的右手 β-折叠也可能与生物大分子间的相互作用有关，如扭曲的六股右手 β-折叠适合 DNA 螺旋的大沟，而扭曲的两股反平行 β-折叠则适合 DNA 或 RNA 的小沟。

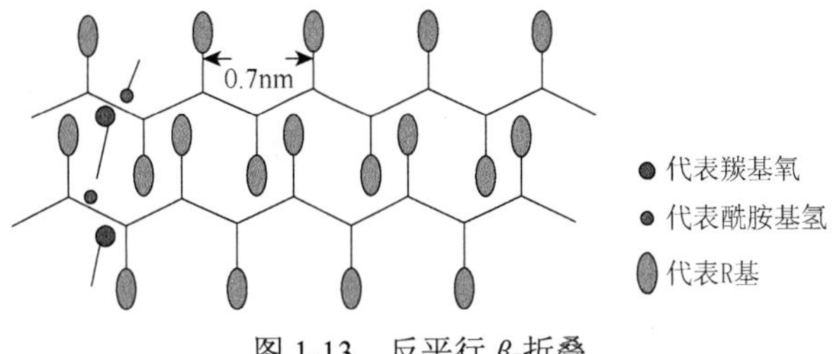

图 1-13　反平行 β-折叠

丝蛋白是具有 β-折叠结构的典型代表。Marsh 于 1955 年提出丝蛋白分子的结构模型，在此结构模型中，反平行的 β-折叠再以平行的方式堆积起来形成多层结构，链间以氢键连接，层间主要以范德瓦耳斯力维系。将丝水解后的化学顺序研究表明，在丝的多肽链中有一种基本的六残基单位在长距离范围内重复。这个基本单位是(Gly—Ser—Gly—Ala—Gly—Ala)$_n$（Gly 为甘氨酸、Ser 为丝氨酸、Ala 为丙氨酸），这是丝的独特氨基酸组成。这意味着 Gly 位于 β 层的同一侧，而所有的 Ser 和 Ala 则位于 β 层的另一侧。在多肽链中，两个残基的重复距离为 0.7nm（7.0Å），反平行链间的距离为 0.472nm（4.72Å）。许多这样的 β-折叠按 Gly 对 Gly、Ala（或 Ser）对 Ala（或 Ser）的方式堆积起来，这种交替堆积层之间的距离分别是 0.35nm（3.5Å）和 0.57nm（5.7Å）。结构中相邻的 Gly 取代片层表面或 Ala（或 Ser）取代片层表面彼此连锁起来。这样一种结构方式使得丝所承担的张力并不直接放在多肽链的共价键上，因而使这种纤维具有非常高的强度，但它没有多少延伸性，因为肽链已经在不断裂氢键的前提下处于相当伸展的状态。堆积层间非键合侧链原子间的范德瓦耳斯力使得丝具有十分柔软的特性（图 1-14）。

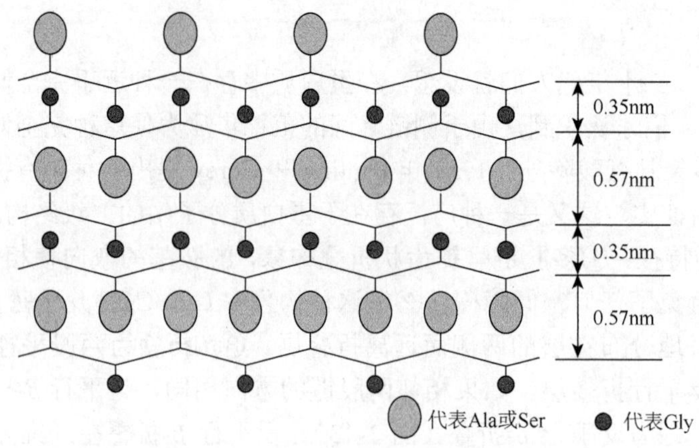

图 1-14 丝心蛋白的 β-折叠堆积方式

3. 胶原螺旋

胶原是广泛存在于动物体内的重要纤维蛋白，它具有十分独特的结构形式，是由三股平行而伸展的左手螺旋按右手方向拧成的超螺旋。即形成胶原的单股链为左手螺旋，再由三股这样的左手螺旋平行排列拧成一右手螺旋，所以是一个螺旋的螺旋。每条左手螺旋的螺距为 0.95nm，相邻两个氨基酸之间的距离为 0.29nm，每旋转一圈需要经过 3.3 个氨基酸残基。右手三股螺旋的螺距为 1.04nm，每旋转一圈需要经过 36 个氨基酸。氨基酸顺序分析表明，胶原肽链的 96%遵守(Gly—*X*—*Y*)$_n$ 的三联体重复顺序。*X* 常为 Pro（脯氨酸），*Y* 常为 Hyp（羟脯氨酸）或 Hyl（羟赖氨酸）。Hyp 和 Hyl 在其他蛋白质很少发现，它们是由相应的 Pro（脯氨酸）和 Lys（赖氨酸）在翻译后经羟化修饰转变而来的。稳定三股螺旋的主要作用力一是链间的范德瓦耳斯力；二是三联体之间的氢键；三是三联体之间的共价交联键。(Gly—*X*—*Y*)$_n$ 的三联体重复顺序是稳定三股螺旋必不可少的条件。因为单股螺旋在形成超螺旋的过程中，大约每三个氨基酸残基中就有一个必须与超螺旋的中心轴靠近。只有在轴上没有侧链出现时，才能得到致密的有氢键键合的稳定结构。只有 Gly 符合这个条件，因为它的侧链位置只有一个 H 原子。这也就解释了为什么胶原螺旋中遵守着(Gly—*X*—*Y*)$_n$ 的氨基酸排列顺序。氢键主要在一条链上 Gly 的 >N—H 与另一条链上 *X* 的 >C═O 之间形成。链间的共价交联主要在赖氨酸残基或羟赖氨酸残基之间形成。*X* 残基和 *Y* 残基的侧链均伸向超螺旋的外侧，所以胶原螺旋的外表有突起（图 1-15）。

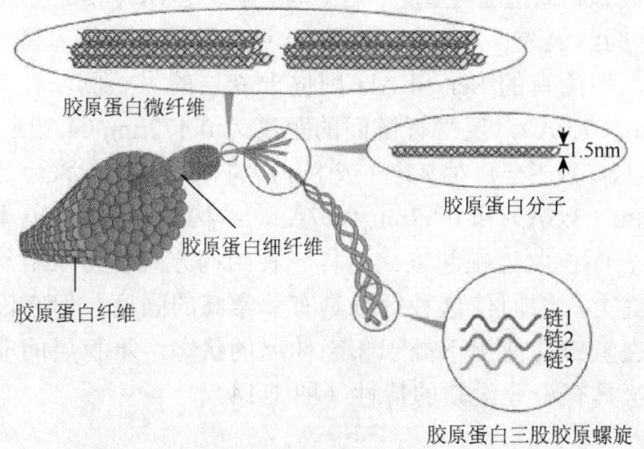

图 1-15 胶原纤维中原胶原蛋白分子的排列方式

胶原螺旋是胶原纤维的基本结构。三股胶原螺旋又称原胶原，原胶原分子定向排列聚合为胶原蛋白微纤维，胶原蛋白微纤维再聚合并掺入糖蛋白形成胶原蛋白细纤维，后者再进一步聚合为胶原蛋白纤维（胶原蛋白）。胶原蛋白是很多脊椎动物和无脊椎动物体内含量最丰富的蛋白质，属于结构蛋白，主要存在于骨骼、肌腱、软骨、皮肤及血管等组织中。由于胶原纤维是由这样一种伸展的多肽链组成的，因此具有很强的机械强度。例如，肌腱中的胶原纤维的抗张力强度为 20～30kg/mm^2，相当于 12 号冷拉铜丝的拉力。

4. 回折结构

近年来，在球蛋白中发现了另一种广泛存在的二级结构，即 180°的转折，称为回折，它是 *α*-螺旋、*β*-折叠的连接结构。在球蛋白中回折是非常多的，可占到氨基酸残基数的 1/4。回折结构主要由亲水氨基酸残基组成，大多数存在于蛋白质的表面，以满足肽链转折的需要。在球蛋白中通常有两种回折结构，即 *β*-转角和 *γ*-转角。

（1）*β*-转角：*β*-转角由 4 个氨基酸组成，第一个氨基酸残基的 >C═O 与第四个氨基酸残基的 >N—H 之间形成氢键（图 1-16）。

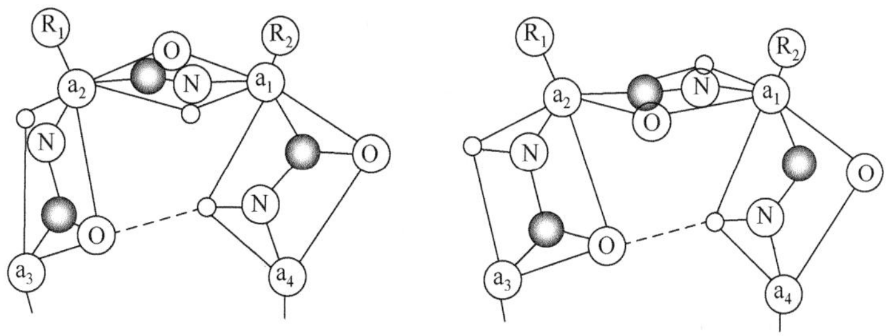

图 1-16　*β*-转角的两种类型

（2）*γ*-转角：*γ*-转角由 3 个氨基酸残基组成，第一个氨基酸残基的 >N—H 与第三个氨基酸残基的 >C═O 之间形成氢键，第一个氨基酸残基的 >C═O 与第三个氨基酸残基的 >N—H 之间也形成氢键。

5. 3_{10} 螺旋（*γ*-螺旋）

这种螺旋每旋转一圈需要经过 3 个氨基酸残基，通过氢键形成的环由 10 个原子组成，螺旋的半径为 0.2nm。3_{10} 螺旋比较稀少，球蛋白中有时仅有一小段存在于 *α*-螺旋末端的旋转中。

6. *π*-螺旋

π-螺旋每旋转一圈需要经过 4.4 个氨基酸残基，每个氨基酸残基沿螺旋轴上升 0.11nm，螺旋的半径为 0.28nm，通过氢键闭合成的环中有 16 个原子，故可表示为 4.4_{16} 螺旋。

第四节　超二级结构与结构域

一、超二级结构

人们发现在蛋白质结构中有一些二级结构的组合物，充当三级结构的构件。1973 年，Rossman 称其为超二级结构，1976 年利维特（Levitt）和乔纱尔（Chothia）又称它们为折叠单元。在蛋白质结构中，超二级结构比二级结构在更高一级水平上代表了蛋白质的折叠单位。超二级结构非常适合多肽链的折叠，所以在蛋白质结构中经常存在。但人们对超二级结构研究的历史还不长，积累的资料还不够多，有待进一步深入探讨。目前已发现的超二级结构有以下 5 种。

（一）卷曲的卷曲 α-螺旋（线圈的线圈 α-螺旋）

1953 年 Crick 提出的卷曲的卷曲 α-螺旋是纤维蛋白中最常见的规则形式，在个别球蛋白中也发现了这种结构形式。其特征是两股（或三股）右手 α-螺旋彼此沿一个轴缠绕在一起，形成一个左手的超螺旋，两股右手 α-螺旋之间的作用角大约为 18°，超螺旋的重复距离为 14nm，这种结构就好像两根弹簧向左手方向扭在一起一样。在球蛋白中，常常是两段这样的超螺旋相互靠近，形成四股 α-螺旋的左手扭曲，每股螺旋和其他螺旋之间的夹角都是 18°左右，有人将其称为“4-α-螺旋束”（图 1-17）。

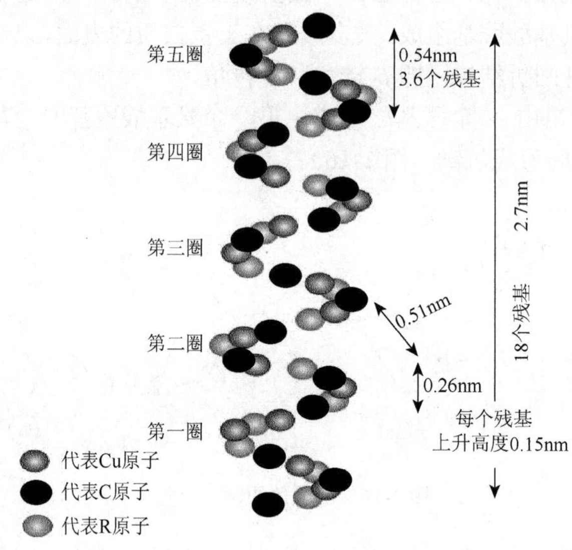

图 1-17　4-α-螺旋束

（二）βξβ 单元（β-片-β 单元）

在多肽链的两股平行 β-折叠中间以 ξ 连接起来，称为 βξβ 单元。在 βξβ 单元中，如果中间的连接为不规则的卷曲，就称为 βcβ 单元；如果中间的连接是 α-螺旋，就称为 βαβ 单元；如果中间连接为另一 β 结构，则称为 βββ 单元。在蛋白质中存在的 βξβ 单元的数量是比较多的。

蛋白质中常常还有两组 βαβ 组合成的一种更为复杂的超二级结构，这种结构称为 Rossman 折叠，它包括两个相邻的 βαβ 单元，即 βαβαβ，有时还有 ββααββ 结构，这是 βξβ 单元的特殊形式。例如，在乳酸脱氢酶、苹果酸脱氢酶、醇脱氢酶及丙酮酸激酶等蛋白质中都有典型的 Rossman 折叠——βαβαβ，在乳酸脱氢酶的结构域中有 ββααββ 形式的 Rossman 折叠片（图 1-18）。

（三）β-迂回

在蛋白质中有些 β-折叠是由 3 个或更多相邻的反平行 β-折叠形成的，它们中间以短链（大多数为 β-转角）连接。1980 年斯查尔（Schulz）称其为 β-迂回。β-迂回也是蛋白质结构中比较常见的超二级结构。β-迂回又有多种，典型的有 β-曲折和回形拓扑结构（图 1-19）。

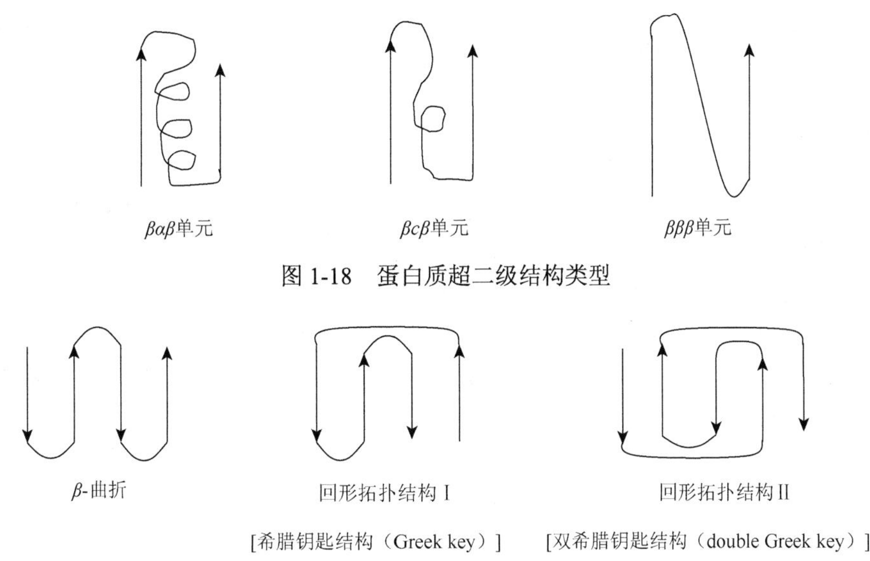

图 1-18　蛋白质超二级结构类型

图 1-19　β-迂回

（四）β-折叠桶

蛋白质中的β-折叠可以进一步折叠成桶状结构，1982 年理查德森（Richardson）将其称为β-折叠桶，简称β-桶。

β-折叠桶由β-折叠形成。一条长的反平行的β-折叠全部地或部分地卷成一个桶状。但更多的β-折叠桶是由数个平行或反平行的β-折叠组成的，少的时候可以是 5 个，多的时候可达 15 个之多（图 1-20）。例如，葡萄球菌核酸酶的β-桶由 5 个β-折叠组成，免疫球蛋白（IgG）恒定区的β-折叠桶含有 7 个β-折叠，超氧化物歧化酶的β-折叠桶由 8 个β-折叠组成。β-折叠桶的中心是疏水氨基酸的侧链，而亲水氨基酸的侧链伸向外周。

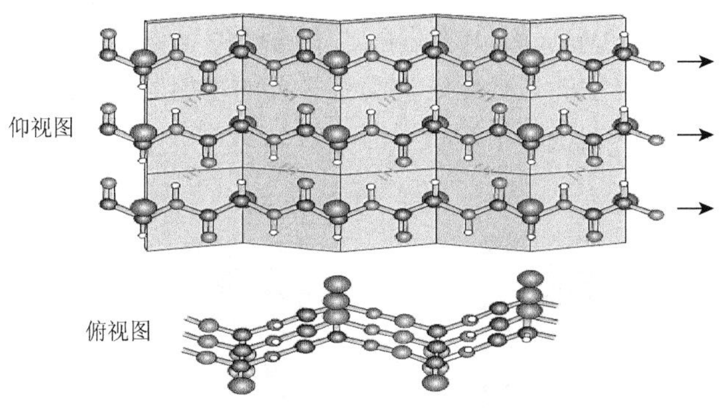

图 1-20　β-折叠桶

Richardson 将β-折叠桶的结构分为三类。

（1）印地安花篮结构：主要由β-曲折进一步折叠形成。木瓜蛋白酶抑制剂、大豆胰蛋白酶抑制剂中存在着这种结构。

（2）希腊钥匙结构：主要由希腊钥匙结构折叠形成。凝乳蛋白酶抑制剂、超氧化物酶抑制剂等蛋白质中存在着这种结构。

（3）闪电结构：主要由 $\beta\xi\beta$ 单元进一步折叠形成。磷酸丙糖异构酶等蛋白质中存在着这种结构。

（五）α-螺旋-转角-α-螺旋

1982 年索尔（Sauer）等研究蛋白质与 DNA 相互作用时发现，噬菌体 λ434 和 P22 的阻遏蛋白与 DNA 分子操纵子相结合部位的结构都是 α-螺旋-转角-α-螺旋，他们认为这也是一种超二级结构，这种结构在蛋白质与 DNA 的相互作用中占有重要的地位，这可能是与 DNA 相结合的蛋白质的共同特性。据测定，噬菌体 λ434 和 P22 的阻遏蛋白的氨基酸顺序基本相同，特别是在具有 α-螺旋-转角-α-螺旋的超二级结构的部位的氨基酸顺序完全相同（图 1-21）。

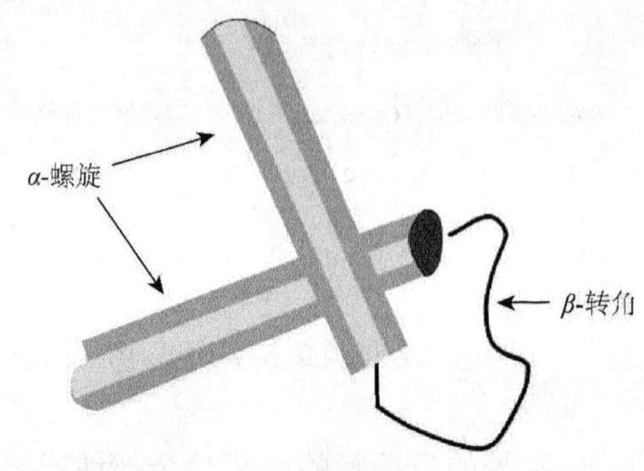

图 1-21　α-螺旋-转角-α-螺旋

二、结构域的概念

生物化学家很早就已经注意到在蛋白质分子中存在着球状的亚结构。1959 年、1966 年、1968 年科学家先后分别从免疫球蛋白、溶菌酶和木瓜蛋白酶等蛋白质分子中发现了这种结构。1973 年，温特劳弗尔（Wetlaufer）将蛋白质中的这种亚结构称为结构域，认为蛋白质三维结构中存在的这些易于鉴别的球状亚结构具有重要的功能。目前已在大量的球蛋白、酶及结构蛋白（如肌球蛋白）中发现了结构域（图 1-22）。

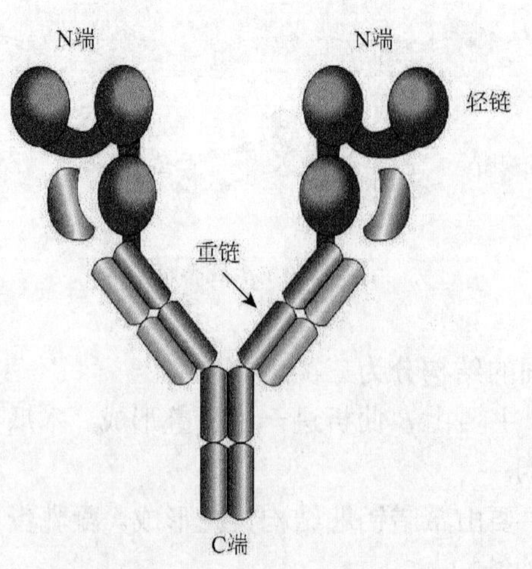

图 1-22　IgG 分子及其结构域

大多数蛋白质分子都分裂成几个结构域，每个结构域含有 40～400 个氨基酸残基，但常见的为 100～200 个氨基酸残基，相当于直径为 2.5nm 的小球。形成结构域的原因可能是将蛋白质分子分隔成几个部分，使折叠过程变得简单一些，使每个独立折叠单位变得小一些。现在根据编码蛋白质的基因的核苷酸顺序已经了解到，每个结构域是由相应的外显子编码而成的。

结构域可以从蛋白质分子的电子密度图上看出。在进行蛋白质的 X 射线衍射并计算电子密度图的过程中可以观察到，许多蛋白质分子中含有彼此连接松散的球状部分，它们的轮廓显示出这些蛋白质好像是由两个或多个裂片组成的。

目前，结构域的概念已被生物化学家普遍接受，在描述蛋白质结构时也普遍使用结构域这个名词。

结构域具有邻相关性，即在多肽链上离得比较近的氨基酸残基，在三维结构上离得也比较近，因而形成一个结构域，而那些离得比较远的氨基酸残基在三维结构上可以形成另一个结构域。邻近相关性表明，一条多肽链的折叠行为好像一条绳子，手持绳子的一端，让另一端缓缓地落在地面上，在地面上所形成的绳子的折叠不是随意的，而是表现出邻近的部分折叠在一起，远离的部分彼此远离。绳子不是纠缠在一起的，而是提起绳子的一端很容易散开。根据这个原则，肽链不应当存在打结的结构，事实上在所有已知结构的蛋白质中都没有发现打结的结构。

酶分子的活性中心常常存在于两个结构域的交界面上，使各个结构域的功能集合起来，便于形成更特殊的分子，使之具有更特殊的功能。酶的构象变化是酶作用机制的一个重要部分，酶的构象变化包括结构域的运动。1984 年，生物化学家证明，当酶与底物结合时，酶的结构域之间的裂隙要开启或关闭，这实际上是结构域运动的结果。结构域的这种运动可使催化基团定向地包围底物，辨别出底物是否合适。结构域的运动已在柠檬酸合成酶、醇脱氢酶等许多酶分子中发现了。

蛋白质的构象变化与功能之间的关系称为蛋白质动力学。目前，蛋白质动力学已经成为蛋白质化学或分子生物学的一个重要研究领域，它将对酶的作用机制和蛋白质的功能作出进一步解释，也将会使人们对生命现象的理解更加深入。

第五节　蛋白质分子的三级结构

蛋白质分子的三级结构是指二级结构和非二级结构在空间进一步盘曲折叠，形成包括主链、侧链原子在内的专一性三维排布。对单链蛋白质来说，三级结构就是分子特征性主体结构，对多链蛋白质来说，则是指各组成链的构象。所以，三级结构是蛋白质分子或蛋白质分子中亚基的所有原子在空间的排布，它不涉及与相邻分子或亚基间的相互关系。具有三级结构的蛋白质分子，都有近似球形或椭球形的物理外形，常称为球蛋白。它们虽然与纤维蛋白不同，但却含有构成纤维蛋白的许多二级结构，如 α-螺旋、β-折叠，此外还有一些区段含有 β-转角和不规则构象。

一、球蛋白的折叠原则

迄今为止，已经确定的蛋白质结构有 400 多种，显示出了球蛋白的一些结构规律。虽然每一种不同氨基酸排列顺序的蛋白质总是具有一种独特的三级结构，但仔细比较就可以看出，许多蛋白质在基本结构上具有某些相似之处，顺序和功能很少相似的蛋白质之间也有共同的结构特点，这些共同的结构特点说明有共同的物理原因。蛋白质的结构特点反映了两种不同的物理效应。第一种是手性效应，即蛋白质中肽链的排列是的手性的，分为左手和右手，这是由于多肽链是由手性的L-氨基酸组成的。第二种效应是α-螺旋、β-折叠这样的二级结构怎样才能最有效地组装在一起，使蛋白质与溶液接触的表面积达到最小。这对三级结构的形成是非常重要的。下面简要介绍这两种效应。

1. 手性效应对多肽链折叠的影响

根据蛋白质主要由手性的 L-氨基酸组成的事实，从能量的计算上得知，多肽链最稳定的构象并不是直的，伸展的多肽链以稍向右手扭曲为好。这种扭曲的效应还可进一步使肽链以右手方式产生一个线圈。伸展的多肽链扭曲的倾向使其构象在能量上达到最小。

伸展的多肽链右手扭曲的效应表现在以下两个结构特征上。第一个特征是在平行 β-折叠末端的连接方向上。在反平行的 β-折叠链之间可以以简单的发夹回转方式在片层的同一端相连。但在平行 β-折叠中，则要求在片层的不同端相连，从而形成交叉连接。这种连接可以是右手方向，也可以是左手方向。但实际上在蛋白质分子中观察到的交叉连接都是右手方向。这可能是因为右手交叉连接方式在能量上有利。第二个特征反映在球蛋白平行 β-折叠的几何学上。当沿着肽链方向观察时，球蛋白 β-折叠总是向右手方向扭曲。β-折叠这种扭曲行为是蛋白质结构上的一个重要特性，因为扭曲的 β-折叠往往能构成蛋白质结构的骨架。当然，平行 β-折叠的扭曲也不可能是无限制的，因为在扭曲过程中会遇到氢键的抵抗，即存在着扭曲力和氢键之间的竞争。所以，在几何学上往往形成“马鞍状”或“柱状 β-桶”结构。

手性效应影响平行 β-折叠的连接，也影响它的几何形状。按上述原则，平行 β-折叠之间的交叉连接都是右手的。所以，在平行 β-折叠桶中，连接肽段不能深入到桶的中心，使桶的中心足以容纳疏水侧链。多肽链骨架以简单的右手旋转围绕着 β-桶缠绕起来，一次移动一个 β-折叠，而把 α-螺旋围在外面。因此，虽然这些结构较大，而折叠方式则很简单。在马鞍 β-折叠中，β-折叠的每一侧有一层 α-螺旋，用右手交叉连接来完成这种结构，多肽链必须有时沿一个方向移动，有时沿另一个方向移动。

在反平行 β-折叠桶中，手性原则也影响了桶的形状。β-折叠之间的连接横穿桶的顶部或底部，而不是直接连接到它的最邻近 β-折叠上。如果将反平行 β-折叠桶展开放平，从溶剂的一侧观察，则 β-折叠呈回形拓扑结构（图 1-23）。

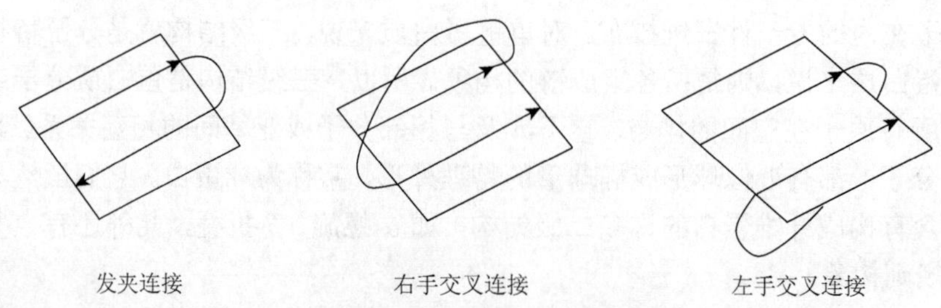

图 1-23　β-折叠呈回形拓扑结构

2. 二级结构的有效组装

在蛋白质三级结构的形成过程中，其中一个效应是如何有效地使二级结构组装成更大的单位，并使其与溶剂的接触面积最小。

首先必须肯定单层结构的蛋白质是不稳定的，因为在单层结构中会将疏水基团暴露在溶剂中，所以蛋白质至少需要两层才能把疏水基团掩盖起来，单层结构的蛋白质是不存在的。反平行 β-折叠是典型的双层结构，即由两层 β-折叠构成 β-折叠桶。这样一来，使 β-折叠的一侧位于桶的内侧，这一侧包含疏水侧链；另一侧位于桶的外侧，是亲水侧链，从而使疏水基团被有效地包裹在结构的内部而且远离溶剂，以便形成稳定的结构。也有一些反平行 β-折叠蛋白质只有一层 β-折叠，但在其上面又覆盖了一层 α-螺旋。平行 β-折叠蛋白质至少有三层或者四层结构。因为平行 β-折叠之间必须由其他结构（如 α-螺旋）交叉连接。β-折叠总是在蛋白质的中心作为结构的骨架，外周则是其他结构。最常见的组装之一就是一系列交叉连接的 $\beta\alpha\beta$ 结构，这种方式的组装最终形成的结构可以看作由 β-折叠组成的内部桶又被 α-螺旋组成的外部桶紧紧地包装起来，所以看上去是四层。曾经提到过的马鞍形结构则为三层，中间是一层扭曲的 β-折叠，两侧则是 α-螺旋或其他结构。

完全由 α-螺旋作为二级结构的蛋白质也有一定的组装方式，如 4-α-螺旋束。总之，蛋白质在由二级结构装配成三级结构时，都必须有效地将氨基酸的疏水侧链包裹在分子的内部。为达到此目的，二级结构的组装必须紧凑，从而使其分子与溶剂的接触面积达到最小。

二、稳定三级结构的主要作用力

蛋白质分子复杂的三级结构是由复杂的作用力体系来稳定的，而且具有与非生命物质分子极为不同的作用特征。从化学键的水平上来说，存在于蛋白质分子中的主要作用力包括：二硫键、氢键、疏水作用力、离子键和范德瓦耳斯力。弱相互作用（非共价键）在蛋白质三级结构中占有重要地位，这是蛋白质分子结构的一个重要特征。在这一水平上，蛋白质分子的主链与主链之间、侧链与侧链之间及主链与侧链之间存在着错综复杂的相互作用，从而使蛋白质分子在三维水平上形成一个有机的整体。

1. 二硫键

二硫键是蛋白质分子中稳定三维结构的唯一共价键。二硫键在蛋白质分子中存在和作用的情况有很大的差别，一般说来，在由单链组成的小蛋白质分子（如核糖核酸酶、溶菌酶、胰蛋白酶和胰岛素等）中，这些键的比例很大，特别是胞外空间的蛋白质中较多，如牛血清清蛋白中有 7 对，γ-球蛋白中有 16 对（相对分子质量分别为 66 500 和 160 000）。但是许多蛋白质，特别是那些多亚基蛋白质中却完全没有二硫键，如血红蛋白、胶原蛋白及许多酶分子中都不含二硫键。

在含二硫键的蛋白质中，二硫键对三级结构的稳定性有很大的影响。二硫键的高含量可使蛋白质抵抗变性，并在二硫键不断裂的前提下，结构易于再生。因此，在局部变性的情况下，保留二硫键的片段重新折叠的概率大，这是含二硫键蛋白质的一般特征。这种附加的稳定性对于在胞外变化较大的环境中维持蛋白质的正常功能可能是很重要的。但是，大量的实验证明，直接影响多肽链三级折叠的是非共价键，而不是二硫键。这些实验和发现支持了这样一个观点：在多肽链折叠成最后稳定构象的过程中，二硫键并不起主要作用，但这种键可以补充和完善非共价键的作用，增加肽链三级结构的稳定性。

2. 氢键

氢键是指连接着一个电负性原子（如 N、O 或 S）的氢与另一电负性原子之间的相互作用，可表示为：X—HY。这是一种类似于静电引力的相互作用力。一般来说，如果X和Y都是电负性较大、半径较小的原子（如 F、N、O、S 等），则在X—HY之间都可以形成氢键，如肽链主链上的 >N—H 和 O=C<。

在蛋白质中含有许多可形成氢键的基团，所以有大量的氢键存在。一般说来，主链上的氢键比侧链基团形成的氢键多，前者更多地具有结构上的意义，后者在功能上常起着重要的作用。在蛋白质分子中存在着错综复杂的氢键网络，它们对于维持蛋白质三级结构的完整性和功能的灵活性具有十分重要的意义。

氢键具有两个重要的特征，即方向性和饱和性。方向性是指氢的给供体原子及氢一般都处于非常接近一条直线的位置上。饱和性是指一个X—H 只能和一个Y原子形成氢键。在形成蛋白质三级结构时，在最大限度形成氢键的原则下，这两个特征都起着重要的作用。但近年来在测定的蛋白质结构中，也发现有非直线的和分叉的氢键存在。

3. 疏水作用力

蛋白质分子中有许多非极性侧链或基团，这些非极性侧链或基团出于避开极性溶剂的需要而相互聚集的趋势称为疏水作用力。疏水作用力是一种能量效应，非极性基团相互聚集，以避开水或者说远离水，这在能量上是有利的。所以，蛋白质分子内非极性基团之间相互作用形成一个疏水"内核"，位于三级折叠的内部空间，而极性侧链或基团大多分布在三级结构的表面，形成亲水区。这对蛋白质构象的稳定具有十分重要的意义。现在越来越多的人认为，远距离残基间的疏水作用对蛋白质的特征构象具有关键性的影响。对于一个普通组分的蛋白质来说，它的主链原子（N、C_α、C、O、H）和侧链第一个原子 C_β 约占原子总数的 67%，而它们在所有的蛋白质中都是相同的，显然，各种蛋白质分子的三维结构特征是由其余 33%的侧链原子所决定的，这充分表明了远距离侧链之间相互作用的重要性。

4. 离子键

离子键是指带相反电荷的基团之间的静电吸引力。蛋白质分子中，这种吸引作用主要在荷负电的 Asp、Glu（高 pH 条件下还有 Cys 的巯基和 Tyr 的酚基）侧链和荷正电的 His、Lys、Arg 侧链之间产生，当然末端羧基和质子化的氨基也可以参加这种作用。由于这里的荷电性能都是基团性的，在形式上和酸碱成盐类似，因此在蛋白质化学中，更常用的名称是"盐键"。蛋白质分子中的这些基团也都有成氢键的能力，当它们位于蛋白质结构的内部时，形成氢键是更基本的形式，但在特定的表面位置或在配基结合位置上，这些荷电基团之间则形成离子键，从而对这些位置的构象和特征起着重要的作用。

5. 范德瓦耳斯力

范德瓦耳斯力是指分子与分子或原子与原子之间接近到很短距离时才明显出现的一种静电相互作用。范德瓦耳斯力包括三种较弱的作用力，即定向效应、诱导效应和分散效应。定向效应发生在极性分子或基团之间，它是永久偶极间的静电相互作用。氢键也可以认为属于这种范德瓦耳斯力。诱导效应是发生在极性分子或基团与非极性分子与基团之间，这是永久偶极与由它诱导产生的偶极之间的相互作用。分散效应是在多数情况下起主要作用的范德瓦耳斯力，这是非极性分子或基团间存在的范德瓦耳斯力，也称为 London 分散力。它是由分子或基团中电子密度的波动（即电子运动的不对称性）而造成的瞬时偶极，是这种瞬时偶极间的相互作用。偶极的方向也是瞬时变化的（图 1-24）。

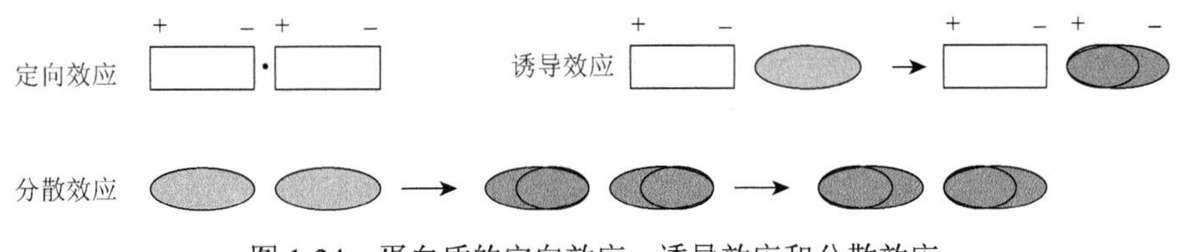

图 1-24　蛋白质的定向效应、诱导效应和分散效应

蛋白质分子的三级结构具有专一性和可变性的辩证统一。由于共价键和大量的次级键的协同作用，维持了蛋白质分子三级结构的专一性和稳定性。但由于单个次级作用是很弱的，它的破坏和改变极为容易。少数次级作用的破坏或改变将会引起构象上的一些变化，但并不影响蛋白质的总体结构和完整性。因此，次级作用就成为蛋白质三级结构可变性和灵活反应的基础。蛋白质的结构特征和功能表现是与其错综复杂的次级作用及其灵活的专一性变化密不可分的，蛋白质变性时，其共价结构基本保持不变，被破坏的主要是分子内的次级作用；蛋白质的别构也总是伴随着次级作用的变迁。所以，不论是研究蛋白质的结构，还是探讨其功能关系，都必须充分重视蛋白质分子内的这些重要特征。

三、蛋白质三级结构的形成

蛋白质三级结构的形成的研究是目前一个十分活跃的领域。所谓蛋白质结构是指一个新合成（或变性）多肽链的开放构象，总体转化为天然蛋白质特征的三级结构的过程。近年来，关于蛋白质折叠的主要成就是肯定了折叠的自发性，证实蛋白质分子的特征三级结构唯一地取决于它的氨基酸排列顺序。简单地说，一级结构决定了高级结构。关于肽链转换为三级结构的方式、机制和过程的研究不少，但至今肯定下来的东西不多。对于蛋白质的折叠机制，目前比较流行的是随机成核理论。该理论认为，折叠分为两个时相，第一时相的半成期为55ms，代表了蛋白质多肽链的随机成核；第二时相的半成期是350ms，代表了以这一核心为基础，完成其余部分的折叠。现在已提出了一种三阶段随机成核理论，按照这一理论，蛋白质分子折叠的第一阶段是成核，即小部分的肽链迅速形成α-螺旋、β-折叠等二级结构，这是进一步折叠的核心和基础。第二阶段是折卷，即已成核的结构，随后形成较大的部件（超二级结构），这一阶段的折叠已粗略地近似于最后的结构，但在原子水平上还缺乏最后的凝聚。第三阶段是凝聚，即已形成的较大组合结构，最后在原子水平上凝聚，形成天然的致密结构。

第六节　蛋白质的四级结构

一、蛋白质四级结构的基本概念

许多蛋白质作为一个活性单位时，是由两条以上的肽链组成的。这些肽链都有各自的一级、二级、三级结构，每个具有完整三级结构的单位称为亚基，通常一个亚基是一条肽链，但也存在由两条或多条肽链组成的亚基，亚基的聚合体称为寡聚体（寡聚蛋白），寡聚体中亚基的数目、类型、亚基的立体排布、亚基间的相互作用与接触部位的布局均属于蛋白质四级结构研究的内容。所以，四级结构就是指蛋白质分子中亚基在空间的排列状态、亚基间的相互作用及接触部位的布局。一般说来，亚基单独存在时是没有生物学活性，只有聚合成完整的四级结构之后才具有生物学活性。在四级结构中亚基可以是相同的，也可以是不同的。

例如，过氧化氢酶是由 4 个相同的亚基组成的，而血红蛋白则是由不同的 α 亚基和 β 亚基各一对聚合而成的。在寡聚蛋白质中，亚基与亚基之间主要以弱作用力相联结，有些蛋白质中也有二硫键。球蛋白聚合成四级结构可以形成一个更加复杂的蛋白质结构，以便执行更为复杂的功能。

二、亚基的数目和种类的确定

确定蛋白质分子中亚基数目的方法通常是：先用超速离心法或凝胶过滤法测定天然寡聚体的分子质量，然后用盐酸胍、脲等变性剂或其他方法使分子中的亚基相互分离，再测定亚基的分子质量，由二者的比例来确定寡聚体中亚基的数目。例如，大肠杆菌 β-半乳糖苷酶经超速离心法测定得知其相对分子质量为 540 000；经 SDS 凝胶电泳法测定其亚基相对分子质量为 135 000，二者的比值为 4，说明该酶是由 4 个大小相同的亚基组成的，是四聚体。再如，用 Sephadex G-100 凝胶过滤法测定出狗肝 Cu-SOD、Zn-SOD 的相对分子质量为 33 600，经 SDS 电泳法测定出其亚基的相对分子质量为 16 845，二者呈 2 倍关系，因此可以断定狗肝 Cu-SOD、Zn-SOD 是由两个大小相同的亚基组成的。

确定亚基种类的方法：将天然蛋白质解离成亚基后，进行超速离心和肽结构分析，通过比较分析结果来确定蛋白质分子中亚基的种类。

到目前为止，使用上述方法已经发现 700 多种蛋白质具有四级结构，其中酶就有 500 多种。

三、亚基的排布

应用 X 射线衍射技术和电子显微镜可以确定亚基的排布情况。亚基的排布多为对称型，主要有两种方式的对称。

（1）循环对称（C_n），又称环状点群对称，这是最简单的排布方式，亚基按圆周方式对称分布。例如，利用电子显微镜观察发现丙酮酸羧化酶和色氨酸酶均为 C_4 对称，即排布在正四方形的各个角上。精氨酸脱羧酶为五聚体，亚基排布于五角形的各角上，属 C_5 对称（图 1-25）。

（2）二面体对称（D_n）：又称二面体点群对称。例如，异柠檬酸脱氢酶、乳酸脱氢酶、血红蛋白都有是四聚体，它们的亚基呈正四面体分布，即分布在正四面体的四个角上，属 D_2 对称排布（图 1-26）；谷氨酰胺合成酶为 12 聚体，各个亚基位于六角锥体的各个顶点，属于 D_6 对称排布。

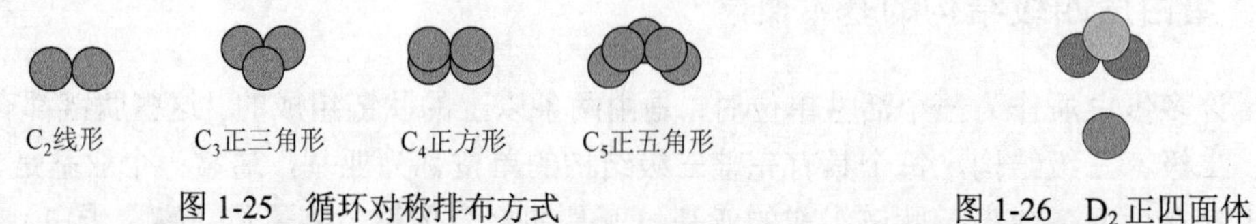

图 1-25　循环对称排布方式　　图 1-26　D_2 正四面体

蛋白质的亚基数多为偶数，有 2、4、6、8、12、24…2200（烟草斑纹病毒）等，其中以含 2、4 个亚基占多数。奇数亚基构成的蛋白质比较少，目前所知只有十多种。亚基的种类一般是一两种。

第七节　两种常见蛋白结构与功能的关系

一、血红蛋白结构与功能的关系

血红蛋白和肌红蛋白是较早阐明空间结构的重要蛋白质分子。血红蛋白的结构比较复杂，它是由 4 个亚基聚合而成的四聚体，每个亚基含有一个血红素作为辅基。正常人红细胞里存在着两种血红蛋白，HbA_1 占血红蛋白总量的 96%，由 2 个 α 亚基和 2 个 β 亚基组合而成，即 $\alpha_2\beta_2$。HbA_2 占血红蛋白总量的 1.5%～4.0%，由 2 个 α 亚基和 2 个 δ 亚基组成，即 $\alpha_2\delta_2$。胎儿的血红蛋白主要是 HbF，即 $\alpha_2\gamma_2$，出生后不久即消失，接着出现 HbA_1 和 HbA_2。α 亚基是由 141 个氨基酸残基组成的肽链，β、δ 和 γ 亚基各含 146 个氨基酸残基。这几种亚基的三级结构都与抹香鲸肌红蛋白的结构极为相似，其中约有 75%的主链形成 8 段右手 α-螺旋，分别命名为 A、B、C、D…H，各段之间由长短不等的非螺旋部分连接，分别命名为 NA、AB、BC、CD…HC，其中 N 与 HC 中的 C 是相应的末端。因此，各个残基都有两个编号，一个是从 N 端开始的顺序号，另一个是它在螺旋中的位置编号，如 64 位的组氨酸又可编为 E_7。血红蛋白是由 4 个亚基聚合成的四聚体，在四聚体中，4 个亚基成 D_2 正四面体分布，即 4 个亚基分布在正四面体的 4 个角上。

(一) 血红蛋白与氧的结合

血红蛋白与氧的可逆性结合可表示为：$Hb+O_2 \rightleftharpoons HbO_2$。其平衡常数为：$K=[HbO_2]/[Hb][O_2]$。与氧结合的血红蛋白称为氧合血红蛋白（$HbO_2$），没有与氧结合的血红蛋白称为脱氧血红蛋白（Hb）。氧合血红蛋白与血红蛋白总量的百分比称为氧饱和度。即：氧饱和度（Y）=$[HbO_2]/([HbO_2]+[Hb])\times 100\%$。若以氧饱和度对氧分压（$Po_2$）作图，则得到一“S”形曲线，称为血红蛋白的氧合双曲线（图 1-27）。

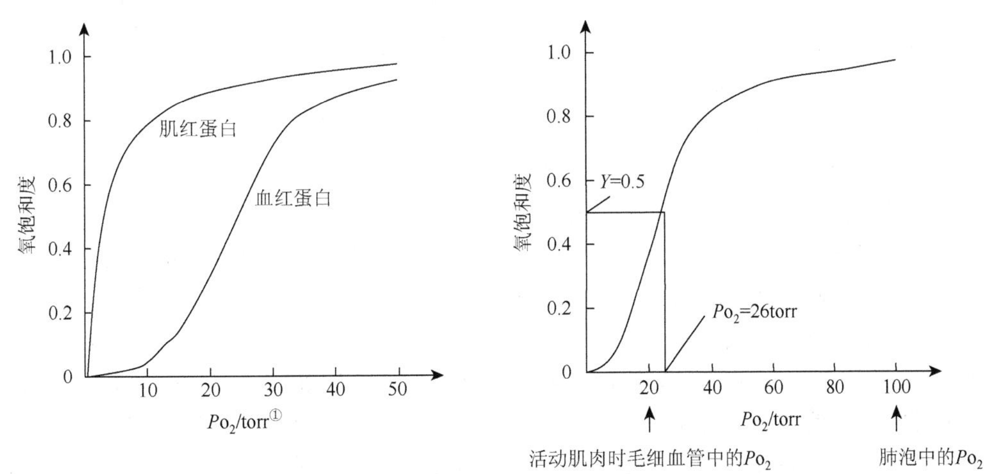

图 1-27　肌红蛋白的氧合双曲线

从两者的氧合曲线图上可以看出，氧合肌红蛋白只有在氧分压极低的情况下才具有释放

① 1torr=1.333 22×10^2Pa

氧的能力，因此认为它有储备氧的功能。而氧合血红蛋白在氧分压为 40torr 时（静脉血的氧分压）已明显释放氧，而当氧分压到达 20torr（肌肉运动时静脉血的氧分压）时血红蛋白只保留 30%动脉血的氧含量。待氧分压到达 4～5torr 时，则供氧的任务已经由肌红蛋白所取代。

血红蛋白所表现出的特殊行为是它的四级结构及由此而产生的别构效应所导致的。当一个 α 亚基与氧结合后，β 亚基对氧的亲和力有所增加，而当一对 $\alpha\beta$ 亚基与氧结合后，另一对 $\alpha\beta$ 亚基对氧的亲和力增加，其与氧反应的平衡常数可增加 5 倍。这种由一个亚基与氧结合时的构象改变而引起其余亚基构象和性能改变的作用称为别构效应（变构效应）。许多蛋白质，尤其是酶都具有别构效应，别构效应是生物用以调节高分子功能（尤其是酶功能）极为普遍的方式。

（二）氧合引起的血红蛋白构象变化

在脱氧血红蛋白中，4 个亚基是通过如图 1-28 所示的离子键相互连接起来的。

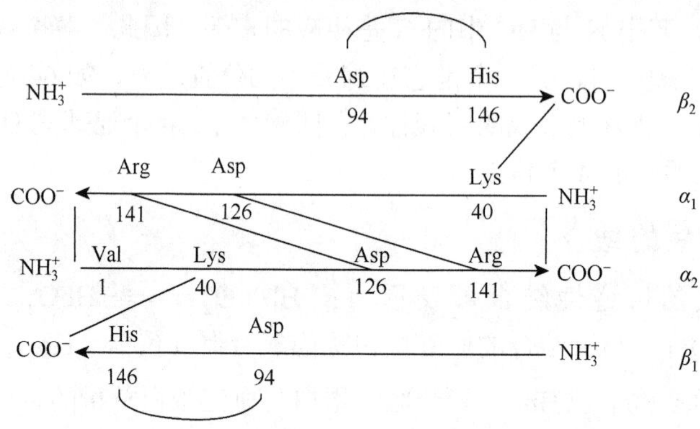

图 1-28 脱氧血红蛋白中不同亚基间的交联键（盐桥）

在两个 β 亚基之间还夹着一个 2, 3-二磷酸甘油酸（DPG），它带有高密度的负电荷，其荷负电基团与每个 β 亚基的 3 个正电荷基团[1 位上 Val 的 α-NH_3^+，82 位上 Lys(EF6)的 ε-NH_3^+ 和 143 位上 His（H21）的咪唑基]相互吸引，共生成 6 个离子键。上述离子键的作用，使脱氧血红蛋白的构象受到很大的束缚，致使它对氧的亲和力远比单独的 α 亚基、β 亚基或肌红蛋白对氧的亲和力低。血红蛋白与氧结合时，主要的变化如下。

（1）脱氧血红蛋白中 Fe 的配位数为 5，其中 4 个来自卟啉环的 N，另一个来自近侧组氨酸（F8）的第三位 N。此时配位场较弱，Fe（Ⅱ）与卟啉环的 4 个 N 是通过电价配位键连接的，Fe（Ⅱ）采取高自旋结构，具有 4 个不成对电子，分布在 4 个轨道上，因此原子半径大，突出在卟啉环的中央空穴之外，与卟啉环平面保持 0.06nm 的距离。血红蛋白氧合后，Fe 的配位数为 6，O_2 是第六个配位体。分子氧使总配位场增强，此时，Fe（Ⅱ）是通过共价配位键与卟啉环的 N 结合的，Fe（Ⅱ）采取低自旋结构，4 个不成对电子被挤到两个轨道内，原子半径比脱氧时缩小，于是能进入卟啉环平面的中央孔穴中，移动 0.06nm 的距离。这一移动通过与铁结合的组氨酸（F8）残基牵动残基所在的肽链，进而影响了亚基间的相互接触，以致整个分子的四级结构发生了变化。由于血红蛋白氧合时整个分子构象的变化都是由 Fe（Ⅱ）的位移牵引肽链所引起的，因此将血红素的铁看作血红蛋白分子呼吸的“触发器”(图 1-29)。

图 1-29　氧合时铁原子进入血红素平面示意图

（2）组氨酸（F8）的位移引起亚基三级结构的微小变化，螺旋 F 向 H 移动，使二者之间的间隙缩小，将“袋穴”内的 HC_2Tyr 排挤出去。HC_2Tyr 的移动，拉断了维系脱氧血红蛋白四级结构的某些离子键。

（3）两个 β 亚基间的空隙变小，挤出 DPG 分子，使 DPG 分子与两个 β 亚基间形成的离子键全部断裂。

（4）离子键的断裂，引起 β 亚基的构象变化，消除了 β 链 67 位（E11）Val 的侧链对氧结合部位的空间障碍，使 β 亚基能够顺利地与氧结合。

（5）血红蛋白氧合时，其亚基间的相对位置发生相当剧烈的变化（图 1-30）。血红蛋白可以看作 $\alpha\beta$ 二聚体的二聚体（即可以看作 $\alpha_1\beta_1$ 和 $\alpha_2\beta_2$ 的聚合）。氧合时 $\alpha_1\beta_1$（或 $\alpha_2\beta_2$）接触区结构变化不大，但两个二聚体之间发生了相对位移，旋转了 15°，使两个 β 亚基之间的距离彼此靠近。血红蛋白由 T 态（紧张态）变为 R 态（松弛态），即血红蛋白由对氧的低亲和力型构象变成了对氧的高亲和力型构象（图 1-31）。

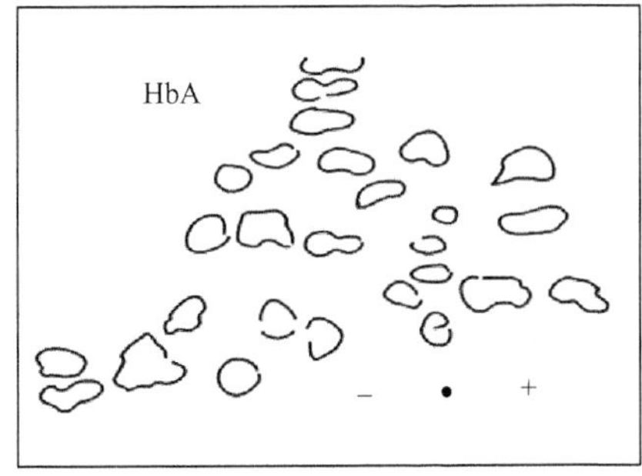

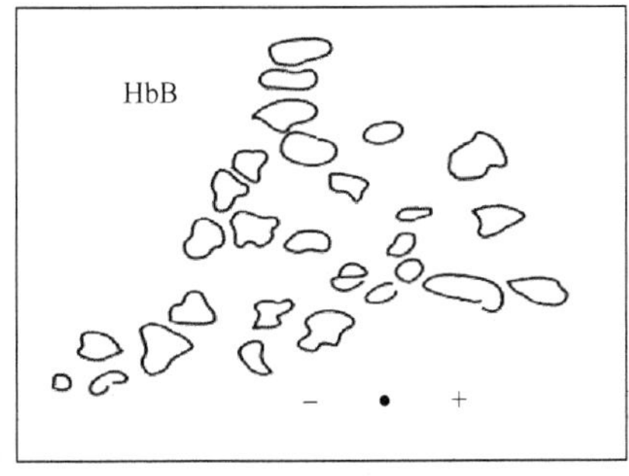

图 1-30　氧合时血红蛋白中亚基构象变化的图解

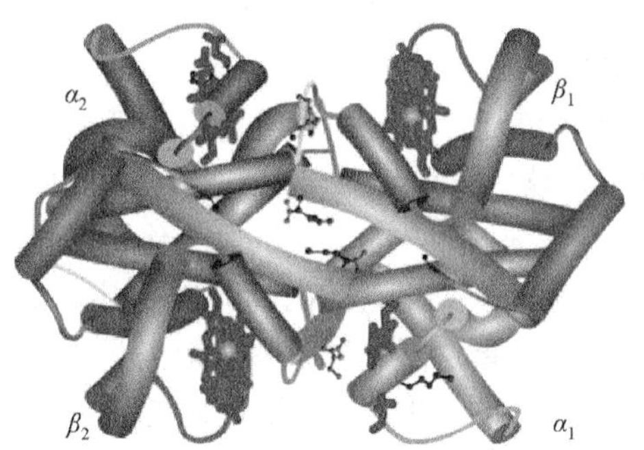

图 1-31　血红蛋白四级结构的旋转变化

氧合时一个二聚体相对于另一个二聚体旋转 15°，C_2 对称轴自身倾斜 7.5°

（三）H^+、CO_2、DPG 对 Hb 与 O_2 结合的影响

1. H^+对 Hb 与 O_2 结合的影响——Bohr 效应

H^+浓度或 pH 的变化可以影响血红蛋白对氧的亲和力。在肺组织中，CO_2 分压低、H^+浓度低即 pH 较高的情况下，血红蛋白与氧的亲和力增加，所以易与氧结合成氧合血红蛋白。但在周围组织中，在 CO_2 分压高、H^+浓度高即 pH 较低的情况下，血红蛋白与氧的亲和力降低，所以氧合血红蛋白易释放出氧成为脱氧血红蛋白。这就是 Bohr 效应，是由丹麦生理学家 Bohr 提出的。由此可见，H^+具有促进 HbO_2 释放 O_2 的作用。

按照 Bohr 效应，血红蛋白与氧结合的反应应写为：

$$HHb^+ + O_2 \rightleftharpoons HbO_2 + H^+$$

可见 O_2 和 H^+都能与血红蛋白结合，但是结合的方式相反。当氧浓度高时（肺组织中），O_2 与血红蛋白结合，H^+被释放出来。当氧浓度低时（在周围组织中），H^+与血红蛋白结合，而 O_2 被释放出来。但 O_2 和 H^+不是与血红蛋白的同一部位结合的，O_2 结合在血红素的 Fe 原子上，而 H^+则结合在血红蛋白 β 链 146 位组氨酸咪唑基及 α_1 链的缬氨酸的侧链上，使它们带上正电荷，并与其他荷负电的基团形成离子键。

2. CO_2 对 Hb 与 O_2 结合的影响

CO_2 对 Hb 的影响有两个方面：一是与血红蛋白起作用，即与血红蛋白各肽链的 N 端的 NH_2 结合成氨甲酰血红蛋白。一般认为 CO_2 与 Hb 的直接结合对 CO_2 的运输起着一定的作用，但更重要的作用可能还是降低血红蛋白对 O_2 的亲和力，这一作用可初步解释为：带负电荷的氨甲酰基（Hb—NH—COO^-）与一个带正电荷的基团形成离子键，起到降低氧亲和力的作用，有利于 HbO_2 释放 O_2。二是间接地通过 H^+参与 Bohr 效应。

3. DPG 对 Hb 与 O_2 结合的影响

DPG 是血细胞中糖代谢的中间产物，它可以和脱氧血红蛋白以 1∶1 的比例结合，使血红蛋白的构象发生变化，导致氧合能力下降，其反应过程大致如下。

$$\text{Hb} + \text{DPG} \rightleftharpoons \text{Hb-DPG}$$

$$\text{Hb-DPG} + O_2 \rightleftharpoons HbO_2 + \text{DPG}$$

目前认为，脱氧血红蛋白分子中，在两个 β 亚基间有一空隙恰好容纳一个 DPG 分子，一分子 DPG 能与两个 β 亚基空隙处的一系列正电荷形成离子键，使脱氧血红蛋白的构象更为稳定，所以能降低血红蛋白对氧的亲和力。氧合时两个 β 亚基相互靠近，空隙变小，DPG 被排挤出去，氧亲和力也随之增加。

DPG 降低血红蛋白与氧亲和力的作用有着重要的生理意义。当血液流经氧分压较低的组织时，红细胞中 DPG 的存在能明显增加氧合血红蛋白对氧的释放，以供给组织。DPG 的浓度越大则氧的释放量越多。红细胞中 DPG 的浓度变化是调节血红蛋白对氧亲和力的重要因素。在空气稀薄的高山上生存的人们和患有呼吸困难性疾病的人们，红细胞中的 DPG 代偿性增加，使为数不多的氧合血红蛋白尽量释放氧，以满足组织的需要。有些鸟类的红细胞中不含 DPG，但含有六磷酸肌醇等化合物，它在降低血红蛋白与氧的亲和力上的作用比 DPG 更强。

综上所述，H^+、CO_2、DPG 均能使血红蛋白四聚体稳定于脱氧构象，造成血红蛋白分子对氧亲和力下降，从而有利于氧合血红蛋白在组织中释放氧。

二、免疫球蛋白与防御作用

动物体对病原微生物的侵袭有防御作用。它们的防御方式有两种：①白细胞向受侵部位的微生物方向运动，吞噬并破坏掉此外来侵袭物；②某些细胞（浆细胞）产生抗体，分泌到血液中，抗体与侵入的病原物质进行专一性结合而使之失去侵袭力。凡能刺激机体产生抗体和致敏淋巴细胞，并能与之结合引起特异性免疫反应的物质称为抗原。抗体是在抗原刺激下产生并能与抗原发生特异性反应的蛋白质，又称为免疫球蛋白。抗体是具有高度专一性的蛋白质，主要存在于血清中。正常血清中含有大量的蛋白质，在电泳时按照迁移率大小可分为白蛋白、α-球蛋白、β-球蛋白和 γ-球蛋白。动物经注射抗原后产生的含有一定数量抗体的血清称为抗血清或免疫血清。抗血清和正常血清比较，其电泳图谱有明显的变化，血清中的 γ-球蛋白显著增加。所增加的球蛋白就是抗体，目前国际上统一命名为免疫球蛋白，简称 Ig（图 1-32）。

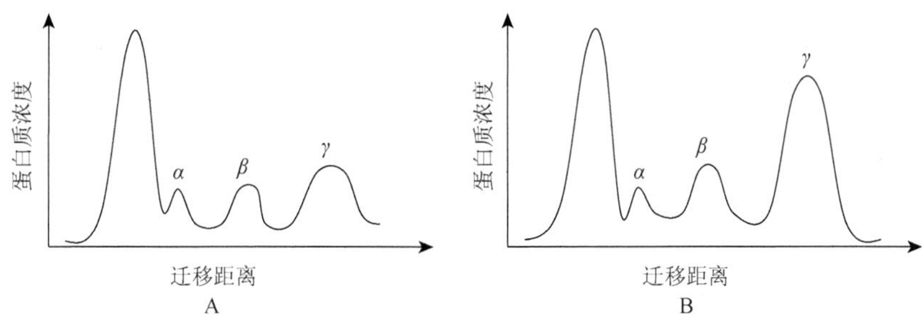

图 1-32　正常血清（A）和抗血清（B）电泳扫描曲线

抗原起作用的通常是蛋白质或多糖分子表面的某些部分，可以与微生物的表层结构结合在一起，所以细菌、病毒及细菌毒素的表面都有不止一个抗原部位，因而可以诱导出多种不同专一性的抗体分子。在血液中抗体与相应抗原结合就修改了微生物的表面结构，不但使白细胞容易吞噬微生物并将它们消化掉，而且多数抗原与抗体相连接成为沉淀而失去活力的复合物，使之失去侵袭力及毒力。抗原主要来自异种生物或同种生物的异体。抗体有识别“自己”与“非己”的能力。近年来分子生物学的进展，使人们对免疫球蛋白的三维结构及其与抗原的结合部位有了深入的了解，从而对免疫球蛋白识别“自己”与“非己”的本领有了一定的认识。下面简要介绍这方面的有关内容。

（一）抗原

抗原一词最早的概念是指一种能在脊椎动物体内引起抗体产生并与相应抗体起反应的物质。但抗原诱发的动物反应是复杂的，不同抗原或同一抗原对不同种类或个体可能引起不同的反应，可以产生抗体，即体液免疫，也可以致敏免疫细胞，即细胞免疫。但无论如何，抗原能和抗体或致敏淋巴细胞在体内或体外发生特异性的结合。所以抗原的概念有两个重要的方面，即免疫原性和抗原专一性。免疫原性是指引起免疫反应的能力，而抗原专一性是指与抗体的反应特性，这种专一性是由抗原的化学结构即整个分子的空间构象及局部基团决定的。

1. 抗原专一性的分子基础

抗原分子中起主要作用的是分子表面化学基团的立体构型及其空间排列形式，这些化学基团称为抗原决定簇。天然抗原大多数是蛋白质，其结构复杂，且专一性的分子基础不易分析。所以可采用人工抗原来进行抗原专一性的研究。人工抗原是将已知结构的简单分子连接在蛋白质分子上，如将苯胺的衍生物（如对氨基苯磺酸或对氨基苯甲酸等）先重氮化，再通过酪氨酸残基与蛋白质相连，形成的偶氮蛋白质就是人工抗原（图 1-33）。

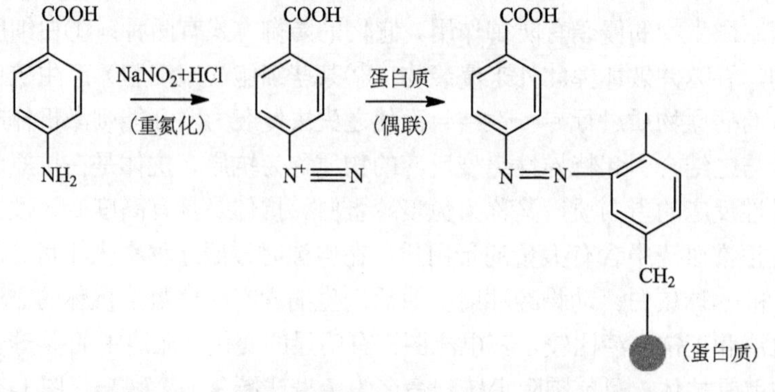

$$\text{COOH-C}_6\text{H}_4\text{-NH}_2 \xrightarrow[\text{(重氮化)}]{\text{NaNO}_2\text{+HCl}} \text{COOH-C}_6\text{H}_4\text{-N}^+\equiv\text{N} \xrightarrow[\text{(偶联)}]{\text{蛋白质}} \text{COOH-C}_6\text{H}_4\text{-N=N-C}_6\text{H}_3\text{-CH}_2\text{-(蛋白质)}$$

图 1-33　对氨基苯甲酸与蛋白质偶联形成的人工抗原

这些简单分子称为半抗原，而与之结合的蛋白质称为载体。如图 1-33 所示，在人工抗原中，半抗原是抗原决定簇，具有高度的免疫学专一性，即由这些简单的化学基团决定了抗原专一性。所以，可以利用半抗原分子结构上的变化来研究抗原与抗体反应的专一性。例如，可以将对氨基苯甲酸换成邻位氨基苯甲酸、间位氨基苯甲酸，也可以将对氨基苯甲酸换成对氨基苯磺酸、对氨基苯砷酸等，再分别免疫动物，通过抗原抗体的反应来研究抗原的专一性。经研究发现，抗原与抗体的反应取决于抗原决定簇的空间构象与抗体空间构象之间互补的密合程度。可见抗原的专一性主要依赖于表面决定簇的形状和稳定性。这就证明抗体只和抗原分子表面的一定化学基团起反应，而不是和整个大分子起反应。这些化学基团就是抗原决定簇。

2. 抗原免疫原性的分子基础

对于作为抗原的蛋白质大分子来说，它们的免疫原性和抗原专一性取决于暴露在大分子表面的各种决定基的空间排列方式。抗原专一性取决于分子的各级结构。但免疫原性除取决于分子构象之外，更重要的是取决于以下几个因素：①外源性，抗原分子表面应具有免疫活性细胞从来没有接触过的决定簇。②分子的大小，一般情况下，相对分子质量应大于 10 000。例如，卵清蛋白的相对分子质量是 40 000，是一个很好的免疫原。低分子多肽或蛋白质片段也能引起免疫反应，在某些特定条件下，如加佐剂才能成为很好的免疫原。③分子结构和立体构象的复杂性，分子结构和立体构象复杂者，抗原性强。例如，含芳香族氨基酸的蛋白质比不含芳香族氨基酸的蛋白质抗原性强。所以，抗原分子的大小、形状只有在反映其分子结构的复杂性和有效决定簇的数目及其复杂的排列方式时才具有免疫原性，才是良好的免疫原。

（二）抗体

抗体是能与抗原专一结合并引起沉淀的蛋白质分子。抗体和其他蛋白质分子一样是细胞的产物，存在于体液中或表现在细胞的表面上。通常称其为免疫球蛋白，简称 Ig。

1. 免疫球蛋白的结构

正常动物血清中含有多种免疫球蛋白，其基本结构和化学性质都是相似的。含量最丰富的是 IgG（丙种球蛋白）。化学研究表明，IgG 分子由两个相同的“重链”和两个相同的“轻链”组成，各链之间由二硫键相连。

Porter 在 1957 年用木瓜蛋白酶处理 IgG，将其断裂成 3 个片段，其中两个是相同的，各有一个抗原结合部位，命名为 Fab 片段（抗原结合片段），另一个片段在抗原结合时不起作用，易结晶，命名为 Fc 片段（可结晶片段）。但 Fab 片段与抗原结合后并不沉淀，因为它们是单价的，不能产生交联晶格。

Porter 进一步用胃蛋白酶处理 IgG，将其断裂成一个 Fc 片段和一个二价抗原结合片段，命名为$(Fab')_2$，即由二硫键连接起来的两个 Fab′片段。$(Fab')_2$片段与抗原结合后能够沉淀，因为$(Fab')_2$片段是二价的，与抗原能形成交联晶格（图 1-34）。

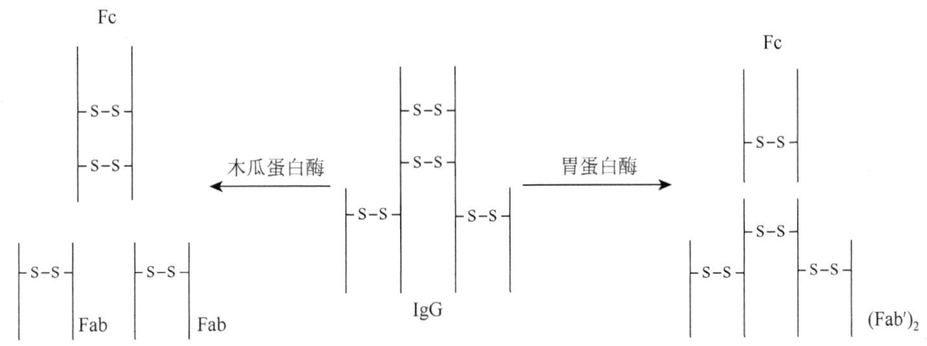

图 1-34　木瓜蛋白酶和胃蛋白酶处理 IgG 的结果

免疫球蛋白分子中只有很少的肽键对水解酶敏感，用酶处理时断裂的部分只限于暴露的肽链柔韧区（即铰链区），而肽链的其他部分均紧密盘绕，酶不易接近。

使用抗体抗原复合物为材料，可在电镜下观察抗体分子的实际形状。格林（Green）和瓦伦丁（Valentine）曾在一个八肽链的两端各连接一个二硝基苯基，制成了二价半抗原，如图 1-35 所示。

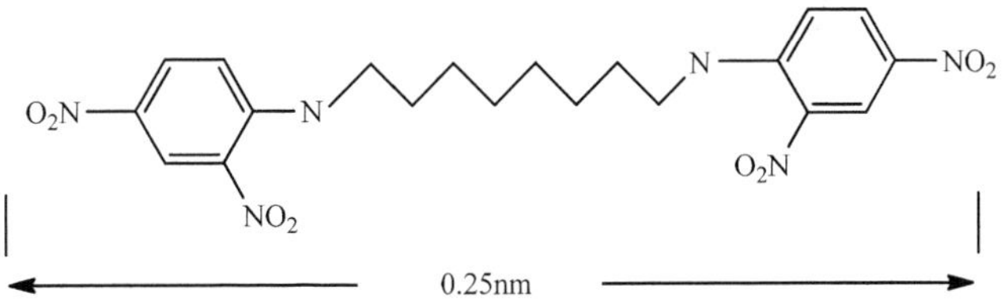

图 1-35　二价半抗原结构

此二价半抗原可以和抗体结合。在电镜下观察游离抗体时，看不见确切的东西；但此二价半抗原和抗体结合成复合物时，在电镜下可见它们呈三角形或多角形结构，并在拐角处有突起。这说明半抗原分子与 3 个或更多的抗体分子交联。至于半抗原分子，由于太小，因而电镜下不易看到（图 1-36）。

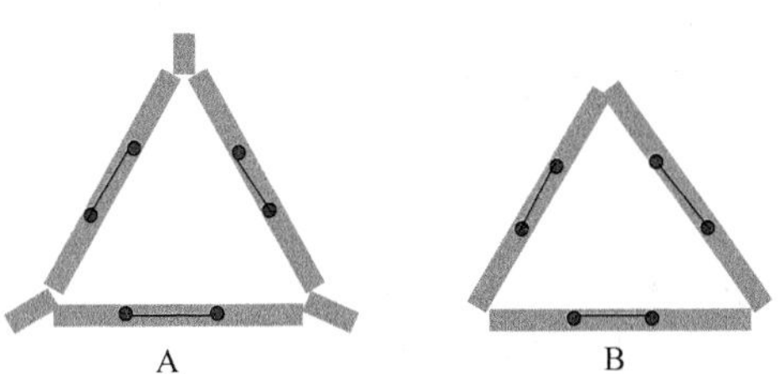

图 1-36　二价半抗原分别与抗体分子（A）和（Fab′）$_2$（B）交联

经胃蛋白酶处理 IgG 得到的$(Fab')_2$片段与二价半抗原分子反应时，在电镜下仍能看到类似的几何结构，但拐角处没有突起。因此，拐角处的突起可以断定是抗体分子的 Fc 片段。这就充分说明 IgG 有两个与抗原专一性结合的位点，分别在两个 Fab′上。

2. 抗体分子的一级结构

抗体分子的氨基酸顺序是相当有趣的，因为这些顺序的稳定性和多样性是显示抗体稳定性、特异性和多样性的分子基础。蛋白质一级结构的确定必须使用纯净的蛋白质，即不得有任何其他蛋白质的污染。确定抗体分子的一级结构是十分复杂的过程，这是由于免疫球蛋白本身就是由很多不同类型的抗体分子组成的。一个纯的免疫抗体样品中所有抗体分子都有完全相同的抗原结合特异性，但它们在化学组成和结构上并不完全相同。换句话说，抗体分子的组成是十分不均一的。所以，具有相同抗原结合特异性的抗体分子，在它们的氨基酸组成上仍有微小的差异，目前的方法还不能将它们区别开来。但幸运的是，有一种恶性疾病为多发性骨髓瘤，它实际上是一种合成免疫球蛋白的细胞（浆细胞）的肿瘤。这些肿瘤细胞能产生单一类型、化学结构相同的免疫球蛋白 G。实际上，这并不是一种真正的抗体，但它们与正常的免疫球蛋白 G 的结构相同，这就为其一级结构的研究提供了极大的方便。

免疫球蛋白 G 由 4 条肽链组成，其中两条的相对分子质量为 53 000，称为重链（H），另两条的相对分子质量为 22 000，称为轻链（L）。轻链由 214 个氨基酸残基组成，从 C 端开始到第 107 个残基的顺序在不同抗体间是完全相同的，但从 N 端开始到第 107 的氨基酸残基的顺序则随抗体的不同而异。因此轻链可分为两部分，即可变区（V_L）和恒定区（C_L）。重链也是这样，重链由 446 个氨基酸残基组成，从 N 端开始到第 116 个残基为可变区（V_H），从 C 端开始到第 330 个氨基酸残基为恒定区（C_H），其长度约为可变区的 3 倍，分别为 C_{H1}、C_{H2}、C_{H3}。IgG 分子中共有 16 个二硫键，其中 12 个链内二硫键，4 个链间二硫键，如图 1-37 所示。在可变区内有所谓的高变区，几乎所有的氨基酸顺序变化都发生在此区域内。可变区内其余的顺序比较恒定，这可能是形成免疫球蛋白的基本结构单位所要求的。V_H 的高变区和 V_L 的高变区一起组成抗原结合部位，每种抗体的特异性取决于轻链和重链高变区的氨基酸顺序。恒定区与抗体的特异性无关，主要决定着抗体结构的稳定性。重链的 C_{H1} 和 C_{H2} 区通过一个“铰链区”（长约 30 个氨基酸残基）相连，铰链区有胃蛋白酶和木瓜蛋白酶的作用位点。在 C_{H2} 区还有补体结合位点，具有结合补体的能力。

3. 抗体分子的特异性和多样性的分子基础

IgG 分子可为成 12 个结构域。每条轻链有 2 个结构域，1 个在 V_L 区，1 个在 C_L 区；每条重链可分成 4 个结构域，1 个在 V_H 区，3 个在 C_H 区，C_{H1}、C_{H2}、C_{H3} 各一个。每个结构域由两层反平行 β-折叠组成，两层 β-折叠之间由二硫键相连。可变区中由 3 个高变圈排列成高变区，高变圈是 β-折叠之间的回折连接片段，重链和轻链的高变圈集合在一起形成抗原结合部位，此结构部位从分子的立体结构上看，是由重链和轻链可变区折叠盘曲形成的开口向着 N 端的空穴，那些高变区的氨基酸就分布在空穴的表面。既然高变区的氨基酸是多变的，那么，此空穴的形状也必然是多变的，将随抗体的不同而不同，从而有可能和成千上万的抗原进行特异性的结合。

柔韧的铰链区能使 Fc 和 Fab 之间相对移动。抗体分子在没有结合抗原时，分子形状呈 T 形；但当 Fab 与抗原结合后，通过铰链区弯曲变形呈 Y 形。抗体分子从 T 形变成 Y 形，使隐蔽的补体结合部位暴露出来，启动了一系列与补体有关的反应。

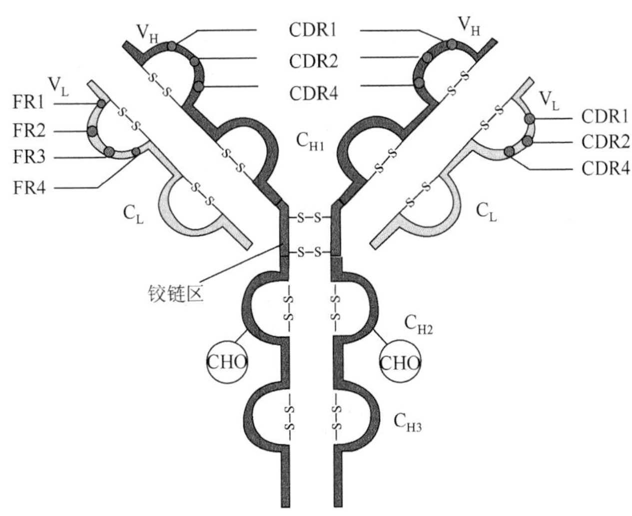

图 1-37　免疫球蛋白 IgG 分子结构示意图

4. 免疫球蛋白的种类

免疫球蛋白有 5 种，即 IgG、IgA、IgD、IgE 和 IgM。这 5 种免疫球蛋白在重链的恒定区有结构上的差异。比较 C_H 区的氨基酸顺序，结果表明存在 5 类重链，即 α、γ、δ、ε 和 μ，α 和 γ 中分别含有 α_1、α_2 和 γ_1、γ_2、γ_3、γ_4 亚类。各类免疫球蛋白的组成如表 1-4 所示。

表 1-4　各类免疫球蛋白及其组成

类别	重链	亚类	轻链	分子式	含量
IgG	γ	γ_1、γ_2、γ_3、γ_4	κ 或 λ	$\gamma_2\kappa_2$ 或 $\gamma_2\lambda_2$	80%～85%
IgA	α	α_1、α_2	κ 或 λ	$(\alpha_2\kappa_2)_2$ 或 $(\alpha_2\lambda_2)_2$	10%
IgM	μ	—	κ 或 λ	$(\mu_2\kappa_2)_5$ 或 $(\mu_2\lambda_2)_5$	5%～10%
IgD	δ	—	κ 或 λ	$\delta_2\kappa_2$ 或 $\delta_2\lambda_2$	1%
IgE	ε	—	κ 或 λ	$\varepsilon_2\kappa_2$ 或 $\varepsilon_2\lambda_2$	0.01%

各类球蛋白中含有数量不同碳水化合物：IgG 含 2.9%，IgA 含 7.5%，IgM 含 11.8%，IgE 含 10.7%。5 类免疫球蛋白在功能上也有所差异，IgG 是机体的主要免疫能力；IgA 不能被消化道所消化，子代可从母乳中直接摄入体内，所以在获得性免疫中具有重要意义；IgM 是动物免疫后最早出现的抗体；IgE 与某些过敏反应有关；IgD 的功能目前还不清楚。

第八节　蛋白质的理化性质

蛋白质是由氨基酸组成的大分子化合物，其理化性质一部分与氨基酸相似，如两性电离、等电点、呈色反应、成盐反应等，也有一部分又不同于氨基酸，如高分子质量、胶体性、变性等。

一、蛋白质的胶体性质

蛋白质分子质量颇大，从一万到百万，故其分子的大小已达到胶粒（1～100nm）范围。

球状蛋白质的表面多亲水基团，具有强烈的吸引水分子作用，使蛋白质分子表面常被多层水分子所包围，称为水化膜，从而阻止蛋白质颗粒的相互聚集。

与低分子物质比较，蛋白质分子扩散速度慢，不易透过半透膜，黏度大，在分离提纯蛋白质过程中，人们可利用蛋白质的这一性质，将混有小分子杂质的蛋白质溶液放于半透膜制成的囊内，置于流动水或适宜的缓冲液中，小分子杂质均易从囊中透出，保留了比较纯化的囊内蛋白质，这种方法称为透析（dialysis）。

蛋白质大分子溶液在一定溶剂中超速离心时可发生沉降。沉降速度与向心加速度的比值即为蛋白质的沉降系数 S。校正溶剂为水，温度 20℃时的沉降系数 $S_{20}\cdot W$ 可按下式计算：

$$S_{20}\cdot W=(\mathrm{d}X/\mathrm{d}t)/W2X$$

式中，X 为沉降界面至转轴中心的距离，W 为转子角速度，$W2X$ 为向心加速度，$\mathrm{d}X/\mathrm{d}t$ 为沉降速度。单位用 S，即 Svedberg 单位，为 1×10^{-13}s，分子越大，沉降系数越高，故可根据沉降系数来分离和鉴定蛋白质。

二、蛋白质的两性电离和等电点

蛋白质是由氨基酸组成的，其分子中除两端的游离氨基和羧基外，侧链中尚有一些解离基，如谷氨酸、天冬氨酸残基中的 γ-羧基和 β-羧基，赖氨酸残基中的 ε-氨基，精氨酸残基的胍基和组氨酸的咪唑基。作为带电颗粒它可以在电场中移动，移动方向取决于蛋白质分子所带的电荷。蛋白质颗粒在溶液中所带的电荷，既取决于其分子组成中碱性和酸性氨基酸的含量，又受所处溶液的 pH 影响。当蛋白质溶液处于某一 pH 时，蛋白质游离成正、负离子的趋势相等，即成为兼性离子（zwitterion，净电荷为 0），此时溶液的 pH 称为蛋白质的等电点（isoelectric point，pI）。处于等电点的蛋白质颗粒，在电场中并不移动。蛋白质溶液的 pH 大于等电点，该蛋白质颗粒带负电荷，反之则带正电荷。各种蛋白质分子由于所含的碱性氨基酸和酸性氨基酸的数目不同，因而有各自的等电点。

凡碱性氨基酸含量较多的蛋白质，等电点就偏碱性，如组蛋白、精蛋白等。反之，凡酸性氨基酸含量较多的蛋白质，等电点就偏酸性，人体体液中许多蛋白质的等电点在 pH5.0 左右，所以在体液中以负离子形式存在。

三、蛋白质的变性

天然蛋白质的严密结构在某些物理或化学因素作用下，其特定的空间结构被破坏，从而导致理化性质改变和生物学活性丧失，如酶失去催化活力，激素丧失活性均称为蛋白质的变性作用（denaturation）。变性蛋白质只有空间构象的破坏，一般认为蛋白质变性本质是次级键、二硫键的破坏，并不涉及一级结构的变化。

变性蛋白质和天然蛋白质最明显的区别是溶解度降低，同时蛋白质的黏度增加，结晶性破坏，生物学活性丧失，易被蛋白酶分解。

引起蛋白质变性的原因可分为物理因素和化学因素两类。物理因素可以是加热、加压、脱水、搅拌、振荡、紫外线照射、超声波的作用等；化学因素有强酸、强碱、尿素、重金属盐、十二烷基磺酸钠（SDS）等。在临床医学上，变性因素常被应用于消毒及灭菌。反之，注意防止蛋白质变性就能有效地保存蛋白质制剂。

变性并非是不可逆的变化，当变性程度较轻时，如去除变性因素，有的蛋白质仍能恢复或部分恢复其原来的构象及功能，变性的可逆变化称为复性。例如，核糖核酸酶中 4 对二硫键及其氢键。在 β-巯基乙醇和 8mol/L 尿素作用下，发生变性，失去生物学活性，变性后如经过透析去除尿素、β-巯基乙醇，并设法使巯基氧化成二硫键，酶蛋白又可恢复其原来的构象，生物学活性也几乎全部恢复，此称为变性核糖核酸酶的复性。

许多蛋白质变性时被破坏严重，不能恢复，称为不可逆性变性。

四、蛋白质的沉淀

蛋白质分子凝聚从溶液中析出的现象称为蛋白质沉淀（precipitation），变性蛋白质一般易于沉淀，但也可不变性而使蛋白质沉淀，在一定条件下，变性的蛋白质也可不发生沉淀。

蛋白质所形成的亲水胶体颗粒具有两种稳定因素，即颗粒表面的水化层和电荷。若无外加条件，不致互相凝集。然而除掉这两个稳定因素（如调节溶液 pH 至等电点和加入脱水剂），蛋白质便容易凝集析出。例如，将蛋白质溶液 pH 调节到等电点，蛋白质分子呈等电状态，虽然分子间同性电荷相互排斥作用消失了，但是还有水化膜起保护作用，一般不致于发生凝聚作用，如果这时再加入某种脱水剂，除去蛋白质分子的水化膜，则蛋白质分子就会互相凝聚而析出沉淀；反之，若先使蛋白质脱水，然后再调节 pH 到等电点，也同样可使蛋白质沉淀析出。

引起蛋白质沉淀的主要方法有下述几种。

（一）盐析

在蛋白质溶液中加入大量的中性盐以破坏蛋白质的胶体稳定性而使其析出，这种方法称为盐析（salting out）。常用的中性盐有硫酸铵、硫酸钠、氯化钠等。各种蛋白质盐析时所需的盐浓度及 pH 不同，故可用于对混合蛋白质组分的分离。例如，用半饱和的硫酸铵来沉淀出血清中的球蛋白，饱和硫酸铵可以使血清中的白蛋白、球蛋白都沉淀出来，盐析沉淀的蛋白质，经透析除盐，仍保证蛋白质的活性。调节蛋白质溶液的 pH 至等电点后，再用盐析法则蛋白质沉淀的效果更好。

（二）重金属盐沉淀蛋白质

蛋白质可以与重金属离子如汞、铅、铜、银等结合成盐沉淀，沉淀的条件以 pH 稍大于等电点为宜。因为此时蛋白质分子有较多的负离子，易与重金属离子结合成盐。重金属沉淀的蛋白质常是变性的，但若在低温条件下，并控制重金属离子浓度，也可用于分离制备不变性的蛋白质。

临床上利用蛋白质能与重金属盐结合的这种性质，抢救误服重金属盐而中毒的患者，给患者口服大量蛋白质，然后用催吐剂将结合的重金属盐呕吐出来达到解毒的目的。

（三）生物碱试剂及某些酸类沉淀蛋白质

蛋白质又可与生物碱试剂（如苦味酸、钨酸、鞣酸）及某些酸（如三氯乙酸、过氯酸、硝酸）结合成不溶性的盐沉淀，沉淀的条件应当是 pH 小于等电点，这样蛋白质带正电荷易于与酸根负离子结合成盐。

临床血液化学分析时常利用此原理除去血液中的蛋白质，此类沉淀反应也可用于检验尿中蛋白质。

（四）有机溶剂沉淀蛋白质

可与水混合的有机溶剂，如乙醇、甲醇、丙酮等，对水的亲和力很大，能破坏蛋白质颗粒的水化膜，在等电点时使蛋白质沉淀。在常温下，有机溶剂沉淀蛋白质往往引起变性。例如，乙醇消毒灭菌就是如此，但若在低温条件下，则变性进行较缓慢，可用于分离制备各种血浆蛋白质。

（五）加热凝固

将接近于等电点附近的蛋白质溶液加热，可使蛋白质发生凝固（coagulation）而沉淀。加热首先使蛋白质变性，有规则的肽链结构被打开呈松散状不规则的结构，分子的不对称性增加，疏水基团暴露，进而凝聚成凝胶状的蛋白块，如煮熟的鸡蛋，蛋黄和蛋清都凝固。

蛋白质的变性、沉淀、凝固相互之间有很密切的关系。但蛋白质变性后并不一定沉淀，变性蛋白质只在等电点附近才沉淀，沉淀的变性蛋白质也不一定凝固。例如，蛋白质被强酸、强碱变性后由于蛋白质颗粒带着大量电荷，故仍溶于强酸或强碱之中。但若将强碱和强酸溶液的 pH 调节到等电点，则变性蛋白质凝集成絮状沉淀物，若将此絮状物加热，则分子间相互盘绕而变成较为坚固的凝块。

五、蛋白质的呈色反应

（一）茚三酮反应

α-氨基酸与水合茚三酮（苯丙环三酮戊烃）作用时，产生蓝色物质，称为茚三酮反应（ninhydrin reaction），由于蛋白质是由许多 α-氨基酸组成的，因此也呈此颜色反应。

（二）双缩脲反应

蛋白质在碱性溶液中与硫酸铜作用呈现紫红色，称为双缩脲反应（biuret reaction）。凡分子中含有两个以上—CO—NH—键的化合物都呈此反应，蛋白质分子中氨基酸以肽键相连，因此，所有蛋白质都能与双缩脲试剂发生反应。

（三）米伦反应

蛋白质溶液中加入米伦试剂（亚硝酸汞、硝酸汞及硝酸的混合液），蛋白质首先沉淀，加热则变为红色沉淀，此为酪氨酸的酚基所特有的反应，因此含有酪氨酸的蛋白质均呈米伦反应（Millon reaction）。

此外，蛋白质溶液还可与酚试剂、乙醛酸试剂、浓硝酸等发生颜色反应。

第九节　蛋白质的分离、纯化与鉴定

蛋白质（酶）的制备是一件十分细致的工作，有时制备一种较高纯度的蛋白质（酶），需要付出很艰巨和长时间的努力。制备工作涉及物理学、化学和生物学等方面的知识。根据物理或化学的某一原理建立起来的各种分离、纯化方法虽然在不断改进，但其主要原理不外乎两个方面：一是利用混合物中几个组分分配率的差别，把它们分配到可用机械方法分离的两个或几个物相中，如盐析、有机溶剂抽提、层析和结晶等；二是将混合物置于单一物相中通过物理力场的作用使各组分分配于不同区域而达到分离目的，如电泳、超速离心、超滤等。由于蛋白质（酶）不能熔化，也不能蒸发，所能分配的物相只限于固相和液相，可以在这两相之间互相交替进行分离纯化。

按照蛋白质（酶）的分子质量、形状、带电性质及溶解度等主要理化性质建立起来的分离纯化方法如表 1-5 所示。

表 1-5　蛋白质按理化性质建立的分离方法

性质	具体方法
分子大小和形态	超速离心、超滤、分子筛（凝胶过滤）、透析
溶解度	盐析、有机溶剂抽提、分配层析、逆流层析、结晶
电荷差异	电泳、电渗析、等电点沉淀、离子交换层析、吸附层析
生物功能专一性	亲和层析

由于不同的生物大分子结构和理化性质不同，分离方法也不一样，就是同一种生物大分子，选用了不同的材料，使用的方法差别也很大。因此很难有一个统一标准的方法对任何生物大分子都可以使用。所以在实验前首先要进行充分的调查研究，查阅有关的文献资料，对所欲提纯物质的理化及生物学性质要有一定的了解，然后才能着手进行实验工作。对一个未知结构和性质的试样进行创造性提纯时，更需要进行各种方法的比较和摸索，才能找到一些工作规律和获得预期的效果。其次，在进行分离纯化工作之前，常常需要建立相应的分析鉴定方法，以便正确指导整个分离纯化工作的顺利进行。高度提纯某一生物大分子，一般要经过多种方法、步骤和不断变换各种外界条件才能达到目的。因此，整个实验过程中各种方法的优劣、所选条件的分离效果好坏，均需通过分析鉴定来判别。例如，分离纯化酶时，常需测定酶的比活力及溶液中蛋白质的浓度指标。

蛋白质（酶）的分离纯化过程一般可分为以下几个阶段。

一、材料的选择与处理

动物、植物及微生物都是制备蛋白质（酶）的材料，选什么材料主要依靠实验目的而定，一般应选择含量高、来源丰富、制备工艺简单、成本低的原材料。如果是为了科学研究，则不必全面考虑上述问题，取材只需符合实验预定的目标和要求即可。取材时，还应注意植物的季节性、微生物的生长期和动物生理状态之间的差异。动物在饥饿时，脂类和糖类含量减少，有利于蛋白质、酶和核酸的分离。微生物生长的对数期，酶和核酸的含量高，可获得较高的产量。各种生物或同一生物体的不同组织细胞中，蛋白质、酶和核酸的含量和分布情况也有所不同。材料选定以后，通常要进行预处理，动物组织先要剔除结缔组织、脂肪组织等非活性部分；植物种子应先行去壳，除脂；微生物材料需要将菌体和发酵液分开。如果所得材料不能立即进行实验，则应冷冻保存，尤其是动物性材料需要深度冷冻保存。制备某些在体内易被分解的活性生物大分子，一般宜用新鲜材料。

二、组织和细胞的破碎

除了提取体液或细菌胞外的某些多肽类激素、蛋白质、酶等不需要破碎细胞外，对于细胞内各种生物大分子的分离提取都需要事先将组织和细胞破碎，以便使生物大分子释放到溶液中。不同的生物体或同一生物体的不同组织，细胞破碎的难易程度不一，使用的方法也不完全一样。组织和细胞的破碎可选用机械法、物理法、化学及生物化学法等。

（一）机械法

机械法是通过机械切力的作用使组织细胞和破碎的方法。常用的器械有以下 3 种。

（1）高速组织捣碎机：适用于动物内脏组织、植物的肉质种子、柔嫩叶芽等材料的破碎。市售商品的转速成最高可达 10 000r/min。

（2）细胞匀浆器：其细胞破碎的程度比高速组织捣碎机高，机械切力对生物大分子的破坏较少，常和组织捣碎机结合使用，即先用组织捣碎机进行初步破碎之后，再用细胞匀浆器研磨。

（3）研磨：适用于植物材料和细菌的破碎。

（二）物理法

物理法是通过物理因素的作用使组织细胞破碎的方法。可用于生物大分子物质制备的方法主要有以下 4 种。

（1）反复冻融法：把待破碎的样品放在−15～20℃，使其冻固，然后再缓慢融化，如此反复操作，大部分动物性细胞及细胞内颗粒可被破碎。

（2）热冷交替法：从细菌或病毒中提取蛋白质或核酸时可采用这一方法。操作时，将材料投入热水中，在 90℃左右维持数分钟，立即置于冰浴中迅速冷却，绝大部分细胞可被破碎。

（3）超声波处理法：此法多用于微生物材料，处理效果与样品的浓度和使用的频率有关。提取对超声波敏感的酶和核酸时要慎重使用。

（4）加压破碎法：加气压或水压使每平方英寸[①]达 20～35MPa 时，可使 90%以上的细胞破碎。此法多用于工业上微生物酶制剂的制备。

（三）化学及生物化学法

（1）自溶法：这是将待破碎的新藓样品放在一定的 pH 及适当的温度下，利用组织细胞中自身酶系将细胞破坏，使细胞内容物释放出来的方法。动物性材料的自溶温度常选用 0～4℃，微生物材料则多在室温下进行。自溶时，需要加入少量的防腐剂（如甲苯、氯仿等）以防止外界细菌的污染。因自溶的时间较长，不易控制，所以制备具有活性的核酸或活性蛋白质时比较少用。

（2）溶菌酶处理法：溶菌酶可用蛋清或微生物发酵制得，具有专一地破坏细菌细胞壁的功能。溶菌酶作用的专一性强，适用于多种微生物样品。除溶菌酶外，蜗牛酶、纤维素酶也可用于细菌和植物细胞的破碎。

（3）表面活性剂处理法：使用表面活性剂破坏膜的疏水作用，以达到破碎细胞的目的。常用的表面活性剂有十二烷基硫酸钠、氯化十二烷基吡啶、脱氧胆酸等。

---

① 1 英寸=2.54cm

除上述方法外，通过改变细胞膜的通透性，破坏膜蛋白与脂质的结合也可达到破碎细胞的目的。这方面应用较多的是用丙酮处理样品制成丙酮粉的方法。在酶的制备中，用丙酮处理不仅能有效地破坏细胞膜，还可做成具有酶活性的丙酮干粉，长时间保存。使用时再用水或缓冲液把酶提取出来。无论用哪种方法破碎细胞都必须在一定的稀盐溶液或缓冲液中进行。

三、蛋白质（酶）的提取

大部分蛋白质（酶）都可溶于水、稀盐、稀酸、稀碱溶液，少数与脂类结合的蛋白质则溶于乙醇、丙酮、丁醇等有机溶剂。因此可采用这两类溶剂来提取和分离蛋白质和酶。

（一）水溶液提取

蛋白质的提取一般以水溶液为主，其中稀盐溶液和缓冲液对蛋白质稳定性好、溶解度大，是提取蛋白质最常用的溶剂。用盐溶液及缓冲液提取蛋白质和酶时应注意以下几个因素。①盐浓度：常用等渗溶液，尤其是0.02～0.05mol/L磷酸盐缓冲液或碳酸盐缓冲液、0.15mol/L氯化钠溶液应用较广。②pH：蛋白质提取溶液的pH首先要保证在蛋白质稳定的范围之内，选择在偏离等电点两侧。例如，提取碱性蛋白质选择在偏酸的一侧，提取酸性蛋白质选择在偏碱的一侧。③温度：制备具有活性的蛋白质或酶，为了防止变性和降解，应在低温（5℃）下操作。但少数对温度耐受力较高的蛋白质和酶，可适当提高温度，使杂蛋白变性分离，有利于提取和下一步的纯化工作。例如，在提取SOD的过程中，可将提取液加热到50～60℃，使杂蛋白变性沉淀，但对SOD的活性影响不大。所以，热变性除杂成为分离SOD的手段之一。④其他：提取酶时，加入酶的底物，改变酶分子表面电荷的分布，可提高提取效果。

（二）有机溶剂提取

一些与脂质结合比较牢固或分子中非极性侧链较多的蛋白质和酶，不溶于水、稀盐、稀酸、稀碱中，可用不同比例的有机溶剂提取。例如，胰岛素可用60%～70%的酸性乙醇提取（当然，胰岛素既溶于酸性乙醇、酸性丙酮，也溶于水溶液）。动物组织中一些微粒体及线粒体上的酶常用丁醇提取。丁醇提取法的pH和温度选择范围较广，pH可选3～10，温度可选–2℃～40℃，可根据不同蛋白质的稳定性进行选择。丁醇提取法适用于动物、植物及微生物材料。

四、蛋白质和酶的分离纯化

从细胞中提取出来的蛋白质和酶是不纯净的，常含有多种同类和异类物质，必须进一步分离纯化才能获得纯净的样品。分离纯化是一个比较复杂和重要的环节。对于异类物质，如提取蛋白质时混杂着核酸等，一般可用专一性酶降解、有机溶剂抽提、选择性分步沉淀等方法处理，小分子物质在整个制备过程中经多次液相与固相的转化可被分离，或在最后用透析的方法除去。而对于同类物质，即杂蛋白质的分离则复杂得多，主要应用的方法有盐析法、等电点沉淀法、吸附法、结晶法、柱层析法、梯度离心法及电泳法等。

（一）盐析法

1. 原理

盐析法是使用最早但至今仍广泛应用于蛋白质和酶提纯工作的方法。其原理是：蛋白质（酶）在低盐浓度下的溶解度随着盐浓度的升高而增加，这种现象称为盐溶。这是由于蛋白质分子吸附了某些盐类离子后，带电表层使蛋白质分子相互排斥，而蛋白质分子与水分子之间的相互作用却增加。当盐浓度不断升高时，蛋白质和酶的溶解度又以不同程度下降而先后析出，称为蛋白质的盐析。盐析作用主要是由于大量中性盐的加入，使原来溶液中的大部分自由水转变为盐离子的水化水，使水的活度降低，从而降低了蛋白质表面的极性基团与水分子间的相互作用，破坏了蛋白质分子表面的水化层，于是蛋白质分子相互聚集而沉淀析出。盐析法就是根据不同蛋白质和酶在一定浓度的盐溶液中溶解度降低程度的不同而彼此分离的方法。

2. 盐的选择

蛋白质的盐析常用中性盐，如硫酸铵、硫酸镁、硫酸钠、氯化钠、磷酸钠等。其中应用最广的是硫酸铵，它的优点是温度系数小而溶解度大，25℃时的饱和溶液浓度为4.1mol/L，即767g/L；0℃时的饱和溶液浓度为3.9mol/L，即676g/L。在这一浓度范围内，许多蛋白质和酶都可以盐析出来。而且硫酸铵廉价易得，分段效果比其他盐好，不易引起蛋白质变性。缺点是对蛋白氮的测定有干扰，缓冲能力也比较差。所以有时也选用硫酸钠，如盐析免疫球蛋白用硫酸钠效果也不错，硫酸钠的缺点是30℃以下溶解度太低。其他中性盐，如磷酸钠的盐析效果比硫酸铵好，但也是溶解度太低，而且受温度的影响也大，所以应用不广。

硫酸铵溶液的pH常在4.5～5.5，市售的硫酸铵中还常含有少量的游离硫酸，致使其溶液的pH常常降至4.5以下。当用其他pH进行盐析时，要用氨水或硫酸来调整。

3. 硫酸铵饱和度的计算方法和加入方式

在分段盐析时，加盐浓度一般以饱和度来表示，饱和溶液的饱和度定为100%。饱和硫酸铵溶液的配制方法：在水中加入过量的硫酸铵，加热到50～60℃，保温数分钟，趁热过滤除去沉淀，在0℃或25℃下平衡1～2d，有固体析出时即达到100%饱和度。用硫酸铵盐析时，其溶液饱和度的调整方法有3种。

（1）当蛋白质溶液体积不大，所需饱和度不高时，可加入饱和硫酸铵溶液。盐析所需饱和硫酸铵的数量可按下列公式计算：

$$V = V_0 \frac{S_2 - S_1}{1 - S_2}$$

式中，V代表所需饱和硫酸铵的体积，V_0代表原溶液的体积，S_2代表溶液所需达到的饱和度，S_1代表原溶液的饱和度。严格来说，混合不同体积的溶液时，总体积会发生变化使上式产生误差，但由于这种误差一般小于2%，可忽略不计。

（2）所需达到的饱和度较高而溶液的体积又不能过分增大时，可直接加入固体硫酸铵。固体硫酸铵的加入量可按下列公式计算：

$$X = V_0 \frac{G(S_2 - S_1)}{1 - AS_2}$$

式中，X 代表将 1L 饱和度为 S_1 的溶液提高到饱和度为 S_2 时所需硫酸铵的质量（g），G 和 A 为常数，与温度有关，在 0℃时，G=707，A=0.27；在 20℃时，G=756，A=0.29。

（3）将盐析样品装入透析袋内对饱和硫酸铵进行透析，此法盐浓度变化比较连续，不会出现局部盐浓度过高的现象，但测定饱和度时比较麻烦，所以应用较少。

4. 盐析时注意的几个问题

（1）盐的饱和度：盐的饱和度是影响盐析的重要因素，不同蛋白质的盐析要求盐的饱和度不同。分离几个混合组分的蛋白质时，盐的饱和度要由稀到浓逐渐增加，每出现一种蛋白质沉淀进行离心或分离后，再继续增加盐的饱和度，以便使第二种蛋白质沉淀。例如，用硫酸铵盐析分离血浆蛋白质，当饱和度达到 20%时，纤维蛋白沉淀析出；饱和度增加到 28%～33%时，γ-球蛋白沉淀析出；饱和度增加到 33%～50%时，其他球蛋白析出；饱和度大于 50%时，清蛋白沉淀析出。

（2）pH：在等电点时，蛋白质溶解度最小，容易沉淀析出。因此，盐析时除个别特殊情况外，pH 常选择在被分离蛋白质的等电点附近。

（3）蛋白质浓度：在相同盐析条件下，蛋白质浓度越大越容易沉淀，使用盐的饱和度就越低。例如，血清球蛋白浓度从 0.5%增加到 3.0%时，使用的中性盐饱和度从 29%递减到 24%。蛋白质浓度高些虽然对沉淀有利，但浓度过高也容易引起杂蛋白的共沉现象。因此，必须选择适当的浓度，尽可能避免共沉现象的干扰。

（4）温度：蛋白质盐析时对温度要求不太严格，由于盐溶液对蛋白质有一定的保护作用，盐析操作一般可在室温下进行，至于某些对热敏感的酶，则应维持低温条件。

（5）脱盐：蛋白质（酶）应用盐析法分离沉淀后，常需脱盐才能获得纯品或进行下一步操作。最常用的脱盐方法是透析法，即把蛋白质溶液装入透析袋内，透析袋的两端用线绳扎紧，然后用蒸馏水或缓冲液进行透析。这时，盐离子通过透析袋扩散进入蒸馏水或缓冲液中，蛋白质分子质量大，不能通过透析袋而保留在袋内，通过不断更换蒸馏水或缓冲液，直到袋内盐分透析完为止。透析需要的时间较长，宜在低温下进行，为防止蛋白质变性或微生物污染，最好在蒸馏水或缓冲液中加入适量防腐剂。透析脱盐也可在外加电场中进行，这种方法称为电透析。电透析装置也很简单，只要在透析缸内插入两根炭精电极，外加一整流器即可。电透析开始时，由于透析袋内盐分高，宜用低电压，随着袋内盐分的降低，逐渐升高电压，以便缩短透析时间。电透析因电流通过袋内外溶液时产生一定的热，需要在透析缸外适当放置冷却剂或在冰箱内进行。

（二）有机溶剂沉淀法

有机溶剂能降低溶液的介电常数，从而增加蛋白质分子上不同电荷的引力，导致蛋白质溶解度降低；另外，有机溶剂与水作用，能破坏蛋白质的水化膜，使蛋白质分子在一定浓度的有机溶剂中沉淀析出。有机溶剂沉淀法就是利用蛋白质在不同浓度的有机溶剂中溶解度的差异而达到分离目的的方法。常用的有机溶剂是乙醇和丙酮。但高浓度的有机溶剂易引起蛋白质变性失活，所以操作必须在低温下进行，并且在加入有机溶剂时不能太快，还要搅拌均匀，以避免局部浓度过大而引起部分蛋白质变性失活。用这种方法析出的沉淀，一般比盐析法析出的沉淀容易过滤或离心。分离出的蛋白质沉淀应立即用水或缓冲液溶解，以降低有机溶剂的浓度。操作时的 pH 在大多数情况下也应控制在被分离蛋白质的等电点附近。在有机溶剂沉淀时，若有少量中性盐存在，能增加蛋白质的溶解度，减少变性，提高分离效果。一般在有机溶剂沉淀时添加中性盐的浓度在 0.05mol/L 左右，过多不仅耗费有机溶剂，而且会影响沉淀效果。沉淀的条件一经确定，就必须严格控制才能获得较好的重复性。有机溶剂沉淀蛋白质的分辨力比盐析法好，溶剂也容易除去。缺点是容易引起酶和具有活性的蛋白质变性。所以，在操作时要求的条件比盐析法严格。

（三）等电点沉淀法

利用蛋白质在等电点时溶解度最低，而各种蛋白质具有不同等电点的特点进行分离的方法称为等电点沉淀法。但在等电点时，各种蛋白质仍有一定的溶解度而沉淀不完全，同时许多蛋白质的等电点十分接近，故单独使用此法效果不理想，分辨力也差。所以此法多用于提取后去除杂蛋白，即通过变动提取液的 pH，使某些与待提纯蛋白质等电点相距较大的杂蛋白从溶液中沉淀析出。实际工作中常联合使用等电点沉淀法、盐析法和有机溶剂沉淀法。

（四）选择性变性法

选择一定的条件使其他蛋白质变性沉淀而又不影响待提纯蛋白质的分离方法称为选择性变性法。例如，将提取液加热到一定程度并维持一段时间（10～15min），可使某些杂蛋白变性沉淀；或加入氯仿等有机溶液，振荡混匀，产生的泡沫使杂蛋白变性而沉淀；另外，还有利用酸碱或加入重金属离子进行选择性变性的。应用选择性变性法时，必须事先对系统中需要除去的和待提纯的蛋白质的理化性质要有一个较全面的了解，否则，盲目地工作有可能事与愿违。

（五）吸附法

在蛋白质的提纯方法中，选择性吸附也是应用较久且迄今仍广泛采用的方法之一。早期工作常用高岭土（一种土质，其分子式大致是：$Al_2O_3·2SiO_2·2H_2O$）、氧化铝（Al_2O_3）及活性炭等吸附剂，由于这些吸附剂吸附能力较弱，或者易引起蛋白质变性而应用不广，现已为凝胶性吸附剂所代替，如氢氧化铝凝胶、磷酸钙凝胶等，尤其后者使用最广。

吸附剂的应用有两种不同的方式，当蛋白质较易吸附时，可以选择适当条件主要吸附蛋白质而分离除去杂质；当蛋白质较难吸附时，则可选择有利于吸附杂质的条件吸附杂质而将蛋白质留在溶液中。有时两种方法可先后使用，以达到较高的提纯目的。吸附通常在微酸性条件下（pH5～6）及稀盐溶液中进行，盐浓度过高会干扰对蛋白质或酶的吸附。洗脱一般在弱碱性条件或适当提高洗脱液离子强度的条件下进行。

吸附操作可以用静态吸附，也可以用柱层析吸附。柱层析吸附是将吸附剂装入层析柱中进行吸附操作。吸附剂装柱后，如果溶液的通过能力较差，可用助滤剂（如硅藻土）和吸附剂混合装柱，来提高溶液的通过能力。调节助滤剂和吸附剂的比例，可获得不同通过能力和不同吸附能力的层析柱。最近还有使用羟基磷灰石[$Ca_{10}(PO_4)_6·(OH)_2$]分离蛋白质和酶，它可在高盐浓度下吸附中性或酸性杂蛋白而排出碱性蛋白质。吸附量可达 50g/L，又可省去吸附前透析平衡的烦琐操作。

（六）离子交换法

蛋白质和酶都具有电解质性质，所以可用离子交换法进行分离提纯，特别是经过了初步纯化后的蛋白质和酶采用此法效果尤为显著，有关离子交换剂及其使用方法在此不作过多的介绍，我们只着重介绍近年来以纤维素衍生物作为离子交换剂纯化蛋白质及酶的方法。在这类衍生物中以二乙氨基乙基纤维素和羧甲基纤维素应用最广，前者简称 DEAE-纤维素，为阴离子交换剂；后者简称 CM-纤维素，为阳离子交换剂。

DEAE-纤维素是纤维素结构中的氢原子被一定数量的二乙氨基乙基取代生成的弱碱性化合物。它作为阴离子交换剂的原理如下。

$$[\text{纤维素—}OCH_2CH_2\underset{\displaystyle H}{\underset{|}{N^+}}(C_2H_5)_2]B^- + (\text{蛋白质})^- \longrightarrow [\text{纤维素—}OCH_2CH_2\underset{\displaystyle H}{\underset{|}{N^+}}(C_2H_5)_2](\text{蛋白质})^- + B^-$$

实际工作中常用磷酸盐缓冲液平衡 DEAE-纤维素后，才能对蛋白质进行交换吸附，所以 B^-可视为 PO_4^{3-}。DEAE-纤维素吸附蛋白质的常用 pH 为 7～9，洗脱条件是提高盐浓度或降低 pH。洗脱下来的蛋白质溶液有时可进一步上 CM-纤维素柱纯化。

CM-纤维素是纤维素结构中的氢原子被一定数量的羧甲基取代生成的弱酸性化合物。它作为阳离子交换剂的原理如下。

$$[\text{纤维素—}OCH_2COO^-]A^+ + (\text{蛋白质})^+ \longrightarrow [\text{纤维素—}OCH_2COO^-](\text{蛋白质})^+ + A^+$$

上式中 A^+可为 H^+或 Na^+，视平衡 CM-纤维素时所用溶液剂而定。CM-纤维素吸附蛋白质的常用 pH 为 4.5～6.0，洗脱条件是提高盐浓度或提高 pH。

离子交换纤维素对大分子物质有较大交换量，理论上离子交换纤维素的一个离子交换基团可和一个相对分子质量为 10 000 或更大的蛋白质分子结合。例如，CM-纤维素对蛋白质的交换量为 93～98mg/100mg CM-纤维素；DEAE-纤维素对蛋白质的交换量为 75～122mg/100mg DEAE-纤维素。此外，纤维素离子交换剂还具有层析条件温和、物质易于洗脱、分辨力强、被分离物质不易变性等优点。

除了纤维素离子交换剂外，离子交换凝胶也是目前应用于蛋白质和酶的一种很好的离子交换剂。常用的有 DEAE-葡聚糖凝胶和 CM-葡聚糖凝胶。离子交换凝胶不仅具有交换量大、层析条件温和、操作简便等优点，而且兼备分子筛的性能，在梯度洗脱时，对不同分子质量的蛋白质具有很高的分辨力。

（七）结晶法

结晶是溶液中的溶质呈晶态析出的过程，它是生物大分子——蛋白质和酶分离纯化的方法之一。晶体的形状、大小可在显微镜下观察。

1. 蛋白质和酶结晶的条件

1）纯度　蛋白质和酶在结晶时需要达到一定的纯度。若制品的纯度太低，就不能或者很难结晶。但究竟纯度达到什么程度才能结晶，依不同物质而异，没有一定的标准。蛋白质和酶结晶时，纯度应不低于 50%。总的趋势是制品越纯越易结晶，但已结晶的制品并不代表已达到了绝对的统一纯度，只能说到了相当纯的程度。大多数分子在第一次得到结晶后仍可进行多次结晶，每次重结晶都会使纯度有一定的提高，直至结晶的形态和大小恒定为止。

2）浓度　浓度越高，越有利于溶液中溶质分子间的相互碰撞聚合，所以结晶液的浓度一般要求较高，但不宜在过饱和状态下结晶，过饱和溶液中结晶时杂质较多，晶形也不好。

3）pH 与沉淀蛋白质和酶的原理相同，结晶溶液的 pH 选择在被结晶蛋白质和酶的等电点附近，有利于晶体的析出。

4）温度 除少数情况外，通常选择低温条件进行结晶。低温条件不但使蛋白质和酶的溶解度降低，而且不易变性。在中性盐溶液中结晶时温度可控制在 0℃至室温，而在有机溶剂中结晶时要求的温度较低。

5）晶种 不易结晶的蛋白质和酶，常需要晶种接种。有时用玻璃棒轻轻刮擦容器壁也可达到此目的。

6）结晶时间 在结晶条件比较合适的条件下，几个小时甚至几分钟就可获得结晶，但有些情况下则需要几天甚至几个月才能结晶完全，视各种蛋白质和酶的具体情况而定。

蛋白质和酶的结晶大多数是针状、棒状、片状等，也有的呈八面体或立体菱形状结晶，结晶的大小和时间与条件有关。

2. 结晶方法

结晶方法可分为：盐析法、有机溶剂法、等电点法、脱盐结晶法、利用金属离子结晶法等。不论哪一种方法，其原理都建立在降低蛋白质和酶溶解度的基础上。

在分离纯化蛋白质和酶时，若用上述单一的某一种方法一般达不到很好的分离效果，常需要将几种方法联合使用，才能达到预期的目的。例如，在提纯胰蛋白酶时，需要将等电点沉淀法、盐析法和结晶法联合使用，才有可能获得纯度较高的制品。

五、蛋白质含量测定与纯度鉴定

在蛋白质分离提纯过程中，经常需要测定蛋白质的含量和检查某一蛋白质的提纯程度。

测定蛋白质总量常用的方法有：凯氏定氮法、双缩脲法、Folin-酚试剂法（Lowry 法）和紫外法等。

蛋白质制品纯度的鉴定通常采用电泳法和沉降分析法等。纯的蛋白质不论在任何 pH 条件下电泳，都只有一条区带或者说在电泳图谱中只有一个峰。同样在沉降分析中，纯的蛋白质在离心力的影响下，以单一的沉降速度运动，也只有一个区带。

有时还需要测定蛋白质混合物中某一特定蛋白质的含量，这种测定过程必须要用具有高度特异性的生物学方法。具有酶或激素性质的蛋白质，可以利用它们的酶活性或激素活性来测定含量。有些蛋白质虽然没有酶或激素那样特异的生物学活性，但大多数蛋白质被注射到适当的动物血液中时，会产生抗体，利用抗原-抗体反应也能测定某一特定蛋白质的含量。这些生物学方法和总蛋白质测定配合起来，可以用来衡量蛋白质分离过程中某一特定蛋白质的提纯程度。提纯程度用这一特定蛋白质与总蛋白之比来表示，通常表示为每毫克蛋白质含多少活性单位（对于酶蛋白来说，这一比例称为比活力或比活性）。提纯工作一直要进行到这个比例不再增加为止。

第二章　核酸的生物化学

【目的要求】

熟练掌握核酸的结构及与其对应的生物学功能。

【掌握】

1. 掌握核酸的概念、基本组成单位，DNA、RNA 组成的异同。
2. 核酸（DNA、RNA）的一级结构，连接键。
3. Chargaff 规则，DNA 双螺旋结构模式的要点，DNA 的超螺旋结构和功能。
4. tRNA、mRNA 的组成、结构特点。
5. 核酸的变性、复性、熔解温度（T_m）、增色效应的概念。

【熟悉】

1. 核酸与遗传、繁殖和蛋白质生物合成等生命活动的关系。
2. 核蛋白体 RNA（rRNA）的结构与功能。
3. 核酸分子杂交的概念和原理。
4. 核酶的定义与功能。

【了解】

1. 其他小分子 RNA 的种类与功能。
2. 核酸酶的分类与功能。

核酸是重要的生物大分子。核酸的研究已有 100 多年的历史。早在 1868 年，瑞士的一位青年科学家 Friedrich Miescher 从外科绷带上的脓细胞核中分离出了一种有机化合物，它的含磷量之高超过当时任何已经发现的有机化合物，并且有很强的酸性。由于这种物质是从细胞核中分离出来的，当时就称为核素。Friedrich Miescher 所分离到的核素就是我们今天所指的脱氧核糖核蛋白。核素中脱氧核糖核酸含量为 30%。之后陆续证明，任何有机体，包括病毒、细菌、动植物等都无一例外地含有核酸。核酸占细胞干重的 5%～10%。

核酸分为脱氧核糖核酸（DNA）和核糖核酸（RNA）两大类。DNA 主要集中在细胞核内，线粒体、叶绿体中也含有 DNA。RNA 主要分布在细胞质中，细胞核中也有少量 RNA。但对于病毒来讲，要么只含 DNA，要么只含 RNA。还没有发现既含有 DNA，又含有 RNA 的病毒。所以可按照所含核酸的类型，将病毒分为 DNA 病毒和 RNA 病毒两大类。

核酸的生物学作用是在发现核酸 70 多年以后才被证明的。这就是 1944 年由 Avery 等通过著名的肺炎球菌转化实验，证明了使肺炎球菌的遗传发生改变的转化因子是 DNA，而不是蛋白质。这一发现极大地推动了对核酸结构和功能的研究。

1950 年以前，四核苷酸结构学说流行。这种学说认为，任何核酸分子都是由等物质的量的 4 种核苷酸组成的。因此，认为核酸不大可能具有重要的生理功能。这样一来，尽管 Avery 等的实验有力地证明了 DNA 是重要的遗传物质，而反对者仍认为蛋白质才是转化因子。直到 1950 年前后，Avery 等的发现才得以公认。

1950 年以后，查盖夫（Chargaff）和马卡姆（Markham）等应用纸层析技术和分光光度计大量地测定了各种生物的 DNA 碱基组成后，才发现不同生物的 DNA 碱基组成不同，有严格的种的特异性，这就给了四核苷酸学说致命地打击。同时他们还发现，尽管不同生物的 DNA 碱基组成不同，但总是 A=T、G=C，提示了 A 与 T、G 与 C 之间的互补概念。这一极重要的发现，为以后 Watson 和 Crick 建立 DNA 的双螺旋结构模型提供了重要的依据。

1953 年 DNA 的双螺旋结构模型的提出，被认为是 20 世纪自然科学中的重大突破之一。它揭开了分子生物学研究的序幕，为分子生物学的研究奠定了基础。此后，分子生物学所取得的突飞猛进地发展与 DNA 双螺旋模型的建立是分不开的。

20 世纪 70 年代初建立起来的重组 DNA 技术是生命科学发展中的又一重大突破。一门崭新的学科——基因工程诞生了。人们终于可以按照拟定的蓝图来设计新的生物体。在工业、农业、医学、药学等应用领域，基因工程技术得到了广泛的应用，并已创造了巨大的财富。同时，基因工程技术又是进一步揭示生命奥秘的有力武器。它极大地推动了分子生物学和分子遗传学等学科的飞速发展。

第一节　DNA 的空间结构

一、DNA 的双螺旋结构

目前公认的 DNA 双螺旋结构模型的建立，主要有两方面的根据：一是 DNA 碱基组成的定量分析；二是对 DNA 纤维和 DNA 晶体的 X 射线衍射分析。Watson 和 Crick 两人在 1953 年提出的 DNA 双螺旋结构模型，在分子生物学发展上具有划时代的意义，为分子生物学和分子遗传学的发展奠定了基础。由于当时还不可能获得 DNA 分子结晶，Watson 和 Crick 所用的资料来自在相对湿度为 92%时所得到的 DNA 钠盐纤维，这种 DNA 称为 B 型 DNA（B-DNA）。在相对湿度低于 75%时获得的 DNA 钠盐纤维，其结构有所不同，称为 A-DNA。另外还发现了一种左手双螺旋结构，称为 Z-DNA。在生物体内天然状态的 DNA 几乎都以 B-DNA 的形式存在，所以在此重点讨论 B-DNA 的空间结构。

（一）B-DNA 的结构

Watson 和 Crick 提出的 B-DNA 结构模型具有以下几点特征。

（1）两条反方向平行的脱氧核苷酸链围绕同一中心轴缠绕成右手螺旋型。

（2）嘌呤与嘧啶位于双螺旋的内侧，碱基的平面与中心轴垂直。磷酸与核糖在双螺旋的外侧，彼此通过 3′, 5′-磷酸二酯键相连接，形成 DNA 分子的骨架，戊糖环的平面与中心轴平行。

（3）双螺旋上有两条螺纹沟，一条较深，一条较浅。较深的称为大沟，宽度为 1.2nm，深度为 0.85nm。较浅的沟称为小沟，宽度为 0.6nm，深度为 0.75nm。

（4）双螺旋的直径为 2.0nm，两个相邻的碱基之间堆积距离为 0.34nm，两个核苷酸之间的夹角为 36°。因此，沿中心轴每旋转一周需要 10 个核苷酸。螺距为 3.4nm。

（5）两条核苷酸链彼此依靠碱基之间的氢键相连而结合在一起。根据分子模型计算，只有一条链上的嘌呤与另一条上的嘧啶相匹配，其距离才正好与双螺旋的直径相吻合。碱基构象的研究结果表明，A 只能与 T 配对，可形成两个氢键，G 只能与 C 配对，可形成三个氢键，所以 G、C 之间的连接较为稳定。上述碱基之间的配对规律称为碱基配对原则或碱基互补原则。根据碱基互补原则，当一条多核苷酸链的顺序被确定后，即可推知另一条互补链的序列。碱基互补原则具有极重要的生物学意义，它是 DNA 复制、RNA 转录、反转录及翻译等过程的分子基础。

（二）A-DNA

在相对湿度低于 75%时获得的 DNA 纤维的 X 射线衍射分析资料表明，这种 DNA 纤维具有不同于 B-DNA 的结构特点，称为 A-DNA。A-DNA 也是由两条反方向的多核苷酸链缠绕成的右手螺旋，但是螺旋体较宽，直径为 2.55nm，碱基对与中心轴之间有 20°的倾角。RNA 分子的双螺旋区及 RNA-DNA 杂交双链也都具有与 A-DNA 相似的结构，这是因为 RNA 分子中核糖环上有 2′—OH 存在，从空间结构上说不可能形成 B-型结构。

（三）Z-DNA 的结构

除了 A-DNA 和 B-DNA 以外，自然界中还发现了一种 Z-DNA。Rich 在研究 CGCGCG 寡聚体的结构时发现了这种 DNA。虽然 CGCGCG 的晶体也呈双螺旋结构，但它不是右手螺旋，而是左手螺旋。所以这种 DNA 称为左旋 DNA。Z-DNA 较 B-DNA 细一些，直径为 1.84nm，其磷酸基在多核苷酸骨架上的分布呈“Z”字形，因此而得名。

天然 B-DNA 的局部区域可以出现 Z-DNA 结构，说明 B-DNA 与 Z-DNA 之间是可以相互转变的。

二、环形 DNA

生物体内的有些 DNA 是以双链环形 DNA 的形式存在的，如病毒 DNA、细菌质粒 DNA、真核细胞中的线粒体 DNA、叶绿体 DNA 等，许多细菌染色体 DNA（如大肠杆菌染色体 DNA）也是环形 DNA。

有些环形 DNA 还可以进一步形成超螺旋，或称为连锁状 DNA。从力能学的观点来看，超螺旋 DNA 更容易形成。超螺旋 DNA 具有更致密的结构，可以将很大的 DNA 分子压缩在一个极小的体积内。在生物体内，绝大多数 DNA 确是以超螺旋形式存在的。由于超螺旋 DNA 有较大的密度，在离心场中的运动较线形或开环形 DNA 要快，在凝胶电泳中泳动的速度也较快。因此应用离心和电泳可以很容易地将不同构象的 DNA 分离开来。

真核细胞染色体 DNA，是以染色质的形式存在于细胞核中的。染色质的结构极为复杂。染色质的基本构成单位是核小体，核小体的主要成分为 DNA 和组蛋白，组蛋白构成核心颗粒，双螺旋 DNA 则盘绕在此核心颗粒上形成核小体。核小体之间由高度折叠的 DNA 链相连接，构成念珠状结构，念珠状结构再进一步盘绕成更复杂更高层次的结构。

第二节　核酸的某些理化性质及常用研究方法

一、核酸的紫外光吸收

嘌呤碱和嘧啶碱具有共轭双键，所以碱基、核苷、核苷酸和核酸在 240～290nm 的紫外波段内有一强烈的吸收峰，最大吸收值在 260nm 附近。不同的核苷酸有不同的吸收特性。

所以，可以用紫外分光光度计对核酸进行定量或定性测定。

实验室中经常用这一特性定量测定少量纯的 DNA 和 RNA。也可用紫外法检测样品的纯度，检测时用紫外分光光度计读出 260nm 和 280nm 处的 OD 值，从 OD_{260} / OD_{280} 的比值即可判断样品的纯度。纯的 DNA OD_{260} / OD_{280} 应为 1.8，纯的 RNA 应为 2.0，样品中如果含有杂蛋白或苯酚，OD_{260} / OD_{280} 比值即明显降低。不纯的样品不能用紫外吸收法做定量分析。对纯的样品只要读出 260nm 处的 OD 值即可算出含量。通常 1OD 值相当于 50μg/ml 双螺旋 DNA，相当于 40μg/ml 单链 DNA 或 RNA，相当于 20μg/ml 寡聚核苷酸。这种方法既快速，又相当准确，而且不会浪费样品。

二、核酸的沉降特性

溶液中的核酸分子在引力场中可以下沉。线形 DNA、开环形 DNA、超螺旋 DNA、蛋白质及其他杂质，在超速离心机的强大力场中，沉降速率有很大差异。所以，可以用超速离心法纯化核酸，或对不同构象的核酸进行分离，也可以测定核酸沉降系数与分子质量。

应用不同介质组成的密度梯度超速离心分离核酸效果较好。分离 RNA 常用蔗糖梯度，分离 DNA 最常用的是氯化铯梯度，氯化铯在水中有很大的溶解度，可以制成浓度很高（80mol/L）的溶液。如果分离不同构象的 DNA、RNA 及蛋白质，则可用啡啶溴红-氯化铯密度梯度。这个方法是目前实验室中纯化质粒 DNA 最常用的方法。离心完毕后，离心管中各种成分的分布可在紫外光照射下显得一清二楚。蛋白质漂浮在最上面，RNA 沉淀在底部。超螺旋 DNA 沉降较快，其次是线形 DNA，再次是环形 DNA。用注射针头从离心管侧面在超螺旋 DNA 区带部位刺入，收集这一区带的 DNA。可用异戊醇抽提收集到的 DNA 以除去染料，然后透析除去氯化铯，再用苯酚抽提 1～2 次，即可用乙醇将 DNA 沉淀出来。这样得到的 DNA 有很高的纯度，可供重组 DNA、序列测定及制作限制酶图谱使用。在少数情况下，需要特别纯的 DNA 时，可以将此 DNA 样品再进行一次氯化铯梯度离心分离。

三、凝胶电泳

DNA 分子的大小不同，在直流电场中的泳动速度不同；DNA 的构象不同，泳动速度也不同。一般说来，分子质量小，泳动快，分子质量大，泳动慢。一般情况下超螺旋 DNA 的迁移率最快，其次是线形 DNA，环形 DNA 最慢。所以，既可以用凝胶电泳法分离纯化不同构象的 DNA，也可以分离分子质量大小不同的 DNA，也可以测定 DNA 样品的分子质量，还可以大体上判断出样品的浓度。

常用的有琼脂糖凝胶电泳和聚丙烯酰胺凝胶电泳。既可以在水平槽中进行电泳，也可以在垂直槽中进行电泳。凝胶电泳兼有分子筛和电泳的双重效应，所以分辨率很高。但用于少量 DNA 分子的定量分析则不够灵敏。

电泳完毕后，可将凝胶在荧光染料啡啶溴红水溶液中染色。DNA 与啡啶溴红结合后，经紫外光照射可发射出红橙色可见荧光。在琼脂糖凝胶上，0.01μg 的 DNA 即可用此法检出，所以十分灵敏。根据荧光的强弱程度可以大体上可判断出 DNA 样品的浓度，若在同一凝胶上加上已知浓度的 DNA 作参考，则所测得的样品浓度更为准确。

用凝胶电泳测定 DNA 分子质量大小，则是在同一凝胶上加上一个或一组已知分子质量的样品，电泳完毕后，用啡啶溴红染色，根据标准样品的分子质量和迁移率及待测样品的迁移率即可推算出待测样品的分子质量。

凝胶上的样品还可以设法回收，以供进一步研究之用。回收方法很多，最常用的方法是将胶上的某一区带在紫外光照射下切割下来，将切下的胶条放入透析袋中，装上电泳液，在水平槽中进行电泳，让胶条中的 DNA 释放出来，溶解在缓冲液中，收集缓冲液，用苯酚抽提 1～2 次，水相用乙醇沉淀，即得到纯的 DNA 样品。这样回收的 DNA 纯度很高，可供限制酶分析、序列分析或末端标记使用。

四、核酸的变性、复性与杂交

（一）核酸的变性

变性是核酸的理化性质之一。核酸的变性是指核酸的双螺旋区的氢键断裂，两条链相互分开成为单链的现象，它不涉及共价键的断裂。多核苷酸链骨架上共价键（3′, 5′-磷酸二酯键）的断裂称为核酸的降解。

引起核酸变性的因素很多，由温度升高引起的变性称为热变性；由酸碱引起的变性称为酸碱变性。有些有机化合物（如尿素）也可引起核酸的变性。

当将核酸的稀盐溶液加热 80～100℃时，双螺旋结构即发生解体，两条链分开，并形成线团状结构，同时生物学活性也部分或全部丧失，理化性质也发生改变，如 OD_{260} 值升高，黏度下降，浮力系数增加等。DNA 的变性如同固体物质的熔解，是爆发式的，变性作用发生在一个很窄的温度范围内。通常将 50%的 DNA 变性时的温度称为该 DNA 的熔点或熔解温度，用 T_m 表示。DNA 的 T_m 一般为 70～80℃，主要与以下几个因素有关。

（1）DNA 的均一性：均一性越高的样品。熔解过程越是发生在一个很窄的温度范围内，即 T_m 的范围越小。

（2）G-C 的含量：G-C 含量越高，T_m 值越高，二者呈正比例关系，这是因为 G-C 对比 A-T 对更为稳定。所以测定 T_m 值可以推算出 G-C 对的含量，其经验公式为：G-C%=（T_m−69.3）×2.44。

（3）介质中的离子强度：一般说来，在离子强度低的介质中，DNA 的熔解温度较低；而在离子强度高的介质中，T_m 值则较高。所以，DNA 制品应保存在较高浓度的缓冲液或盐溶液中，如常保存在 1mol/L NaCl 溶液中。

RNA 分子中有部分双螺旋区，所以 RNA 也可发生变性，但 T_m 较低。

（二）DNA 复性

在适当的条件下，变性的 DNA 两条彼此分开的单链又可重新缔合为双螺旋结构，这个过程称为复性。DNA 复性后，许多理化性质随之恢复，生物学活性也得到部分恢复。例如，将热变性的 DNA 骤然冷却时，DNA 就不可能复性，但如果缓慢冷却，则可以复性。复性也与很多因素有关：

（1）DNA 片段越大，复性越慢。

（2）DNA 浓度越大，复性越快。

（3）均一的 DNA 易复性，非均一的 DNA 不易复性。

（4）DNA 的重复序列越多，复性越快。

（三）核酸杂交

将不同来源的 DNA 放在同一试管里，经热变性后，慢慢冷却，让其复性。若这些异源 DNA 在某些区域有相同序列，在复性时，则形成杂交 DNA 分子。DNA 与互补的 RNA 之间也可以发生杂交。核酸的杂交在分子生物学和分子遗传学的研究中应用极广，许多重大的分子遗传学问题都是用分子杂交技术来解决的。

核酸杂交可在液相或固相上进行。目前实验室中应用最广的是以硝酸纤维素膜作支持物进行的杂交。英国生物化学家 Edwin Mellor Southern 所发明的 Southern 印迹法就是将凝胶上的 DNA 片段转移到硝酸纤维素膜上之后，再进行杂交的。这里以 DNA-DNA 的杂交为例来介绍 Southern 印迹法的简要过程。

将 DNA 样品经限制性内切核酸酶降解后，用琼脂糖凝胶进行电泳分离。将胶片浸泡在氢氧化钠溶液中进行变性，将变性的 DNA 转移到硝酸纤维素膜上（硝酸纤维素膜只吸附变性的 DNA），在 80℃烘烤 4～6h，就可使 DNA 牢固地吸附在硝酸纤维素膜上。然后与放射性同位素标记的变性后的 DNA 探针进行杂交，杂交需要在较高的盐浓度和适当的温度下（一般 68℃）进行数小时或十余小时，通过洗涤除去未杂交的标记物，将硝酸纤维素膜烘干后进行放射自显影，在乳胶片上就可清楚地显示出杂交 DNA 所在的位置。除 DNA 外，RNA 也可作为探针。

应用类似的方法也可以分析 RNA，即将 RNA 变性后转移到硝酸纤维素膜上再进行杂交，这个方法称为 Northern 印迹法。用类似的方法，根据抗原与抗体特异性结合的原理，也可以分析蛋白质，这个方法称为 Western 印迹法。应用核酸杂交技术可以将含量极少的真核细胞基因组中的单拷贝基因分离出来。

第三节　DNA 和 RNA 的生物合成

一、DNA 的复制

在细胞增殖周期的一定阶段整个染色体都将发生精确的复制，随后以染色体为单位将复制的基因组分配到两个子细胞中去。染色体 DNA 的复制与细胞分裂之间存在着密切的关系，一旦复制完成，即发生细胞分裂；细胞分裂之后，又开始新一轮的 DNA 复制。

染色体外的遗传因子，包括细菌的质粒、真核细胞的线粒体、叶绿体及细胞内共有生物的 DNA，它们的复制或是受染色体复制的控制，而与染色体复制同步，或是不受染色体复制的控制，在细胞增殖过程中随时都可进行。

病毒在侵入细胞后即能进行复制。如果病毒的 DNA 整合进入宿主细胞的染色体中，这部分 DNA 就作为宿主细胞染色体的一部分进行复制。

由于 DNA 是遗传信息的载体，在 DNA 合成时，决定其结构特异性的遗传信息只能来自其本身，因此必须由原来存在的分子作为模板指导合成新的分子，即进行自我复制。DNA 的双螺旋结构对于维持这类遗传物质的稳定性及复制的准确性都是极为重要的。细胞内存在极为复杂的系统，以确保 DNA 复制的正确进行，并纠正可能出现的误差。

（一）半保留复制

Watson 和 Crick 在提出 DNA 双螺旋结构模型时即推测，在复制过程中首先碱基间的氢键要断裂并使双链解旋和分开，然后以每条链作为模板在其上合成新的互补链，结果由一条链形成互补的两条链。在此过程中，每个子代 DNA 分子的一条链来自亲代 DNA，另一条链则是新合成的，这种复制方式称为半保留复制。

1958 年 Meslson 和 Stahl 利用氮的同位素 ^{15}N 标记大肠杆菌 DNA，首先证明了 DNA 的半保留复制。他们让大肠杆菌在以 $^{15}NH_4Cl$ 为唯一氮源的培养基上生长 12 代以后，使所有的 DNA 分子标记上 ^{15}N。^{15}N-DNA 的密度比普通 ^{14}N-DNA 大 1%，在氯化铯密度梯度离心时，这两种 DNA 形成位置不同的区带。接着将 ^{15}N-DNA 的大肠杆菌转移到普通培养基（以 ^{14}N 为氮源）上培养，经过一代之后，所有的 DNA 的密度都介于 ^{15}N-DNA 和 ^{14}N-DNA 之间，形成在 DNA 分子中的一半为 ^{15}N-DNA、另一半为 ^{14}N-DNA 的杂合分子——$^{14}N^{15}N$-DNA。在进行氯化铯密度梯度离心时，其区带位于 ^{15}N-DNA 区带和 ^{14}N-DNA 区带之间。两代时，在氯化铯密度梯度离心时出现两条区带，一条位于 ^{14}N-DNA 的位置，另一条位于 $^{14}N^{15}N$-DNA 的位置，且两条带的大小相等，说明 ^{14}N-DNA 和 $^{14}N^{15}N$-DNA 等量出现。若继续培养，可以看到 ^{14}N-DNA 的比例增大。当把 $^{14}N^{15}N$-DNA 杂合分子加热时，它们分开成为 ^{14}N-DNA 单链和 ^{15}N-DNA 单链。这就充分证明了在 DNA 复制时原来的 DNA 分子可被分成两个亚单位，分别构成子代分子的一半，这些亚单位经过许多代复制之后仍然保持着完整性（图 2-1）。

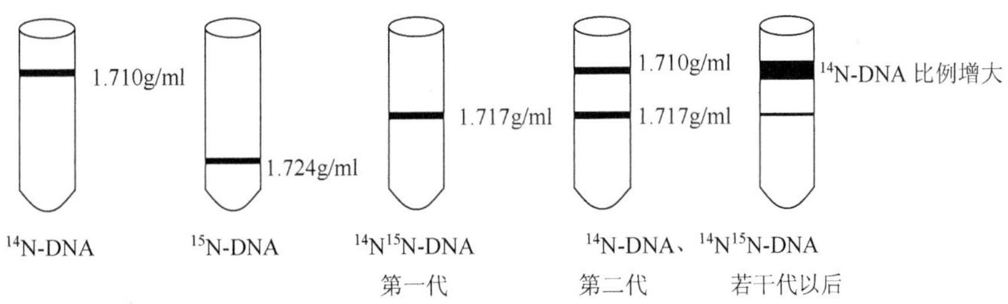

图 2-1　大肠杆菌 DNA 半保留复制示意图

在这以后，人们用许多原核生物和真核生物复制中的 DNA 做了类似的实验，都证明了 DNA 复制的半保留复制方式。然而，这类实验所研究的复制中的 DNA 在提取过程中已断裂成许多片段，得到的信息只涉及 DNA 复制前和复制后的状态。1963 年 Cairns 用放射自显影的方法第一次观察到了完整的正在复制的大肠杆菌染色体 DNA，他用 ^3H 脱氧胸苷标记大肠杆菌 DNA，然后用溶菌酶将细胞壁消化掉，使完整的染色体 DNA 释放出来，铺在一张透析膜上，在暗处用感光胶片覆盖于干燥的膜表面上，放置若干星期。这期间 ^3H 由于放射性衰变放出 β-粒子，使乳胶片曝光成银粒，显影后银粒黑点轨迹勾画出了 DNA 分子形状，黑点数目代表了 ^3H 在 DNA 分子中的密度，把显影后的片子放在光学显微镜下就可以观察到大肠杆菌染色体的全貌。用这种方法 Cairns 阐明了大肠杆菌染色体 DNA 是一个环状分子，并以半保留复制的方式进行复制（图 2-2）。

^3H-胸苷掺入大肠杆菌 DNA，经过近两代的时间。C 为非复制部分，银粒子密度较低，由一条放射性链和一条非放射性链构成。B 为一条复制的双链，但只有一条链是标记的。A

为另一条复制的双链，银粒密度较高（为前者的 2 倍），两条链都是标记的。

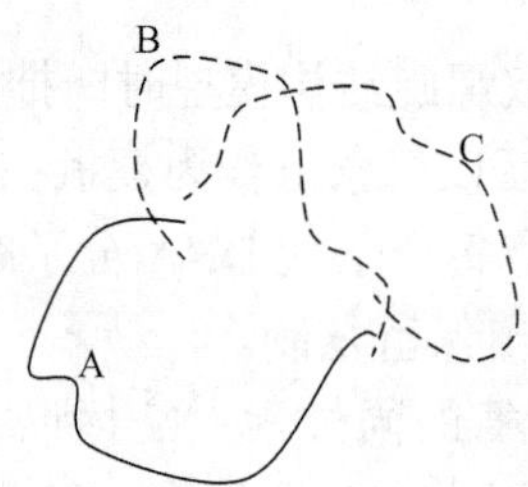

图 2-2　复制中的大肠杆菌染色体放射自显影图影

DNA 的半保留复制机制可以说明 DNA 在代谢上的稳定性。经过许多代复制，DNA 多核苷酸链仍可以保持完整，并存在于后代的细胞中，而不是被分解掉。DNA 与细胞的其他成分相比要稳定得多，这和它的遗传功能是吻合的。但是这种稳定性是相对的，DNA 在代谢上并非是完全惰性的物质，在细胞内各种物理、化学及生物因素的作用下，DNA 会发生损伤，需要修复；在复制和转录过程中也会损耗，而必须更新。在发育和分化过程中，DNA 的特定序列还可能进行修饰、删除、扩增和重排。已有实验表明，老年动物 DNA 双链的不配对碱基远比幼年动物和胚胎期多。从进化角度来看，DNA 更是处在不断变异和发展之中的。

（二）复制的起点和单位

DNA 上能独立进行复制的单位称为复制子。每个复制子都含有控制复制的起点。

原核生物染色体和质粒及真核细胞的线粒体和叶绿体 DNA 都是环状分子，都只有一个复制子，都是从一个固定的复制起点开始复制的。其复制方向大多数是双向的，即从复制起点开始解链，形成两个复制叉（或称生长点），分别向两侧推进；也有单向的，即从复制起点开始，复制叉只向一侧延伸。复制有对称的，也有不对称的。所谓对称是指两条链同时进行复制，或者双向复制中两个复制叉等速延伸；不对称是指一条链复制后再进行另一条链的复制，或者一个复制叉的移动速度快，而另一个复制叉的移动速度慢。环形 DNA 分子从复制起点开始解链，两条模板链同时指导合成各自的互补链，在电子显微镜下观察可看到形如“眼”状的结构，又有点像希腊字母“θ”，所以称为“θ”形结构。真核细胞染色体 DNA 多是线形双链分子，含有许多个复制子，是多起点的双向对称复制。病毒 DNA 多种多样，或是环形分子，或是线形分子，或是双链，或是单链。每一个病毒基因组 DNA 是一个复制子，它们的复制方式也是多种多样的，有双向的，也有单向的，有对称的，也有不对称的。

大多数生物染色体 DNA 的复制都是双向的，并且是对称的，但也有例外。

（1）枯草杆菌染色体 DNA 的复制虽然是双向的，但是两个复制叉移动的距离不同。一个仅在染色体上移动 1/5 的距离，然后停下来等待另一个复制叉移动完成 4/5 的距离。质粒 R6K DNA 两个复制叉的移动也是不对称的，第一个复制叉移动 1/5 的距离后即停下来，再从反方向开始形成第二个复制叉并完成其余部分的复制。质粒 ColE1 DNA 的复制完全是单向的，复制叉只向一个方向移动。

（2）单向复制的一个特殊方式——滚动环式复制：噬菌体 φX174 DNA 是环状单链（正链）分子，它先以正链为模板合成负链，从而形成复制型的环状双链分子。然后正链在酶的作用下从特殊的位置切开，游离出 3′—OH 和 5′—磷酸基末端。5′链被单链结合蛋白结合（细胞膜上），随后在 DNA 聚合酶的作用下，以负链为模板，从正链的 3′—OH 端加入脱氧核苷酸，使链不断延长，从而合成正链。正链的合成和环的滚动是同步进行的。个别双链环状 DNA 分子也是以滚动环的方式进行复制的。

（3）单向复制的另一个特殊方式——D-环式复制；D-环式复制又称取代环式复制。线粒体 DNA 的复制采用这种方式（纤毛虫的线粒体 DNA 是线形分子，其复制方式与此不同）。双链环在一固定的位点解开进行复制，但两条链的复制是高度不对称的，一条链先复制，另一条保持单链而被取代，在电镜下可以看到似“D”形环的形状。待一条链复制到一定程度，露出另一条链的复制起点时，另一条才开始复制。这表明两条链的复制起点并不在同一位置上，而是分开一定的距离。用放射自显影的方法可以判断 DNA 的复制是双向的还是单向的。在复制开始时，先用低放射性的 ^{3}H-脱氧胸苷标记大肠杆菌，数分钟后，再转移到含有高放射性的 ^{3}H-脱氧胸苷培养基上继续培养，继续标记。然后，提取 DNA 进行放射自显影实验。这样在放射自显影图影上，复制起始区的放射性标记密度较低，感光还原出的银粒密度也就比较低；而继续合成区的标记密度较高，感光还原后的银粒密度也就比较高。若是单向复制，复制叉上的银粒密度应是一端低、一端高；若是双向复制，则应是中间低、两端高。由大肠杆菌获得的放射自显影图影都是两端密、中间稀，这就清楚地证明了大肠杆菌染色体 DNA 的复制是双向复制（图 2-3）。

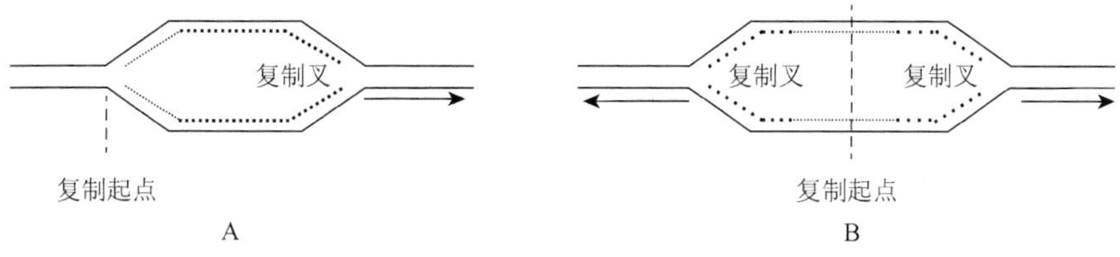

图 2-3　单向复制（A）和双向复制（B）示意图

人们还用放射自显影的方法测定了不同生物复制叉的移动速度。大肠杆菌的染色体完成一次复制需要 40min，但在营养丰富的培养基上每 20min 就可以繁殖一代，这是因为在营养丰富的培养基上，大肠杆菌在第一轮复制还未完成时，就开始了第二轮的复制，所以形成了单复制子的多复制叉结构。真核生物染色体 DNA 复制叉的移动速度比原核生物慢得多，这是由于真核生物染色体有复杂的高级结构，复制时需要解开核小体，复制后又要重新形成核小体。但真核生物染色体 DNA 是多起点的双向复制，可以得到一些弥补，通常完成染色体的一次复制需要 6～8h（图 2-4）。

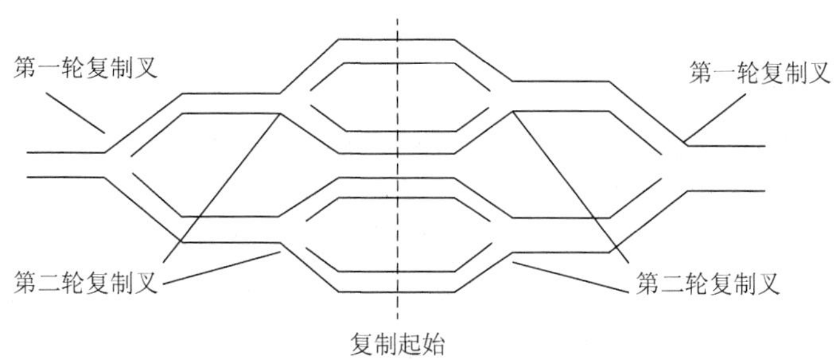

图 2-4　大肠杆菌的单复制子多复制叉结构示意图

（三）参与 DNA 复制的主要酶及蛋白质

DNA 的复制是一个复杂的过程，需要多种酶及蛋白质协同作用才能完成。在此主要介绍几种与聚合、解链及引物合成有关的酶及蛋白质。

1. DNA 聚合酶

1956 年 Kornberg 等首先从大肠杆菌的无细胞提取液中分离出 DNA 聚合酶，此后人们又从各种不同生物中找到了这种酶。经过许多实验证实，DNA 聚合酶具有以下反应特点：①以 4 种脱氧核糖核苷三磷酸为底物；②反应需要接受模板的指导；③反应需要有引物 3′-OH 的存在；④反应需要 Mg^{2+}的激活；⑤聚合反应的方向（即 DNA 链的延长方向）为 5′→3′；⑥产物 DNA 的性质与模板完全相同。这同时也表明 DNA 聚合酶合成的产物是模板的复制物。

1）大肠杆菌的 DNA 聚合酶 大肠杆菌的 DNA 聚合酶有 3 种，分别称为 DNA 聚合酶Ⅰ、DNA 聚合酶Ⅱ、DNA 聚合酶Ⅲ。

DNA 聚合酶Ⅰ是一个多功能酶，它主要有以下 3 方面的功能：一是通过核苷酸聚合反应使 DNA 链沿 5′→3′方向延长，即具有 5′→3′的聚合酶活力；二是由 3′端水解 DNA 链，即具有 3′→5′外切核酸酶活力；三是从 5′端水解 DNA 链，即具有 5′→3′外切核酸酶活力。在正常聚合条件下，3′→5′外切核酸酶活力受到抑制，但若出现错配碱基，聚合反应立即停止，此时 3′→5′外切酶活力便显露出来，迅速切除错误进入的核苷酸，然后聚合反应才得以继续进行下去。所以，3′→5′外切核酸酶活力被认为对 DNA 的合成起校对作用。这是对 DNA 复制忠实性的根本保证，如果没有这种活性，DNA 复制的错误将会极大增加。DNA 聚合酶的 5′→3′外切核酸酶活力可作用于双链 DNA 的 5′端，从 5′切下核苷酸或寡聚核苷酸。因而被认为在切除由紫外线照射而形成的嘧啶二聚体中起着重要的作用，在 DNA 的半不连续性复制中，冈崎片段 5′端 RNA 引物的切除和切除引物后缺口的填补，也依赖于该酶的 5′→3′外切酶活力和 5′→3′聚合活力。所以，DNA 聚合酶Ⅰ在复制的校正、DNA 损伤的修复、RNA 引物的切除和切除引物后缺口的填补等方面具有重要的意义。

DNA 聚合酶Ⅱ具有 5′→3′的 DNA 聚合酶活力和 3′→5′的外切核酸酶活力，但没有 5′→3′的外切核酸酶活力。其 5′→3′的聚合酶活力需要带有缺口的双链 DNA 作模板——引物，但缺口不能太大，否则聚合活力将会降低。所以 DNA 聚合酶Ⅱ可能在 DNA 损伤的修复中起一定的作用。

DNA 聚合酶Ⅲ与 DNA 聚合酶Ⅰ一样兼有 5′→3′聚合酶、3′→5′外切酶和 5′→3′外切酶活力。实验证明，诱变消除 DNA 聚合酶Ⅰ和Ⅱ的聚合反应活力后，大肠杆菌仍能进行 DNA 的复制和正常生长。所以，现在认为 DNA 聚合酶Ⅲ是大肠杆菌细胞内真正负责重新合成 DNA 的复制酶。DNA 聚合酶Ⅲ在组成上也与前两种酶不同，它是一个多亚基酶，由 7 种共 9 个亚基组成，并含有锌离子。

2）真核生物的 DNA 聚合酶 真核生物的 DNA 聚合酶有 4 种，分别称为 DNA 聚合酶 α、β、γ、δ。总的说来，真核生物的 DNA 聚合酶和大肠杆菌的 DNA 聚合酶的基本性质相同，都是以 4 种脱氧核糖核苷三磷酸为底物，需要 Mg^{2+}的激活，聚合时需要有模板链和 3′-OH 端的引物存在，链的延长方向为 5′→3′。但是真核生物 DNA 聚合酶本身往往不具有外切核酸酶活性，这就有可能由另外的酶或蛋白质在复制中起校对作用。

DNA 聚合酶 α 相当于大肠杆菌的 DNA 聚合酶Ⅲ，也是由多亚基组成的，它是真核生物 DNA 复制的主要酶。主要根据是 DNA 聚合酶 α 在细胞内活力水平的变化与 DNA 复制有明显的平行关系，在细胞分裂的 S 期达到高峰。另外有一种杀蚜虫毒素，可抑制真核生物体内的 DNA 复制。体外实验证明，它抑制的是 DNA 聚合酶 α，而不抑制其他种类的 DNA 聚合酶。

DNA 聚合酶 β 能以人工合成的多聚脱氧核苷酸为模板，以适当的寡聚脱氧核苷酸为引物合成 DNA。这一种酶在细胞内的活力水平相当稳定，无论在分裂细胞还是停止分裂的细胞中，其含量变化均不大。所以，它可能主要在 DNA 损伤的修复中起作用。

DNA 聚合酶 γ 能有效地以人工合成的多聚核糖核苷酸（RNA）为模板，以寡聚脱氧核糖核苷酸为引物合成 DNA。但是该酶与 RNA 病毒中反转录酶有许多不同之处。反转录酶能以天然 RNA 为模板合成 DNA。但 γ 酶在体外却不能成功地进行有关实验。γ 酶在分裂细胞中的活力水平也有明显地变化，在 S 期一开始其活力水平可迅速增加 2 倍，然后再回到正常水平，这时 α 酶还未达到最高水平。人们推测它可能与 DNA 复制的调控有关。另外，从线粒体中可以分离到该酶，所以人们也推测它可能与线粒体 DNA 的复制有关。

DNA 聚合酶 δ 与前几种酶不同，具有 3′→5′外切核酸酶活力，需要 Co^{2+}和 Mg^{2+}的激活，天然 DNA 需经 DNase 处理活化后才能作为其模板和引物。它的生理功能还不清楚。

2. DNA 连接酶

DNA 聚合酶只能催化多核苷酸链的延长，但不能催化 DNA 链的连接反应。1967 年，不同的实验室同时发现了 DNA 连接酶，这个酶能催化双链 DNA 切口处的 5′-磷酸基和 3′-OH 生成磷酸二酯键。连接反应需要能量。细菌中的 DNA 连接酶以 NAD 作为能量来源，动物细胞和噬菌体中的连接酶则以 ATP 作为能量来源。DNA 连接酶催化的反应如图 2-5 所示。

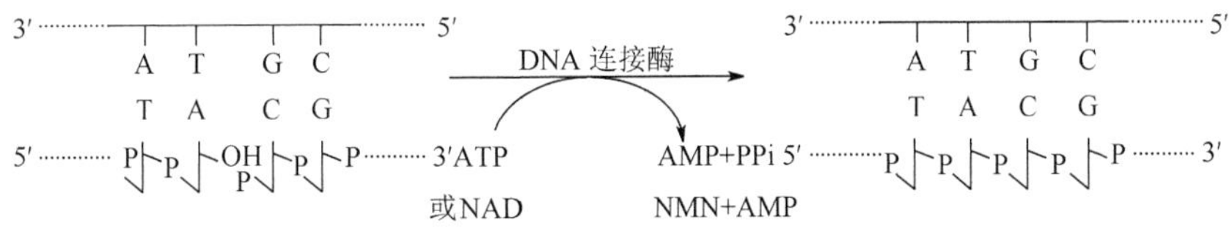

图 2-5　DNA 连接酶催化的反应

DNA 连接酶在 DNA 的复制、修复和重组等过程中均起着重要的作用。

3. 与解链有关的酶及蛋白质

DNA 复制时，首先需要将亲代 DNA 分子的两条链解开。在解链过程中会产生扭曲张力。早期认为，DNA 分子可以通过旋转消除这种张力。然而一条很长的 DNA 双螺旋链进行高速旋转是不可思议的。现在认为，双螺旋链的解开依赖于 DNA 拓扑异构酶、DNA 解螺旋酶及一些蛋白质因子。

1）DNA 拓扑异构酶　DNA 拓扑异构酶可分为两种类型，DNA 拓扑异构酶 I（又称为转轴酶）能使一条链发生断裂和再连接；DNA 拓扑异构酶 II（又称 DNA 旋转酶）能使 DNA 的两条链同时发生断裂和再连接。当拓扑异构酶 I 与 DNA 结合时，可使 DNA 分子的一条链断裂，形成一个切口，切口的 5′-磷酸基与酶的亚基结合起来，在酶的牵引下，另一条链通过切口，然后切口再重新连接闭合，以达到改变螺旋数的目的。拓扑异构酶 II 与 DNA 结合时，可同时使两条链断裂，两个 5′-磷酸基分别与酶的两个亚基结合，酶通过改变构象牵引另一双链穿过切口，然后断裂的两条链再重新连接，达到消除复制叉前进时带来的扭曲张力的目的，从而有利于双螺旋链的解开。

2）DNA 解螺旋酶 DNA 双链的解开，依赖于 DNA 解螺旋酶。这类酶通过水解 ATP 获得的能量来解开双链，每解开一对碱基，需要水解 2 分子 ATP。当 DNA 分子中有单链末端或切口时，解螺旋酶即可结合在单链部分，然后向双链方向移动。大肠杆菌的解螺旋酶Ⅰ、Ⅱ和Ⅲ可沿模板链的 5′→3′方向移动。与其配合发挥作用的还有 rep 蛋白，rep 蛋白则在另一条模板链上沿 3′→5′方向移动。这两类解螺旋酶相互配合，推动了 DNA 双链的解开。

3）单链结合蛋白（SSB 蛋白） DNA 模板解开的两条单链即被单链结合蛋白覆盖，以稳定解开的单链，阻止复性和保护单链部分不被核酸酶降解。

原核生物的 SSB 蛋白与 DNA 的结合表现出明显的协同效应，当第一个蛋白与 DNA 结合后，其他蛋白质与 DNA 的结合能力可提高 1000 倍。所以，一旦结合反应开始即迅速扩展，直至全部单链被 SSB 蛋白覆盖。从真核生物体中分离出的 SSB 蛋白没有表现出这种协同效应，可能是它们的作用方式有所不同。

4）引发体 在合成 DNA 之前，首先要合成一段 RNA 引物，合成 RNA 引物的过程称为引发。这一过程是由引物酶来完成的，但该酶只有和另外 6 种蛋白质相互作用，组装成引发体之后才能起到引发作用。和引物酶一起构成引发体的 6 种蛋白质是：DnaB、DnaC、n、n′、n″和 i。DnaB 是一个六聚体蛋白，它具有 ATP 酶活力，在有 ATP 和 Mg^{2+}存在时可与 6 个 DnaC 蛋白结合为 DnaB-DnaC 复合物，此复合物在 i 蛋白（X 因子）协助下与结合在单链 DNA 上的 n、n′（Y 因子）和 n″（Z 因子）蛋白组成前引发体（或引发前体），前引发体再与引物酶组成引发体。n′蛋白能够选择 DNA 的特定位置，在此位置进行前引发体和引发体的组装。引发体沿模板链的 5′→3′方向移动，它移动的方向与复制叉的方向相同，但与冈崎片段的合成方向相反。移动到一定位置（冈崎片段合成起始位点）即可引发 RNA 引物的合成。移动和引发均需要 ATP 供给能量。n′蛋白具有 ATP 酶活力，并能从单链 DNA 上置换 SSB 蛋白，因此它对引发体移动可能是必需的成分。DnaB 蛋白的功能在于识别冈崎片段合成的起始位点，促使 RNA 引物的合成，因此被称为可移动的启动子。

（四）DNA 复制体的结构

在 DNA 合成的生长点（即复制叉）上，分布着各种各样与复制有关的酶和蛋白质，它们在 DNA 链上形成离散的复合体，彼此配合，进行高度精确的复制，这一结构称为复制体。已知的与大肠杆菌 DNA 复制过程有关的酶及蛋白质有 30 多种，在此简要介绍一些与聚合、解链、引发等过程有关的主要酶和蛋白质。与大肠杆菌复制体有关的主要酶及蛋白质见表 2-1。

表 2-1 与大肠杆菌复制体有关的主要酶及蛋白质因子

酶或蛋白质	相对分子质量	亚基数	每个细胞中的分子数	功能	结构基因
拓扑异构酶Ⅱ	400 000	4		引入负超螺旋	topⅡ
解螺旋酶Ⅰ	180 000		600	解链	
解螺旋酶Ⅱ	75 000	1	6 000	解链	
解螺旋酶Ⅲ	20 000		20	解链	

续表

酶或蛋白质	相对分子质量	亚基数	每个细胞中的分子数	功能	结构基因
rep 蛋白	66 000	1	50	解链	rep
单链结合蛋白	74 000	4	300	稳定 DNA 解开的单链	ssb
i 蛋白（X 因子）	66 000	3	50	预引发	
n 蛋白	25 000	1	30	预引发	
n′蛋白（Y 因子）	55 000	1	70	选择引发体组装点	
n″蛋白（Z 因子）	11 000	1		预引发	
DnaB 蛋白	300 000	6	20	可移动的启动子、ATP 酶	DnaB
DnaC 蛋白	25 000	1	100	预引发	DnaC
引物酶（引发酶）	60 000	1	75	合成 RNA 线物	DnaG
DNA 聚合酶III	400 000	9	10～20	合成 DNA	
DNA 聚合酶 I	109 000	1	400	修复、切除引物、填补缺	polA
DNA 连接酶	74 000	1	300	共价连接切口	
尿嘧啶糖苷酶	25 690	1		切除 DNA 中的尿嘧啶	ung
AP 内切核酸酶	22 700	1	100	水解磷酸二酯键	

大肠杆菌复制体的结构如图 2-6 所示。

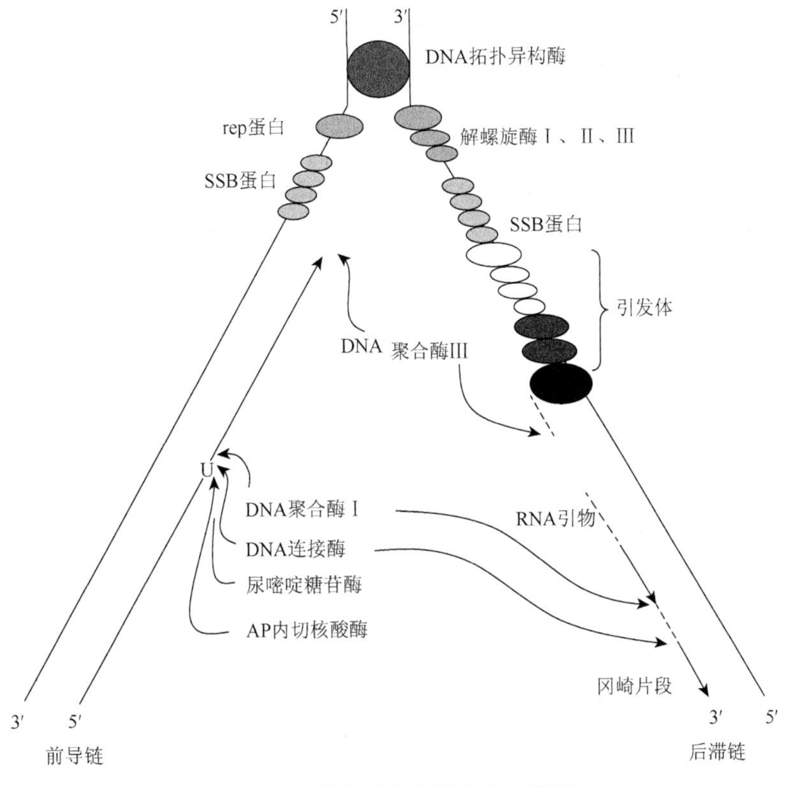

图 2-6　大肠杆菌复制体结构示意图

DNA 复制体上的基本活动主要有：①模板 DNA 双链的解开；②RNA 引物的合成；③DNA 链的延长；④切除 RNA 引物，填补缺口，连接相邻的 DNA 片段；⑤切除和修复掺入 DNA 链的脱氧尿苷酸和错配的碱基。

（五）DNA 复制过程

大肠杆菌 DNA 的复制分为起始、延伸和终止 3 个阶段。

1. 复制的起始

复制是从复制起点开始的。大肠杆菌的复制起点由 245 个碱基组成，含有多个顺向和反向重复序列，且富含脱氧腺苷酸。复制的起始涉及 DNA 双链的解开，引发体的组装和 RNA 引物的合成等过程。从噬菌体和大肠杆菌的研究结果来看，DNA 双链的松开涉及 DNA 旋转酶、DNA 解螺旋酶、DnaA 蛋白及 SSB 蛋白等多种酶和蛋白质的作用。其具体过程还不是十分清楚，但首先是在 RNA 聚合酶的催化下，以复制起点的核苷酸序列为模板转录出 RNA 短链，这些 RNA 短链的作用可能是经过 RNase H 切除不必要的部分后作为前导链的引物。但其更重要的作用是可能使原点处的双链分开，使 DNA 解螺旋酶得以与 DNA 单链结合，使引发体得以组装并合成 RNA 引物。所以，这一步称为转录活化。

2. DNA 链的延伸——半不连续性复制

由于 DNA 双螺旋的两条链是反平行的，因此在复制叉附近解开的 DNA 链一条是 5′→3′方向，另一条是 3′→5′方向。新生链的方向必须与模式板链的方向呈反平行关系。但所有已知的 DNA 聚合酶的合成方向都是 5′→3′，而没有 3′→5′方向的合成，这就无法解释 DNA 两条链如何能同时复制的问题。为了解释这一等速复制现象，日本学者冈崎（Okazaki）等提出了 DNA 的半不连续性复制模型。1968 年冈崎用 ^{3}H 脱氧胸苷短时间标记大肠杆菌，提取 DNA，变性后用超速离心法得到了许多 ^{3}H 标记的、被后人称为冈崎片段的 DNA。延长标记时间后，冈崎片段可转变为成熟的 DNA 链，因此这些片段必然是复制过程的中间产物。此外，用 DNA 连接酶温度敏感突变株进行实验，在连接酶不起作用的温度下，便有大量的小 DNA 片段积累，说明 DNA 复制过程中至少有一条链首先合成较短的片段，然后再用连接酶连接成大分子 DNA。现在已知一般原核生物中的冈崎片段要长一些，其长度为 1000～2000 个核苷酸，相当于一个顺反子的长度；真核生物中的要短一些，其长度为 100～200 个核苷酸，相当于一个核小体的大小。进一步研究证明，这种前导链的连续复制和后滞链的不连续复制在生物界中是有普遍性的，因此称为双螺旋 DNA 的半不连续性复制。

以复制叉的方向为标准，一条模板链是 3′→5′走向，它指导的新链能以 5′→3′的方向连续合成，称为前导链；另一条模板链是 5′→3′走向，它指导合成新链的方向也应该是 3′→5′，这就与复制的方向正好相反，无法随复制叉的移动进行连续性的复制，只能以倒退的方式合成不连续的 DNA 片段（冈崎片段），再由 DNA 聚合酶 I 切除引物并填补切除引物之后留下的缺口，最后由连接酶连接成一条完整的 DNA 链。

DNA 的合成需要引物，而 RNA 的合成不需要引物，这是因为 DNA 聚合酶有校对功能，它在每引入一个核苷酸后都要复查一次，碱基配对准确无误后，才开始下一次聚合。它不能从无到有地合成新链，这是因为在未核实前一个核苷酸处于正确配对的情况下，是不会进行聚合反应的。RNA 聚合酶没有校对功能，所以不需要引物。另外，聚合反应在刚开始时，错配碱基的概率比较大，先合成 RNA 作引物，最后再切除并代之以高保真的 DNA 链，这就极大提高了复制的正确性。

3. 复制的终止

复制的终止既不需要特殊的核苷酸序列，也不需要特殊的酶或蛋白质。大肠杆菌 DNA 复制的终止点，在复制起点 180°处。在复制的最后阶段，大肠杆菌的环形 DNA 会产生两个相互套接在一起的环，在拓扑异构酶的作用下去连环。然后再完成最后的复制。

4. 真核生物 DNA 的复制

真核生物的 DNA 通常都与组蛋白构成核小体，以染色体的形式存在于细胞核中，其高层次的结构更为复杂，复制的机制也就更为复杂。目前对真核生物 DNA 复制的机制还不十分清楚，但与大肠杆菌 DNA 复制相比较有以下几个特点：①真核生物 DNA 的复制是多起点的双向对称复制，所以可同时形成许多个复制体，分段进行复制；②复制叉前进的速度是大肠杆菌复制叉前进速度的 1/50～1/20；③真核生物染色体在全部完成复制之前，起点不再发动新一轮的复制；④DNA 复制过程中的校对作用可能不是由 DNA 聚合酶来完成，而另有酶或蛋白质；⑤复制时要解开核小体，复制后要重新组装核小体。

（六）DNA 复制的忠实性

DNA 复制是一个高度精确的过程。每一次传代，特定核苷酸错误复制的概率为 10^{-10}～10^{-9}。复制的高度正确性可能与 DNA 聚合酶的 3′-外切核酸酶活力有关。现在已经确定大肠杆菌的 DNA 聚合酶 Ⅰ 的 Klenow 片段有两个结构域（将 DNA 聚合酶 Ⅰ 用枯草杆菌酶或胰蛋白酶水解，可裂解成两个片段，N 端片段较小，C 端片段较大，把较大的 C 端片段称为 Klenow 片段）。大结构域含有一个荷正电的、直径为 2.0nm 的裂缝，DNA 即结合于此。DNA 一旦结合，裂缝即被关闭；这时 DNA 只能在裂缝隙中前后滑动。而小结构域含核苷酸结合位点，两个结构域在空间相距 3.0nm。当新合成的 DNA 链中含有错误配对的核苷酸时，双螺旋发生变形，因而不能在裂缝中向前滑动，只能后移，这时 3′-外切核酸酶活力就切除错配的核苷酸。错配的核苷酸切除后，聚合反应继续进行。聚合酶Ⅲ是否有这方面的功能还有待查明。

提高复制准确性的另一个机制是误配修复。误配修复系统能检查新复制的 DNA，切除误配的碱基，插入正确的核苷酸。

关于如何保持真核细胞复制正确性的机制也有了一些进展。过去在真核生物 DNA 聚合酶 α 中没有检测到 3′-外切核酸酶活力，这就导致人们怀疑真核生物 DNA 的复制是否具有校对功能。后来从果蝇的复制酶中发现了隐藏的 3′-外切核酸酶活力，即它的存在仅在某种条件下才显示。但对真核生物如何保证复制的忠实性还难以作出明确的解答。

（七）RNA 指导的 DNA 合成

1970 年，Temin、Mizufani 及 Baltimore 分别从致癌 RNA 病毒中发现了反转录酶，这一发现具有重要的理论和实践意义。它不仅证实了 Temin 于 1964 年得出的前病毒假说，而且表明再也不能把“中心法则”绝对化了，遗传信息也可以从 RNA 传递到 DNA，而且有力地促进了分子生物学、生物化学和病毒学的研究，也为肿瘤的防治提供了新的线索。反转录酶现已成为研究这些学科的有力工具。反转录酶是一种多功能酶，它兼有 3 种酶活力：①利用 RNA 作模板，合成出一条互补的 DNA 链，形成 RNA-DNA 杂种分子，即具有 RNA 指导的 DNA 聚合酶活力；②可沿 5′→3′和 3′→5′两个方向水解 RNA-DNA 杂种分子中的 RNA 链，即具有外切核酸酶的活力；③在新合成的 DNA 链上合成另一条互补 DNA 链，形成双链 DNA 分子，即具有 DNA 指导的 DNA 聚合酶活力。致癌 RNA 病毒都含有反转录酶，因此称为反转录病毒。当致癌 RNA 病毒侵染宿主细胞时，病毒粒子的 RNA 进入细胞，并由病毒自身带入的反转录酶使病毒 RNA 转变成双链 DNA。反转录过程极为复杂，它包括病毒 RNA 作为模板合成互补的 DNA 链，切除 RNA-DNA 杂种分子中的 RNA 链，然后由 DNA 链作模板合成 DNA 链等过程。病毒双链 DNA（前病毒 DNA）形成后即环化并进入细胞核，整合到宿主细胞 DNA 中，并随宿主细胞 DNA 的复制而传给子代细胞。在某种条件下，整合的前病毒 DNA 可转录 RNA。RNA 再转运到胞液中进行翻译，翻译出病毒蛋白质。最后病毒 RNA 和病毒蛋白质转移到质膜，通过出芽的方式形成新的病毒颗粒。在另外一些情况下，则引起宿主细胞的癌变。

反转录酶存在于所有的致癌 RNA 病毒中，它的存在与 RNA 病毒引起细胞的恶性转化有关。现已了解到，致癌病毒在侵染宿主细胞时，RNA 基因组需要经过反转录形成前病毒 DNA，然后整到宿主细胞染色体中，再合成病毒 RNA 和蛋白质及与细胞转化有关的蛋白质。反转录酶发现后，许多研究者认为，如果能找到这类酶的抑制剂，就可以防止反转录病毒的致癌作用。现在已找到了一些它的专一性抑制剂，可以有效地抑制致癌 RNA 病毒的反转录过程，但在临床上治疗肿瘤并不理想，这是因为即使抑制了病毒 RNA 的反转录过程，但对已经转化的细胞仍然无能为力。无论如何，反转录酶的发现，有助于人们了解 RNA 病毒的致癌机制，并对防治肿瘤提供了重要的线索。

真核生物的染色体基因组中存在为数众多的逆假基因，它们无启动子和内含子，但有多聚（A）的残迹，推测是由 mRNA 经反转录并整合到基因组中去的。说明真核细胞内也存在反转录过程。目前已有报道，从正常的细胞和胚胎细胞中分离到了反转录酶。

二、DNA 的损伤与修复

某些理化因子，如紫外线、电离辐射和化学诱变剂，都有引起突变和致死的作用。因为这些理化因子都能作用于 DNA，造成其结构和功能的破坏。然而在一定的条件下，生物体能使其 DNA 的损伤得到修复。这种修复作用是生物在长期进化过程中获得的一种保护功能。

化学因子是多种多样的，引起 DNA 损伤的机制也复杂多样。而物理因素中紫外线的作用机制研究得比较清楚。紫外线可以使 DNA 分子同一条链上两个相邻的胸腺嘧啶碱基之间形成二聚体（$\widehat{TT}$）。这种二聚体是由两个胸腺嘧啶碱基以共价键连接成环丁烷的结构而形成的（图 2-7）。

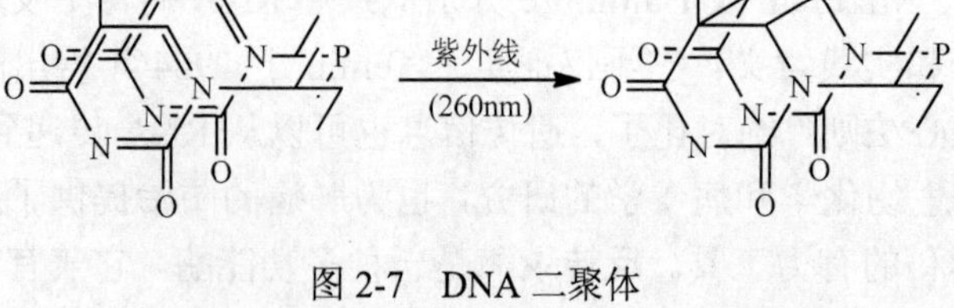

紫外线
(260nm)

图 2-7　DNA 二聚体

其他嘧啶碱基之间也能形成二聚体（$\widehat{CT}$、$\widehat{CC}$），但数量较少。形成的嘧啶二聚体不能再与互补链上的嘌呤之间以氢键配对，影响了 DNA 的双螺旋结构，使其复制和转录功能均受到阻碍。细胞内有一系列起修复作用的酶系统，可以除去分子上的损伤，恢复 DNA 的正常双螺旋结构。目前已知的修复系统有 4 种，即光复活、切除修复、重组修复和诱导修复。后 3 种机制不需要光照，因此又称为暗修复。

（一）光复活

光复活是由于可见光（最有效波长为 400nm）激活了光复活酶，该酶能分解紫外线照射形成的嘧啶二聚体。光复活作用是一种高度专一的修复方式。它只作用于紫外线引起的 DNA 嘧啶二聚体。光复活酶在生物界中分布很广，从低等单核生物到鸟类都有，而高等哺乳动物却没有。这说明在生物进化过程中该作用逐渐被暗修复系统取代，并丢失了这种酶。

（二）切除修复

所谓切除修复是指在一系列酶的作用下，将 DNA 分子中受损伤部分切除，并以完整的那条链为模板，合成出切去的部分，然后使 DNA 分子恢复正常结构的过程。这是比较普遍的一种修复机制，它对多种损伤均能起修复作用。参与切除修复的酶主要有：特异的内切核酸酶、外切核酸酶、DNA 聚合酶和连接酶。切除修复可分为 4 个步骤：①细胞内有许多种特异的内切核酸酶，可识别由紫外线或其他因素引起的 DNA 损伤部位，并在其附近将核酸的损伤单链切开；②由 5′→3′外切核酸酶将损伤链切除，形成一个缺口；③由 DNA 聚合酶催化，以另一条链为模板，沿 5′→3′方向在缺口的 3′端进行修复合成；④最后由连接酶将新合成的 DNA 链与原来的链连接起来。在大肠杆菌体中 DNA 聚合酶 I 兼有 5′→3′聚合酶和 5′→3′外切酶活力，所以上述步骤中②和③均由此酶完成。但在真核细胞中，DNA 聚合酶没有外切活性，切除必须由另外的酶来完成。

之前在 DNA 复制忠实性的根本保证中曾提到的错配修复就是切除修复的一种方式。错配修复酶能够扫描新复制 DNA 中的错配碱基，并切除含有错误核苷酸的单链片段，再由 DNA 聚合酶进行修复合成。为了使切除不至于错误地发生在模板链上，可通过一种定时方法使错配切除局限于新合成的一股链上。校正酶只能切除附近有 GATC 序列的含错配碱基的 DNA，并要求其中的 A 是未甲基化的。GATC 中的 A 由一种 *dnm* 基因编码的甲基化酶作用可转变为 N_6-甲基腺嘌呤。对刚复制的 DNA 双链来说，模板链上 GATC 中的 A 是甲基化的，而新合成的一股条链中的 GATC 中的 A 还未来得及甲基化，所以校正酶只切除新合成的 DNA 链中的错配 DNA 部分。校正酶不仅能检出错配碱基，还能检出少量的碱基插入和缺失。所以有了校正酶的作用，也减少了移码突变等事件的发生。

（三）重组修复

切除修复发生在复制之前，因此称为复制前修复。如图 2-8 所示，当 DNA 发动复制时尚未修复的损伤部位也可以先复制再修复。复制时复制酶系统在损伤部位无法通过碱基配对合成子代 DNA 链，但它可以跳过损伤部位继续进行复制，结果在子代链上留下缺口。这种遗传信息有缺损的子代 DNA 分子可通过遗传重组而加以弥补，即从完整的母链上将相应核苷酸序列片段移至子代链缺口处，然后用再合成的序列补上母链的空缺。

在重组修复过程中，亲代链上的损伤并未消除掉，因此在进行第二次复制时子代链中仍会出现缺口，还需要通过重组修复来弥补。但随着复制的不断进行，代数增多后，损伤的这一条链所占的比例会越来越小，对正常的生理功能无影响，损伤也就得到了“修复”。

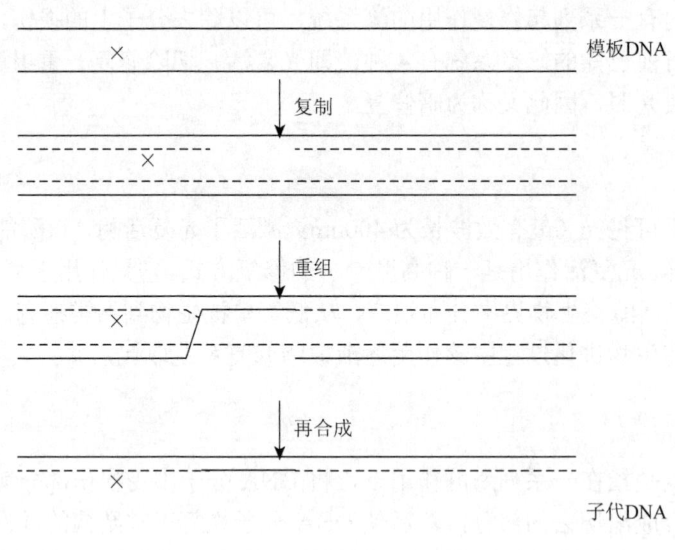

图 2-8　重组修复示意图

（四）诱导修复和 SOS 反应

前面介绍的 DNA 损伤的修复可以不经诱导而发生，但许多能造成 DNA 损伤和抑制复制的事件均能引起一系列复杂的诱导效应，称为应急反应，采用国际通用的紧急呼救信号“SOS”来表示。

SOS 是一组基因，它是 DNA 修复最重要最广泛的基因基团，是 DNA 的紧急修复基因。SOS 反应有以下几方面的作用。

（1）诱导修复作用：SOS 反应能诱导切除修复和重组修复中某些关键酶和蛋白质的合成，使这些酶和蛋白质在细胞内的含量升高，从而加强切除修复和重组修复的能力。

（2）诱变作用：SOS 反应可导致变异。在一般情况下突变常常是不利的，但在 DNA 受到损伤或复制受到抑制的情况下，生物发生突变就有利于它的存活。所以，SOS 反应在生物进化中也起着重要的作用。

（3）抑制细胞的分裂：SOS 反应可以使细菌的细胞分裂受到抑制，结果长成丝状体。其生理意义可能是在 DNA 复制受到阻碍时避免因细胞分裂产生不含 DNA 的细胞，或者使细胞内有更多重组修复的机会。

上述光复活、切除修复和重组修复机制在修复 DNA 的损伤时都不会导致突变，所以它们都是无差错的修复或称为校正差错修复。SOS 反应也有避免差错和校正差错的修复功能，但 SOS 反应更多的是导致基因突变，即进行倾向差错性修复。SOS 反应可以允许 DNA 链在延伸时通过受损伤的片段进行复制，但复制是不忠实的，可能是在亲代链有损伤的部位，不依靠模板的指导而随意地掺入碱基，这样即使形成了完整的子代链，但也有缺陷，因此导致了突变。这种方式对细胞来说是失去了某些信息，但求得了存活，比根本不能存活要好一些。目前对于倾向差错性修复了解的还不十分清楚，但人们认为这是因为引起了复制校对系统松弛的缘故，使聚合作用即使在双螺旋变形的情况下也能通过受损伤的部位进行下去。但由于校对功能的丧失，在新合成的链上有比正常情况下多得多的不配对碱基，尽管这些错配碱基可以被错配修复系统和切除修复系统纠正，但因数量太大，没有被纠正的错误仍然很多。所以，SOS 反应是导致突变的一个重要原因。

三、RNA 的生物合成

在 DNA 指导下合成 RNA 的过程称为转录。RNA 链的转录起始于 DNA 的一个特定位点（启动子），终止于另一个特定位点（终止子）。此转录区域称为转录单位。一个转录单位可以是一个基因，也可以是多个基因。基因的转录是一种有选择性的过程，随着细胞的不同生长发育阶段和细胞内外条件的改变转录不同的基因。转录是通过 DNA 指导的 RNA 聚合酶完成的，现在已从各种原核生物和真核生物中分离到了这种酶。通过提纯的酶在体外对某些 DNA 进行选择性的转录，基本上清楚了其转录机制。

（一）DNA 指导的 RNA 聚合酶

1960～1961 年，从微生物和动物细胞中分别得到了 DNA 指导的 RNA 聚合酶。这就为了解 RNA 的转录过程奠定了基础。DNA 指导的 RNA 聚合酶有如下几个作用特点。

（1）以适当的 DNA 为模板，以 4 种核糖核苷三磷酸（NTP）为底物合成 RNA。

（2）Mg^{2+}能促进聚合反应。

（3）RNA 链的合成方向也是 5′→3′，反应是可逆的，但焦磷酸的分解可推动反应趋向聚合。

（4）与 DNA 聚合酶不同，RNA 聚合酶不需要引物，它能直接在模板上合成 RNA 链。

（5）新合成的 RNA 链与模板 DNA 之间具有互补关系。分子杂交实验证明，将标记的新合成 RNA 链与模板 DNA 分子一起加热，再缓慢冷却，可形成完整的 DNA-RNA 杂交分子。此结果表明，RNA 是在模板 DNA 分子上通过碱基配对原则合成的。

（6）在体外，RNA 聚合酶能使 DNA 的两条链同时进行转录；但在体内 DNA 的两条链中仅有一条链可用于转录；或者在某些区域以这条链转录，另一些区域以另一条链转录；而对应的链无转录功能，说明在体内 RNA 聚合酶对 DNA 链具有选择作用。

（7）DNA 双链仅在 RNA 聚合酶结合的部位发生局部解链，其中的一条链指导合成 RNA 链，新合成的 RNA 链可与 DNA 模板链形成暂时的 RNA-DNA 双螺旋结构。当被解开的两条 DNA 链重新形成双螺旋结构时，已合成的 RNA 链即离开 DNA 链。

大肠杆菌的 RNA 聚合酶全酶的相对分子质量为 46 万，由 5 个亚基组成，可表示为“$\alpha_2\beta\beta'\sigma$”，还含有两个 Zn^{2+}，与 β'亚基相连。没有 σ 因子的酶称为核心酶，可表示为“$\alpha_2\beta\beta'$”。在不同的细菌中，α、β 和 β'亚基的大小比较恒定，σ 亚基有较大的变动，其相对分子质量为 44 000～92 000。细菌的 mRNA、rRNA 和 tRNA 由同一种 RNA 聚合酶所转录。每一个大肠杆菌细胞中约有 7000 个酶分子。

σ 因子（σ 亚基）的功能在于使 RNA 聚合酶能稳定地结合到 DNA 的启动子上。单独的核心酶也能与 DNA 结合，这主要是由于碱性蛋白质与核酸之间的静电引力造成的，因此与其特殊序列无关，并且在结合后 DNA 仍保持双螺旋形式。σ 因子能够改变 RNA 聚合酶与 DNA 之间的亲和力，它极大地减少了酶与一般序列的结合常数和停留时间，同时又极大地增加了酶与 DNA 启动子的结合常数和停留时间。这样就使得全酶能迅速地找到启动子并与之相结合。全酶与不同启动子序列间的结合能力不一样，这就说明了为什么不同的基因有不同的转录效率。不同的 σ 因子识别不同的启动子，从而转录不同的基因。

核心酶虽然不能启动 RNA 的合成，但可使已开始合成的 RNA 链不断延长。从酶的活性中心来看，核心酶位于 β 亚基上，β' 亚基的功能是与 DNA 链结合，α 亚基的功能还不完全清楚。

真核生物的 RNA 聚合酶有好多种，相对分子质量大致都在 50 万左右，通常由 4～6 种亚基组成，并含有 Zn^{2+}。目前将它们分为 3 类：RNA 聚合酶 A（或Ⅰ）存在于核仁中，主要催化 rRNA 前体的转录；RNA 聚合酶 B（或Ⅱ）存在于核质中，催化 mRNA 前体的转录；RNA 聚合酶 C（或Ⅲ）存在于核质中，催化小分子 RNA（如 4S RNA 和 5S RNA）的转录和 tRNA 的转录。

除了上述细胞核 RNA 聚合酶外，还分离到线粒体 RNA 聚合酶和叶绿体 RNA 聚合酶，它们分别转录线粒体和叶绿体的基因，它们的结构比较简单，能催化所有 RNA 的生物合成。

（二）启动子和转录因子

启动子是指 RNA 聚合酶识别、结合和开始转录的一段 DNA 序列。RNA 聚合酶在进行转录时常需要一些蛋白质辅助因子，称为转录因子。

利用足迹法和 DNA 测序法可以确定启动子序列的结构。通常将转录单位起点的核苷酸命名为+1，从近到远以正数计，称为下游；起点前一个核苷酸命名为–1，从近到远以负数计，称为上游。

大肠杆菌的–10 处有一个 6bp 的保守序列 TATAAT，称为 Pribnow 框或–10 序列，–35 处又有一个 6bp 的保守序列 TTGACA，称为识别框或–35 序列（图 2-9）。

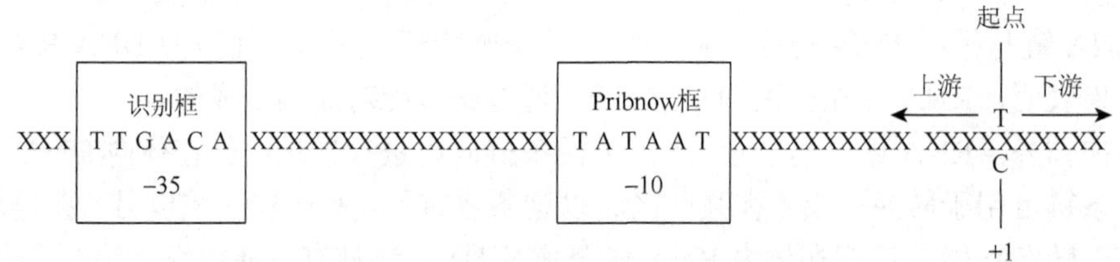

图 2-9 大肠杆菌启动子结构示意图

实验证明，–35 序列的突变将降低 RNA 聚合酶与启动子结合的速度，但不影响转录起点附近 DNA 的解链速度；而–10 序列的突变不影响 RNA 聚合酶与启动子结合的速度，可是会降低 DNA 的解链速度。由此可见，–35 序列提供了 RNA 聚合酶的识别信号，–10 序列则有助于双链局部的解开。–10 序列含有较多的 A-T 碱基对，因而双链分开所需的能量也比较低。

真核生物的 3 类 RNA（rRNA、mRNA 和 tRNA）分别由 RNA 聚合酶Ⅰ、Ⅱ、Ⅲ所转录，它们的启动子各有其结构特点。例如，转录 mRNA 的聚合酶Ⅱ的启动子通常有 3 个保守区：①–25～35 有 7bp 的 TAAA（T）AA（T）序列，称为 TATA 框或 Hogness 框，是 DNA 开始解链和决定转录起点位置的区域。如果失去 TATA 框，转录可在许多位点上开始。②在–75 位置左右有一个 9bp 的共有序列 GGT（C）CAATCT，称为 CAAT 框，此区域可能与 RNA 聚合酶的结合有关。③在更上游有时还具有另一个共有序列 GGGCGG，称为 GC 框，某些转录因子（如 spI 因子）可结合在这一序列上。CAAT 框和 GC 框均为上游因子，它们对转录的起始频率有较大的影响。

真核生物的启动子极为复杂，不同启动子之间的差异较大。有些无 CAAT 框和其他上游因子，也许是通过某些辅助因子帮助从而识别另外的序列；有些则无 TATA 框，这将使转录有不同的起点，但通常第一个进入合成部位的核苷酸总是 A。RNA 聚合酶Ⅲ的启动子则在转录区内部，如爪蟾 5S RNA 的启动子位于+55～+80。

RNA 聚合酶全酶可识别启动子的保守序列，但有时对某些 RNA 的启动子进行识别时还需要一些辅助因子。例如，5S RNA 基因转录的辅助因子是一个相对分子质量为 37 000 的蛋白质。辅助因子通常结合在启动子的某一个区域内，以便于 RNA 聚合酶识别。

（三）终止子和终止因子

提供转录终止信号的 DNA 序列称为终止子。协助 RNA 聚合酶识别终止信号的蛋白质辅助因子则称为终止因子。有些终止子的作用可被特异的因子所阻止，使酶得以越过终止子继续转录，这称为通读，这种引起抗终止作用的蛋白质称为抗终止子。

DNA 分子上的终止子可被 RNA 聚合酶本身或其辅助因子所识别。在转录过程中，RNA 聚合酶沿着模板链向前滑动，它只能感受到正在转录的序列，而不能感受到尚未转录的序列。也就是说，终止子也应该被转录出来，这样 RNA 聚合酶才能感受到终止信号。分析 RNA 分子 3′端的结构发现，所有原核生物的终止子在终止点之前都有一个回文结构，其产生的 RNA 可形成发夹状结构，该结构可使 RNA 聚合酶减慢移动或暂停 RNA 的合成。

大肠杆菌存在两类终止子，一类称为不依赖 ρ 因子的终止子，或简单终止子；另一类称为依赖于 ρ 因子的终止子。简单终止子除能形成发夹结构外，在终止点前还有一系列 U 核苷酸（约 6 个）；回文对称区通常有一段富含 G-C 的序列。寡聚 U 序列可能提供信号使 RNA 聚合酶脱离模板。这是因为由 rU-dA 组成的 RNA-DNA 杂交分子具有特别弱的碱基配对结构。当 RNA 聚合酶暂停时，RNA-DNA 杂交分子即在 rU-dA 弱键结合的末端区解开。

依赖于 ρ 因子的终止子必须在 ρ 因子存在时才发生终止作用。依赖于 ρ 因子终止子的回文结构不富含 G-C 区，回文结构之后也无寡聚 U。ρ 因子是一种相对分子质量为 55 000 的蛋白质，在有 RNA 存在时它能水解核苷三磷酸，即具有依赖于 RNA 的 NTP 酶活力。由此推测，ρ 因子结合在新产生的 RNA 链上，借助于水解 NTP 获得的能量沿着 RNA 链移动，RNA 聚合酶遇到终止子时移动速度减慢或暂停，使 ρ 因子得以追赶上 RNA 聚合酶。ρ 因子与酶相互作用，造成 RNA 的释放，并使 RNA 聚合酶与该因子一起从 DNA 模板链上脱落下来。最近发现 ρ 因子具有 RNA-DNA 解螺旋酶活力，进一步说明了该因子的作用机制。

RNA 聚合酶识别终止子时也需要一些辅助因子，如 NusA 蛋白等（另外还有 NusB 和 NusE 蛋白），NusA 是一个相对分子质量为 69 000 的酸性多肽。NusA 可以与 RNA 聚合酶的核心酶结合，形成 $\alpha_2\beta\beta'$-NusA 复合物。当 σ 因子存在时，它可取代 NusA，形成 $\alpha_2\beta\beta'\sigma$，全酶可识别并结合到启动子上。$\sigma$ 因子在完成起始功能后即脱落下来，由核心酶合成 RNA。然后 NusA 结合到核心酶上，由 NusA 识别终止子序列。转录结束后，NusA 又被 σ 因子所取代，由此形成 RNA 起始复合物和终止复合物的循环。

有关真核生物转录的终止信号和终止过程了解甚少，但 RNA 聚合酶Ⅰ和Ⅲ转录产物的末端都有连续的 U。仅仅连续的 U 本身并不足以成为终止信号，很可能 U 序列附近存在富含 G-C 对的区域在终止反应中起作用。

（四）RNA 的合成过程

RNA 的合成分为起始、延伸和终止 3 个阶段。

1. RNA 合成的起始

RNA 聚合酶首先以全酶的形式结合在启动子上，在酶的结合位置上，自−10 序列区至第 12 或第 13 个碱基处发生解链，按照起点（T 或 C）的碱基序列，选择 pppA 或 pppG 进入合成部位。通常酶只选择嘌呤核苷酸进入合成部位，作为 RNA 合成的起点，但偶尔也选择嘧啶首先进入合成部位。从细胞中分离出来的 RNA 分子，其 5′端的核苷酸不是开始时的核苷酸，因为在 RNA 合成之后，要被内切核酸酶切去一小段，剩下来的链端很多是从嘧啶开始的，它们的 5′端也无三磷酸基团。所以，在体外分析 RNA 序列难以准确地判断出第一个进入起点的核苷酸。

在第一个核苷酸之间的磷酸二酯键形成之后，σ 因子就从全酶上脱落下来。在核心酶的催化下 RNA 链开始延长。σ 因子的释放可能是合成过程不再需要其功能的缘故，或者是 σ 因子的继续存在能使酶与启动子序列紧密结合而难以沿着模板链滑动的缘故。脱落下来的 σ 因子即可与另一核心酶结合，启动另一分子 RNA 的转录。

2. RNA 链的延伸

当 σ 因子离开核心酶后，核心酶不断地沿模板链的 3′→5′方向滑动，不断地使 DNA 分子解链，不断地使 RNA 链按 5′→3′方向延伸，直至到达终止子序列。RNA 链新合成的部分与模板链之间形成一个 RNA-DNA 杂交区，其长度约为 12 个碱基对。当解开的两条 DNA 链重新复性为双螺旋结构时，RNA 链则被取代。DNA 的解链区比 RNA-DNA 的杂交区稍长一些，约有 17 个碱基对（图 2-10）。

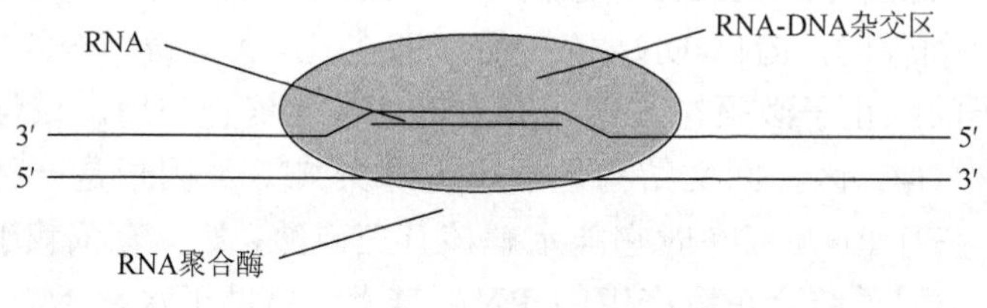

图 2-10　RNA 延伸复合物模式图

3. RNA 合成的终止

当核心酶滑动到终止子部位时，由于转录出了回文结构，RNA 链即折叠成“发夹”，使得核心酶的移动速度大大降低或停止移动，在 ρ 因子参与或者无 ρ 因子的条件下（两类不同的终止子，作用的方式也不同），释放出 RNA 链，核心酶也随之从模板链上脱落下来。脱落的核心酶又可以与 σ 因子结合，开始另一分子的转录。

（五）RNA 转录后的加工

在细胞内，由 RNA 聚合酶催化合成的原初转录物往往需要经过一系列的变化，包括链的断裂，5′端和 3′端的切除和特殊结构的形成，碱基的修饰和糖苷键的改变，以及拼接等过程，才能成为成熟的 RNA 分子。此过程称为 RNA 的加工或称为 RNA 的成熟。原核生物的 mRNA 一经转录通常立即进行翻译，除少数情况外一般不进行转录后的加工。但稳定的 RNA（tRNA 和 rRNA）都要经过一系列加工过程才能成为有活性的分子。真核生物由于存在细胞核结构，转录和翻译在时间和空间上都被分隔开来，其 mRNA 前体的加工极为复杂，而且真核生物的大多数基因都被居间序列（即内含子）分隔而成为断裂基因，在转录后需要拼接使编码区成为连续序列。在真核生物中还能通过不同的加工方式表达出不同的信息。因此，对于真核生物来讲，RNA 的加工尤为重要。

1. 原核生物中 RNA 的加工

在原核生物中，rRNA 基因与某些 tRNA 基因组成混合操纵子。其余 tRNA 基因也成簇存在，或与编码蛋白质的基因组成操纵子。它们在形成转录物之后，经断裂成为 rRNA 和 tRNA 的前体，然后进一步加工成熟。

1）原核生物 rRNA 前体的加工　大肠杆菌共有 7 个 rRNA 的转录单位，它们分散在基因组的各处。每个转录单位由 16S rRNA、23S rRNA、5S rRNA 及一个或几个 tRNA 基因组成。16S rRNA 与 23S rRNA 基因之间常插入 1 个或 2 个 tRNA 基因，有时在 3′端 5S rRNA 基因之后还有 1 个或 2 个 tRNA 基因，每个基因之间还有一个间隔序列。最初合成的转录物称为 30S rRNA 前体（P30）。加工的过程如图 2-11 所示：①首先由 RNA 内切酶III和 E 将 P30 切开，成为 16S rRNA、23S rRNA 和 5S rRNA 的前体 P16、P23 和 P5，但它们的两端都还带有附加序列；②分别由 RNA 酶 M16、M23 和 M5 切除 P16、P23 和 P5 两端的附加序列；③甲基化修饰，尤其是形成 2-甲基核糖。16S rRNA 约含有 16 个甲基，23S rRNA 约含有 20 个甲基，其中 N_4, 2′-O-二甲基胞苷（m^4Cm）是 16S rRNA 的特有成分。一般 5S rRNA 中无修饰成分，不进行甲基化反应。

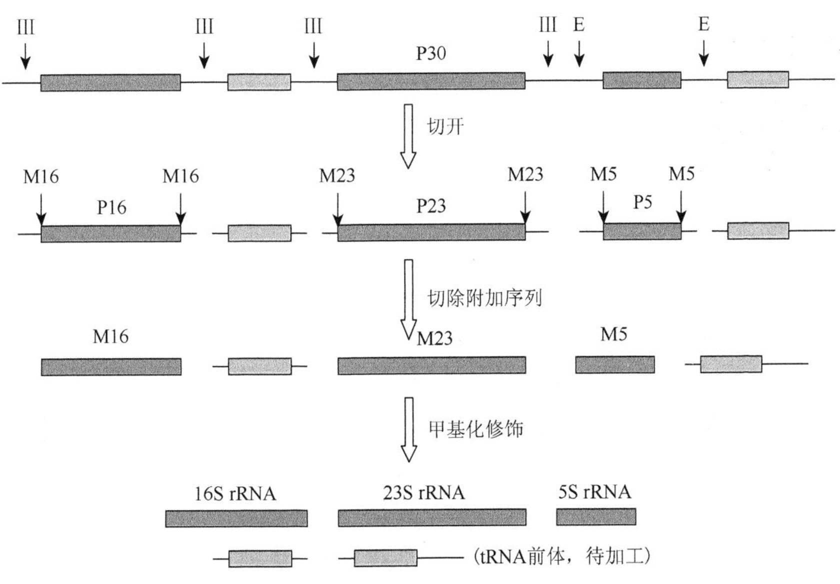

图 2-11　原核生物 rRNA 前体加工过程示意图

2）原核生物 tRNA 前体的加工　大肠杆菌染色体基因组共有 60 个 tRNA 基因，大多成簇存在，或者与 rRNA 基因或者与 mRNA 基因组成混合转录单位。tRNA 前体的加工包括以下几个步骤。

（1）由内切核酸酶在 tRNA 的两端切断，大肠杆菌 RNase P 从 5′端切断，使 5′端成熟；RNase F 从 3′端切断，但得到的仍然是不成熟的 3′端，仍有附加序列。RNase P 是一种特殊的酶，由 RNA 和蛋白质组成。

（2）由外切核酸酶（RNase D）从 3′端逐个切去附加序列。所有成熟 tRNA 3′端都是 CCA—OH 结构。有些 tRNA 前体的3′端具有 CCA 3 个核苷酸，位于成熟 tRNA 序列与 3′附加序列之间，当附加序列被切除后即显露出 CCA—OH 结构。但有些 tRNA 前体没有 CCA 序列，必须在切除附加序列后，再添加 CCA—OH 结构。

（3）在 tRNA 核苷酰转移酶催化下，以 CTP 和 ATP 为底物，在 3′端添加 CCA—OH 结构。

（4）对 tRNA 中的核苷酸进行甲基化修饰和假尿嘧啶核苷酸的修饰（图 2-12）。

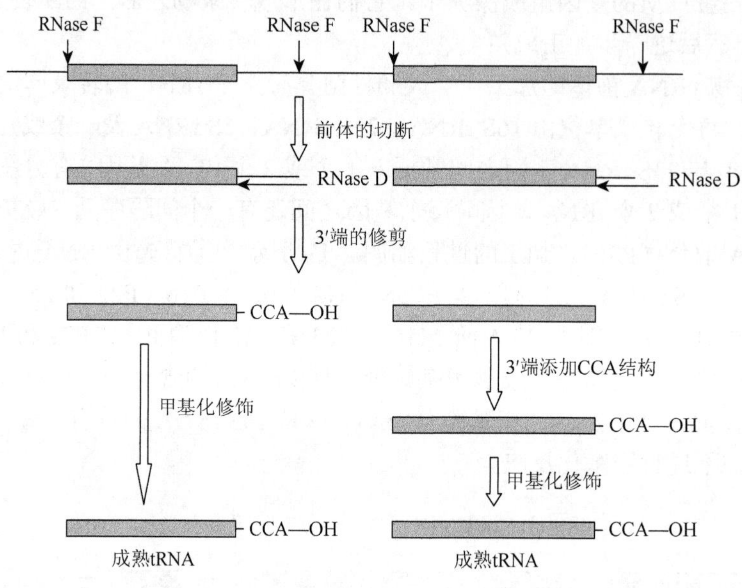

图 2-12　tRNA 前体的加工过程示意图

2. 真核生物中 RNA 的加工

真核生物中 rRNA 和 tRNA 前体的加工过程与原核生物有相似之处，但其 mRNA 的加工较为复杂，这与原核生物大不相同。

1）真核生物 mRNA 转录后的加工　　真核生物编码蛋白质的基因以单个基因作为转录单位，其转录产物为单顺反子 mRNA，但大多数蛋白质基因存在着内含子，它们与外显子一起被转录出来，需要在转录后的加工过程中被切除掉。mRNA 的原初转录物是分子质量极大的前体，在核内加工过程中形成大小不等的中间物，它们被称为核不均一 RNA（hnRNA）。其中至少有一部分可转变成细胞质的成熟 mRNA。RNA 的加工过程如下。

（1）5′端形成特殊的帽子结构（$m^7G^{5'}ppp^{5'}N_1mN_2p$—）：真核生物的 mRNA 都有 5′端帽子结构，该特殊结构也存在于 hnRNA 中，它可能是在转录早期阶段或转录终止前就已形成，原初转录的巨大转录物的 5′端为三磷酸嘌呤核苷（$pppN_1pN_2p$—），转录起始后不久，从 5′端的三磷酸中脱去一个磷酸（ppN_1pN_2p—）；然后与 GTP 反应生成 5′, 5′三磷酸相连的酯键（$G^{5'}ppp^{5'}N_1pN_2p$—）；最后由 *S*-腺苷甲硫氨酸提供甲基进行甲基化，从而产生所谓的帽子结构（$m^7G^{5'}ppp^{5'}N_1mN_2p$—）（图 2-13）。

5′端帽子结构的确切功能还不十分清楚，推测它能在翻译过程中起识别作用，以及对 mRNA 起稳定作用。有实验证明，5′端无完整的帽子结构时，mRNA 不能有效翻译。5′端的帽子结构还可以避免外切核酸酶的降解作用。

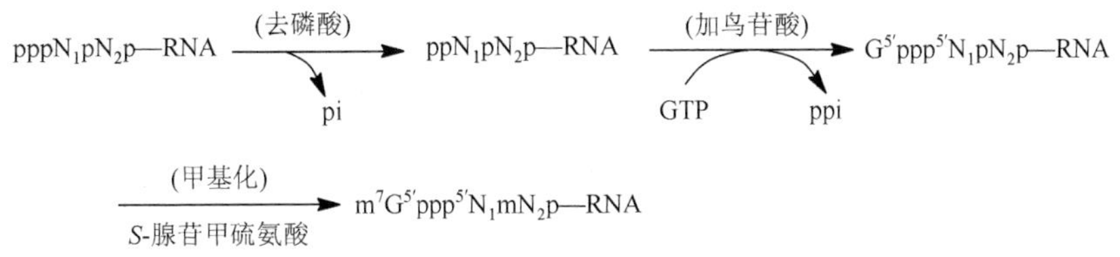

图 2-13　5′端特殊帽子结构的形成

（2）3′端的产生和多聚腺苷酸化：真核生物 mRNA 的 3′端通常都有 20～200 个腺苷酸残基，构成多聚腺苷酸[简称 poly（A）]的尾部结构。核内 hnRNA 的 3′端也有 poly（A），表明加尾过程早在核内就已完成。hnRNA 中的 poly（A）比 mRNA 的略长一些，平均长度为 150～200 个核苷酸。

实验证明，RNA 聚合酶Ⅱ的转录产物是在 3′端切断，然后再多聚腺苷酸化的。高等真核生物（酵母除外）的细胞和病毒 mRNA 在靠近 3′端都有非常保守的序列 AAUAA，这一序列离多聚腺苷酸加入位点不一，大致在 11～30 个核苷酸，一般认为，这一序列为链的切断和多聚腺苷酸化提供了信号。

首先，在 RNase Ⅲ的催化下，依据 AAUAA 序列提供的信号从 3′端将 hnRNA 切断；然后，在多聚腺苷酸聚合酶催化下，以 ATP 为供体，以 hnRNA 的 3′-OH 端为受体，完成多聚腺苷酸化的聚合反应。

实验证明，多聚腺苷酸化是 mRNA 的成熟过程，主要与 mRNA 的稳定性有关，而与 mRNA 的翻译功能无关。切去腺苷酸尾巴的 mRNA 稳定性较差，可被体内的有关酶降解。当 mRNA 由细胞核转移到细胞质中时，其多聚腺苷酸尾部常有不同程度的缩短。由此可见，多聚腺苷酸尾巴至少可以起到某种缓冲作用，防止外切核酸酶对 mRNA 的信息序列发生降解。

2）接和加工　真核生物所有编码蛋白质的核结构基因都含有内含子，所有内含子的 5′端和 3′端均含有特殊的保存守序列，其 5′端均为 G-T，3′端均为 A-G，称为 GT-AG 规律（但此规律不适合线粒体和叶绿体的内含子）（图 2-14）。

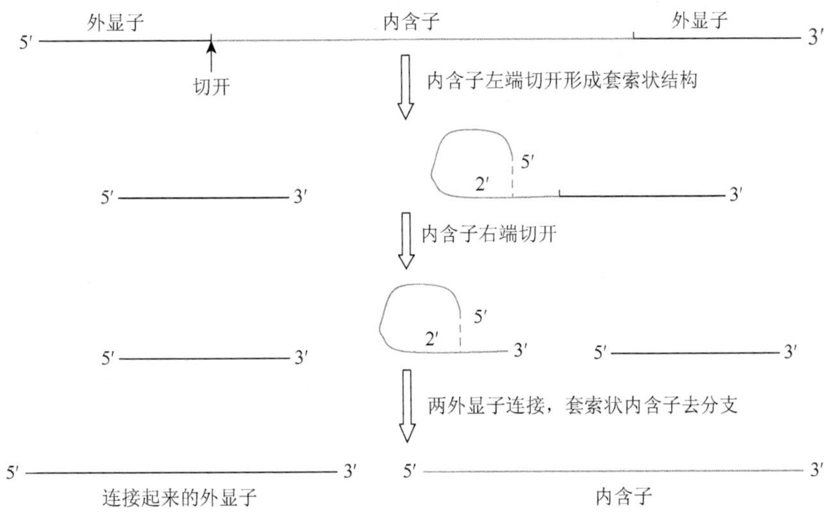

图 2-14　真核生物 mRNA 加工过程中的“剪接”示意图

3）真核生物 rRNA 的加工　真核生物有 4 种 rRNA，即 5.8S rRNA、18S rRNA、28S rRNA 和 5S rRNA。前三者的基因组成一个转录单位，彼此之间由间隔区分开，产生 45S rRNA 的前体（哺乳动物）。由于真核生物 rRNA 的加工过程比较缓慢，其中间产物可以分离出来，因此真核生物 rRNA 的加工过程研究得比较清楚。

真核生物细胞的核仁是 rRNA 合成、加工和装配成核糖体的场所，加工过程如图 2-15 所示。

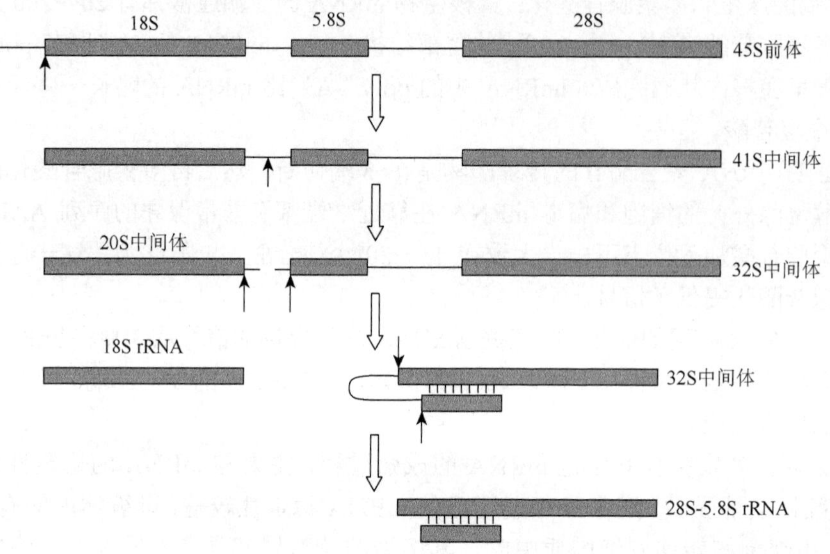

图 2-15　真核生物 rRNA 加工示意图

不同的生物 rRNA 前体的加工过程略有不同。RNase Ⅲ和一些内切核酸酶在 rRNA 的加工过程中起了重要的作用。

rRNA 在成熟过程中还要被甲基化，甲基化的位置主要在 2′-OH 上。真核生物 rRNA 的甲基化程度比原核生物 rRNA 的甲基化程度高。例如，哺乳动物的 18S rRNA 和 28S rRNA 中分别含有甲基 43 和 74 个，大约有 2%的核苷酸被甲基化，相当于细菌 rRNA 甲基化程度的 3 倍。

真核生物中 5S rRNA 的基因也是成簇排列的，中间也有间隔序列，但间隔序列不转录。5S rRNA 由 RNA 聚合酶Ⅲ转录后，经适当的加工即与 28S rRNA 和 5.8S rRNA 及有关蛋白质一起组成核糖体的大亚基。18S rRNA 则与有关蛋白质共同组成核糖体的小亚基。

4）真核生物 tRNA 的加工　真核生物 tRNA 基因也是成簇排列的，中间由内含子将其隔开。tRNA 基因由 RNA 聚合酶Ⅲ转录，转录产物是 4.5S 或稍大一点的 tRNA 前体，相当于 100 个核苷酸大小。而成熟的 tRNA 分子为 4S，70～80 个核苷酸。tRNA 前端体 5′端和 3′端的切除与原核生物 tRNA 的加工过程相同，不同的是真核生物 tRNA 的 3′端都不带有 CCA 序列，所以必须由核苷酰转移酶催化，以 CTP 和 ATP 为供体进行添加。另外，真核生物 tRNA 除修饰碱基外，还有 2′-*O*-甲基核糖，其含量占核苷酸的 1%左右，这是由特殊的修饰酶来完成的。

（六）RNA 的复制

在有些生物中，RNA 就是遗传信息的携带者，并能通过复制合成出与其自身相同的分子。例如，某些 RNA 病毒在侵入宿主细胞后即能借助于复制酶（RNA 指导的 RNA 合成酶）

进行病毒 RNA 的复制。

从感染 RNA 病毒的细胞中可以分离出 RNA 复制酶，这种酶能以病毒 RNA 为模板，在 4 种核糖核苷三磷酸和 Mg^{2+}存在时合成出与模板性质相同的 RNA 分子。用复制产物感染细胞，能产生正常的 RNA 病毒。可见病毒的全部遗传信息，包括合成病毒外壳蛋白的各种酶的信息均储存在被复制的 RNA 分子中。

有些病毒 RNA 本身即为 mRNA，可以直接指导与病毒有关的蛋白质的合成过程，通常将具有 mRNA 功能的链称为正链，它指导合成的互补链称为负链。有些病毒的 RNA 无 mRNA 的功能，不能指导蛋白质的合成，即为负链，它指导合成的互补链为正链。

RNA 病毒的种类很多，其复制方式也是多种多样的，归纳起来可分为以下 3 类。

（1）含正链的 RNA 病毒（如噬菌体 $Q\beta$ 和灰质炎病毒）：这类病毒进入宿主细胞后，首先在正链指导下合成复制酶和有关蛋白质，复制酶吸附在正链的 3′端，以正链为模板合成出负链 RNA。然后复制酶再结合在负链的 3′端，以负链为模板合成出正链。可见 RNA 复制的方向也是 5′→3′。

（2）含负链和复制酶的 RNA 病毒（如狂犬病病毒和马水泡性口炎病毒）：这类病毒侵入细胞后，首先以负链为模板，借助于病毒带进去的复制酶合成出正链，再以正链为模板合成出病毒蛋白质和负链 RNA。

（3）含双链 RNA 和复制酶的病毒（呼肠孤病毒）：这类病毒以双链 RNA 为模板，在病毒复制酶的作用下，通过不对称复制方式复制出正链 RNA，并以正链 RNA 为模板翻译出病毒蛋白质；然后再合成出病毒的负链 RNA，从而形成双链 RNA 分子。

第四节　蛋白质的生物合成

遗传信息最终是通过蛋白质来表达的，即首先以 DNA 为模板指导合成 mRNA，然后以 mRNA 为模板指导合成蛋白质，通过不同蛋白质的生物学功能来体现出生物的遗传性状。

在 20 世纪 50 年代初，学者就发现蛋白质的生物合成与核酸有着密切的关系，经过 60 多年的努力，对这一问题的认识已比较清楚。以 mRNA 为模板指导合成蛋白质的过程称为翻译。翻译的问题要比复制和转录复杂得多，需要 200 多种生物大分子协同作用，如核糖体、mRNA、tRNA、氨酰-tRNA 合成酶、起始因子、延伸因子、释放因子等。蛋白质生物合成的早期研究工作都是用大肠杆菌的无细胞体系进行的，所以人们对大肠杆菌的蛋白质合成机制了解最多。真核生物蛋白质合成的机制与大肠杆菌有很多相似之处。

一、核糖体

1950 年，有人将放射性同位素标记的氨基酸注射到小鼠体内，经短时间后，取出肝脏，离心分离出细胞核、线粒体、微粒体及上清液等组分，经检测发现微粒体中的放射性强度最高，再用去污剂——脱氧胆酸处理微粒体，将核糖体从微粒体上分离出来，发现核糖体上的放射性强度比微粒体要高 7 倍，这就是说核糖体是合成蛋白质的部位。

核糖体是一个巨大的核糖核蛋白体，在原核细胞中，它可以以游离形式存在，也可以与 mRNA 结合为串状的多核糖体。平均每个细胞中大约有 2000 个核糖体。在真核细胞中，核糖体可以游离存在，也可以与内质网结合，形成粗面内质网。每个真核细胞所含核糖体的数目为 10^6～10^7 个。此外，线粒体、叶绿体及细胞核也都有自己的核糖体。

核糖体由大小两个亚基组成，利用超速离心和其他分离分析手段已基本上搞清楚了大肠杆菌核糖体的全部组分及其化学结构。大肠杆菌的核糖体为70S，小亚基30S，大亚基50S。小亚基由一种1452个核苷酸组成的16S rRNA和21种蛋白质构成，大亚基由一种2904个核苷酸组成的23S rRNA、一种120个核苷酸组成的5S rRNA和34种蛋白质构成。真核细胞的核糖体为80S，小亚基40S，由一分子18S rRNA和30多种蛋白质组成，大亚基60S，由一分子5S rRNA、一分子5.8S rRNA、一分子28S rRNA和50多种蛋白质组成。

人们应用电镜和其他物理学方法已经提出了大肠杆菌30S亚基、50S亚基和70S核糖体的结构模型。70S核糖体为一个椭球体（13.5nm×20.0nm×40.0nm）。30S亚基的外形好像一个动物胚胎，长轴上有一个凹陷下去的颈部，将30S亚基分成头和躯干两部分。50S亚基的外形很特别，好像一把特殊的椅子，三边带有突起，中间凹下去的部分有一个很大的空穴。当30S亚基与50S亚基互相结合成70S核糖体时，两亚基的结合面上有一个相当大的空隙，蛋白质生物合成很可能就在这个空隙中进行。

核糖体的30S亚基能单独与mRNA结合形成30S核糖体-mRNA复合体，该复合体又可以与tRNA专一地结合。50S亚基不能单独与mRNA结合，但可以非专一性地与tRNA相结合，50S亚基上有两个tRNA结合位点，一个是供氨酰基-tRNA结合的氨酰基位点（A位点），一个是供肽酰基-tRNA结合的肽酰基位点（P位点）。此外，在核糖体上还有许多与起始因子、延伸因子、释放因子及各种酶相结合的位点，由此可以看出，核糖体是一个结构十分复杂的复合体（图2-16）。

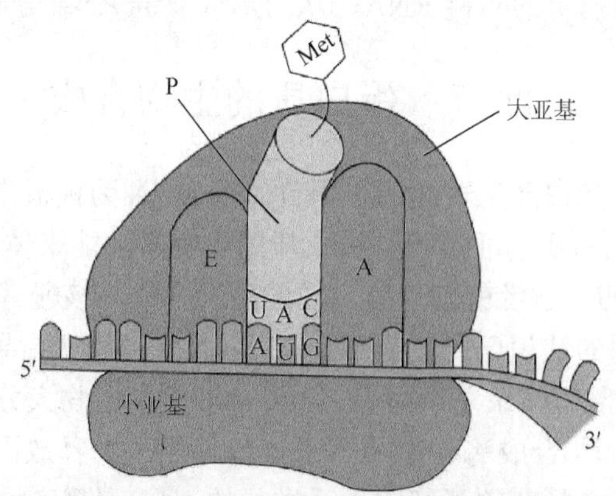

图2-16　大肠杆菌70S核糖体图解

当采用温和条件小心地从细胞中分离核糖体时，可以得到3～4个成串的甚至上百个成串的核糖体，称为多核糖体（或多核蛋白体）。多核蛋白体是由一个mRNA分子与一定数目的单个核糖体相结合而成的，呈念珠状，两个核糖体之间有一段裸露的mRNA，每个核糖体可以独立的完成一条多肽链的合成。所以，多核糖体可以同时进行好多条相同肽链的合成，这就极大提高了翻译的效率。

任何一种多肽都有其特定的氨基酸排列顺序。自然界中有10^{10}～10^{11}种不同的蛋白质，构成数目如此庞大的蛋白质的单体却只有22种氨基酸。所以，氨基酸在多肽链中的不同排列顺序是蛋白质多样性的基础。目前已经清楚，多肽链上氨基酸的排列顺序最终是由DNA上核苷酸排列顺序决定的，但直接决定多肽链上氨基酸顺序的却是mRNA。不论是DNA还是RNA，基本上都是由4种核苷酸构成的，这4种核苷酸如何编制成遗传密码，遗传密码又如何被翻译成22种氨基酸组成的肽链，这就是蛋白质合成过程中遗传密码的翻译问题。

（一）密码单位与密码子的破译

用数学方法推算，如果DNA分子中每2个相邻的碱基决定一个氨基酸在肽链中的位置，那么4^2=16，即4种碱基组成的核酸只能编制出16组密码子，不足以应付22种氨基酸的编码问题；如果采用每3个相邻的碱基编码一个氨基酸，则4^3=64，完全可以满足22种氨基酸编码的需要。所以，这种编码方式的可能性很大。在20世纪60年代先后用生物化学和遗传学的研究技术，已经证明是3个相邻的碱基编码一个氨基酸，所以称为三联密码或密码子。

在1961年尼伦伯格（Nirenberg）等用大肠杆菌的无细胞体系，外加22种标记的氨基酸和poly U，经保温反应后，发现合成的多肽只有苯丙氨酸多聚体，显然poly U起了信使RNA的作用，所以UUU是编码苯丙氨酸的密码子，Nirenberg等进一步用poly UG、polyAC重复上述类似实验，发现标记氨基酸掺入新合成肽链的频率与统计学推算出的多核苷酸中三联密码出现的频率相符合。应用这种方法很快确定了22种氨基酸编码的全部密码子。

在1964年尼伦伯格（Nirenberg）等又通过实验证实，具有密码子功能的最短核苷酸链为三核苷酸，最有效的是3′-OH和5′-磷酸的三核苷酸；相反，以3′-磷酸为末端的三核苷酸没有模板功能。所以，密码子的阅读是有方向的，密码子的阅读方向是5′→3′。例如，pGpUpU是缬氨酸的密码子，pUpUpG是亮氨酸的密码子。与此同时，Khorana应用人工合成的具有重复序列的多核苷酸如CUCUCUCU……进行体外蛋白质的合成实验，发现产物为亮氨酸和丝氨酸交替出现的多肽（CUC：亮氨酸，UCU：丝氨酸）。当应用人工合成的三核苷酸重复序列作为模板进行实验时，得到了很有意思的结果。例如，用UUCUUCUUCUUC……作模板时，得到的产物是3种不同的多肽：多聚苯丙氨酸、多聚丝氨酸和多聚亮氨酸，这是因为从不同的碱基开始阅读的结果（图2-17）。

UUC-UUC-UUC-UUC-UUC……	多聚苯丙氨酸
UCU-UCU-UCU-UCU-UCU……	多聚丝氨酸
CUC-CUC-CUC-CUC-CUC……	多聚亮氨酸

图2-17 密码子的破译

应用上述方法，仅用了4年的时间，于1965年就完全确定了编码22种氨基酸的60多组密码子，编制出了遗传密码子字典。

（二）遗传密码的基本特性

遗传密码具有以下一些基本特性。

（1）密码子是无标点符号的，即两个密码子之间没有任何起标点符号作用的碱基将它们隔开。因此，要正确阅读密码子就必须按一定的读码框架，从一个正确的起点开始，一个不漏地挨着读下去，直至碰到终止信号为止。若插入或删去一个碱基，就会使这一点以后的读码发生错误，这种情况称为移码。由于移码引起的突变称为移码突变。

（2）一般情况下密码子是不重叠的。目前已经证明，在大多数生物中的读码规则是不重叠的，但少数大肠杆菌噬菌体（如Qβ、R17）的RNA基因组中，部分基因的密码子是重叠的。

（3）密码子的简并性。大多数氨基酸都可以有几组密码子，如UUA、UUG、CUU、CUA、CUG和CUC 6组密码子都编码亮氨酸，这种现象就称为密码子的简并性。可以编码相同氨基酸的密码子称为同义密码子。密码子的简并性具有重要的生物学意义，它可以减少有害突变。可以设想，如果每个氨基酸只有一个密码子，22 组密码子就足以应付 22 种氨基酸的编码了，那么剩下的 44 组密码子都将会导致肽链合成的终止。这样一来，由于突变而引起的肽链合成终止的频率也将会极大增加，合成出来的残缺不全的肽链往往不具有生物活性。另外，密码子的简并性也可使 DNA 的碱基组成有较大的变化余地，而仍保持多肽链的氨基酸顺序不变，所以在物种稳定上也起了重要的作用。

（4）密码子的前两位碱基专一性大，第三位碱基专一性小，密码子的简并性往往只涉及第三位碱基。例如，丙氨酸有 4 组密码子：GCU、GCC、GCA、GCG，前两个碱基相同，都是 GC，第三位碱基就不同了。Crick 对密码子的这一特性给予了一个专门的术语，称为“摆动性”。当第三个碱基发生突变时，仍有可能翻译出正确的氨基酸来，从而使合成的多肽链仍具有生物学活性。在 tRNA 的反密码子中，除 A、U、G、C 4 种碱基外，还经常出现次黄嘌呤（I），I 的特点是它与 U、A、C 三者都能形成配对，这就使得带有 I 的反密码子都具有阅读 mRNA 上密码子的非凡能力，从而降低了由于遗传密码突变引起的误差，这一点已得到了证实。例如，酵母丙氨酸 tRNA 的反密码子 3′-CGI-5′能阅读 GCU、GCC、GCA 三组密码子。另外，tRNA 反密码子第三位上的碱基 G 可以分别与 U、C 配对，U 可分别与 G、A 配对。

（5）64 组密码子中，有 3 组不编码任何氨基酸，而是肽链合成的终止密码子，它们是 UAG、UAA、UGA。这 3 组密码子不能被 tRNA 阅读，只能被肽链释放因子识别，另外有一组密码子（AUG）既是甲硫氨酸的密码子，又是肽链合成的起始密码子。

（6）密码子是近乎完全通用的。所谓密码子的通用性是指各种高等生物和低等生物在多大程度上可共用同一套密码子。较早时，曾认为密码子是完全通用的。但近年来的一些发现对密码子的通用性提出了挑战，因为线粒体中的密码子显然违背了遗传密码的通用性。例如，人的线粒体中，UGA 不再是终止密码子，而编码色氨酸，AUA 不再编码异亮氨酸，而编码甲硫氨酸，AGA 和 AGG 不再编码精氨酸，而成为肽链合成的终止密码子。酵母线粒体和原生动物纤毛虫也有类似情形。所以，结论应该是遗传密码并非是绝对通用的，而是近乎完全通用。

二、氨基酸的激活与氨酰-tRNA 合成酶

氨基酸在被转运到模板上之前，首先要与 tRNA 相连接，这个过程称为氨基酸的激活。氨基酸激活的任务是由氨酰-tRNA 合成酶来完成的，此酶必须能够同时专一地与氨基酸的侧链基团和 tRNA 相结合，所以它必须有两个结合部位，一个部位识别氨基酸的侧链基团，另一个部位识别特异的 tRNA，最终使氨基酸的羧基与 tRNA 的 3′-OH 之间形成酯键，这个酯键是高能键，这个高能键的断裂与肽键的形成是以协同方式进行的，因此能量可用于肽键的形成。在形成氨酰-tRNA 之前，氨基酸先被氨酰-tRNA 合成酶活化，生成氨基酰腺苷酸，其中氨基酸的羧基以高能键的形式连接在腺苷酸上；随后氨酰-tRNA 合成酶再将氨基酰转移到 tRNA 3′端的腺苷酸残基上。反应如下：

$$AA_1+ATM+E_1 \rightleftharpoons (AA_1\sim AMP)E_1+PPi$$

$$(AA_1\sim AMP)E_1+tRNA_1 \rightleftharpoons AA_1\sim tRNA_1+E_1+AMP$$

每个细胞中至少需要 22 种不同的氨酰-tRNA 合成酶和至少 22 种 tRNA 分子。实际上一种氨基酸常有多种 tRNA，这些 tRNA 通常称为“同工受体”。它们的存在是由于每种氨基酸常具有一个以上的密码子，每个密码子有一种独特的 tRNA 的缘故。但不同密码子的同工受

体 tRNA 与氨基酸的连接通常是由同一氨酰-tRNA 合成酶催化的。

三、蛋白质生物合成过程中起始复合物的形成

(一) *N*-甲酰甲硫氨酸

在核糖体上进行的蛋白质合成是从氨基端开始，逐步加上一个个氨基酸，在羧基端终止的过程。所有细菌蛋白质合成的氨基端的第一个氨基酸都是 *N*-甲酰甲硫氨酸（f^{met}）。这是一个修饰了的甲硫氨酸，没有游离的氨基，像这样一个封闭了的氨基酸只能用于蛋白质合成的起始阶段。由于不存在游离的氨基，这就防止了它在肽链延伸时插入肽链内部。这个甲酰基是在甲硫氨酸连接于 $tRNA_f^{met}$ 接合体上以后，由酶促反应加上去的。甲酰基的供体是 N_{10}-甲酰四氢叶酸，催化反应的酶称为转甲酰酶。

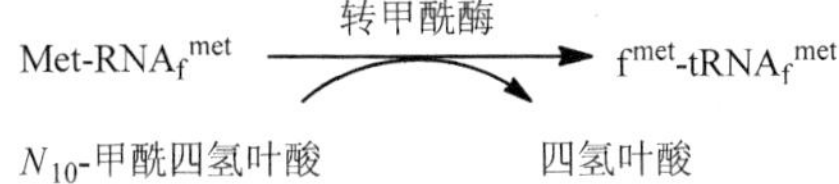

并非所有的甲硫氨酰-tRNA 都可以甲酰化。大肠杆菌细胞中有两种类型的 $tRNA^{met}$，一类是 $tRNA_f^{met}$，一类是 $tRNA_m^{met}$，只有 $tRNA_f^{met}$ 上的甲硫氨酸可以甲酰化。这两种类型的 tRNA 比较，反密码子是相同的，但核苷酸序列略有不同。实验证明，只有 *N*-甲酰甲硫氨酰-$tRNA_f^{met}$ 能够与蛋白质的起始因子及 30S 核糖体亚基结合，形成起始复合物，而甲硫氨酰-$tRNA_m^{met}$ 只能与延伸因子结合，将甲硫氨酸掺入到肽链中。

从正在生长的细菌中分离出的蛋白质基本上不含甲酰甲硫氨酸末端基团，表明有一种脱甲酰酶存在，它在肽链合成开始后不久即从正在延伸的肽链中除去甲酰基。更有一种氨肽酶，可将末端甲硫氨酸从蛋白质中切除，但它并不作用于全部蛋白质。实验证明，约有 50%的蛋白质仍在其 N 端保留甲硫氨酸。脱甲酰还是切除 f^{met}，常常与相邻的氨基酸有关，如果第二个氨基酸是精氨酸、天冬氨酸、谷氨酸等，以脱甲酰为主；如果相邻氨基酸是丙氨酸、甘氨酸、脯氨酸、苏氨酸及缬氨酸，则常常切除 f^{met}。

(二) 起始密码子的正确选读

细菌体内蛋白质肽链的合成并不是从 mRNA 5′端的第一个核苷酸开始的，被转译的第一个密码子往往位于 5′端的第 25 个核苷酸以后。许多研究证实，在 mRNA 5′端距离起始密码子上游约 10 个核苷酸的地方有一段富含嘌呤的序列（称为 Shine-Delgarno 序列），而 30S 小亚基中 16S rRNA 的 3′端有一段富含嘧啶的序列，这两个序列在小亚基与 mRNA 结合时，可形成互补。现在认为，正是这样的配对将起始密码子带入核糖体的起始位置上，从而使起始密码得以被正确选读（图 2-18）。

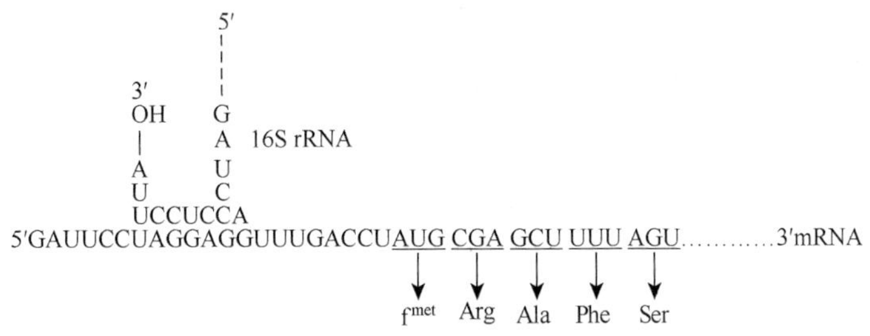

图 2-18　mRNA 起始区与 16S rRNA 3′端的互补示意图

（三）70S 起始复合物的形成

在大肠杆菌中，mRNA 首先与核糖体的 30S 小亚基相结合，此反应必须要有起始因子 3（IF_3，相对分子质量为 21 000 的蛋白质）参加，先形成 mRNA-30S-IF_3 复合物（比例为 1∶1∶1），然后在 IF_1（相对分子质量为 8000 的蛋白质）参与下，mRNA-30S-IF_3 进一步与 f^{met}-$tRNA_f^{met}$、GTP 相结合，并释放出 IF_3，这样就形成了 30S-mRNA-f^{met}-$tRNA_f^{met}$ 复合物，称为 30S 起始复合物。30S 起始复合物再与 50S 亚基相结合，形成一个有生物学活性的 70S 起始复合物，同时 GTP 水解为 GDP 和 Pi，IF 因子也被释放出来。这时 f^{met}-$tRNA_f^{met}$ 占据了核糖体上的肽酰基位点（P 位点），空着的氨酰基位点（A 位点）准备接受另一个氨酰基-tRNA，为肽链的延伸做好了准备。在 70S 起始复合物中，$tRNA_f^{met}$ 上的反密码子一定要与 mRNA 上的起始密码子 AUG（GUG、UUG）配对，以保证读码准确无误。

四、蛋白质生物合成过程中肽链的延长

大肠杆菌肽链的延长分为 3 个步骤。

1）氨酰-tRNA 进入 A 位点　氨酰-tRNA 通过反密码子与 mRNA 上密码子之间的配对，准确的进入 A 位点，这一步反应需要 GTP 和延伸因子参加。延伸因子有两种：EFTu，相对分子质量为 19 000，很不稳定；EFTs，相对分子质量为 40 000，比较稳定。EFTu 先与 GTP 结合成 EFTu-GTP，后者再与氨酰-tRNA 结合成一个“三联”复合物。此复合物与 70S 复合物作用，借助于水解 GTP 释放出的能量使氨酰-tRNA 进入 A 位点，同时释放出 EFTu-GDP。EFTu-GDP 再与 EFTs 及 GTP 反应，重新形成 EFTu-GTP，参与下一轮的反应。除 f^{met}-$tRNA_f^{met}$ 外，所有的氨酰-tRNA 都必须与 EFTu-GTP 结合后才能进入 70S 核糖体的结合位点。

2）肽键的形成　肽酰基（或 f^{met}）从 P 位点转移到 A 位点上，同时形成一个新的肽键，即进入 A 位点的氨酰-tRNA 上的氨基与 P 位点的肽酰-tRNA（或 f^{met}-$tRNA_f^{met}$）上的羧基之间形成一个新的肽键。这一步反应需要核糖体上的蛋白质因子——肽酰基转移酶和较高浓度的钾离子参加。与此同时，P 位点上的 tRNA 卸下肽酰基或 f^{met} 成为无负载的 tRNA，而 A 位点上的 tRNA 此时携带的不再是氨酰基，而是一个多肽酰基（或一个二肽酰基）（图 2-19）。

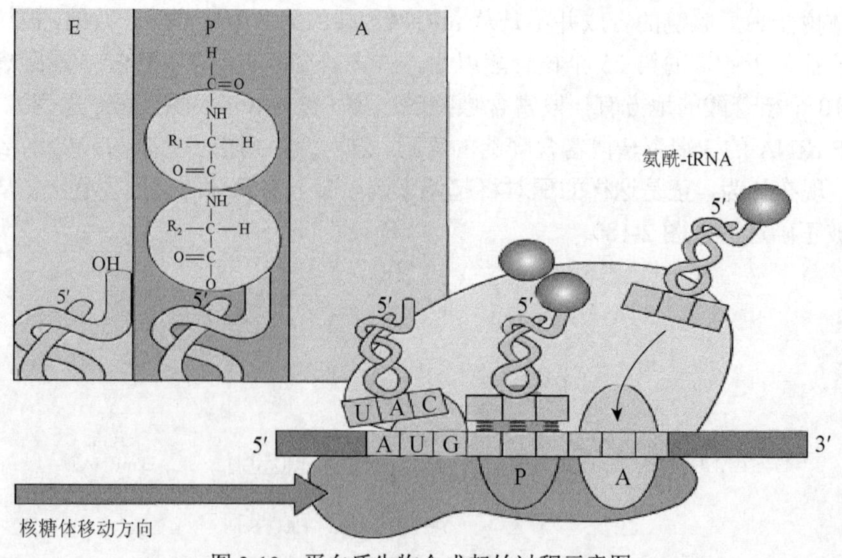

图 2-19　蛋白质生物合成起始过程示意图

3）移位　移位是指核糖体沿 mRNA 的 5′→3′方向做相对移动，每次移动一个密码子的距离。移位的结果使原来在 A 位点上的肽酰-tRNA 进入 P 位点，原来在 P 位点上的无负载 tRNA 离开核糖体，移位反应也需要蛋白质因子——EFG（也称为移位酶）和 GTP 参加，但对 GTP 的具体作用还不清楚，过去认为 GTP 水解时释放出的能量直接用于肽键的形成，但目前认为这部分能量主要使 IF_2、EFTu 及 EFG 等蛋白质因子从核糖体上释放出来，使它们投入另一轮的延伸反应中去。

上述 3 步反应每重复一次，肽链延长一个氨基酸，直至 A 位点上出现终止密码为止。

五、蛋白质合成的终止

当核糖体的 A 位点上出现肽链合成的终止密码子时，由蛋白质生物合成的释放因子（RF）识别并与之结合，从而促使新合成的肽链释放出来。mRNA 上肽链合成的终止密码子为 UAA、UAG、UGA。蛋白质生物合成的释放因子有 3 个，即 RF-1、RF-2 和 RF-3，RF-1 的相对分子质量为 5000，可识别 UAA 和 UAG，RF-2 的相对分子质量为 5000，可识别 UAA 和 UGA，RF-3 不识别任何终止密码，但能协助肽链的释放。RF-1 和 RF-2 还可以使 P 位点上的肽酰转移酶活性转变成水解活性，从而水解 P 位点上 tRNA 与肽链之间的酯键，使肽链释放出来。肽链一旦释放出来，P 位点上无负载的 tRNA 即离开 70S 核糖体，接着核糖体离开 mRNA，并解离成 50S 亚基和 30S 亚基（IF_3 与 30S 亚基的结合，可防止 50S 亚基与 30S 亚基的聚合），再重新投入新一轮的反应中去（图 2-20）。

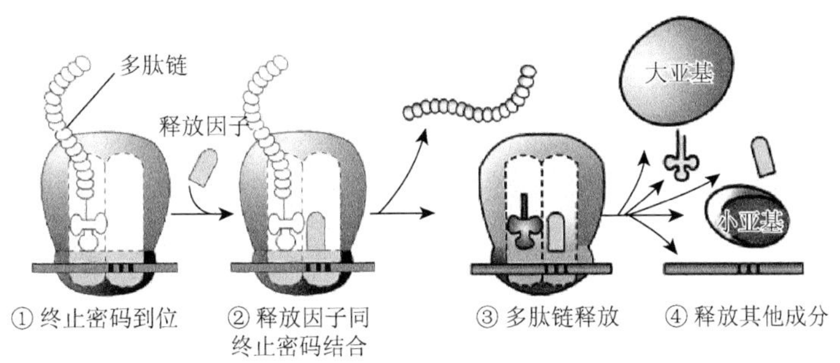

图 2-20　蛋白质生物合成中肽链延伸过程示意图

六、真核细胞蛋白质的生物合成

真核细胞蛋白质生物合成的机制与原核细胞十分相似，但步骤更为复杂，涉及的蛋白质因子也更多。总的说来，与原核细胞比较有以下几个特点。

（1）真核细胞的核糖体更大。原核细胞核糖体的相对分子质量为 2 700 000，而真核细胞核糖体的相对分子质量为 4 200 000。

（2）真核细胞蛋白质生物合成的起始氨基酸是甲硫氨酸，而不是 *N*-甲酰甲硫氨酸。起始 tRNA 为 $Met\text{-}tRNA^{met}$，此 tRNA 分子不含 TψC 序列，这在 tRNA 家族中是十分特殊的。

（3）起始密码子 AUG 的上游不富含嘌呤序列。40S 核糖体与 mRNA 5′端的帽子结构相结合后，向 3′端移动，以便寻找 AUG 密码子，并从此部位开始多肽链的合成。真核细胞的一个 mRNA 分子通常只有一个起始密码子，每种 mRNA 分子只能翻译出一种多肽链。

（4）真核细胞蛋白质翻译过程中涉及的蛋白质因子更多。在 40S 起始复合物的形成过程中，涉及 eIF-1、eIF-2、eIF-2A、eIF-3、eIF-4A、eIF-4B、eIF-4C、eIF-4D，在 60S 亚基与 40S 复合物结合为 80S 起始复合物的过程中主要是 eIF-5 起作用。真核细胞中肽链的延伸因子为 EF1α、EF1β 和 EF1γ，相当于原核细胞中的 EFTu 和 EFTs。真核细胞中多肽链合成的终止因子称为信号释放因子，缩写为 eRF。

（5）蛋白激酶参与真核细胞蛋白质合成的调节。在真核细胞中，蛋白激酶可以催化 eIF-2 磷酸化。eIF-2 的作用是将 Met-tRNA^{met} 送至 40S 核糖体上，eIF-2 被磷酸化后就难以投入下一轮的起始过程中去，所以使蛋白质的生物合成受到抑制。

第三章　酶的作用原理

【目的要求】

酶的生物学功能。

【掌握】

1. 酶的化学本质，单纯酶、结合酶、全酶、辅酶与辅基的概念，金属离子的作用。

2. 酶的辅助因子与水溶性维生素的关系，维生素的概念、分类。

3. 酶的活性中心的概念，必需基团的分类及其作用。

4. 酶促反应的特点：高效性、高特异性和可调节性。

5. 底物浓度对酶促反应的影响：米氏方程，K_m值的意义。

6. 抑制剂对酶促反应的影响：不可逆抑制的作用，可逆性抑制包括竞争性抑制、非竞争性抑制、反竞争性抑制的动力学特征。

7. 酶原与酶原激活的过程与生理意义。

8. 别构酶、别构调节、共价修饰和同工酶的概念。

【熟悉】

1. 酶与底物复合物的形成即中间产物学说、诱导契合学说。

2. 酶浓度、底物浓度、温度、pH、激活剂对酶促反应的影响。

3. 酶活性的测定与酶活性单位概念。

4. 酶含量的调节特点。

【了解】

1. 酶促反应的机制，邻近反应及定向排列、多元催化、表面效应。

2. 酶的分类与命名的原则。

3. 酶在疾病发生、疾病诊断、疾病治疗中的应用。

在生物体内几乎所有的生命活动都需要酶的参与。酶是一种生物催化剂。大部分酶的化学本质是蛋白质，许多酶分子在发挥作用时，还需要辅酶或辅基参与，辅酶和辅基是小分子有机物，有些酶虽然不需要辅酶或辅基，但需要金属离子，有些酶既需要辅酶或辅基，又需要金属离子。酶作为催化剂具有底物专一性和催化反应的高效率两大特点，这些都与酶的结构有关。酶的催化活性与其一级结构密切相关，如果酶活性中心的氨基酸组成和结构发生改变，酶的活性也发生改变。酶的活性与其高级结构也有密切关系，如果酶的高级结构发生改变，则酶的活性也发生改变。

在酶促反应中，酶首先与底物结合成不稳定的中间产物，此中间产物再生成产物并释放出酶。即：

$$E+S \rightleftharpoons ES \longrightarrow P+E$$

上式中，E表示酶，S表示底物，ES表示中间产物，P表示产物。

第一节　酶与底物相结合的两种假说

一、“钥匙”假说

“钥匙”假说认为：酶活性中心的必需基团与底物分子在化学结构上具有十分密切的互补关系，如同锁与钥匙的关系一样，因而能专一性地结合形成中间复合物。酶和底物分子都有三维空间结构，按照这一理论，酶的活性中心与底物分子的空间结构必须十分吻合，所以这一假说可以解释某些酶的立体异构专一性和酶的竞争性抑制作用，但却不能解释一个酶可以与几个底物结合的现象和酶催化的可逆反应等问题。

二、诱导契合学说

诱导契合学说认为：酶分子和酶分子活性中心的构象都是可变的，当底物与酶分子接近时，可诱导酶分子的构象发生改变，使之有利于与底物结合。此假说的要点是：在酶促反应中，酶分子活性中心的构象发生了变化。这一点已经通过旋光测定和 X 射线衍射分析得到了证明。

第二节　酶促反应的本质和机制

酶促反应包括酶与底物的结合和催化基对反应的加速两个过程。酶活性中心与底物之间大多数是通过短程非共价力相结合的，因此反应产物易于与酶分开，但也发现在某些酶催化反应中，存在着过渡性的共价复合物。酶的催化活力部分受到活性中心内具有一定空间排列的带电荷基团的影响，这些基团是酶蛋白中某些氨基酸残基的电离侧链，它们通过酶蛋白分子的二级和三级折叠在空间上相互靠近，从而组成了酶的活性中心。催化基团的精确位置对酶促反应甚为重要，当酶蛋白变性时，使这些基团在空间的排列状态受到破坏，酶因而失去活性。

酶催化反应的高效率是由几种不同的效应引起的，现已观察到在酶促反应中至少有 5 种不同的效应。

一、“张力”效应

酶可使底物分子中的敏感键产生“张力”，使底物激活。当底物与酶活性中心结合时，不仅使酶的构象发生变化，也常常使底物分子发生变化，在酶活性中心关键性电荷的影响下，使底物分子内敏感键的电子发生重排，其中的某些基团的电子云密度增高或降低，产生了电子张力，使敏感键更为敏感，更易于发生反应，以致反应所需要的活化能降低，从而加快了反应速度，如图 3-1 所示。

酶与底物结合后产生的“张力”效应如何使底物激活的问题，可借助于非酶促反应的例子来理解，如二甲基磷酸和乙烯磷酸的水解反应：

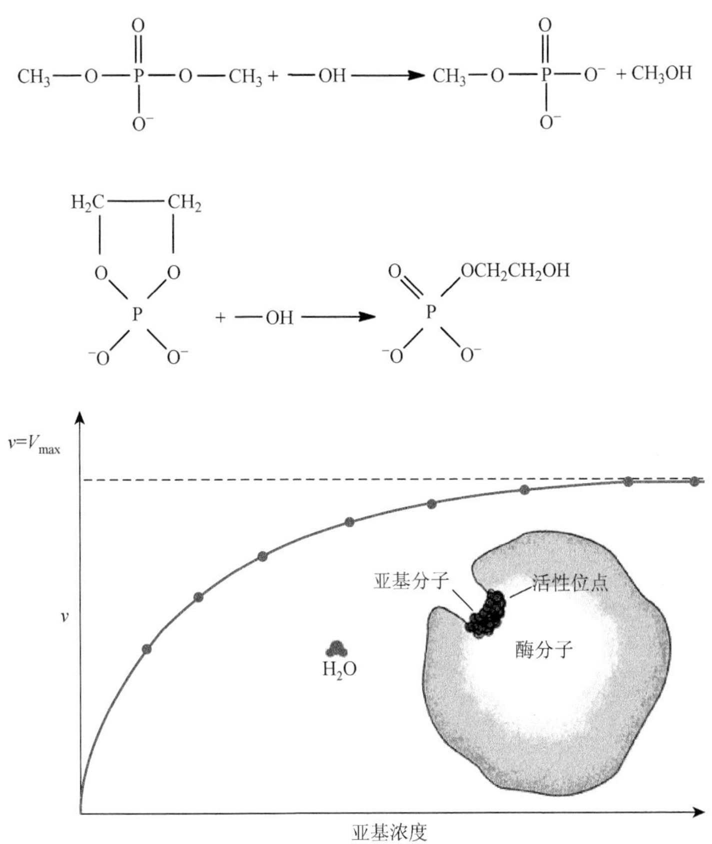

图 3-1　酶使底物敏感键产生“张力”示意图

乙烯磷酸可以看作二甲基磷酸的环状类似物，由于二甲基之间形成了共价键，影响了C—O 键的电子云密度，使其产生了“张力”，变得更为敏感，因而易于断裂。它的水解速度较二甲基磷酸的水解速度快 10^8 倍。

二、底物与酶的“靠近”及“定向”效应

由于化学反应速度与反应物浓度成正比，若在反应系统的某一局部区域，底物浓度升高，则反应速度也随之增加。提高酶促反应速度最主要的方法是：使底物分子进入酶的活性中心区域，也就是说极大提高酶活性中心底物的有效浓度。有人曾测过某底物在溶液中的浓度为 0.001mol/L，而在其酶的活性中心的浓度竟达到了 100mol/L，比溶液中的浓度高 10 万倍，这可能是酶活性中心与底物具有很高亲和力的原因。因此，可以想象，在酶活性中心区域反应速度必定是很高的。这就是酶和底物的“靠近”效应。

酶与底物的这种靠近“效应”对提高反应速度的作用可以用一个著名的有机化学实验来说明。如表 3-1 所示：双羧酸苯酯在分子内催化过程中，自由羧基作为催化剂起作用，而连有 R 基的酯键则作为底物，受—COO^-的催化断裂成环而形成酸酐，催化基团—COO^-越靠近酯键则反应速度越快，在最近的情况下，反应速度可增加 53 000 倍。

表 3-1　分子内“靠近”效应的有机模式实验

酯	水解的相对速度
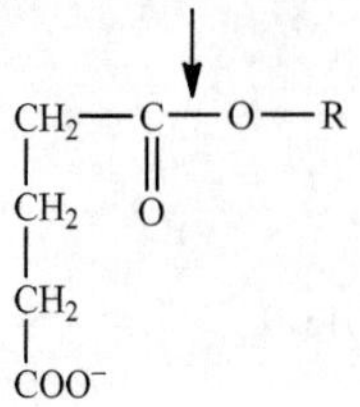 $CH_2-C(=O)-O-R$ CH_2 CH_2 COO^-	1
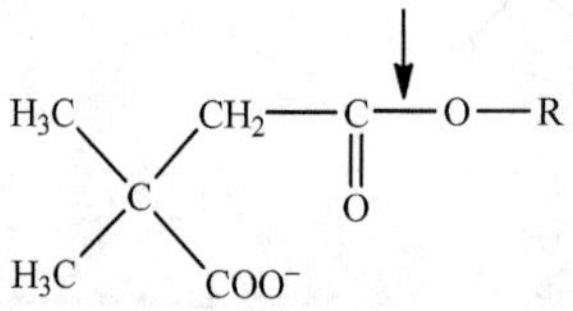 H_3C, H_3C, C, $CH_2-C(=O)-O-R$, COO^-	20
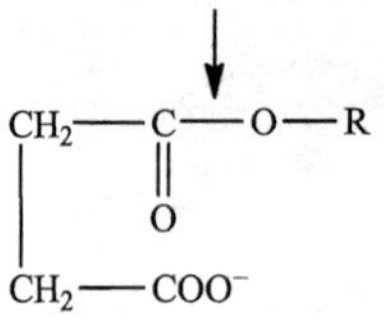 $CH_2-C(=O)-O-R$ CH_2-COO^-	230
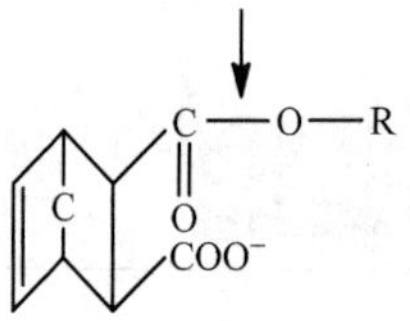 C, $C(=O)-O-R$, COO^-	53 000

但仅仅“靠近”还不够，还需要使反应基团和催化基团彼此严格地“定向”，只有既“靠近”又“定向”，反应物分子才被作用，迅速形成过渡态，从而加速反应的进行。

当底物未与酶结合时，活性中心的催化基团还未能与底物十分靠近，但由于酶活性中心有一定的适应性，即当专一性底物与活性中心结合时，酶蛋白会发生一定的构象变化，使活性中心的结合基团与催化基团正确地排列并定位，以便能与底物契合，使底物分子得以靠近并定向于酶。这就是前面所提到的诱导契合学说。只有这样才能使酶活性中心的底物浓度极大提高，酶促反应速度才能极大加快。所以，酶构象发生的这种变化是反应速度增大的一个重要原因。反应后释放出产物，酶的构象再逆转，回到它的初始状态。对溶菌酶及羧肽酶进行的 X 射线衍射分析的实验结果已经证实了上述看法。Jenck 等指出：“靠近”及“定向”效应可能使反应速度增加 10^8 倍，这与很多酶的催化效率很相近。

三、共价催化

有些酶是以另一种方式来催化反应的，这种方式是酶与底物形成一个反应活性很高的共价中间物，这个中间物很容易变成过渡态，因此能极大降低反应活化能，使底物越过较低的能阈而形成产物。这种催化方式称为共价催化。

共价催化可以提高反应速度的原因需要从有机模式的某些原理说起。共价催化最一般的形式是催化剂的亲核基团对底物中亲电子的碳原子进行攻击。亲核基团含有多电子原子，可以提供电子，所以是十分有效的催化剂。亲核基团作为强有力的催化剂提高反应速度的作用原理可以从亲核基团催化酰基转移的反应中看出。

（1）亲核基团（Y）催化的反应。

第一步：

$$\text{RX（酰基供体）} + \text{Y} \xrightarrow{\text{快}} \text{X}^- + \text{RY（酰化了的催化剂）}$$

第二步：

$$\text{RY} + \text{H}_2\text{O 或醇（酰基受体）} \xrightarrow{\text{快}} \text{ROH} + \text{Y} + \text{H}^+$$

两步合并：

$$\text{RX} + \text{H}_2\text{O 或醇} \xrightarrow{\text{快}} \text{ROH} + \text{X} + \text{H}^+$$

（2）非催化反应：

$$\text{RX} + \text{H}_2\text{O 或醇} \xrightarrow{\text{慢}} \text{ROH} + \text{X} + \text{H}^+$$

第一步反应中亲核基团（催化剂 Y）攻击含有酰基的分子，形成了带有亲核基团的酰基衍生物，这种酰基衍生物作为一个中间物再起作用；第二步反应中将酰基从亲核催化剂上转移到最终的酰基受体上，这种受体分子可能是水或某些醇。由于反应中有催化剂参加，而且催化剂是易变的亲核基团，因此两步催化的总速度要比非催化反应快得多。因此，形成不稳定的共价中间物可以极大加速反应。酶分子上强有力的亲核基团很多，可以进行共价催化。酶蛋白分子上至少有 3 种亲核基团，即丝氨酸的羟基、半胱氨酸的巯基及组氨酸的咪唑基（图 3-2）。

—CH₂—O:（H）　丝氨酸的羟基

—CH₂—S:（H）　半胱氨酸的巯基

—CH₂—C═CH，HN、N:、C—H 咪唑环　组氨酸的咪唑基

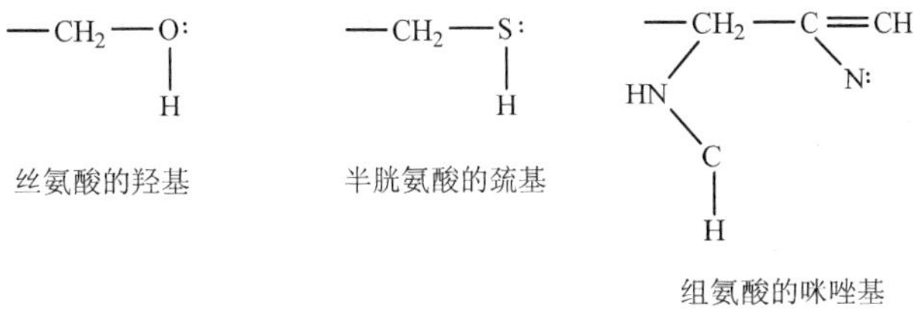

图 3-2　酶蛋白分子的 3 种亲核基团

此外，辅酶中还有另外一些亲核中心。共价结合也要以被亲电子基团所催化，最典型的亲电子基团是 H^+、Mg^{2+}、Mn^{2+}及 Fe^{3+}等。

四、酸碱催化

酸碱催化剂是催化有机反应最普遍最好的催化剂。酸碱催化剂有两类，一类是狭义的酸碱催化剂，即 H^+与 OH^-。由于酶促反应的最适 pH 一般近中性，因此 H^+与 OH^-的催化作用在酶促反应中的重要性是比较有限的。另一类是广义的酸碱催化剂，指的是质子供体（广义的酸基团）和质子受体（广义的碱基团），它们在酶促反应中的作用大得多，发生在细胞内的许多类型的有机反应都是广义的酸碱催化的。例如，羰基上的加水反应、羧基酯及磷酸酯的水解反应、双键上的脱水反应、各种分子的重排反应及许多取代反应都是广义的酸碱催化反应。

酶蛋白中含有好几种可以起广义酸碱催化作用的功能基，如氨基、羧基、硫氢基、酚羟基及咪唑基等。其中组氨酸上的咪唑基特别值得注意，因为它既是一个很强的亲核基团，又是有效的广义酸碱功能基（表 3-2）。

表 3-2 蛋白质中可作为广义酸碱的功能基

广义的酸基团（质子供体）	广义的碱基团（质子受体）
—COOH	$—COO^-$
$—NH_3^+$	$—NH_2$
—SH	$—S^-$
对位取代苯基—OH	对位取代苯基—O^-
咪唑基（HN—C=CH—N^+H=C(H)—）	咪唑基（HN—C=CH—N:=C(H)—）

影响酸碱催化反应速度的因素有两个：一是酸碱的强度。在这些功能基中，组氨酸咪唑基的解离常数约为 6.0，这意味着从咪唑基上解离下来的质子浓度与水中的$[H^+]$相近，因此它在接近生物体液 pH 的条件下（中性），有一半以酸的形式存在，另一半以碱的形式存在。也就是说咪唑基既可作为质子供体，又可作为质子受体在酶促反应中发挥作用，因此咪唑基是最有效、最活泼的一个催化功能基。二是这些功能基供出质子和接受质子的速度。在这方面，咪唑基又是特别突出的，它供出或接受质子的速度十分迅速，其半衰期小于 10^{-10}s，而且供出或接受质子的速度几乎相等。由于咪唑基有如此优点，因此虽然组氨酸在大多数蛋白质中含量很少，但却很重要。推测在生物进化过程中，它很可能不是作为一般的结构成分，而是被选择作为酶分子的催化成分而存在下来的。

五、酶活性中心的疏水效应

有些酶的活性中心相对来说是非极性的，因此酶的催化基团被低介电环境所包围，在某些情况下，还可能排出高极性的水分子，能够与酶的疏水性活性中心结合的自然是底物分子上的非极性基团，从而使底物分子的敏感键准确地定向于酶活性中心的催化基团。这样，底物分子的敏感键和酶的催化基团之间就有很大的反应力，有助于加速酶促反应。例如，胰凝乳蛋白酶的活性中心就有一个“疏水袋”，所以它能有选择地作用于芳香族氨基酸的羧基端肽键。

六、辅助因子在酶促反应中的作用

许多酶在催化反应时需要辅助因子存在，所以，辅助因子是影响酶活性的一个重因素。有些辅助因子仅仅与酶蛋白呈疏松的结合状态，又称为“激活剂”，可因透析而与酶蛋白分开，如 Ca^{2+}、Zn^{2+}、Mn^{2+}等金属离子。有些辅助因子是小分子有机物，一些小分子有机物与酶蛋白的结合也不紧密，可用透析等方法除去，称为“辅酶”，另一些小分子有机物与酶蛋白结合紧密，不能用透析等简单的方法除去，称为“辅基”。

1. 包含金属离子的酶促反应

金属离子的作用可能是将酶与底物通过配价键连接起来形成复合物，这种复合物的存在已得到了证实。某些肽酶需要 Co^{2+}才能表现出最大活性，Co^{2+}的作用是使酶与底物连接起来，通过肽键中的 O 和 N（都是电子供体）形成五元环复合物，由于 Co^{2+}吸引了电子，使得肽键更容易被水解，其反应如下：

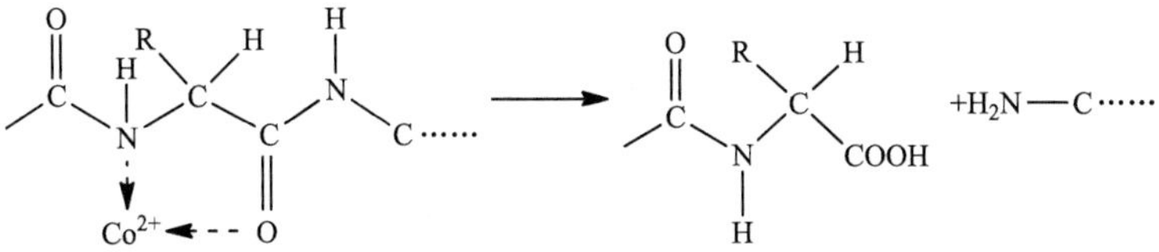

草酰乙酸的酶促脱羧反应也是通过类似机制完成的。

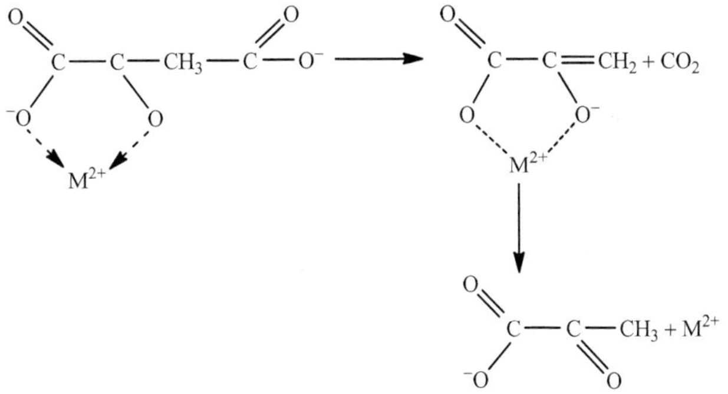

2. 包含辅酶的酶促反应

磷酸吡哆醛是一种重要的辅酶，包含在许多氨基酸代谢的酶促反应中。在含有磷酸吡哆醛的酶促反应中，其最初的变化是吡啶环上的醛基与底物氨基酸的氨基形成席夫碱，其中含有共轭双键，因而含有流动的 π 电子，这种席夫碱有几种可能的互变形式。根据底物氨基酸的性质，移动电子受到不同的影响，可产生几类不同的反应。而对于氨基酸来说，与磷酸吡哆醛的结合，使其变得更为活泼，更易发生反应。

图 3-3 中包含了磷酸吡哆醛参与催化的几种可能发生的反应。金属离子（M^{2+}）的参与可能有助于保持平面结构，从而有利于共轭系统的电子移动。电子向 N^+移动的结果使 C_α 原子的化学键变弱，从而有利于反应的发生。磷酸吡哆醛与氨基酸结合后究竟引起哪一种反应，则取决于酶的性质。

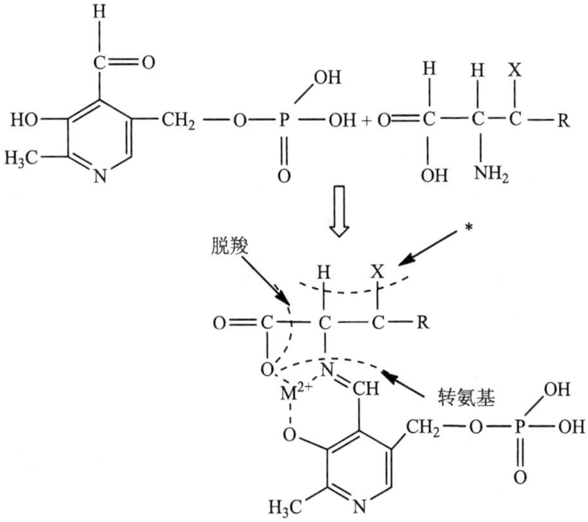

图 3-3　磷酸吡哆醛参与催化的几种反应

*若 X 是—OH（丝氨酸）为脱水反应；若是—SH 则生成 H_2S

第三节 酶促反应动力学

酶促反应动力学研究的是酶促反应的速度规律和各种因素对酶促反应速度的影响。

在酶的结构与功能的关系研究中，在酶的作用机制的研究中，都需要动力学为其提供实验证据。为了寻找最有利的反应条件，最大限度地发挥酶促反应的高效率；为了了解酶在代谢中的作用和某些药物的作用机制等，都需要掌握酶促反应速度的规律。因此，酶促反应动力学是酶学研究中的一个既具有重要理论意义，又具有实践意义的课题。

一、底物浓度对酶促反应速度的影响——米氏学说的提出

底物浓度对酶促反应速度的影响是比较复杂的。若以酶促反应速度 v 对底物浓度[S]作图，可得到图 3-4。

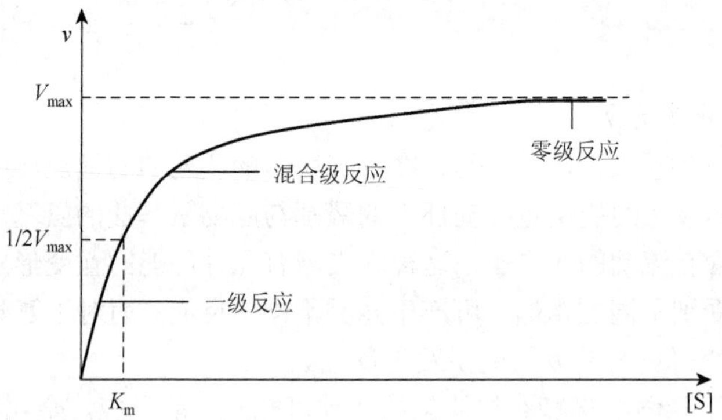

图 3-4 酶促反应速度与底物浓度之间的关系

从图 3-4 中可以看出，当底物浓度较低时，反应速度与底物浓度成正比，表现为一级反应。随着底物浓度的增加，反应速度不再按比例升高，表现为混合级反应。如果继续加大底物浓度，酶促反应速度不再加快，表现为零级反应，即反应速度趋向于一个极限值，说明酶已被底物所饱和。所有的酶都有此饱和现象，但各自达到饱和时所需要的底物浓度并不相同，甚至差异很大。

曾有各种假说试图解释上述现象，其中比较合理的是 1902～1903 年布郎（Brown）和 Henri（亨利）提出的“中间产物”学说。1913 年前后米彻利斯（Michaelis）和门特（Menten）在此基础上做了大量的工作，积累了足够的实验证据，从而提出了酶促反应动力学的基本原理，并归纳为一个数学表达式。后来又经布里格斯（Briggs）和霍尔丹（Haldane）的补充和发展，将此数学表达式可写为：

$$V = \frac{V_{max}[S]}{K_m + [S]}$$

这个方程称为米氏方程（米、门、布、霍四氏方程），它的前提是酶与底物反应的“稳态平衡”假说（或称为“快速平衡”假说）——开始，两者的反应速度较快，迅速地建立平衡。米氏方程表明了底物浓度与酶促反应之间的定量关系，这就使“中间产物”学说得到了人们的普遍认可。现在一般称为“米氏学说”。

（一）米氏公式的导出

从酶被底物饱和现象出发，按照“稳态平衡”假说的设想，推论酶促反应分两步走。

第一步：
$$E+S \underset{k_2}{\overset{k_1}{\rightleftharpoons}} ES \tag{3-1}$$

第二步：
$$ES \underset{k_4}{\overset{k_3}{\rightleftharpoons}} P+S \tag{3-2}$$

这两步反应都是可逆的，它们的正反应与逆反应的速度常数分别为 k_1、k_2、k_3、k_4。

由于酶促反应的速度与中间产物 ES 的形成及分解直接有关，因此必须先考虑 ES 的生成速度与分解速度。Briggs 和 Haldane 的发现就在于指出了 ES 的量不仅与式（3-1）的平衡有关，有时还与式（3-2）的平衡有关，不能一概都把式（3-2）忽略不计。

ES 的形成量与 E+S 及 P+E 有关，但 P+E 形成 ES 的速度极小（特别是在反应处于初速阶段时，P 很少，所以 P+E→ES 的速度极小），故可以忽略不计。因此 ES 的形成速度可用式（3-3）表示：

$$\frac{d[ES]}{dt} = k_1([E]-[ES])[S] \tag{3-3}$$

通常底物是过量的，即[S]≫[E]，因此被酶结合的底物量（即[ES]）与总底物量相比，可以忽略不计。所以[S]–[ES]≈[S]，而[ES]的分解速度则是：

$$ES \xrightarrow{k_2} S+E \text{ 和 } ES \xrightarrow{k_3} P+E$$

此两式的速度之和为 ES 分解的总速度：

$$\frac{-d[ES]}{dt} = k_2[ES]+k_3[ES] \tag{3-4}$$

当整个反应体系处于动态平衡，即恒态时，ES 的形成速度与分解速度相等，即[ES]保持动态恒定。所以式（3-3）＝式（3-4），即：

$$k_1([E]-[ES])[S] = k_2[ES]+k_3[ES]$$

$$\frac{([E]-[ES])[S]}{[ES]} = \frac{k_2+k_3}{k_1} \tag{3-5}$$

令：$K_m = \frac{k_2+k_3}{k_1}$，并代入式（3-5），则：

$$\frac{([E]-[ES])[S]}{[ES]} = K_m \tag{3-6}$$

由式（3-6）可以得出动态平衡时的[ES]：

$$[ES] = \frac{[E][S]}{K_m+[S]} \tag{3-7}$$

因为酶促反应速度 v 与[ES]成正比，所以

$$v = k_1[ES] \tag{3-8}$$

将式（3-7）中的[ES]值代入式（3-8）中得：

$$v = k_3\frac{[E][S]}{K_m+[S]} \tag{3-9}$$

当底物浓度很高时，所有的酶都被底物所饱和，而转变成 ES 复合物，即[E]=[ES]时，酶促反应速度达到了最大速度 V_{max}，所以：

$$V_{max}=k_3[ES]=k_3[E] \tag{3-10}$$

式（3-9）除以式（3-10）得：

$$\frac{v}{V_{max}}=\frac{\dfrac{k_3[E][S]}{K_m+[S]}}{k_3[E]}$$

因此：

$$v=\frac{V_{max}[S]}{K_m+[S]} \tag{3-11}$$

这就是米氏方程，K_m 称为米氏常数。这个方程表明，当已知 K_m 及 V_{max} 时，酶促反应速度与底物浓度之间的定量关系。

（二）米氏常数的意义

当 $v=\frac{1}{2}V_{max}$ 时，

$$\frac{V_{max}}{2}=\frac{V_{max}[S]}{K_m+[S]}$$

$$\frac{1}{2}=\frac{[S]}{K_m+[S]}$$

所以，$[S]=K_m$

由此可见，K_m 值的物理意义为：当酶促反应速度达到最大反应速度一半时的底物浓度，它的单位是 mol/L，与底物的浓度单位一样。

米氏常数是酶学研究中的一个极为重要的数据，有以下几个特点。

（1）K_m 值是酶的特征常数之一，一般只与酶的性质有关，而与酶的浓度无关。不同的酶 K_m 值不同。

（2）如果一个酶有几种底物，则对每一种底物各有一个特定的 K_m 值，即酶有几种底物就有几个 K_m 值，其中 K_m 最小的底物一般称为该酶的最适底物或天然底物。

（3）K_m 值也受温度和 pH 的影响。因此 K_m 值作为酶的特征常数只是针对一定的底物、一定的 pH 和一定的温度条件而言的。测定酶的 K_m 值可以作为鉴别酶的一种手段，但必须在指定的条件下进行。

（4）K_m 值与酶和底物的亲和力有关。$1/K_m$ 可近似地表示酶对底物的亲和力大小，$1/K_m$ 越大，表明酶对底物的亲和力越大；反之，越小。

（5）K_m 值与米氏方程的实际用途：可由所要求的反应速度（应到达 V_{max} 的百分数），求出应当加入底物的合理浓度。反过来，也可根据已知的底物浓度，求出该条件下的反应速度。

例如，当酶促反应速度为 V_{max} 的 99%时，其底物浓度应为：

$$99\%V_{max}=\frac{100\%V_{max}[S]}{K_m+[S]}$$

$$99K_m+99[S]=100[S]$$

所以，$[S]=99K_m$。

（三）米氏常数的求法

根据 $v=\frac{V_{max}[S]}{K_m+[S]}$，以 v 对[S]作图，得到一双曲线，从此双曲线图中可找出 V_{max}，再从 $1/2V_{max}$ 可求出相应的[S]，此[S]值即为 K_m 值。但实际上即使用很大的底物浓度，也只能得到趋近于 V_{max} 的反应速度，而达不到真正的 V_{max}，因此测不到准确的 K_m 值。但我们可以把米氏方程加以改变，使它成为相当于 $Y=aX+b$ 的直线方程，然后再用作图法求出 K_m 值。米氏方程的变换方式有两种。

1. *双倒数法*

这是最常用的方法。将米氏方程两边取倒数，进行数学变换可写成：

$$\frac{1}{v}=\frac{K_m}{V_{max}}\frac{1}{[S]}+\frac{1}{V_{max}}$$

实验时选择不同的[S]测定相对应的 v，求出两者的倒数，以 $\frac{1}{v}$ 对 $\frac{1}{[S]}$ 作图（图 3-5），绘出直线，并延至与横轴相交，横轴上的截距（$-X$）即为 $\frac{1}{K_m}$ 值，$K_m=\frac{1}{X}$。此法因为方便而应用最广，但也有缺点：实验点过于集中在直线的左端，作图不是十分准确。

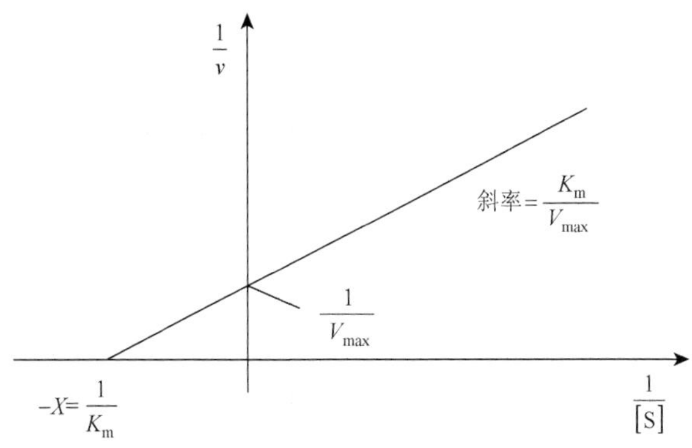

图 3-5　双倒数作图

2. *v-$\frac{v}{[S]}$ 法*

将米氏方程两边同乘以（K_m+[S]），并整理成：

$$v=-K_m\frac{v}{[S]}+V_{max}$$

以 v 对 $\frac{v}{[S]}$ 作图，得一直线，其纵轴截距为 V_{max}，横轴截距为 $\frac{V_{max}}{K_m}$，斜率为 $-K_m$（图 3-6）。

二、抑制剂对酶促反应的影响

凡使酶活性降低，但不引起酶蛋白变性的作用称为酶的抑制作用。所以抑制作用和变性作用是不同的，变性作用是指引起酶蛋白变性而丧失活力的现象。

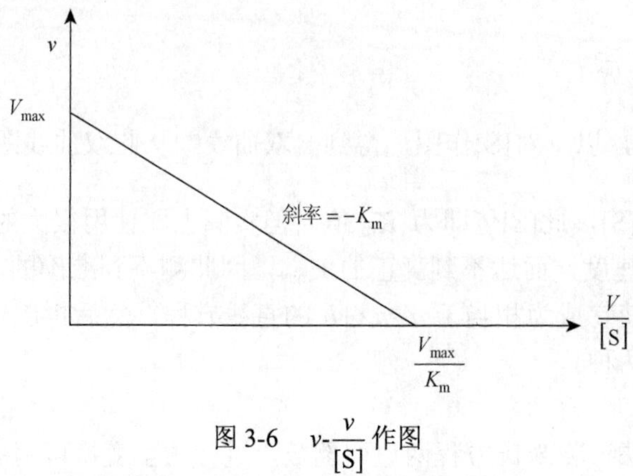

图 3-6　v-$\frac{v}{[S]}$ 作图

某些物质并不引起酶蛋白变性，但能使酶分子的某些必需基团（主要是指酶活性中心上的一些基团）发生变化，因而引起酶活力下降，甚至丧失，致使酶促反应速度降低，将这类物质称为酶的抑制剂。

（一）抑制作用的类型

根据抑制剂与酶的作用方式和抑制作用是否可逆，可将酶的抑制作用分为两大类。

1. *不可逆性抑制作用*

这类抑制剂通常以比较牢固的共价键与酶蛋白中的必需基团相结合，导致酶活性降低或丧失，不能用透析、超滤等物理方法除去抑制剂而恢复酶的活性。

按照不可逆性抑制作用的选择性不同，可分为专一性不可逆性抑制作用和非专一性不可逆性抑制作用两类。专一性不可逆性抑制剂仅和酶活性中心的有关基团反应，非专一性不可逆性抑制作用可以和一类或几类基团反应。但这种区别不是绝对的，因作用条件和对象不同，某些非专一性抑制剂有时会转化，产生专一性抑制作用。

比较起来，非专一性抑制剂（如烷化巯基、碘代乙酸等）用途更广，它可用来了解酶有哪些必需基团。而专一性抑制剂（如胰凝乳蛋白酶抑制剂、脱氟磷酸酶等）则往往要在前者提供线索的基础上才能设计出来。另外，非专一性抑制剂还可用来探索酶的构象。

2. *可逆性抑制作用*

这类抑制剂与酶蛋白的结合是可逆的，可用透析、超滤等方法除去抑制剂以恢复酶的活性。可逆性抑制剂与游离酶之间存在着一个平衡，即 E+I（抑制剂）$\rightleftharpoons$EI。

根据抑制剂与底物的关系，可将可逆性抑制作用分为 3 类。

1）竞争性抑制作用　　抑制剂与底物竞争酶的活性中心，从而阻止底物与酶的结合。因为酶的活性中心不能同时既与底物结合，又与抑制剂结合。这是最常见的一种抑制作用。竞争性抑制剂具有与底物相类似的结构，能与酶形成可逆的 EI 复合物，但 EI 不能分解为产物 P，酶促反应速度因此下降。可以通过增加底物浓度的方法减弱或解除这种抑制作用。抑制剂、酶、底物之间存在如下关系：

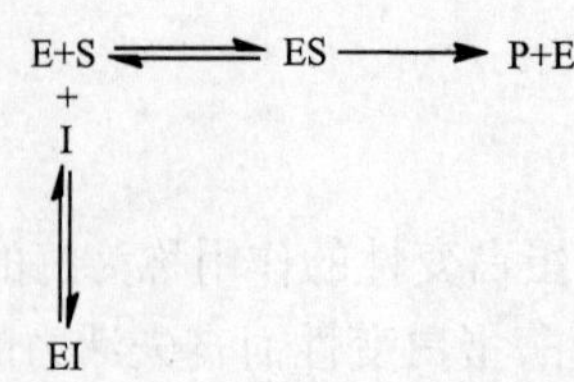

竞争性抑制作用最典型的例子是丙二酸对琥珀酸脱氢酶的抑制作用，因为丙二酸的结构与该酶的正常底物琥珀酸很相似。

2）非竞争性抑制作用　酶可以同时与底物及抑制剂相结合，两者没有竞争作用。酶与抑制剂结合后还可以和底物结合，EI+S→ESI；酶与底物结合后也可以与抑制剂再结合，ES+I→ESI。但是形成的三联复合物不能分解为产物，因此酶活性降低。这类抑制剂不是与酶的活性中心结合，而是与酶活性中心之外的必需基团相结合，其结构可能与底物毫无相关之处，如亮氨酸是精氨酸的一种非竞争性抑制剂。大部分非竞争性抑制作用都是由一些可以与酶活性中心之外的—SH 可逆性结合的试剂引起的，这种—SH 对酶活性来说也是很重要的，因为它们帮助维持酶分子的构象。例如，含某些金属离子（如 Cu^{2+}、Hg^{+}、Ag^{+}等）的化合物属于这类抑制剂，它们与酶反应时存在下列平衡：

$$\text{E—SH} + Ag^{+} \rightleftharpoons \text{E—S—Ag} + H^{+}$$

此外，EDTA 可结合金属离子，对需要金属离子的酶起抑制作用，这也属于非竞争性抑制作用。

3）反竞争性抑制作用　酶只有与底物结合后才能与抑制剂结合，即 ES + I → ESI，形成的复合物也不发生反应。比较起来，这种抑制作用最不重要。

（二）一些重要的抑制剂

1. 不可逆性抑制剂

这类抑制剂过量地加入酶溶液中时，随着受抑制酶分子的逐渐增多，抑制作用不断增强，甚至使酶反应停止。某些不可逆性抑制剂通过对酶分子的化学修饰来起抑制作用，但有时修饰过的酶仍有一定活力，只是活力大大降低。

1）有机磷化合物　有机磷化合物能够与酶活性直接相关的丝氨酸羟基牢固地结合，从而抑制某些酶蛋白及酯酶。这类化合物强烈地抑制与中枢神经系统有关的胆碱酯酶，使乙酰胆碱不能分解为乙酸和胆碱。乙酰胆碱的堆积引起一系列的神经中毒症状，因此这类物质又被称为神经毒剂。第二次世界大战中曾用过的 DFP（即 DIPF：二异丙基氟磷酸）及一些有机磷杀虫剂（如 1605、敌百虫、敌敌畏、乐果等）都属于这类化合物。

它们的一般结构如下：

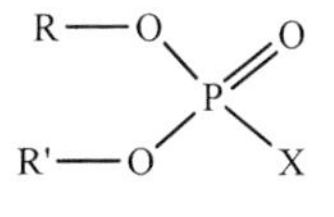

R—O　　O
　　＼ //
　　　P
　　／ ＼
R'—O　　X

R、R′为烷基，X 则为 F、CN、—O—⟨苯环⟩—NO_2等。

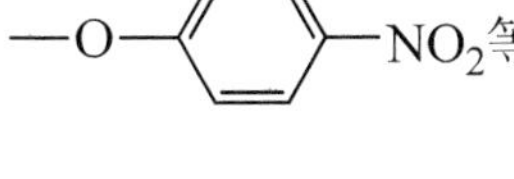

DFP 的结构如下：

CH_3
　　＞CH—O　　O
CH_3　　　＼ //
　　　　　　P
CH_3　　　／ ＼
　　＞CH—O　　F
CH_3

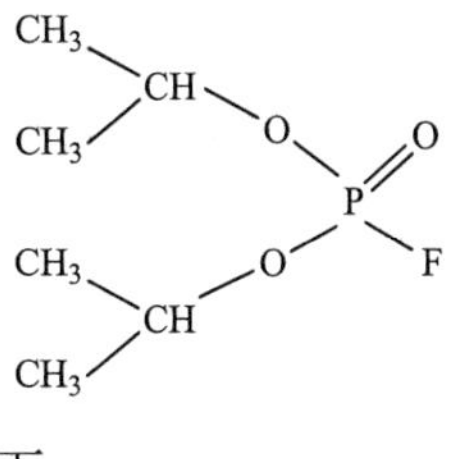

农药 1605 与胆碱酯酶的作用如下：

$$C_2H_5O-P(=S)(OC_2H_5)-O-C_6H_4-NO_2 + E-OH \longrightarrow E-OH\cdots P(=S)(OC_2H_5)_2-O-C_6H_4-NO_2$$

1605　　胆碱酯酶

$$\longrightarrow HO-C_6H_4-NO_2 + E-O-P(=S)(OC_2H_5)_2$$

对硝基酚　　中毒的酶（磷酰化胆碱酯酶）

有机磷抑制剂与酶结合后虽不解离，但有时可用肟化物（含CN══NOH基团）或羟肟酸把酶上的磷酸根除去，使酶复活。临床上应用的解毒剂PAM（解磷定）就是这类化合物，其解毒过程为：

$$E-O-P(=S)(OC_2H_5)_2 + \text{(N-甲基吡啶}^+\text{)}-CN=NOH \longrightarrow \text{(N-甲基吡啶}^+\text{)}-CH=NO-P(=S)(OC_2H_5)_2 + E-OH$$

中毒的酶　　PAM　　磷酰化PAM　　游离酶

2）有机汞、有机砷化合物　这类化合物与酶的—SH作用，抑制酶的活性，如对氯汞苯甲酸的作用如下：

$$E-SH + ClHg-C_6H_4-COO^- \longrightarrow E-S-Hg-C_6H_4-COO^- + HCl$$

巯基酶　　对氯汞苯甲酸　　中毒的酶　　氯化氢

这类抑制剂可因加入过量的巯基化合物如半胱氨酸或还原性谷胱甘肽而被解除。

这类抑制剂还可与巯基化合物作用生成环状硫醇化合物，如三价的有机砷化合物可与辅酶硫辛酸作用，破坏辅酶硫辛酸，从而抑制丙酮酸氧化酶系统。

$$CH_2(SH)-CH_2-CH(SH)-(CH_2)_4-COO^- + O=As-R' \longrightarrow CH_2(-S-)-CH_2-CH(-S-)-(CH_2)_4-COO^-\ (\text{两个S与As相连})\ As-R' + H_2O$$

还原型硫辛酸　　有机砷化合物　　环状硫醇化合物

路易斯毒气也是有机砷化合物，它的毒理作用也是这样的，能抑制几乎所有巯基酶。砷化物的毒性不能被单巯基化合物解除，但可被过量的双巯基化合物解除，如二巯基丙醇。所以它是临床上砷化物和重金属中毒的重要解毒剂。

3）氰化物　氰化物与含铁卟啉的酶（如细胞色素氧化酶）中的 Fe^{2+}结合，使酶失去活性而阻抑细胞呼吸。

4）重金属　Ag、Pb、Hg等金属盐能使大多数酶失活，机制尚不清楚，但有一点，它可以与巯基酶的巯基结合是已知的。加入 EDTA 及巯基化合物可以解除此类中毒。

5）烷化剂　其中最重要的是含卤素的化合物，如碘乙酸、碘乙酰胺及卤乙酰苯等。它们可使酶中的一些—SH 烷化，从而使酶失活。常用它们作为鉴定酶中巯基的特殊试剂。其作用如下：

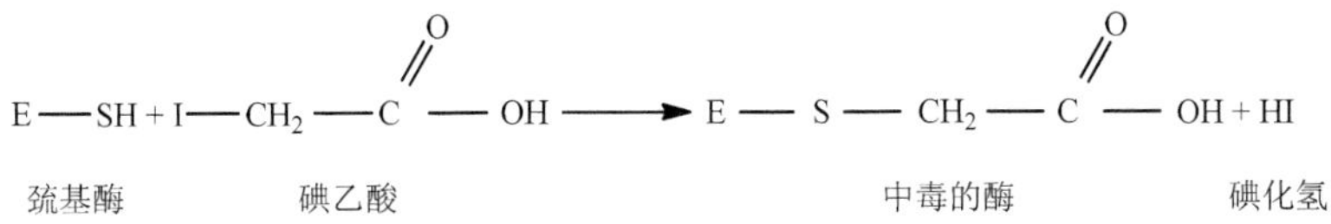

$$\underset{\text{巯基酶}}{E\text{—}SH} + \underset{\text{碘乙酸}}{I\text{—}CH_2\text{—}\overset{O}{\overset{\|}{C}}\text{—}OH} \longrightarrow \underset{\text{中毒的酶}}{E\text{—}S\text{—}CH_2\text{—}\overset{O}{\overset{\|}{C}}\text{—}OH} + \underset{\text{碘化氢}}{HI}$$

6）有活化作用的不可逆性抑制剂　还有一类独特的化合物是以潜伏状态存在的，当它与某些酶的活性中心结合后，就被激活为有抑制活性的抑制剂。在与酶活性中心结合的过程中，酶激活了这类无活力的、潜伏状态的抑制剂，而酶自身的活力则完全丧失，所以这类抑制剂又被看作酶的“自杀性底物”。

这类抑制剂只是在遇到对它们来说是专一性的靶子酶时，才从潜伏状态转变成活性状态。由于这种抑制作用具有高度的专一性，以及这种抑制作用是按化学计量进行的，因此，它们可成为对酶活性中心进行高度专一性研究的良好试剂。

2. 可逆性抑制剂

可逆性抑制中最重要、最常见的是竞争性抑制剂，它们的结构与正常底物极为相似，但又有一些区别，它们能与底物争夺酶，但不能被酶作用。常见的可逆性抑制剂有以下几种。

1）磺胺类药物　以对氨基苯磺酰胺为例，它的结构与对氨基苯甲酸十分相似，是对氨基苯甲酸的竞争剂，对氨基苯甲酸是细菌合成二氢叶酸的原料。叶酸和二氢叶酸则是嘌呤核苷酸合成中的重要辅酶——四氢叶酸的前身，如果缺乏四氢叶酸，细菌的生长繁殖就会受到影响（图 3-7）。

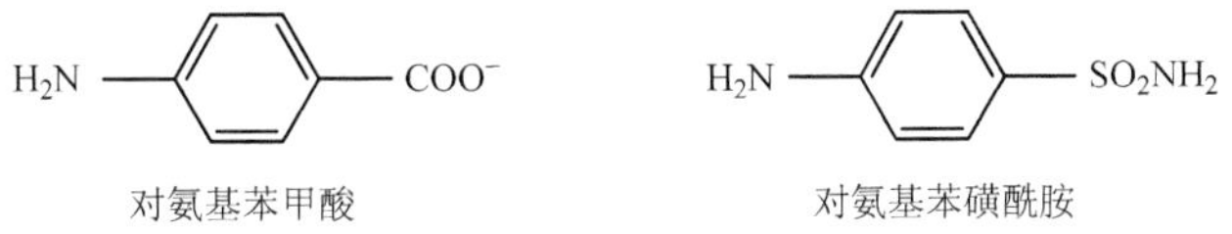

H_2N—C_6H_4—COO^-　　H_2N—C_6H_4—SO_2NH_2

对氨基苯甲酸　　对氨基苯磺酰胺

图 3-7　磺胺类药物结构式

由于磺胺类药物与对氨基苯甲酸的结构类似，因此可竞争二氢叶酸合成酶，抑制二氢叶酸合成酶的活性，抑制细菌的生长繁殖，从而达到治病的效果。人体能直接利用食物中的叶酸，所以不受影响。也有一些细菌能直接利用环境中的叶酸，所以对磺胺类药物不敏感。

2）抗菌增效剂 TMP　抗菌增效剂 TMP［2, 4-二氨基-5-（3′, 4′, 5′-三甲氧苄基）嘧啶］可增强磺胺类药物的药效，因为它的结构与二氢叶酸类似，是细菌二氢叶酸还原酶竞争性抑制剂，但它很少抑制人体的二氢叶酸还原酶。它与磺胺类药物配合使用，可使细菌的四氢叶酸合成受到双重阻碍，因而严重影响核酸及蛋白质合成（图 3-8）。

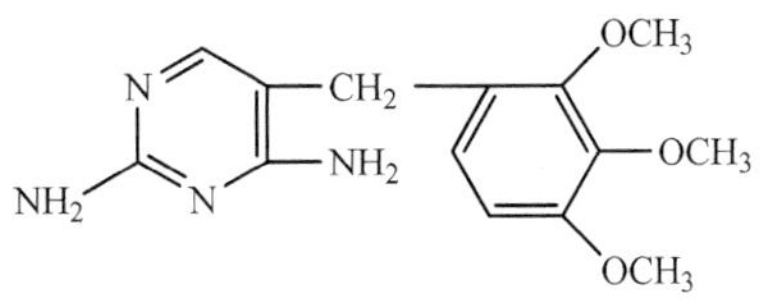

N　CH_2　OCH_3　NH_2　OCH_3　NH_2　N　OCH_3

图 3-8　TMP 的结构式

3）氨基叶酸　氨基叶酸的结构与叶酸的结构类似，所以是叶酸还原酶的竞争性抑制剂。氨基叶酸中用氨基取代了正常叶酸中蝶呤环上的羟基，所以可用作抗癌药物（图 3-9）。

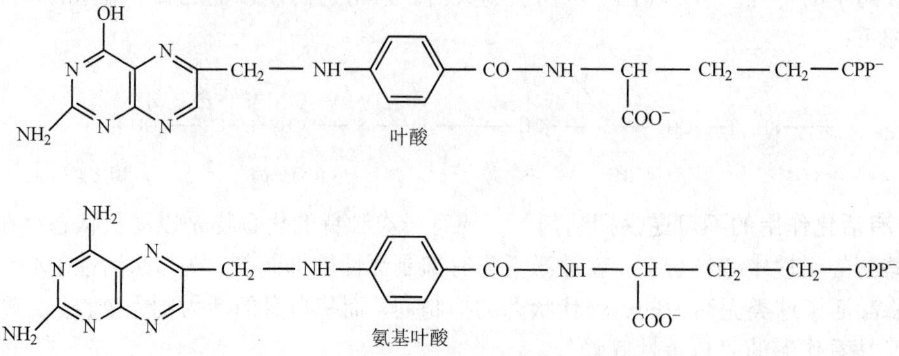

叶酸

氨基叶酸

图 3-9　氨基叶酸与叶酸的结构

竞争性抑制作用的原理是药物设计的根据之一，如抗癌药物阿拉伯糖胞苷、5-氟尿嘧啶等都是根据竞争性抑制作用设计出来的。

（三）可逆性抑制作用的动力学

可逆性抑制剂与酶结合后产生的抑制作用，可以根据米氏学说的原理加以推导，找出其定量关系。

1. 竞争性抑制作用

在竞争性抑制作用中，底物或抑制剂与酶的结合都是可逆的，存在着下列平衡：

$$\begin{array}{ccccc} E+S & \underset{k_2}{\overset{k_1}{\rightleftharpoons}} & ES & \xrightarrow{k_3} & E+P \\ + & & & & \\ I & & & & \\ K_{i1}\updownarrow K_{i2} & & & & \\ EI & & & & \end{array} \tag{3-12}$$

$[E_f]$为游离酶浓度，$[E]$为酶的总浓度。K_i 为 EI 的解离常数，$K_i=\frac{K_{i2}}{K_{i1}}$。$K_m$ 为 ES 的解离常数，$K_i=\frac{K_{i2}+k_3}{k_1}$。

酶不能同时与底物（S）和抑制剂（I）结合，即：

$$ES+I \nrightarrow ESI \qquad EI+S \nrightarrow ESI$$

也就是说，反应系统中有 ES、有 EI，而没有 ESI。

因此

$$[E]=[E_f]+[ES]+[EI] \tag{3-13}$$

根据米氏学说：

$$V_{max}=k_3[E] \qquad v=k_3[ES]$$

因此

$$\frac{V_{max}}{v}=\frac{[E]}{[ES]}$$

$$\frac{V_{\max}}{v}=\frac{[E_f]+[ES]+[EI]}{[ES]} \tag{3-14}$$

为了消去[ES]项，必须先用米氏方程求出[E_f]项及[EI]项。

因为 $K_m=\frac{[E_f][S]}{[ES]}$ [见米氏方程推导过程中的式（3-6）]

故

$$[E_f]=\frac{K_m}{[S]}[ES]=K_m\frac{1}{[S]}[ES] \tag{3-15}$$

又

$$K_i=\frac{[E_f][I]}{[EI]}$$

因此

$$[EI]=\frac{[E_f][I]}{K_i}$$

将式（3-15）代入[EI]式中得：

$$[EI]=K_m\frac{1}{[S]}[ES]\frac{[I]}{K_i} \tag{3-16}$$

将式（3-15）、式（3-16）代入式（3-14）中得：

$$\frac{V_{\max}}{v}=\frac{K_m\frac{1}{[S]}[ES]+[ES]+K_m\frac{1}{[S]}[ES]\frac{[I]}{K_i}}{[ES]}$$

$$=K_m\frac{1}{[S]}+K_m\frac{1}{[S]}\frac{[I]}{K_i}+1$$

$$=K_m(1+\frac{[I]}{K_i})\frac{1}{[S]}+1$$

故

$$\frac{1}{v}=\frac{K_m}{V_{\max}}(1+\frac{[I]}{K_i})\frac{1}{[S]}+\frac{1}{V_{\max}} \tag{3-17}$$

用 $\frac{1}{v}$ 对 $\frac{1}{[S]}$ 作图（图 3-10）：

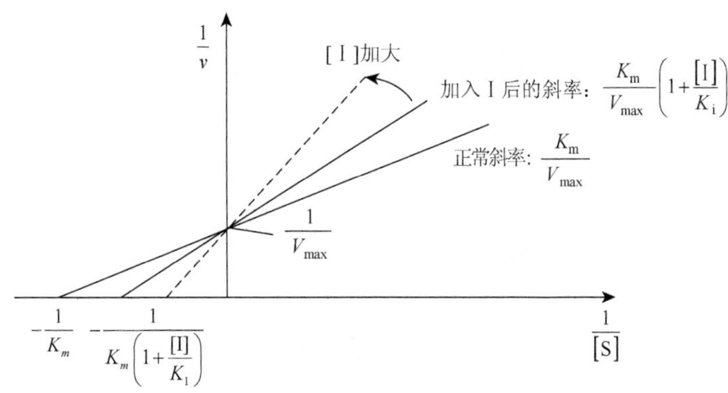

图 3-10　底物与反应速率倒数作图

以 v 对[S]作图（图 3-11）：

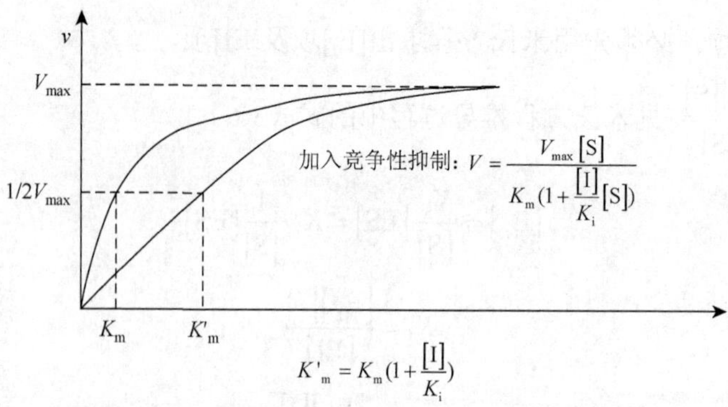

图 3-11　加入竞争性抑制剂后的反应速率与底物浓度的关系

由此可见，在加入竞争性抑制剂后，V_{max} 不变，K_m 变大。

2. 非竞争性抑制作用

在非竞争性抑制作用中存在如下平衡：

$$\begin{array}{ccccc} E+S & \overset{K_m}{\rightleftharpoons} & ES & \longrightarrow & P+E \\ + & & + & & \\ I & & I & & \\ K_i \updownarrow & & \updownarrow K_i & & \\ E+EI & \overset{K_m}{\rightleftharpoons} & ESI & & \end{array} \tag{3-18}$$

在非竞争性抑制中，酶与底物结合后，可再与抑制剂结合，酶与抑制剂结合后，也可再与底物结合。

$$ES+I \rightleftharpoons ESI \qquad K_i=\frac{[ES][I]}{[ESI]}$$

$$E+I \rightleftharpoons EI \qquad K_i=\frac{[E_f][I]}{[EI]}$$

在此反应系统中，有 E_f、ES、EI 及 ESI。

故

$$[E]=[E_f]+[ES]+[EI]+[ESI] \tag{3-19}$$

代入 $\dfrac{V_{max}}{v}=\dfrac{[E]}{[ES]}$ 得

$$\frac{V_{max}}{v}=\frac{[E_f]+[ES]+[EI]+[ESI]}{[ES]} \tag{3-20}$$

又

$$K_m=\frac{[E_f][S]}{[ES]}$$

故
$$[E_f]=\frac{K_m}{[S]}[ES]=K_m\frac{1}{[S]}[ES] \tag{3-21}$$

因为
$$K_i=\frac{[ES][I]}{[ESI]}$$

故
$$[ESI]=\frac{[ES][I]}{K_i}=\frac{[I]}{K_i}[ES] \tag{3-22}$$

又
$$K_i=\frac{[E_f][I]}{[EI]}$$

故
$$[EI]=\frac{[E_f][I]}{K_i}=K_m\frac{1}{[S]}[ES]\frac{[I]}{K_i} \tag{3-23}$$

将式（3-21）、式（3-22）、式（3-23）式代入式（3-20）中得：

$$\begin{aligned}\frac{V_{max}}{v}&=\frac{K_m\frac{1}{[S]}[ES]+[ES]+K_m\frac{1}{[S]}[ES]+\frac{[I]}{K_i}[ES]\frac{[I]}{K_i}}{[ES]}\\&=K_m\frac{1}{[S]}+K_m\frac{[I]}{K_i}\frac{1}{[S]}+1+\frac{[I]}{K_i}\\&=K_m(1+\frac{[I]}{K_i})\frac{1}{[S]}+(1+\frac{[I]}{K_i})\end{aligned}$$

即
$$\frac{1}{v}=\frac{K_m}{V_{max}}(1+\frac{[I]}{K_i})\frac{1}{[S]}+\frac{1}{V_{max}}(1+\frac{[I]}{K_i}) \tag{3-24}$$

用$\frac{1}{v}$对$\frac{1}{[S]}$作图（图 3-12）：

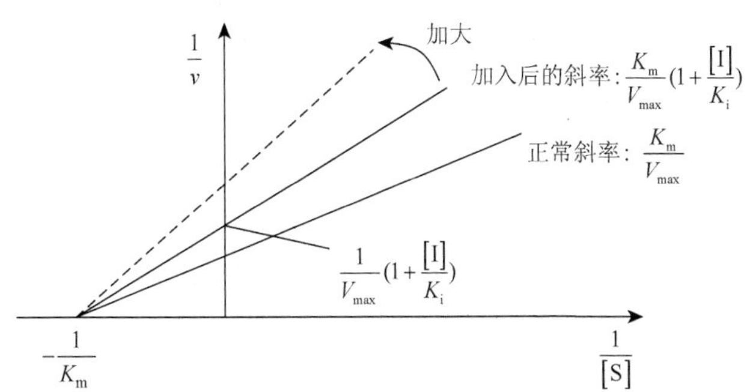

图 3-12　非竞争性抑制剂作用下的双倒数关系

以 v 对[S]作图（图 3-13）：
由此可见，加入非竞争性抑制剂后，K_m 不变，V_{max} 变小。

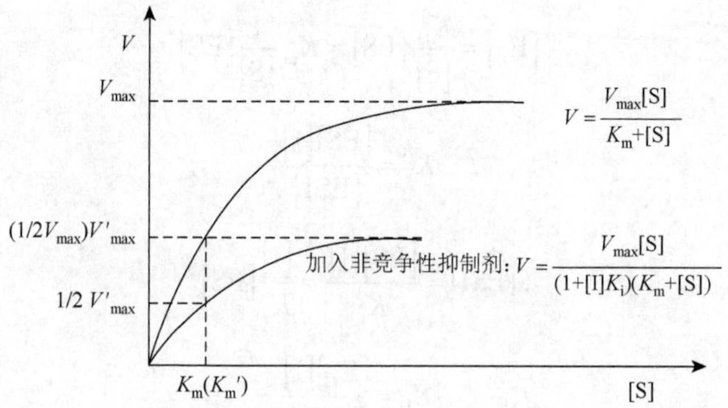

图 3-13　非竞争性抑制剂作用下反应速率与底物浓度的关系

3. 反竞争性抑制作用

这类抑制作用中存在着以下平衡：

$$\begin{array}{c} E+S \overset{K_m}{\rightleftharpoons} ES \longrightarrow P+E \\ + \\ I \\ \Big\updownarrow K_i \\ ESI \end{array} \tag{3-25}$$

酶蛋白必须先与底物结合，然后才与抑制剂结合。即：

$$E+I \not\longrightarrow EI \qquad ES+I \rightleftharpoons ESI$$

那么，这种抑制作用中就有 E_f、ES 及 ESI，但无 EI。

$$[E]=[E_f]+[ES]+[ESI] \tag{3-26}$$

代入 $\frac{V_{max}}{v}=\frac{[E]}{[ES]}$ 得：

$$\frac{V_{max}}{v}=\frac{[E_f]+[ES]+[ESI]}{[ES]} \tag{3-27}$$

因为
$$K_m=\frac{[E_f][S]}{[ES]}$$

故
$$[E_f]=\frac{K_m}{[S]}[ES]=K_m\frac{1}{[S]}[ES] \tag{3-28}$$

又
$$K_i=\frac{[ES][I]}{[ESI]}$$

得
$$[ESI]\frac{[ES][I]}{K_i}=\frac{[I]}{K_i}[ES] \tag{3-29}$$

将式（3-28）、式（3-29）代入式（3-27）中得：

$$\frac{V_{max}}{v}=\frac{K_m\frac{1}{[S]}[ES]+[ES]+\frac{[I]}{K_i}[ES]}{[ES]}$$

$$=K_m\frac{1}{[S]}+(1+\frac{[I]}{K_i})$$

$$\frac{1}{v}=\frac{K_m}{V_{max}}\frac{1}{[S]}+\frac{1}{V_{max}}(1+\frac{[I]}{K_i}) \tag{3-30}$$

用$\frac{1}{v}$对$\frac{1}{[S]}$作图（图 3-14）：

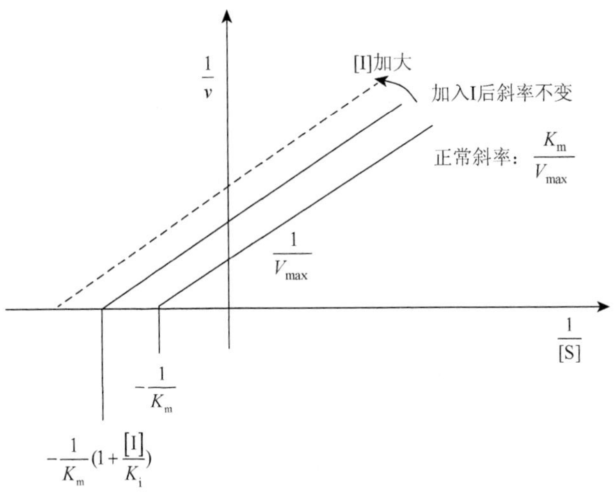

图 3-14　反竞争性抑制剂作用下的双倒数关系

以 v 对[S]作图（图 3-15）：

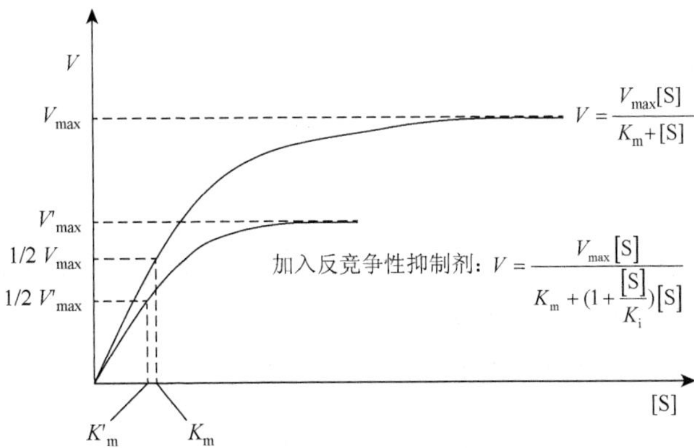

图 3-15　非竞争性抑制剂作用下反应速率与底物浓度的关系

由此可见，加入反竞争性抑制剂后，K_m和 V_{max} 均变小。

第四节　别构酶与别构调节

一、别构酶的概念

生物体内的有些酶是由两个以上的亚基组成的寡聚酶，酶分子上有两个结合部位，一个可与调节物结合，调节酶的活性，称为调节部位；另一个可与底物结合，催化底物发生反应，称为催化部位。当调节物（或称效应物）与调节部位结合时，引起酶分子构象的变化，从而改变了该酶的催化部位与底物结合的性能，使酶的活性也随之发生改变。我们将这种酶称为别构酶（或称为别位酶）。

二、别构调节的概念

当调节酶与别构酶的调节部位结合后，引起别构酶构象的改变，使其催化活性增强或减弱，以便达到调节新陈代谢的目的。我们将这种调节机制称为别构调节（或别位调节）。其调节物（效应物）称为别构剂。能够增加酶与底物的亲和力，增强酶活性的调节物称为正效应物（或别构激活剂）；能够降低酶与底物亲和力，降低酶活性的调节物称为负效应物（或别构抑制剂）。正效应物增加酶活性的作用称为别构激活，负效应物降低酶活性的作用则称为别构抑制。

三、别构酶的结构、性质及调节物

别构酶在结构上有以下特点：①由两个以上的亚基组成；②有四级结构，酶的别构效应与四级结构有关；③除了可与底物结合的活性中心外，还有一个与调节物结合的别构中心（调节中心或称控制中心），而且这两个中心处在酶的不同亚基上或同一亚基的不同部位上。

别构酶还表现出与一般酶不同的一些化学性质：①某些变构酶在0℃不稳定，在室温下反而稳定；②大多数别构酶不遵循米氏方程；③代谢调节物造成的抑制作用也不服从典型的竞争性、非竞争性或反竞争性抑制作用的数量关系。

不同别构酶的调节物分子是不同的，有的别构酶具有同促效应或称同种协同效应，它的调节物分子就是底物，也就是说，这些酶分子上有两个以上的底物结合中心，其调节作用取决于酶分子上有多少个底物结合中心被底物所占据。有的别构酶具有异促效应，这种别构酶除与底物结合之外，还能与其他的调节物结合，即它的调节物不是底物分子。例如，苏氨酸脱氨酶的底物是苏氨酸，但调节物是 L-异亮氨酸。而更多的别构酶既有同促效应，又有异促效应，它既受底物的调节，又受底物以外的其他调节物的调节，也就是说它的调节物之一是底物，调节物之二、之三等是底物以外的其他物质。

四、别构酶的动力学及别构酶对酶促反应速度的调节

别构酶的酶促反应速度（初速度）与底物浓度之间的关系不符合典型的米氏方程，即不呈一般的 v-[S]的双曲线，而大多数是“S”形的 v-[S]曲线（图 3-16）。这种“S”形曲线表明，酶结合底物（或效应物）之后，酶的构象发生了变化，这种新有构象极大有利于后续分

子与底物的结合，极大地促进了酶对后续底物分子（或效应物）的亲和力，这是“正协调性”，又称为“协同结合”。这种别构酶称为具有正协同效应的别构酶。

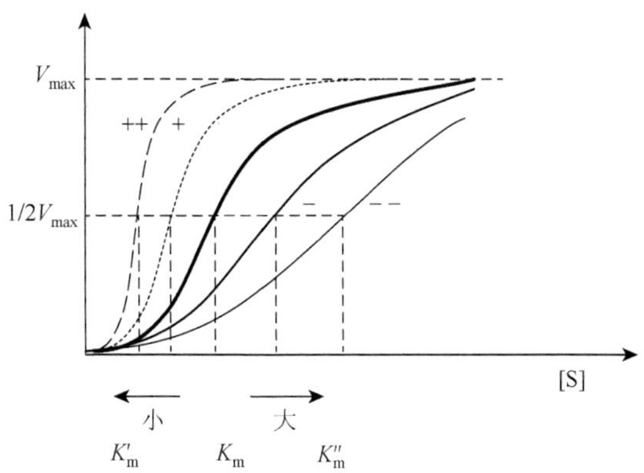

图 3-16　正协同效应别构酶动力学曲线

从正协同效应变构酶的动力学曲线图上可以看出，当增加正调节物浓度时，表观 K_m 值减小，亲和力增大，协同性（对底物浓度变化的灵敏度）减小；增加负调节物浓度时，表观 K_m 值增大，亲和力减小，协同性增大。此处的表观 K_m 值也表示酶促反应最大速度一半时的底物浓度，但是不能用来计算别构酶的初速度，因为 v-[S]关系不是米氏方程中的关系。

别构酶的“S”形动力学关系，十分有利于反应速度的调节。为了说明这个问题，我们可将别构酶的“S”形曲线与非调节酶的双曲线合并于一图，进行比较（图 3-17）。

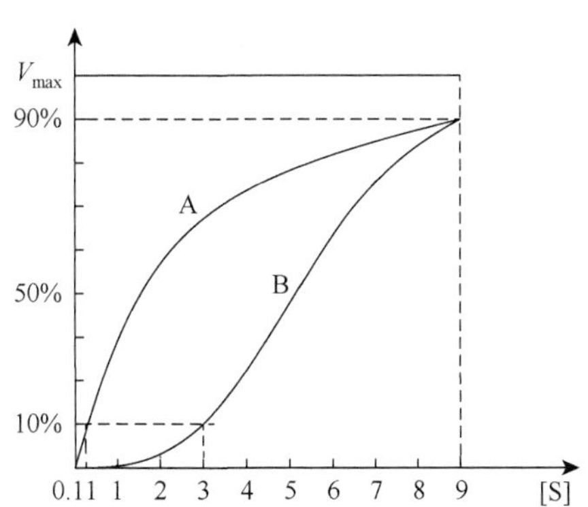

图 3-17　别构酶的“S”形动力学关系

从图 3-17 中可以看出，在非调节酶曲线（A）中，当[S]=0.11 时，v 达到 V_{max} 的 10%，当[S]=9 时，v 达到 V_{max} 的 90%，达到这两种速度的底物浓度比为 81；而在别构酶的“S”形曲线（B）中，当[S]=3 时，v 达到 V_{max} 的 10%，而当[S]=9 时，v 达到 V_{max} 的 90%，所以达到同样的速度，底物的浓度比仅为 3。这表明，当底物浓度略有变化，如上升 3 倍，别构酶的酶促反应速度就可以从 10% V_{max} 突然上升到 90% V_{max}。而在典型的米氏型酶中，酶促反应速度若发生这么大的变化，则需要底物浓度上升 81 倍才行。前者底物浓度 3 倍的变化对于动物体来说是可以忍受的，后者底物浓度 81 倍的变化对动物体来说则不可忍受，不可能存在。所以，别构酶的“S”形曲线优点体现为：当底物浓度发生较小变化时，别构酶活性可发生极大的变化，从而极大地控制着反应速度，这就是别构酶能灵敏地调节酶促反应速度的原因所在。由于上述正协同效应，底物浓度对酶促反应速度的影响极大。换句话说，正是由于正协同效应，使得酶的反应速度对底物浓度的变化极为敏感。

另外，有些别构酶具有负协同效应。这类酶的动力学在表观上与双曲线有些相似（图 3-18），但仔细分析起来就可以看出，在这种曲线中，在底物浓度较低的范围内（A），随底物浓度的增加，酶促反应速度上升很快，但继续下去（如 A→B），底物浓度虽然有较大的提高，但酶促反应速度加快的幅度较小，也就是说，负协同效应可以使酶促反应速度对外界环境中底物浓度的变化不敏感。

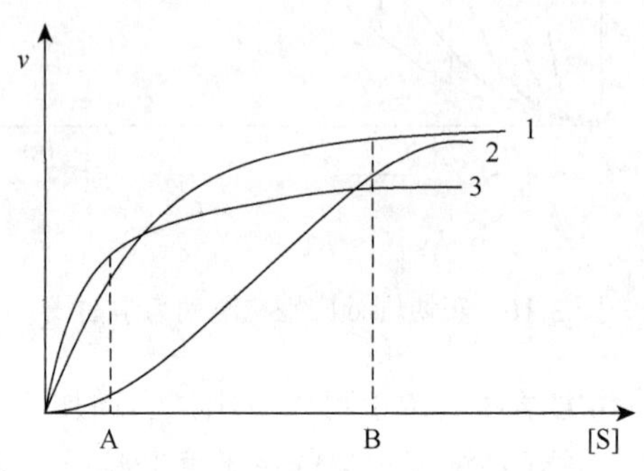

图 3-18　别构酶的负协同效应

1 为非别构酶；2 为别构酶的正协同效应；3 为别构酶的负协同效应

虽然大多数别构酶都表现出以上两种曲线，特别是大部分别构酶都表现出“S”形的 v-[S] 曲线，但是有一些没有别构效应而具有其他复杂作用机制的酶也会产生以上图形。因此，作图法仅能提供一些线索，指出酶可能属于哪一种类型，但不能完全作为判定别构酶的依据。

对于某些酶的均一制剂可以用加热、化学试剂或其他方法处理。处理后，酶若仍保持其催化活力，但失去了调节性质（有人称这种现象为“脱敏作用”），则这种类型的酶很可能是别构酶。用这种方法判断别构酶是有一定价值的。

Koshland 等建议，用下列比例式定量地判断与区分三类酶：

$$\text{Rs}=\frac{\text{酶与底物（或配基）结合达90\%饱和度时的底物（或配基）浓度}}{\text{酶与底物（或配基）结合达10\%饱和度时的底物（或配基）浓度}}$$

典型的米氏酶：Rs=81。

具有正协同效应的别构酶：Rs＜81。

具有负协同效应的别构酶：Rs＞81。

目前国际上更常用 Hill 系数来判断酶属于哪一种类型。Hill 在研究血红蛋白与氧结合的关系时，用被氧饱和的百分比 $\overline{Y}_s$ 对氧分压作图，发现也有“S”形的曲线，并得出下列经验公式：

$$\overline{Y}_s=[\text{S}]^n/K(K_s)+[\text{S}]^n$$

并经换算后改写成：

$$\lg\frac{\overline{Y}_s}{1-\overline{Y}_s}=n\lg[\text{S}]-\lg K(K_s)$$

式中，K 为平衡常数，在酶中可用 K_s 代替 K。

以 $\lg\frac{\overline{Y}_s}{1-\overline{Y}_s}$ 对 $\lg[\text{S}]$ 作图（Hill 作图法），可得一条直线，该直线的斜率 n 称为 Hill 系数。

将此作图法用于酶学研究中可以看到，在一般情况下米氏型酶的 Hill 系数等于 1，具有正协同效应的别构酶的 Hill 系数总是大于 1，而具有负协同效方应的别构酶的 Hill 系数小于 1。因而 Hill 系数可以作为判断协同效应的一个指标。

五、别构酶调节酶活性的机制

别构酶活性的改变是通过酶分子四级结构的改变来完成的。目前有两种重要的酶分子模型用来解释别构酶的“S”形动力学曲线。这两种模型都是以别构酶是寡聚酶的事实为根据，并受到血红蛋白接受氧的机制的启发而提出的。

1. 序变模型（KNF 模型）

序变模型假说主张酶分子中亚基结合小分子物质（底物或调节物）后，亚基逐个地依次变化，因此酶分子有各种可能的构象状态，如图 3-19 所示。

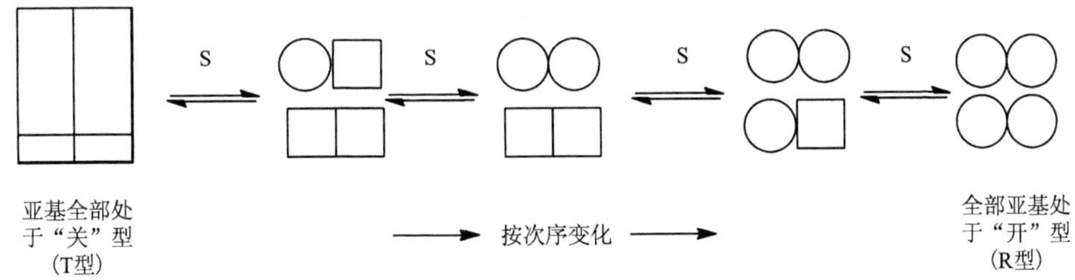

图 3-19　酶分子构象模型的序变模型

在这个模型中表示了一个含 4 个亚基的酶分子模型，其中“R 型”为“开”型构象，它有利于结合底物或调节物，“T 型”为“关”型构象，它不利于结合底物或调节物。当底物（或正调节物）浓度上升到可以与其中的一个亚基牢固结合时，这时剩下的亚基就会按次序迅速地改变构象，形成一个有活性的四聚体，给出“S”形曲线。

在序变模型中既可以有正调节物的作用，又可以有负调节物的作用。由于这个序变模型可以表示酶分子的许多中间构象状态，因此用来解释别构酶的酶活性调节作用比下面介绍的齐变模型更好一些，适用于大多数别构酶，特别是在描述异促效应时，一般认为用序变模型更好一些。

2. 齐变模型或对称模型（MWC 模型）

齐变模型假说主张别构酶的所有亚基，或者全部呈坚固紧密的、不利于结合底物的“T”状态，或者全部呈松散的、有利于结合底物的“R”状态，这两种状态间的转变对每个亚基都是同时的、齐步发生的。“T”状态中亚基的排列是对称的，变成“R”状态后亚基的排列仍然是对称的，如图 3-20 所示。

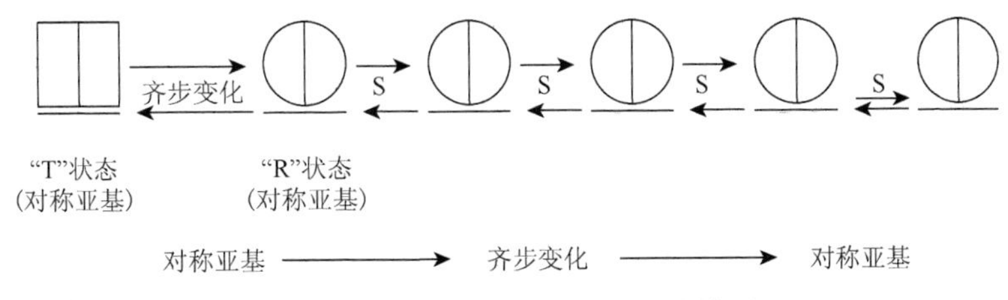

图 3-20　酶分子构象模型的对称模型

正调节物（如底物）与负调节物浓度的比例决定别构酶究竟处于哪一种状态。当无小分子调节物存在时，平衡趋向于“T”状态，当有少量底物时，平衡即向“R”状态移动，当构象已转变为“R”状态后，又进一步增强对底物的亲和力，给出“S”形动力学曲线。

这个模型可以解释正调节物的作用。可以假定“R”状态有利于正调节物结合，“T”状态有利于负调节物作用。在齐变模型中，同促效应必然有正的协同效果，而异促效应则可能有正的协同效果，也可能有负的协同效果。

目前认为齐变模型不适用于负协同反应。

第五节　核　　酶

目前已提纯并证明自然界中有几千种蛋白质具有酶活性，所以 50 多年来人们一直认为所有的酶都是蛋白质。但是在 20 世纪 80 年代以后，许多实验证明，RNA 分子也可以是高活性的酶。1982 年，Cech 发现四膜虫 26S rRNA 的前体在没有蛋白质的情况下能进行内含子的自我剪接，当时由于只发现它有这种自我催化的活性，并没有把它和酶等同起来。随后在 1983 年底 Atman 和 Pace 分别报道了在大肠杆菌 RNA 前体的加工过程中起作用的 RNase 是由 20%的蛋白质和 80%的 RNA 组成的，在除去蛋白质部分，并提高 Mg^{2+}浓度的情况下，余留下来的 RNA 部分仍具有与全酶相同的催化活性。这就说明 RNA 具有酶活性。1986 年，Cech 又发现 L_{19}RNA（它是原生动物四膜虫 26S rRNA 的前体在自我拼接过程中释放出的内含子的缩短形式）在一定条件下能够以高度专一性的方式去催化寡聚核糖核苷酸底物的切割与连接。五聚胞苷酸（C5）可被 L_{19}RNA 转化为或长或短的聚合物，特别是可将 C5 降解为 C4 和 C3；也可以将 C5 转变成 C6 或更长的甚至最多达到 30 个残基的多聚胞苷酸。因此 L_{19}RNA 是既有核糖核酸酶活性，又有 RNA 聚合酶活性的生物分子，可以看作酶，因此提出了核酶的概念。进一步研究发现 L_{19}RNA 对寡聚胞苷酸的作用比在寡聚尿苷酸上的作用快得多，而对寡聚腺苷酸和寡聚鸟苷酸则不起作用，说明有作用的专一性。此 RNA 酶服从米氏动力学规律，对竞争性抑制剂也很敏感，说明 L_{19}RNA 具有典型的酶特征。

L_{19}RNA 具有 395 个核苷酸，但其三维结构到目前为止还不清楚。因此对其作用机制也不能作出确切的阐明。

目前，人们已经发现了几十种 RNA 催化剂（核酶），它们有些是单纯的 RNA，有些是 RNA 与蛋白质的复合物。作为酶，它们与本质是蛋白质的酶相比催化效率低。它们主要作用于核糖核酸，尤其是在 RNA 合成后的加工过程中起重要的作用。有些核酶也具有 α-1, 4-葡聚糖分支酶的作用。

第六节　酶工程简介

一、酶工程的定义

“酶工程”是指酶制剂在工业上的大规模生产及应用。目前世界上已发现和鉴定的酶有 4000 多种，但是由于分离和提纯酶的技术比较复杂烦琐，因此酶制剂的成本高、价格贵，不利于广泛应用。所以，到目前为止，投入规模生产和应用的商品酶只有十几种，小批量生产的商品酶也只有几百种。为了解决这个问题，人们把对自然酶的注意力转向了对自然酶进行适当的加工与改造。根据研究和解决问题的手段不同，将酶工程分为两大类：化学酶工程和生物酶工程。

二、化学酶工程

化学酶工程又称初级酶工程，它主要由酶学与化学工程技术结合而成，主要是通过化学修饰、固定化处理，甚至通过化学合成法等手段，改善酶的性质以提高催化效率及降低成本。它包括自然酶、化学修饰酶、固定化酶及化学人工酶的研究和应用。

1）自然酶的应用　在食品工业、制药工业、制革工业、酿造工业及纺织工业上使用酶制剂可以极大地改造和革新工艺并降低成本。这方面多用粗酶制剂。

2）化学修饰酶　医学上进行治疗及基础酶学研究时要求酶制剂纯度高、性能稳定，治疗上还要求低或无免疫原性，所以常常对纯酶进行化学修饰以改善酶的性能。例如，抗白血病药物——天冬酰胺酶的游离氨基经过脱氨基作用、酰化反应等进行修饰后，该酶在血浆中的稳定性得到了很大的提高。再如，α-淀粉酶与葡萄糖结合后，热稳定性显著增加，使该酶的半衰期由 2.5min 提高到 63min。

3）固定化酶　固定化酶是指被结合到特定的支持物上并能发挥作用的一类酶，是化学酶工程中具有强大生命力的主干。酶的固定化技术包括吸附、交联、共价结合及包埋 4 种方法。固定化酶的优点：①可以用离心法或过滤法很容易地将酶与反应液分开，在生产中十分方便有利；②可以反复使用，在某些情况下可以使用达千次以上，可极大地节约成本；③稳定性能好。目前国内已用固定化酶技术半合成新青霉素，生产果糖糖浆等。还可以模拟生物体内的多酶体系，将完成某一组反应的多种酶和辅助因子固定化，以制成特定、高效、专一、实用的生物反应器，并已获得了工业应用。

4）化学人工合成酶　近年来，有许多科学家模拟酶的生物催化功能，用化学半合成法或化学全合成法合成了称为人工酶的催化剂。但目前的人工合成酶由于催化效率不高，还没有多大实用价值。

三、生物酶工程

生物酶工程是在化学酶工程的基础上发展起来的，是以酶学和以重组 DNA 技术为主的现代分子生物学技术相结合的产物，因此又称为高级酶工程。

生物酶工程主要包括 3 个方面：①用重组 DNA 技术（即基因工程技术）大量地生产酶（克隆酶）；②对酶基因进行修饰，产生遗传修饰酶（突变酶）；③设计新的酶基因。

第二篇　物质代谢及其调节

代谢调节（metabolic regulation），是生物在长期进化过程中，为适应环境需要而形成的一种生理机能，进化程度越高的生物其调节方式就越复杂。在单细胞的微生物中只能通过细胞内代谢物浓度的改变来调节酶的活性及含量，从而影响某些酶促反应速度，这种调节称为细胞水平的代谢调节，这也是最原始的调节方式。随着低等的单细胞生物进化到多细胞生物时出现了激素调节，激素能改变靶细胞的某些酶的催化活性或含量，来改变细胞内代谢物的浓度从而实现对代谢途径的调节。而高等生物和人类则有了功能更复杂的神经系统，在神经系统的控制下，机体通过神经递质对效应器发生影响，或者改变某些激素的分泌，再通过各种激素相互协调，对整体代谢进行综合调节。总之，就整个生物界来说，代谢的调节是在细胞（酶）、激素和神经这三个不同水平上进行的。由于这些调节作用点最终均在生命活动的最基本单位——细胞中，因此细胞水平的调节是最基本的调节方式，是激素和神经调节方式的基础。

糖可以转变为脂肪，这一代谢转化过程在植物、动物和微生物中普遍存在。油料作物种子中脂肪的积累；用含糖多的饲料喂养家禽家畜，可以获得育肥的效果；某些酵母，在含糖的培养基中培养，其合成的脂肪可达干重的40%。这都是糖转变成脂肪的典型例子。蛋白质由氨基酸组成。某些氨基酸相对应的α-酮酸可来自糖代谢的中间产物。例如，由糖分解代谢产生的丙酮酸、草酰乙酸、α-酮戊二酸经转氨作用可分别转变为丙氨酸、天冬氨酸和谷氨酸。谷氨酸可进一步转变成脯氨酸、羟脯氨酸、组氨酸和精氨酸等其他氨基酸。组成蛋白质的所有氨基酸均可在动物体内转变成脂肪。生酮氨基酸在代谢中先生成乙酰 CoA，然后再生成脂肪酸；生糖氨基酸可直接或间接生成丙酮酸，丙酮酸不但可变成甘油，还可以在氧化脱羧生成乙酰 CoA 后生成脂肪酸，进一步合成脂肪。

第四章　糖类及糖代谢

【目的要求】

糖代谢的类型及特点。

【掌握】

1. 糖酵解的概念、反应部位、关键酶、产生 ATP 的数目。
2. 糖酵解反应全过程及其生理意义。
3. 糖有氧氧化的概念、反应部位、关键酶、产生 ATP 的数目、生理意义。
4. 三羧酸循环过程、部位、特点、生理意义。
5. 巴斯德效应的概念。
6. 磷酸戊糖途径的关键酶、生理意义。
7. 糖原合成与分解的概念、关键酶、葡萄糖的活性供体。
8. 糖异生概念、反应过程、关键酶、生理意义。
9. 乳酸循环概念及其生理意义。
10. 血糖的概念及其来源和去路。

【熟悉】

1. 糖的生理功能、糖代谢的概况。
2. 糖酵解关键酶及其调节。
3. 丙酮酸脱氢酶复合体的组成、调节。
4. 巴斯德效应的机制。
5. 糖原合成与分解的关键酶及其化学修饰调节。
6. 糖原合成和分解的反应过程。
7. 肾上腺素对血糖水平的调节。
8. 糖异生中底物循环的概念及其调节。
9. 胰岛素和胰高血糖素对血糖水平的调节。

【了解】

1. 糖的消化吸收。
2. 三羧酸循环的关键酶的调节。
3. 磷酸戊糖途径反应的两个阶段。
4. 糖原累积症的特点和分型。
5. 高血糖及糖尿症、低血糖。

糖是有机体重要的能源和碳源。糖代谢包括糖的合成与糖的分解两方面。糖的最终来源都是植物或光合细菌通过光合作用将 CO_2 和水同化成葡萄糖。除此之外，糖的合成途径还包括糖的异生——非糖物质转化成糖的途径。在植物和动物体内葡萄糖可以进一步合成寡糖和多糖作为储能物质（如蔗糖、淀粉和糖原），或者构成植物或细菌的细胞壁（如纤维素和肽聚糖）。

在生物体内，糖（主要是葡萄糖）的降解是生命活动所需能量（如 ATP）的来源。生物体从碳水化合物中获得能量大致分成 3 个阶段：在第一阶段，大分子糖变成小分子糖，如淀粉、糖原等变成葡萄糖（glucose，G），即淀粉等→G；在第二阶段，葡萄糖通过糖酵解（糖的共同分解途径）降解为丙酮酸，丙酮酸再转变为活化的酰基载体——乙酰 CoA，即 G→乙酰 CoA；在第三阶段，乙酰 CoA 通过三羧酸循环（糖的最后氧化途径）彻底氧化成 CO_2，当电子传递给最终的电子受体 O_2 时生成 ATP，即乙酰 CoA→CO_2。这是动物、植物和微生物获得能量以维持生存的共同途径。糖的中间代谢还包括磷酸戊糖途径、乙醛酸途径等。

第一节　生物体内的糖类

糖是自然界中存在的一大类具有广谱化学结构和生物功能的有机化合物。它主要是由绿色植物经光合作用形成的。这类物质主要是由碳、氢、氧所组成，是含多羟基的醛类或酮类化合物。根据水解后产生单糖残基的多少可将糖作如下分类。

单糖：这是一类最简单的多羟基醛或多羟基酮，它不能再进行水解。根据其所含的碳原子数，单糖又可分为丙糖、丁糖、戊糖、己糖、庚糖等。依其带有的基团，又可分为醛糖和酮糖。

寡糖：是由 2～10 个单糖分子聚合而成的糖，如二糖、三糖、四糖……九糖等。

多糖：由多分子单糖及其衍生物所组成，依其组成又可分为两类。①同聚多糖：由相同单糖结合而成，如戊聚糖、淀粉、纤维素等。②杂聚多糖：由一种以上单糖或其衍生物所组成，如半纤维素、黏多糖等。

一、单糖及其衍生物

任何单糖的构型都是由甘油醛及二羟丙酮派生的，形成醛糖和酮糖。由于糖的构型有 D-构型与 L-构型，即凡分子中靠近伯醇（—CH_2OH）的仲醇基（—CHOH）中的羟基如在分子的右方者称为 D-糖，在左方者称为 L-糖，因此又有 D-醛糖和 L-醛糖、D-酮糖和 L-酮糖之分。

植物体内最重要的单糖有戊糖、己糖和庚糖，现在分别举例说明如下。

（一）戊糖

高等植物中有 3 种重要的戊糖（pentose），即 D-核糖、L-阿拉伯糖及 D-木糖。其环状结构式如图 4-1 所示。

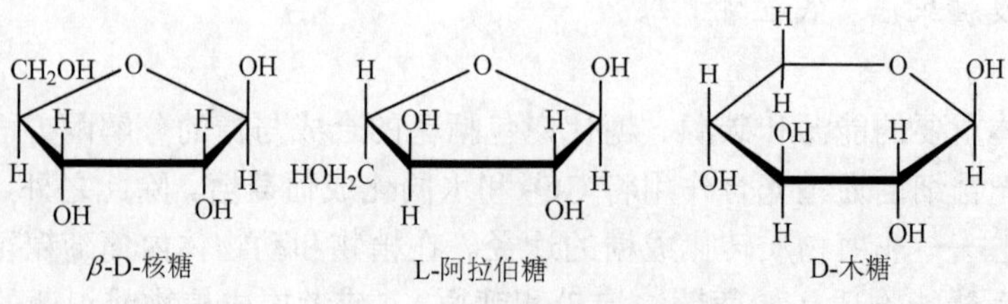

图 4-1　D-醛糖的关系图

D-核糖（D-ribose）是所有生活细胞的普遍成分之一，在细胞质中含量最多。核糖是构成遗传物质——核糖核酸（RNA）的主要成分。如果D-核糖在C2上被还原，则形成2脱氧-D-核糖，脱氧核糖是另一种遗传物质——脱氧核糖核酸（DNA）的主要成分。

L-阿拉伯糖（L-arabinose）在植物中分布很广，是黏质、树胶、果胶质与半纤维素的组成成分，在植物体内以结合态存在。

D-木糖（D-xylose）是植物黏质、树胶及半纤维素的组成成分，也以结合态存在于植物体内。

（二）己糖

己糖（hexose）分为己醛糖和己酮糖，高等植物中重要的己醛糖有D-葡萄糖、D-甘露糖、D-半乳糖；重要的己酮糖有D-果糖和D-山梨糖。

葡萄糖（glucose）是植物界分布最广、数量最多的一种单糖，多以D-式存在。葡萄糖在植物的种子、果实中以游离状态存在，它也是许多多糖的组成成分，如蔗糖是由D-葡萄糖与D-果糖结合而成的，淀粉及纤维素都是由D-葡萄糖聚合而成的（图4-2）。

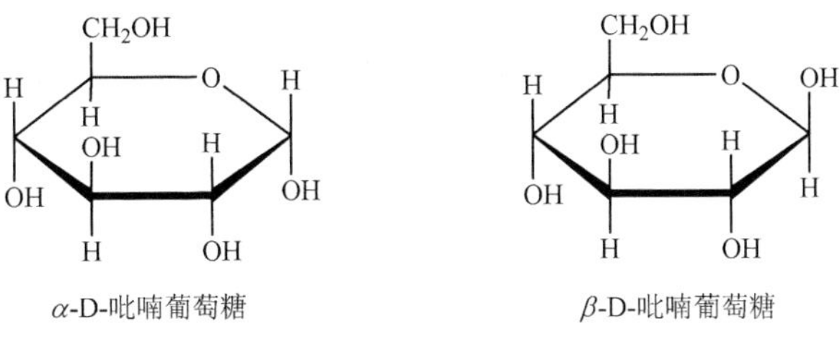

图4-2　吡喃葡萄糖构型

果糖（fructose）也是自然界中广泛存在的一种单糖。存在于植物的蜜腺、水果及蜂蜜中，是单糖中最甜的糖类。在游离状态时，果糖为β-D-吡喃果糖，结合态时为β-D-呋喃果糖（图4-3）。

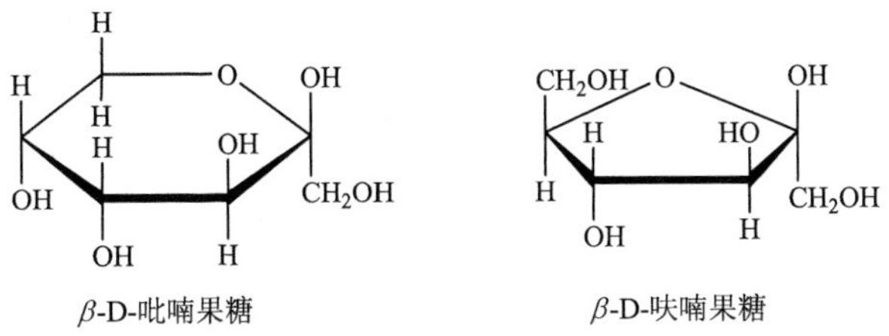

图4-3　果糖的构型

甘露糖（mannose）在植物体内以聚合态存在，如甘露聚糖。它是植物黏质与半纤维的组成成分。花生皮、椰子皮、树胶中含有较多的甘露糖。甘露糖的还原产物——甘露糖醇是柿霜的主要成分（图4-4）。

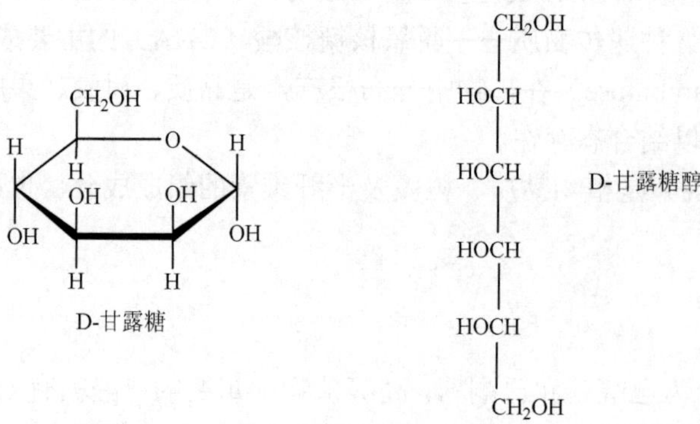

图 4-4　甘露糖的构型

半乳糖（galactose）在植物体内仅以结合状态存在。乳糖、蜜二糖、棉子糖、琼脂、树胶、果胶类及黏质等都含有半乳糖。

山梨糖（sorbose）又称清凉茶糖，存在于细菌发酵过的山梨汁中，是合成维生素 C 的中间产物，在制造维生素 C 的工艺中占有重要的地位。桃、李、苹果、樱桃等果实中含有山梨糖的还原产物——山梨糖醇（图 4-5）。

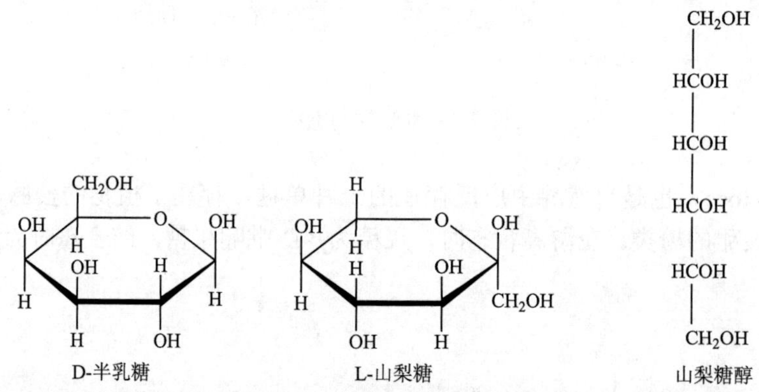

图 4-5　生物体内的其他单糖

（三）庚糖

庚糖（heptose）虽然在自然界分布较少，但在高等植物中存在。最重要的有 D-景天庚酮糖及 D-甘露庚酮糖。前者存在于景天科及其他肉质植物的叶子中，故名景天庚酮糖，它以游离状态存在。该糖是光合作用的中间产物，在碳循环中占有重要地位。D-甘露庚酮糖存在于樟梨果实中，也以游离状态存在。

（四）糖的重要衍生物

由于电子显微镜的应用及近代细胞壁化学的研究，自然界中又发现有两种其他的脱氧糖类，它们是细胞壁的成分。一种是 L-鼠李糖（L-rhamnose），另一种是 6-脱氧-L-甘露糖。

糖醛酸（uronic acid）由单糖的伯醇基氧化而得。其中最常见的是葡萄糖醛酸（glucuronic acid），它是肝脏内的一种解毒剂。半乳糖醛酸存在于果胶中。

糖胺（glycosamine），又称氨基糖，即糖分子中的一个羟基为氨基所代替。自然界中存在的糖胺都是己糖胺。常见的是D-葡萄糖胺（D-glucosamine），为甲壳质（几丁质）的主要成分。甲壳质是组成昆虫及甲壳类结构的多糖。D-半乳糖胺则为软骨组成成分软骨酸的水解产物（图4-6）。

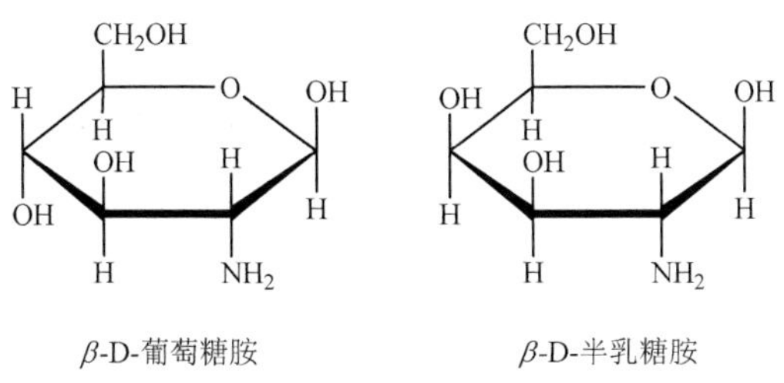

图4-6　糖胺的构型

二、寡糖

寡糖的概念是1930年提出的，是指由2～10个单糖分子聚合而成的糖。自然界中存在着大量的寡聚糖，早在1962年就已经发现了584种之多。寡聚糖在植物体内具有贮藏、运输、适应环境变化、抗寒、抗冻、调节酶活性等功能。寡糖中以双糖分布最为普遍。

（一）双糖

双糖（disaccharides）是由两个相同的或不同的单糖分子缩合而成的。双糖可以认为是一种糖苷，其中的配基是另外一个单糖分子。在自然界中，仅有3种双糖（蔗糖、乳糖和麦芽糖）以游离状态存在，其他多以结合形式存在（如纤维二糖）。蔗糖在碳水化合物中是最重要的双糖，而麦芽糖和纤维二糖在植物中也很重要，它们是两个重要的多糖——淀粉和纤维素的基本结构单位。

1. 蔗糖

蔗糖（sucrose）在植物界分布最广泛，并且在植物的生理功能上也最重要。蔗糖不仅是主要的光合作用产物，而且也是碳水化合物贮藏和积累的一种主要形式。在植物体中碳水化合物也以蔗糖形式进行运输。此外，人们日常食用的糖也是蔗糖。它可以大量地从甘蔗或甜菜中得到，在各种水果中也含有较多（图4-7）。

蔗糖是α-D-吡喃葡萄糖-β-D-呋喃果糖苷。它不是还原糖，因为两个还原性的基团都包括在糖苷键中。蔗糖有一个特殊性质，就是极易被酸水解，其水解速度比麦芽糖或乳糖快1000倍。蔗糖水解后产生等量的D-葡萄糖及D-果糖，这个混合物称为转化糖。在高等植物和低等植物中有一种转化酶（invertase），可以使蔗糖水解成葡萄糖和果糖。

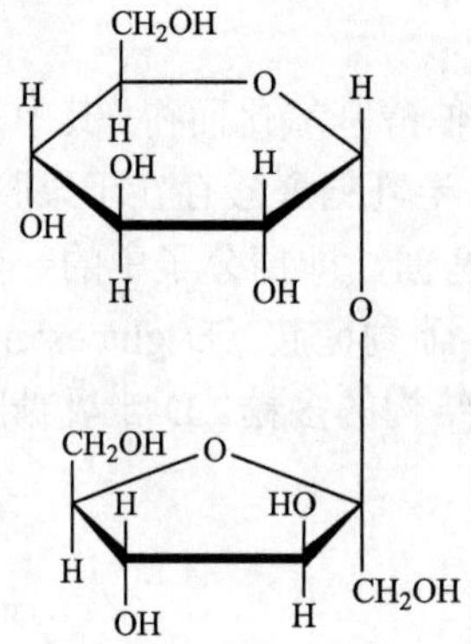

图 4-7　蔗糖（1-α-D-吡喃葡萄糖-β-D-呋喃果糖苷）

2. 麦芽糖

麦芽糖（maltose）大量存在于发芽的谷粒，特别是麦芽中，在自然界中很少以游离状态存在。它是淀粉的组成成分。淀粉在淀粉酶作用下水解可以产生麦芽糖。用大麦淀粉酶水解淀粉，可以得到产率为 80%的麦芽糖。

用酸或麦芽糖酶水解麦芽糖只得到 D-葡萄糖，麦芽糖酶的作用表明这两个 D-葡萄糖是通过第 1 和第 4 碳原子连接的，故麦芽糖可以认为是α-D-葡萄糖-（1, 4）-D-葡萄糖苷。因为有一个醛基是自由的，所以它是还原糖（图 4-8）。

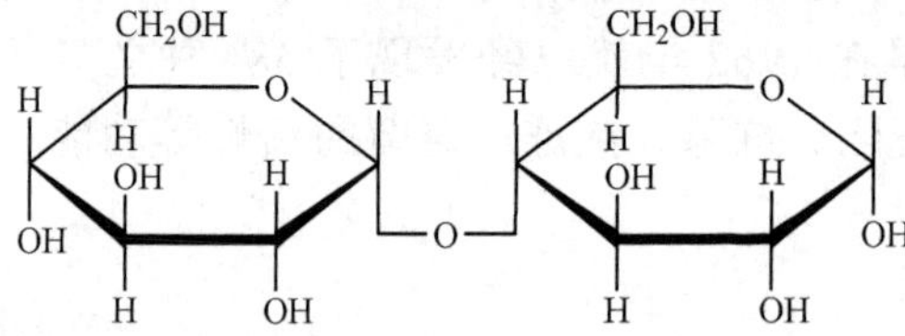

图 4-8　麦芽糖[α-D-葡萄糖-（1, 4）-D-葡萄糖苷]

3. 乳糖

乳糖（lactose）存在于哺乳动物的乳汁中（牛奶中含乳糖 4%～7%）。高等植物花粉管及微生物中也含有少量乳糖。乳糖是由 D-葡萄糖和 D-半乳糖分子以 1, 4-糖苷键连接缩合而成的，乳糖是还原糖。分子结构如图 4-9 所示。

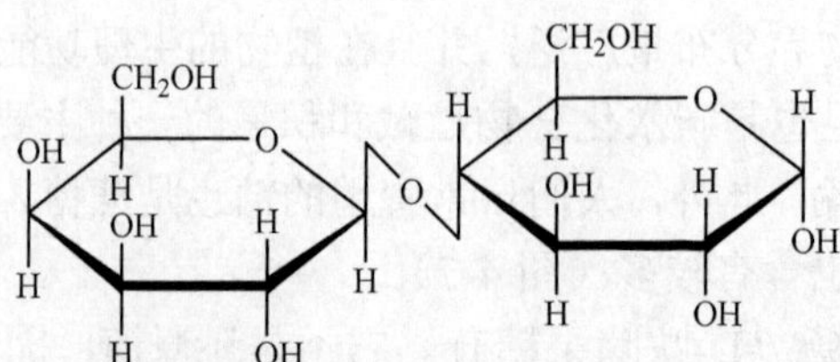

图 4-9　乳糖[β-D-吡喃半乳糖-（1, 4）-α-D-吡喃葡萄糖苷]

4. 纤维二糖

纤维素经过水解可以得到纤维二糖（cellobiose），它是由 2 个葡萄糖通过 β-l, 4-糖苷键缩合而成的还原性糖。与麦芽糖不同，它是 β-葡萄糖苷（图 4-10）。

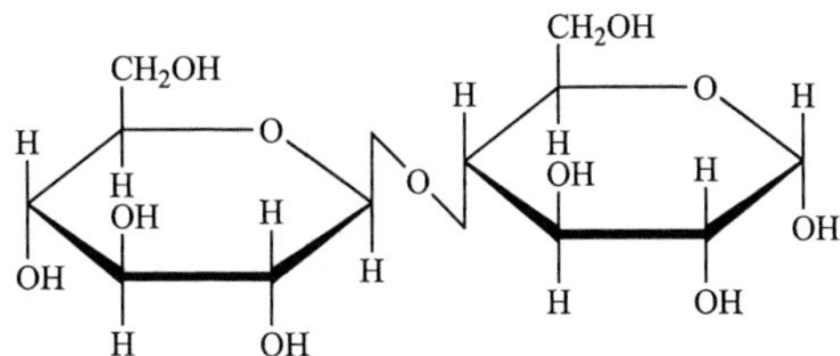

图 4-10　纤维二糖[β-D-吡喃葡萄糖-（1, 4）-D-吡喃葡萄糖苷]

（二）三糖

自然界中广泛存在的三糖（trisaccharide）仅有棉子糖（raffinose），主要存在于棉籽、甜菜及大豆中，水解后产生 D-葡萄糖、D-果糖及 D-半乳糖。在蔗糖酶作用下，由棉子糖中分解出果糖而留下蜜二糖；在α-半乳糖苷酶作用下，由棉子糖中分解出半乳糖而留下蔗糖。棉子糖的分子结构如图 4-11 所示。

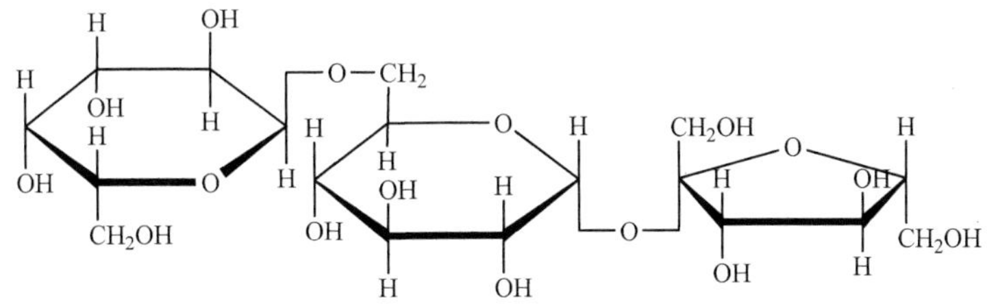

图 4-11　棉子糖的分子结构

（三）四糖

水苏糖（stachyose）是目前研究得比较清楚的四糖，存在于大豆、豌豆、洋扁豆和羽扇豆种子内，由 2 分子半乳糖、1 分子α-葡萄糖及 1 分子β-果糖组成。分子结构如图 4-12 所示。

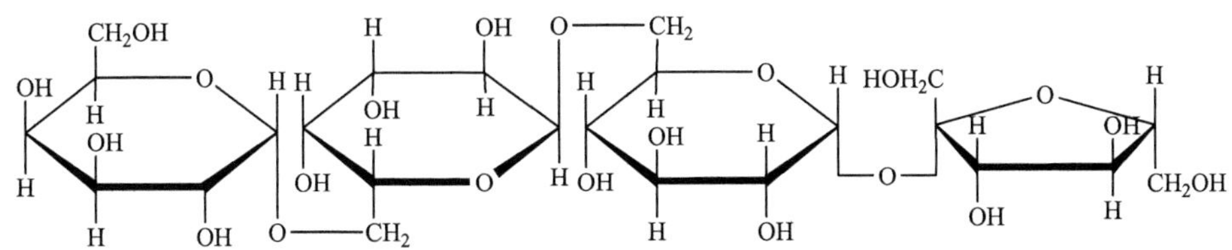

图 4-12　水苏糖的分子结构

三、植物的贮藏多糖和结构多糖

多糖（polysaccharides）是分子结构很复杂的碳水化合物，在植物体中占有很大部分。多糖可以分为两大类：一类是构成植物骨架结构的不溶性的多糖，如纤维素、半纤维素等，是构成细胞壁的主要成分；另一类是贮藏的营养物质，如淀粉、菊糖等。

多糖是由许多单糖分子缩合而成的：由一种单糖分子缩合而成的如淀粉、糖原、纤维素等；由两种单糖分子缩合而成的如半乳甘露糖胶、阿拉伯木糖胶等；由数种单糖及非糖物质构成的如果胶物质等。

（一）淀粉

淀粉（starch）几乎存在于所有绿色植物的多数组织中，是植物中最重要的贮藏多糖，是禾谷类和豆科种子、马铃薯块茎和甘薯块根的主要成分，它是人类粮食及动物饲料的重要来源。在植物体中，淀粉以淀粉粒状态存在，形状为球形、卵形，随植物种类不同而不同。即使是同种作物，淀粉含量也因品种、气候、土壤等条件变化而有所不同。

淀粉在酸和体内淀粉酶的作用下被降解，其最终水解产物为葡萄糖。这种降解过程是逐步进行的：淀粉→红色糊精→无色糊精→麦芽糖→葡萄糖，遇碘显蓝色，遇红色糊精显紫蓝色，遇无色糊精显红色，遇麦芽糖和葡萄糖均不显色。

用热水溶解淀粉时，可溶的一部分为直链淀粉；另一部分不能溶解的为支链淀粉。

1. 直链淀粉

直链淀粉（amylose）溶于热水，遇碘液呈紫蓝色，在 620～680nm 呈最大光吸收。相对分子质量为 10 000～50 000。每个直链淀粉分子只含有一个还原性端基和一个非还原性端基，所以它是一条长而不分支的链。直链淀粉是由 1, 4-糖苷键连接的α-葡萄糖残基组成的，当它被淀粉酶水解时，便产生大量的麦芽糖，所以直链淀粉是由许多重复的麦芽糖单位组成的，分子结构如图 4-13 所示。

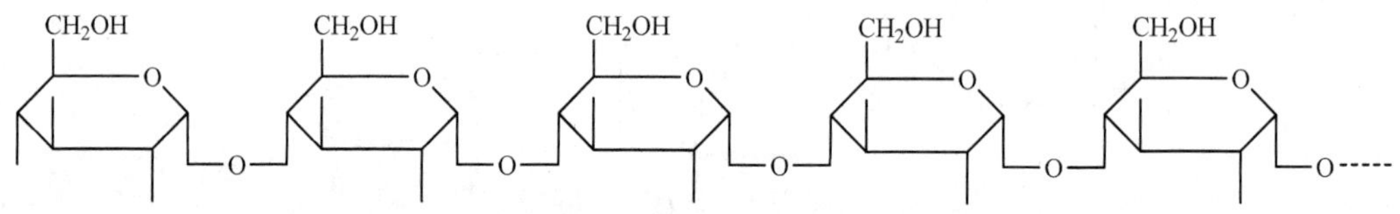

图 4-13　直链淀粉

2. 支链淀粉

支链淀粉（amylopectin）的相对分子质量非常大，为 50 000～1 000 000。端基分析表明，每 24～30 个葡萄糖单位含有一个端基，因而它必定具有支链的结构，每条支链都是α-1, 4-糖苷键连接的链，支链之间由α-1, 6-糖苷键连接，可见支链淀粉分支点的葡萄糖残基不仅连接在 C_4 上，而且连接在 C_6 上，α-1, 6-糖苷键占 5%～6%。支链淀粉的分支长度平均为 24～30 个葡萄糖残基，遇碘显紫色或紫红色，在 530～555nm 呈现最大光吸收（图 4-14）。

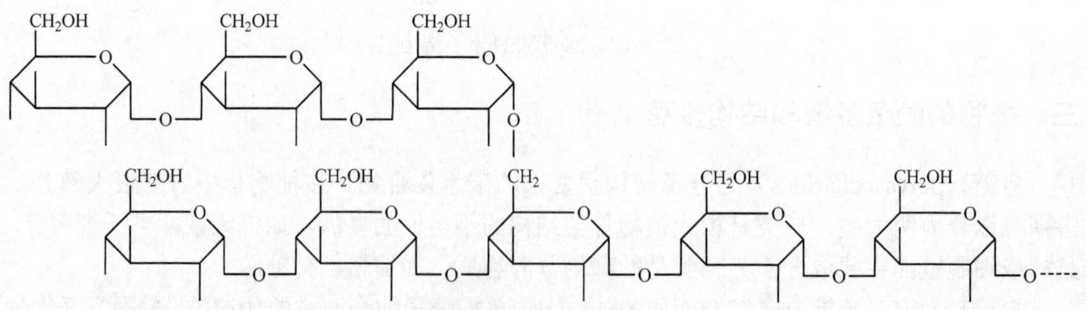

图 4-14　支链淀粉

一般淀粉都含有直链淀粉和支链淀粉。但在不同植物中，直链淀粉和支链淀粉所占的比例不同，如表 4-1 所示。即使是同一作物，品种不同二者的比例也不同，如糯玉米中几乎不含直链淀粉，全为支链淀粉。

表 4-1　不同植物的淀粉中直链淀粉和支链淀粉的比例

淀粉	直链淀粉/%	支链淀粉/%
马铃薯淀粉	19～20	78～81
小麦淀粉	24	76
玉米淀粉	21～23	77～79
稻米淀粉	17	83

（二）糖原

糖原（glycogen）是动物细胞中的主要多糖，是葡萄糖极容易利用的贮藏形式。其作用与淀粉在植物中的作用一样，故有“动物淀粉”之称。糖原中的大部分葡萄糖残基是以α-1, 4-糖苷键连接的，分支是以α-1, 6-糖苷键连接的，大约每 10 个残基中有一个键。糖原端基含量占 9%而支链淀粉为 4%，故糖原的分支程度比支链淀粉约高 1 倍。糖原的相对分子质量很高，约为 5 000 000。它与碘作用显棕红色，在 430～490nm 下呈最大光吸收（图 4-15）。

图 4-15　糖原的分子结构

（三）菊糖

菊糖（inulin）是多聚果糖，菊糖中的果糖一律以 D-呋喃糖的形式存在。菊科植物如菊芋、大丽花的根部，蒲公英、橡胶草等都含有菊糖，代替了一般植物中的淀粉，因而也称为菊粉。菊糖分子中含有约 30 个 1, 2-糖苷键连接的果糖残基。菊糖分子中除含果糖外，还含有葡萄糖。葡萄糖可以出现在链端，也可以出现在链中。

菊糖不溶于冷水而溶于热水，因此，可以用热水提取，然后在低温（如 0℃）下沉淀出来。菊糖具有还原性。淀粉酶不能水解菊糖，因此人和动物不能消化它。蔗糖酶可以以极慢的速度水解菊糖。真菌如青霉菌（*Penicillium glaucum*）、酵母及蜗牛中含有菊糖酶，可以使菊糖水解。

（四）纤维素

纤维素（cellulose）是最丰富的有机化合物，是植物中最广泛的骨架多糖，植物细胞壁和木材差不多有一半是由纤维素组成的。棉花是较纯的纤维素，它含纤维素高于 90%。通常纤维素、半纤维素及木质素总是同时存在于植物细胞壁中。

植物纤维素不是均一的一种物质，粗纤维可以分为α-纤维素、β-纤维素和 γ-纤维素 3 种。α-纤维素不溶于 17.5% NaOH，它不是纯粹的纤维素，因为在其中含有其他聚糖（如甘露聚糖）；β-纤维素溶于 17.5% NaOH，加酸中和后沉淀出来；γ-纤维素溶于碱而加酸不沉淀。这种差别大概是由于纤维素结构单位的结合程度和形状的不同。

实验证明，纤维素不溶于水，相对分子质量为 50 000～400 000，每分子纤维素含有 300～2500 个葡萄糖残基。葡萄糖分子以β-1, 4-糖苷键连接而成。在酸的作用下完全水解纤维素的产物是β-葡萄糖，部分水解时产生纤维二糖，说明纤维二糖是构成纤维素的基本单位。水解充分甲基化的纤维素则产生大量的 2, 3, 6-三甲氧基葡萄糖，表明纤维素分子没有分支。其分子结构如图 4-16 所示。

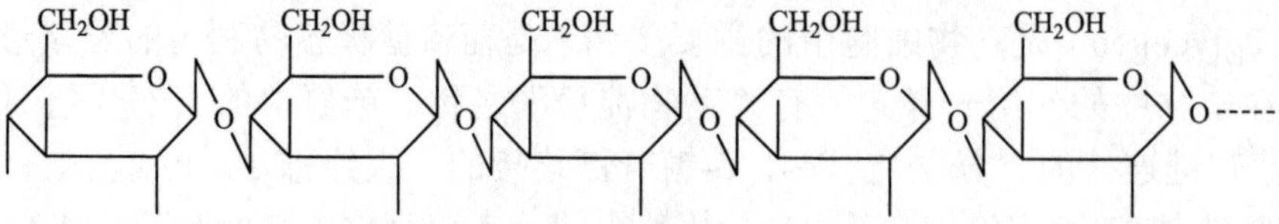

图 4-16　纤维素

除反刍动物外，其他动物的口腔、胃、肠都不含纤维素酶，不能把纤维素水解，所以纤维素对人及动物都无营养价值，但有利于刺激肠胃蠕动，吸附食物，帮助消化。某些微生物、菌类、藻类及各种昆虫，特别是反刍动物胃中的细菌含有纤维素酶，能消化纤维素。近年来已筛选出富含纤维素酶的微生物，它们能将纤维素水解成纤维二糖和葡萄糖等。

（五）半纤维素

半纤维素（hemicellulose）大量存在于植物木质部，包括很多高分子多糖。可以用稀碱溶液提取，用稀酸水解，则产生己糖和戊糖，因此它们是多缩己糖（如多缩半乳糖和多缩甘露糖）和多缩戊糖（如多缩木糖和多缩阿拉伯糖）的混合物。

多缩戊糖及多缩己糖都是以β-1, 4-糖苷键相连接的。多缩木糖的分子结构如图 4-17 所示。

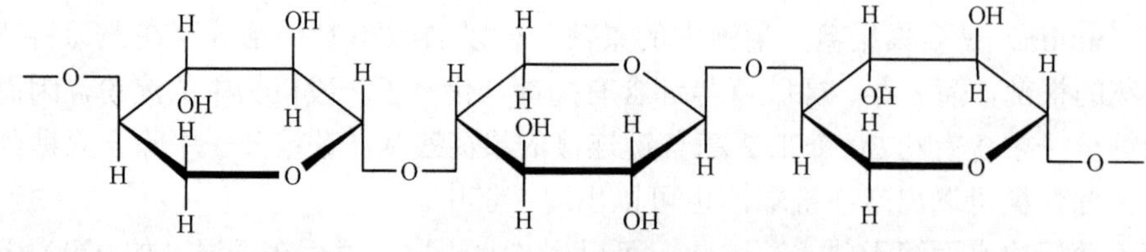

图 4-17　多缩木糖

（六）果胶物质

果胶物质（pectic substances）一般存在于初生细胞壁中。在水果（如苹果、橘皮、柚皮及胡萝卜等）中含量较多。果胶物质可分为 3 类，即果胶酸、果胶酯酸及原果胶。

1. 果胶酸

果胶酸（pectic acid）的主要成分为多缩半乳糖醛酸，水解后产生半乳糖醛酸。植物细胞中胶层中含有果胶酸的钙盐和镁盐的混合物；它是细胞与细胞之间的黏合物，某些微生物（如白菜软腐病菌）能分泌分解果胶酸盐的酶，使细胞与细胞松开。植物器官的脱落也是由于中胶层中果胶酸的分解。

2. 果胶酯酸

果胶酯酸（pectinic acid）常呈不同程度的甲酯化，酯化范围为 0～85%。一般把酯化程度很低（5%以下）的称为果胶酸，酯化程度高的则称为果胶酯酸。果胶酯酸是水溶性的溶胶。酯化程度在45%以下的果胶酯酸在饱和糖溶液中（65%～70%）及在酸性条件下（pH为3.1～3.5）形成凝胶（胶冻），为制糖果、果酱等的重要物质，称为果胶（pectin）。果胶酯酸的分子结构如图4-18所示。

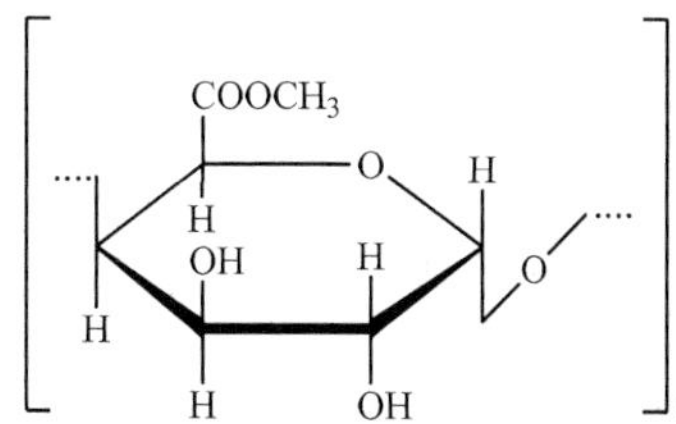

图4-18　果胶酯酸（部分酯化）

3. 原果胶

原果胶（protopectin）不溶于水，主要存在于初生细胞壁中，特别是薄壁细胞及分生细胞的细胞壁。苹果和橘皮最富含原果胶，后者可达干重的40%。在水果成熟过程中，原果胶和果胶酸盐在酶的作用下使两者由不溶解状变成溶解状的果胶，因而使水果由硬质的状态变成柔软的成熟状态。

果胶物质除含多缩半乳糖醛酸外，还含少量糖类，如L-阿拉伯糖、D-半乳糖、L-鼠李糖、D-木糖、D-葡萄糖等。

（七）肽聚糖

肽聚糖（peptidoglycan）是细胞壁中的一种结合多糖，是由多糖与氨基酸连接而成的复杂聚合物，因其肽链不太长，故把这些聚合物称为肽聚糖（peptidoglycan）。肽聚糖的糖链是由*N*-乙酰葡萄糖胺（*N*-acetyl-D-glucosamine，NAG）及*N*-乙酰胞壁酸（*N*-acetyl-muramic acid，NAMA）以β-1, 4-糖苷键组合而成的二糖。*N*-乙酰胞壁酸与*N*-乙酰葡萄糖胺以其C_3位的羟基与乳酸的α-羟基以醚键连接而成。在肽聚糖中，每个乳酸部分的羧基又与四肽相连，该四肽由L-丙氨酸、D-异谷氨酰胺、L-赖氨酸、D-丙氨酸组成。

肽聚糖为一线性的多糖链，每隔一个己糖胺（hexose amine）有一个四肽侧链。在两个相邻的平行多糖链之间还有交叉链连接。在交叉链中，末端D-丙氨酸的羧基与一个五肽（五甘氨酸）残基连接，这个五甘氨酸转而再与相邻肽聚糖的四肽侧链的赖氨酸的α-氨基相连接。

肽聚糖在免疫化学、植物病理学及细胞的生长与分化等方面有很重要的研究价值。

第二节　双糖和多糖的酶促降解

一、主要二糖的酶促降解

（1）蔗糖的水解：蔗糖的水解主要通过转化酶的作用，转化酶又称蔗糖酶（sucrase），它广泛存在于植物体内。所有的转化酶都是β-果糖苷酶。其作用如下：

$$\text{蔗糖} + H_2O \xrightarrow{\text{转化酶}} \text{葡萄} + \text{果糖}$$

以上反应是不可逆的，因为蔗糖水解时放出大量的热能。

（2）乳糖的水解：乳糖的水解由乳糖酶（又称为β-半乳糖苷酶）催化，生成半乳糖和葡萄糖：

$$乳糖 + H_2O \xrightarrow{乳糖酶} 半乳糖 + 葡萄糖$$

（3）麦芽糖的水解：由麦芽糖酶催化 1 分子麦芽糖水解生成 2 分子葡萄糖：

$$麦芽糖 + H_2O \xrightarrow{麦芽糖酶} 2葡萄糖$$

二、淀粉（糖原）的酶促降解

淀粉可以通过两种不同的过程降解成葡萄糖。一个过程是水解，动物的消化或植物种子萌发时就是利用这一途径使多糖降解成糊精、麦芽糖、异麦芽糖和葡萄糖。其中的麦芽糖和异麦芽糖又可被麦芽糖酶和异麦芽糖酶降解生成葡萄糖。葡萄糖进入细胞后被磷酸化并经糖酵解作用降解。淀粉的另一个降解途径为磷酸降解过程。

1. 淀粉的水解

催化淀粉水解的酶称为淀粉酶（amylase），它可分为两种：一种称为 *α*-1, 4-葡聚糖水解酶，又称为 *α*-淀粉酶（*α*-amylase），是一种内淀粉酶（endoamylase），能以一种无规则的方式水解直链淀粉（amylose）内部的键，生成葡萄糖与麦芽糖的混合物，如果底物是支链淀粉（amylopectin），则水解产物中含有支链和非支链的寡聚糖类的混合物，其中存在 *α*-l, 6-糖苷键。另一种水解酶称为 *α*-1, 4-葡聚糖基-麦芽糖基水解酶，又称为 *β*-淀粉酶，是一种外淀粉酶（exoamylase），它作用于多糖的非还原性末端而生成麦芽糖，所以当 *β*-淀粉酶作用于直链淀粉时能生成定量的麦芽糖。当底物为分支的支链淀粉或糖原时，则生成的产物为麦芽糖和多分支糊精，因为此酶仅能作用于 *α*-1, 4-糖苷键而不能作用于 *α*-1, 6-糖苷键。淀粉酶在动物、植物及微生物中均存在。在动物中主要在消化液（唾液及胰液）中存在（图 4-19）。

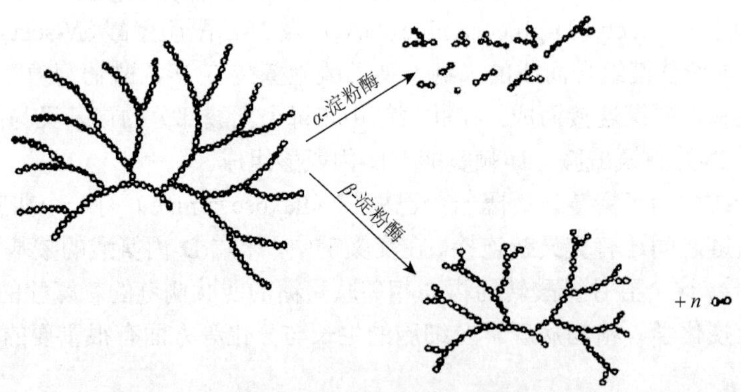

图 4-19　*α*-淀粉酶及 *β*-淀粉酶对支链淀粉的水解作用

α-淀粉酶仅在发芽的种子中存在，如大麦发芽后，则 *α*-淀粉酶及 *β*-淀粉酶均有存在。在 pH3.3 时，*α*-淀粉酶就被破坏，但它能耐高温，温度高达 70℃（约 15min）仍稳定。而 *β*-淀粉酶主要存在于休眠的种子中，在 70℃高温时容易破坏，但对酸比较稳定，在 pH3.3 时仍不被破坏，所以利用高温或调节 pH 的方法可以将这两种淀粉酶分开。这两种淀粉酶现在都能制成结晶。*α*-淀粉酶和 *β*-淀粉酶中的 *α* 与 *β*，并非表示其作用于 *α* 或 *β* 糖苷键，而只是用来标明两种不同的水解淀粉的酶。由于 *α*-淀粉酶和 *β*-淀粉酶只能水解淀粉的 *α*-1, 4-糖苷键，因此只能使支链淀粉水解 54%～55%，剩下的分支组成了一个淀粉酶不能作用的糊精，称为

极限糊精。

极限糊精中的 α-1, 6-糖苷键可被 R 酶水解，R 酶又称脱支酶，脱支酶仅能分解支链淀粉外围的分支，不能分解支链淀粉内部的分支，只有与 α-淀粉酶、β-淀粉酶共同作用才能将支链淀粉完全降解，生成麦芽糖和葡萄糖。麦芽糖被麦芽糖酶水解生成葡萄糖，进一步被植物利用。

2. 淀粉的磷酸解

1）α-1, 4-糖苷键的降解 淀粉的磷酸解是在淀粉磷酸化酶的催化下，用磷酸代替水，将淀粉降解生成 1-磷酸葡萄糖的作用。

淀粉磷酸解的好处：生成的产物 1-磷酸葡萄糖不能扩散到细胞外，可直接进入糖酵解途径，节省了能量；而淀粉的水解产物葡萄糖，能进行扩散，但还必须经过磷酸化消耗一个 ATP 才能进入糖酵解途径。

淀粉的磷酸解步骤可表示如下：

淀粉
↓ 淀粉磷酸化酶
1-磷酸葡萄糖
↓ 磷酸葡萄糖变位酶
6-磷酸葡萄糖
↓ 6-磷酸葡萄糖脂酶
葡萄糖＋Pi

2）α-1, 6 支链的降解 α-淀粉酶、β-淀粉酶和淀粉磷酸化酶只能水解淀粉（或糖原）的 α-1, 4-糖苷键，不能水解 α-1, 6-糖苷键。磷酸化酶将一个分支上的 5 个 α-1, 4-糖苷键和另一个分支上的 3 个 α-1, 4-糖苷键水解，至末端残基 a 和 d 处即停止，此时需要一个转移酶，将一个分支上的 3 个糖残基（a、b、c）转移到另一个分支上，在糖残基 c 与 d 之间形成一个新的 α-1, 4-糖苷键，然后在 α-1, 6-糖苷酶的作用下，水解 z 与 h 之间的 α-1, 6-糖苷键，从而将一个具有分支结构的糖原转变成为线形的直链结构，后者可被磷酸化酶继续分解（图 4-20）。因此，淀粉（或糖原）降解生成葡萄糖是几种酶相互配合进行催化反应的结果。

三、细胞壁多糖的酶促降解

1. 纤维素的降解

纤维素酶可使纤维素分子的 β-1, 4-糖苷键发生水解，生成纤维二糖，在纤维二糖酶的作用下，最后分解为 β-葡萄糖，反应过程如下：

$$\text{纤维素} \xrightarrow{\text{纤维素酶}} \text{纤维二糖} \xrightarrow{\text{纤维二糖酶}} \beta\text{-葡萄糖}$$

纤维素的分解在高等植物体内很少发生，只是在少数发芽的种子及其幼苗（如大麦、菠菜、玉米等）内发现有纤维素酶的分解作用。但在许多微生物体内（如细菌、霉菌）都含有分解纤维素的酶。

2. 果胶的降解

果胶酶是植物体中催化果胶物质水解的酶。果胶酶按其所水解的键，可分为两种：一种称为果胶甲酯酶[（pectinesterase）（PE）]或果胶酶；另一种称为半乳糖醛酸酶[（polygalacturonase）

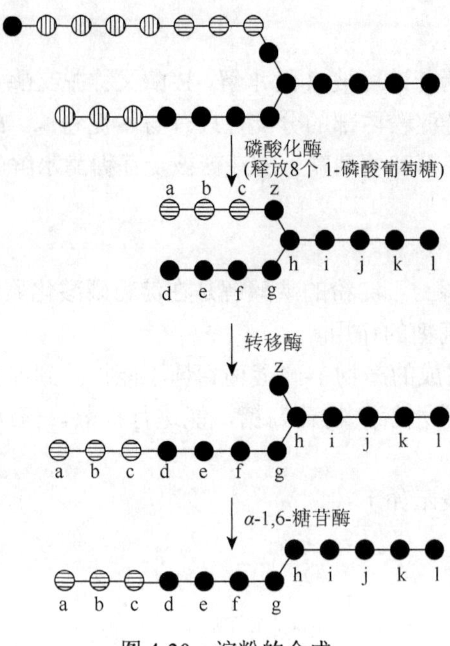

图 4-20　淀粉的合成

（CPG）]。果胶甲脂酶水解果胶酸的甲酯，生成果胶酸和甲醇：

$$\text{果胶} \xrightarrow{\text{果胶甲酯酶}} \text{果胶酸} + \text{甲醇}$$

半乳糖醛酸酶水解聚半乳糖醛酸之间的 α-1, 4-糖苷键，生成半乳糖醛酸。

植物体内一些生理现象与果胶酶的作用有关，如叶柄离层的形成就是果胶酶分解胞间层的果胶质使细胞相互分离以致叶片脱落；果实成熟时，由于果胶酶的作用使果肉细胞分离，果肉变软；植物感病后，病原菌分泌果胶酶将寄主细胞分离而侵入植物体内。

第三节　糖　酵　解

一、糖酵解的概念

糖酵解（glycolysis）是葡萄糖在不需氧的条件下分解成丙酮酸，并同时生成 ATP 的过程。糖酵解途径几乎是具有细胞结构的所有生物所共有的葡萄糖降解的途径，它最初是从研究酵母的乙醇发酵过程中发现的，故名糖酵解。整个糖酵解过程是在 1940 年得到阐明的。为纪念在这方面贡献较大的3位生化学家，也称糖酵解过程为 Embden-Meyerhof-Parnas 途径，简称 EMP 途径。

二、糖酵解的生化历程

糖酵解过程是在细胞液（cytosol）中进行的，不论有氧还是无氧条件均能发生。

糖酵解全部过程从葡萄糖或淀粉开始，分别包括 10 个步骤，为了叙述方便，划分为 4 个阶段。

1. 由葡萄糖形成 1, 6-二磷酸果糖

（1）葡萄糖在己糖激酶的催化下，被 ATP 磷酸化，生成 6-磷酸葡萄糖。磷酸基团的转移在生物化学中是一个基本反应。催化磷酸基团从 ATP 转移到受体上的酶称为激酶（kinase）。

己糖激酶是催化从 ATP 转移磷酸基团至各种六碳糖（葡萄糖、果糖）上去的酶。激酶都需要 Mg^{2+}作为辅助因子。

己糖激酶，Mg^{2+}

葡萄糖　　6-磷酸葡萄糖

（2）6-磷酸葡萄糖在磷酸己糖异构酶的催化下，转化为 6-磷酸果糖。

磷酸己糖异构酶

6-磷酸葡萄糖　　6-磷酸果糖

（3）6-磷酸果糖在磷酸果糖激酶的催化下，被 ATP 磷酸化，生成 l, 6-二磷酸果糖。磷酸果糖激酶是一种别构酶，EMP 的进程受这个酶活性水平的调控。

6-磷酸果糖激酶，Mg^{2+}

6-磷酸果糖　　1,6-二磷酸果糖

2. 磷酸丙糖的生成

（4）在醛缩酶的催化下，1, 6-二磷酸果糖分子在第三与第四碳原子之间断裂为两个三碳化合物，即磷酸二羟丙酮与 3-磷酸甘油醛。此反应的逆反应为醇醛缩合反应，故此酶称为醛缩酶。反应如下：

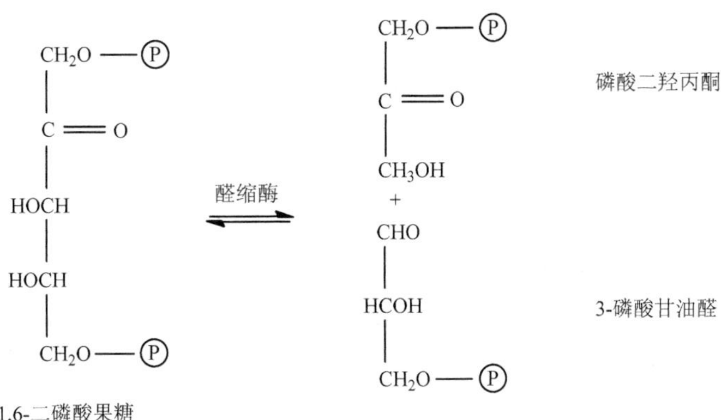

（5）在磷酸丙糖异构酶的催化下，两个互为同分异构体的磷酸三碳糖之间有同分异构的互变。这个反应进行得极快并且是可逆的。当平衡时，96%为磷酸二羟丙酮。但在正常进行着的酶解系统里，由于下一步反应的影响，平衡易向生成 3-磷酸甘油醛的方向移动。

$$\begin{array}{c} CH_2O-Ⓟ \\ | \\ C=O \\ | \\ CH_2OH \end{array} \xrightleftharpoons{\text{磷酸丙糖异构酶}} \begin{array}{c} CHO \\ | \\ HCOH \\ | \\ CH_2O-Ⓟ \end{array}$$

磷酸二羟丙酮　　3-磷酸甘油醛

3. 3-磷酸甘油醛氧化并转变成 2-磷酸甘油酸

在此阶段有两步产生能量的反应，释放的能量可由 ADP 转变成 ATP 贮存。

（6）3-磷酸甘油醛氧化为 1, 3-二磷酸甘油酸，此反应由 3-磷酸甘油醛脱氢酶催化：

$$\begin{array}{c} H \\ | \\ C=O \\ | \\ HCOH \\ | \\ CH_2O-Ⓟ \end{array} + NAD^+ + H_3PO_4 \xrightleftharpoons{\text{3-磷酸甘油醛脱氢酶}} \begin{array}{c} O \\ \| \\ C-O-Ⓟ \\ | \\ HCOH \\ | \\ CH_2O-Ⓟ \end{array} + NADH + H^+$$

3-磷酸甘油醛　　1,3-二磷酸甘油酸

3-磷酸甘油醛的氧化是酵解过程中首次发生的氧化作用，3-磷酸甘油醛 C_1 上的醛基转变成酰基磷酸。酰基磷酸是磷酸与羧酸的混合酸酐，具有高能磷酸基团性质，其能量来自醛基的氧化。生物体通过此反应可以获得能量。

（7）1, 3-二磷酸甘油酸在磷酸甘油酸激酶的催化下生成 3-磷酸甘油酸：1, 3-二磷酸甘油酸中的高能磷酸键经磷酸甘油酸激酶（一种可逆性的磷酸激酶）作用后转变为 ATP，生成了 3-磷酸甘油酸。因为 1mol 的己糖代谢后生成 2mol 的丙糖，所以在这个反应及随后的放能反应中有 2 倍高能磷酸键产生。这种直接利用代谢中间物氧化释放的能量产生 ATP 的磷酸化类型称为底物磷酸化。在底物磷酸化中，ATP 的形成直接与一个代谢中间物（如 1, 3-二磷酸甘油酸、磷酸烯醇式丙酮酸等）上的磷酸基团的转移相偶联。

$$\begin{array}{c} O \\ \| \\ C-O-Ⓟ \\ | \\ HCOH \\ | \\ CH_2O-Ⓟ \end{array} + ADP \xrightleftharpoons[Mg^{2+}]{\text{磷酸甘油酸激酶}} \begin{array}{c} O \\ \| \\ C-OH \\ | \\ HCOH \\ | \\ CH_2O-Ⓟ \end{array} + ATP$$

1,3-二磷酸甘油酸　　3-磷酸甘油酸

（8）3-磷酸甘油酸变为 2-磷酸甘油酸，由磷酸甘油酸变位酶催化：

$$\begin{array}{c} COOH \\ | \\ HCOH \\ | \\ CH_2O-Ⓟ \end{array} \xrightleftharpoons{\text{磷酸甘油酸变位酶}} \begin{array}{c} COOH \\ | \\ CHO-Ⓟ \\ | \\ CH_2OH \end{array}$$

3-磷酸甘油酸　　2-磷酸甘油酸

4. 由2-磷酸甘油酸生成丙酮酸

（9）2-磷酸甘油酸脱水形成磷酸烯醇式丙酮酸（PEP）。在脱水过程中分子内部能量重新排布，使一部分能量集中在磷酸键上，从而形成一个高能磷酸键。该反应被 Mg^{2+}所激活，被 F^{-}所抑制。

$$\underset{\text{2-磷酸甘油酸}}{COOH-CH(O\text{Ⓟ})-CH_2OH} \underset{Mg^{2+}}{\overset{\text{烯醇化酶}}{\rightleftharpoons}} \underset{\text{磷酸烯醇式丙酮酸}}{COOH-C(-O-\text{Ⓟ})=CH_2} + H_2O$$

（10）磷酸烯醇式丙酮酸在丙酮酸激酶催化下转变为烯醇式丙酮酸。这是一个偶联生成 ATP 的反应。属于底物磷酸化作用，为不可逆反应。

$$\underset{\text{磷酸烯醇式丙酮酸}}{COOH-C(-O-\text{Ⓟ})=CH_2} + ADP \xrightarrow{\text{丙酮酸激酶}} \underset{\text{烯醇式丙酮酸}}{COOH-C(-OH)=CH_2} + ATP$$

烯醇式丙酮酸极不稳定，很容易自动变为比较稳定的丙酮酸。这一步不需要酶的催化。

$$\underset{\text{烯醇式丙酮酸}}{COOH-C(-OH)=CH_2} \rightleftharpoons \underset{\text{丙酮酸}}{COOH-CO-CH_3}$$

糖酵解的总反应式为：

$$\text{葡萄糖}+2Pi+2NAD^+ \longrightarrow 2\text{ 丙酮酸}+2ATP+2NADH+2H^++2H_2O$$

糖酵解中所消耗的 ADP 及生成的 ATP 数目见表 4-2、表 4-3。

表 4-2　糖酵解的反应及酶类

序号		反应	酶
一	（1）	葡萄糖+ATP ⟶ 6-磷酸葡萄糖+ADP	己糖激酶
	（2）	6-磷酸葡萄糖 ⇌ 6-磷酸果糖	磷酸己糖异构酶
	（3）	6-磷酸果糖+ATP ⟶ 1, 6-二磷酸果糖+ADP	6-磷酸果糖激酶
二	（4）	1, 6-二磷酸果糖 ⇌ 磷酸二羟丙酮+3-磷酸甘油醛	醛缩酶
	（5）	磷酸二羟丙酮 ⇌ 3-磷酸甘油醛	磷酸丙糖异构酶
三	（6）	3-磷酸甘油醛+NAD^++Pi ⇌ 1, 3-二磷酸甘油酸+NADH+H^+	3-磷酸甘油醛脱氢酶
	（7）	1, 3-二磷酸甘油酸+ADP ⇌ 3-磷酸甘油酸+ATP	磷酸甘油酸激酶
	（8）	3-磷酸甘油酸 ⇌ 2-磷酸甘油酸	磷酸甘油酸变位酶
四	（9）	2-磷酸甘油酸 ⇌ 磷酸烯醇式丙酮酸+H_2O	烯醇化酶
	（10）	磷酸烯醇式丙酮酸+ADP ⟶ 丙酮酸+ATP	丙酮酸激酶

表 4-3 1 分子葡萄糖经糖酵解产生的 ATP 分子数

反应	形成 ATP 分子数
葡萄糖→6-磷酸葡萄糖	−1
6-磷酸果糖→1, 6-二磷酸果糖	−1
1, 3-二磷酸甘油酸→3-磷酸甘油酸	+1×2
磷酸烯醇式丙酮酸→丙酮酸	+1×2
1 分子葡萄糖→2 分子丙酮酸	+2

三、糖酵解的化学计量与生物学意义

糖酵解是一个放能过程。每分子葡萄糖在糖酵解过程中形成 2 分子丙酮酸，净得 2 分子 ATP 和 2 分子 NADH。在有氧条件下，1 分子 NADH 经呼吸链被氧氧化生成水时，原核细胞可形成 3 分子 ATP，而真核细胞可形成 2 分子 ATP。原核细胞 1 分子葡萄糖经糖酵解总共可生成 8 分子 ATP。按每摩尔 ATP 含自由能 33.4kJ 计算，共释放 8×33.4＝267.2kJ，还不到葡萄糖所含自由能 2867.5kJ 的 10%。大部分能量仍保留在 2 分子丙酮酸中。糖酵解的生物学意义就在于它可在无氧条件下为生物体提供少量的能量以应急。糖酵解的中间产物是许多重要物质的合成原料，如丙酮酸是物质代谢中的重要物质，可根据生物体的需要而进一步向许多方面转化。3-磷酸甘油酸可转变为甘油而用于脂肪的合成。糖酵解在非糖物质转化成糖的过程中也起重要作用，因为糖酵解的大部分反应是可逆的，非糖物质可以逆着糖酵解的途径异生成糖，但必须绕过不可逆反应（图 4-21）。

四、丙酮酸的去向

葡萄糖经糖酵解生成丙酮酸是一切有机体及各类细胞所共有的途径，而丙酮酸的继续变化则有多条途径。

1. 丙酮酸彻底氧化

在有氧条件下，丙酮酸脱羧变成乙酰 CoA，而进入三羧酸循环，氧化成 CO_2 和 H_2O。

$$丙酮酸 + NAD^+ + CoA \longrightarrow 乙酰CoA + CO_2 + NADH + H^+$$

在无氧条件下，为了糖酵解的继续进行，就必须将还原型的 NADH 再氧化成氧化型的 NAD^+，以保证辅酶的周转，如乳酸发酵、乙醇发酵等。

2. 丙酮酸还原生成乳酸

在乳酸脱氢酶的催化下，丙酮酸被从 3-磷酸甘油醛分子上脱下的氢（$NADH+H^+$）还原，生成乳酸，称为乳酸发酵。从葡萄糖酵解成乳酸的总反应式为：

$$葡萄糖 + 2Pi + 2ADP \longrightarrow 2乳酸 + 2ATP + 2H_2O$$

某些厌氧乳酸菌或肌肉由于剧烈运动而缺氧时，NAD^+的再生是由丙酮酸还原成乳酸来完成的，乳酸是乳酸酵解的最终产物。乳酸发酵是乳酸菌的生活方式。

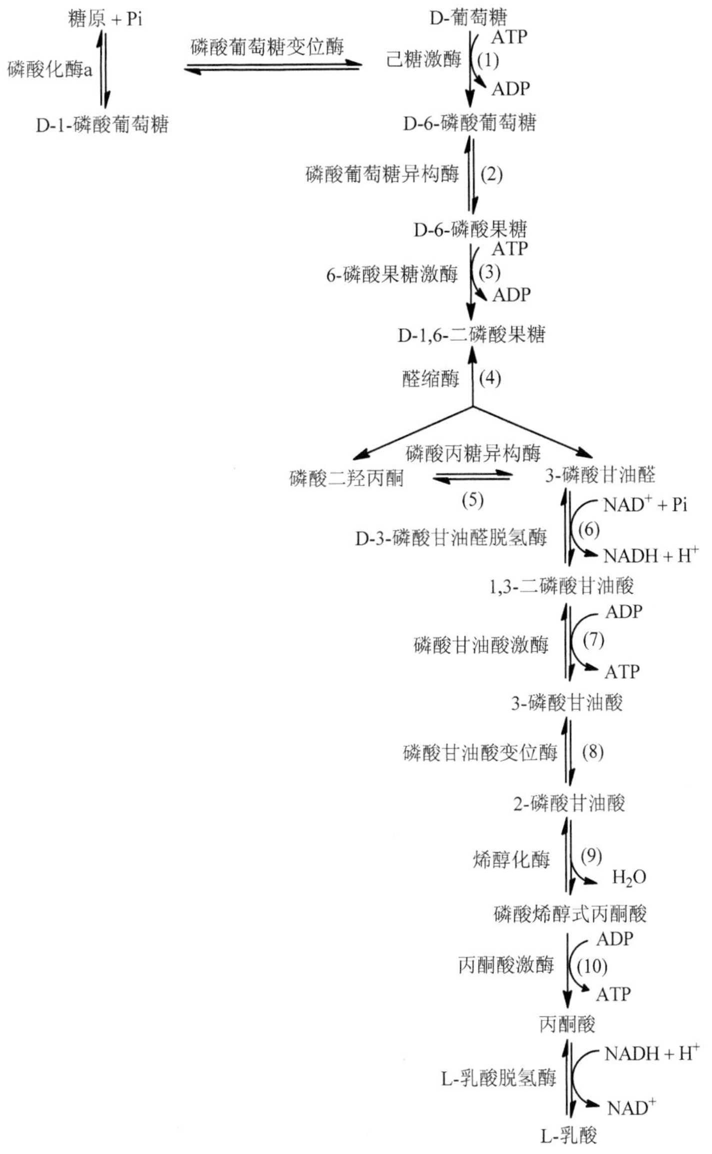

图 4-21　糖酵解途径

$$\begin{array}{c}\mathrm{COOH}\\ |\\ \mathrm{CO}\\ |\\ \mathrm{CH_3}\\ \text{丙酮酸}\end{array} + NADH + H^+ \rightleftharpoons \begin{array}{c}\mathrm{COOH}\\ |\\ \mathrm{HCOH}\\ |\\ \mathrm{CH_3}\\ \text{乳酸}\end{array} + NAD^+$$

3. 生成乙醇

在酵母菌或其他微生物中，在丙酮酸脱羧酶的催化下，丙酮酸脱羧变成乙醛，继而在乙醇脱氢酶的作用下，由 NADH 还原成乙醇。

（1）丙酮酸脱羧：

$$\underset{\text{丙酮酸}}{CH_3COCOOH} \xrightarrow{\text{丙酮酸脱羧酶}} \underset{\text{乙醛}}{CH_3CHO} + CO_2$$

（2）乙醛被还原为乙醇：

$$\underset{\text{乙醛}}{CH_3CHO} + NADH + H^+ \xrightarrow{\text{乙醇脱氢酶}} \underset{\text{乙醇}}{CH_3CH_2OH} + NAD^+$$

葡萄糖进行乙醇发酵的总反应式为：

$$\text{葡萄糖} + 2Pi + 2ADP \longrightarrow 2\text{乙醇} + 2CO_2 + 2ATP$$

对高等植物来说，不论是在有氧或者是在无氧的条件下，糖的分解都必须先经过糖酵解阶段形成丙酮酸，然后再分道扬镳。

酵解和发酵可以在无氧或缺氧的条件下供给生物以能量，但糖分解得不完全，停止在二碳或三碳化合物状态，放出极少的能量。所以对绝大多数生物来说，无氧只能是短期的，因为消耗大量的有机物，才能获得少量的能量，但能应急。例如，当肌肉强烈运动时，由于氧气不足，NADH 即还原丙酮酸，产生乳酸，生成的 NAD^+继续进行糖酵解的脱氢反应。

五、糖酵解的调控

糖酵解途径具有双重作用：使葡萄糖降解生成 ATP，并为合成反应提供原料。因此，糖酵解的速度要根据生物体对能量与物质的需要而进行调节与控制。在糖酵解中，由己糖激酶、磷酸果糖激酶、丙酮酸激酶所催化的反应是不可逆的。这些不可逆的反应均可成为控制糖酵解的限速步骤，从而控制糖酵解进行的速度。催化这些限速反应步骤的酶就称为限速酶。

己糖激酶是别构酶，其反应速度受其产物 6-磷酸葡萄糖的反馈抑制。当磷酸果糖激酶被抑制时，6-磷酸果糖的水平升高，6-磷酸葡萄糖的水平也随之相应升高，从而导致己糖激酶被抑制。

磷酸果糖激酶是糖酵解中最重要的限速酶。磷酸果糖激酶也是别构酶，受细胞内能量水平的调节，它被 ADP 和 AMP 促进，即在能荷低时活性最强。但受高水平 ATP 的抑制，因为 ATP 是此酶的别构抑制剂，可引发别构效应而降低对其与底物的亲和力。磷酸果糖激酶受高水平柠檬酸的抑制，柠檬酸是三羧酸循环的早期中间产物，柠檬酸水平高就意味着生物合成的前体很丰富，糖酵解就应当减慢或暂停。当细胞既需要能量又需要原材料时，如 ATP/AMP 值低及柠檬酸水平低时，则磷酸果糖激酶的活性最高。而当物质与能量都丰富时，磷酸果糖激酶的活性几乎等于零。

丙酮酸激酶也参与糖酵解速度的调节。丙酮酸激酶受 ATP 的抑制，当 ATP/AMP 值高时，磷酸烯醇式丙酮酸转变成丙酮酸的过程即受到阻碍。糖酵解的调节控制如图 4-22 所示。

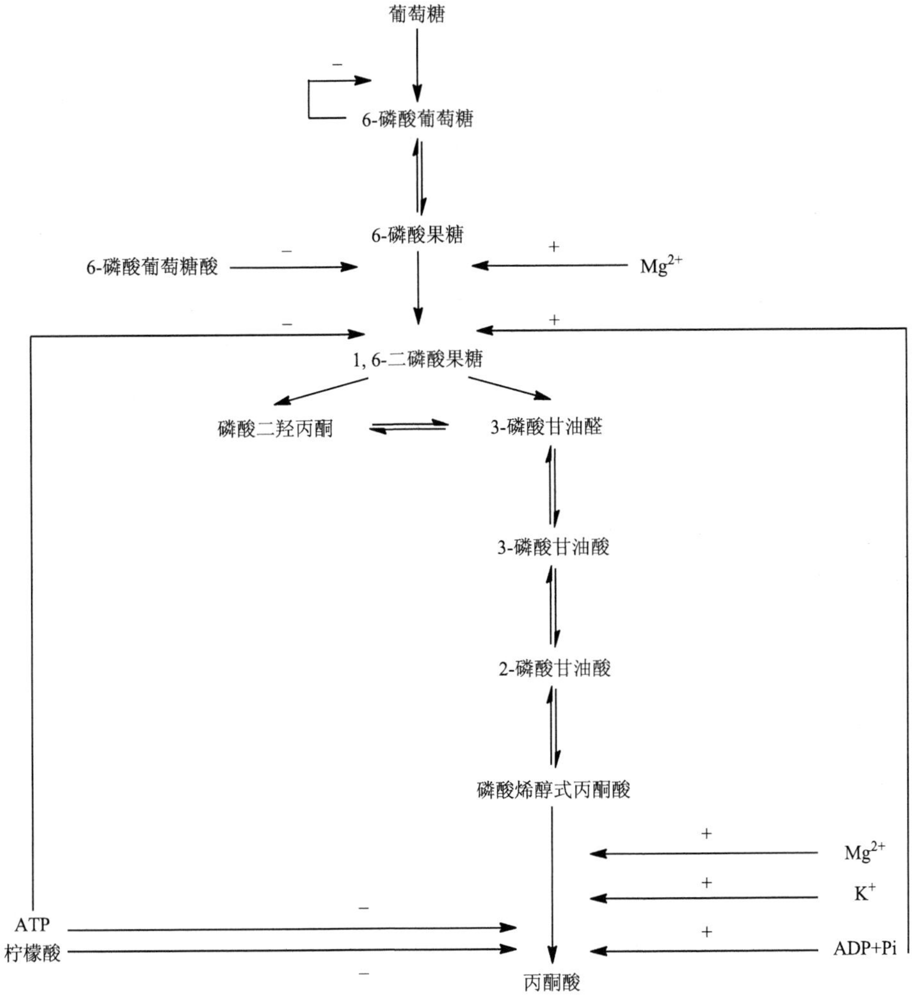

图 4-22　糖酵解的调控

第四节　三羧酸循环

葡萄糖通过糖酵解转变成丙酮酸。在有氧条件下，丙酮酸通过一个包括二羧酸和三羧酸的循环而逐步氧化分解，直至形成 CO_2 和 H_2O 为止，这个过程称为三羧酸循环（tricar-boxylic acid cycle），简称 TCA 循环。该循环是英国生化学家 Hans Krebs 首先发现的，故又名 Krebs 循环。由于该循环的第一个产物是柠檬酸，故又称柠檬酸循环（citric acid cycle）。三羧酸循环是生物中的燃料分子（即碳水化合物、脂肪酸和氨基酸）氧化的最终共同途径。这些燃料分子大多数以乙酰 CoA 进入此循环而被氧化。三羧酸循环反应是在线粒体内部进行的，所有三羧酸循环的酶类都存在于线粒体的基质（matrix）中。

一、丙酮酸氧化脱羧

丙酮酸不能直接进入三羧酸循环，而是先氧化脱羧形成乙酰 CoA 再进入三羧酸循环。丙酮酸氧化脱羧反应是由丙酮酸脱氢酶系（即丙酮酸脱氢酶复合体）催化的。丙酮酸脱氢酶系是一个相当庞大的多酶体系，其中包括丙酮酸脱氢酶、二氢硫辛酸乙酰转移酶、二氢硫辛酸脱氢酶 3 种不同的酶及焦磷酸硫胺素（TPP）、硫辛酸、辅酶 A、FAD、NAD^+和 Mg^{2+} 6 种辅助因素。丙酮酸脱氢酶系在线粒体内膜上，催化反应如下：

$$CH_3COOH + HSCoA + NAD^+ \longrightarrow CH_3COCoA + CO_2 + NADH + H^+$$

这是一个不可逆反应，分 5 步进行：①丙酮酸与 TPP 形成复合物，然后脱羧，生成活化乙醛；②活化乙醛与二氢硫辛酸结合，形成乙酰二氢硫辛酸，同时释放出 TPP；③硫辛酸将乙酰基转给辅酶 A，形成乙酰 CoA；④由于硫辛酸在细胞内含量很少，要使上述反应不断进行，硫辛酸必须氧化再生，即将氢递交给 FAD；⑤$FADH_2$ 再将氢转给 NAD^+。

综合上述，1 分子丙酮酸转变为 1 分子乙酰 CoA，生成 1 分子 $NADH+H^+$，放出 1 分子 CO_2。所生成的乙酰 CoA 随即可进入三羧酸循环被彻底氧化，反应历程如图 4-23 所示。

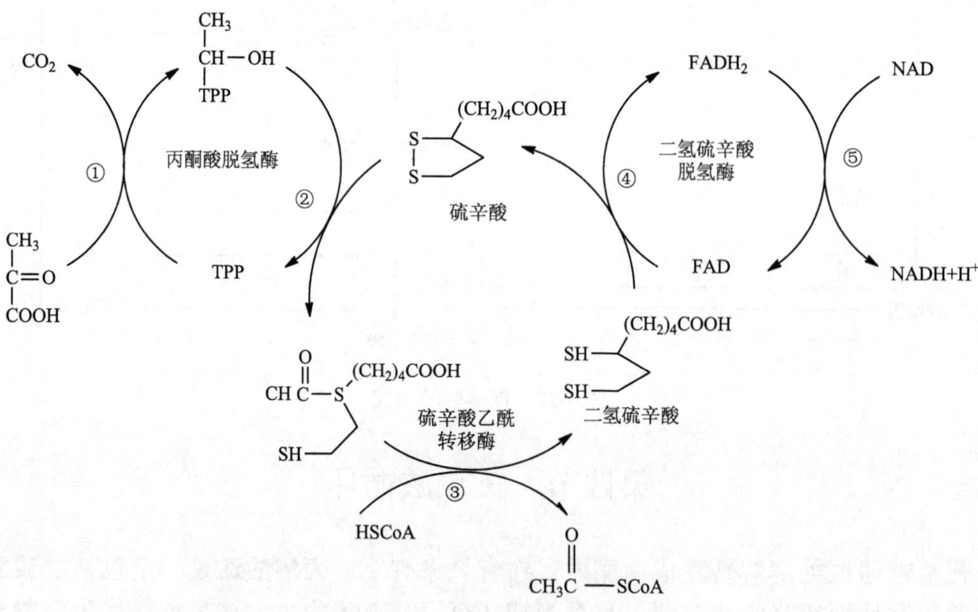

图 4-23　丙酮酸脱氢酶系作用模式

二、三羧酸循环的生化历程

在有氧条件下，乙酰 CoA 的乙酰基通过三羧酸循环被氧化成 CO_2 和 H_2O。三羧酸循环不仅是糖有氧代谢的途径，也是机体内一切有机物碳素骨架氧化成 CO_2 的必经之路。

反应历程如图 4-24 所示，现分述如下。

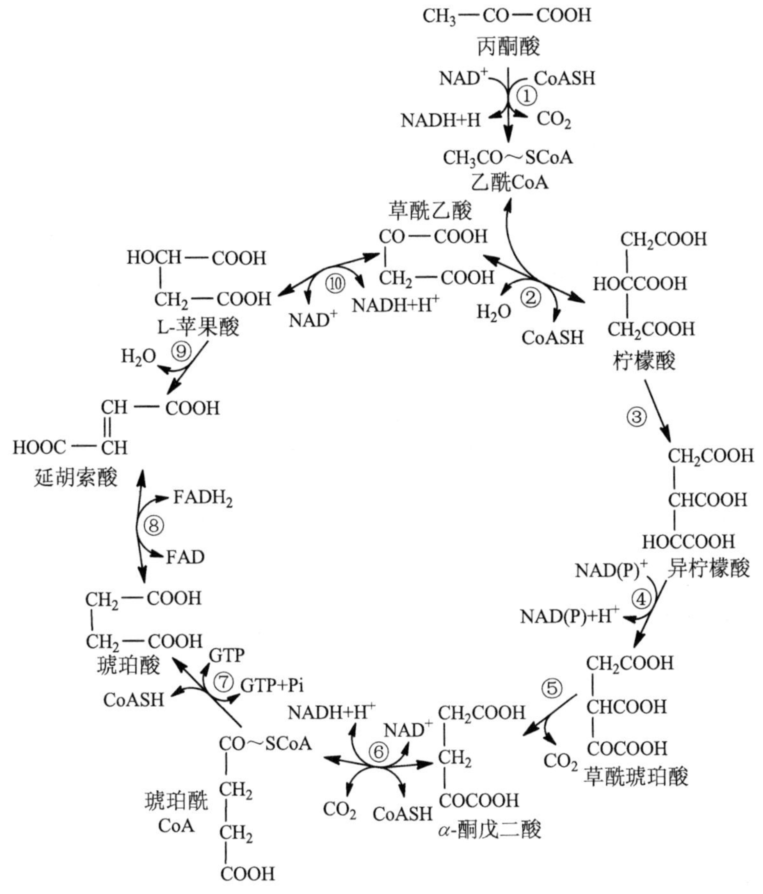

图 4-24　三羧酸循环

①丙酮酸脱氢酶复合体；②柠檬酸合成酶；③顺乌头酸酶；④、⑤异柠檬酸脱氢酶；⑥α-酮戊二酸脱氢酶复合体；⑦琥珀酰 CoA 合成酶；⑧琥珀酸脱氢酶；⑨延胡索酸酶；⑩L-苹果酸脱氢酶

（1）乙酰 CoA 与草酰乙酸缩合成柠檬酸，乙酰 CoA 在柠檬酸合成酶催化下与草酰乙酸进行缩合，然后水解成 1 分子柠檬酸。

$$\underset{\text{乙酰CoA}}{\begin{array}{l} CH_3 \\ | \\ CO\sim SCOA \end{array}} + \underset{\text{草酰乙酸}}{\begin{array}{l} CH_2COOH \\ | \\ C = O \\ | \\ COOH \end{array}} + H_2O \xrightarrow{\text{柠檬酸合成酶}} \underset{\text{柠檬酸}}{\begin{array}{l} \quad\ \ CH_2COOH \\ \quad\ \ | \\ HOC — COOH \\ \quad\ \ | \\ \quad\ \ COOH \end{array}} + CoASH$$

（2）柠檬酸脱水生成顺乌头酸，然后加水生成异柠檬酸。

$$\underset{\text{柠檬酸}}{\begin{array}{l} \quad\ \ CH_2COOH \\ \quad\ \ | \\ HOC — COOH \\ \quad\ \ | \\ \quad\ \ CH_2COOH \end{array}} \xrightleftharpoons{\text{顺乌头酸酶}} \underset{\text{顺乌头酸}}{\begin{array}{l} CH — COOH \\ \| \\ C — COOH \\ | \\ CH_2COOH \end{array}} + H_2O$$

$$\begin{array}{l} CH—COOH \\ \| \\ C—COOH \\ | \\ CH_2COOH \end{array} + H_2O \rightleftharpoons \begin{array}{l} HOCH—COOH \\ | \\ HC—COOH \\ | \\ CH_2COOH \end{array}$$

顺乌头酸　　异柠檬酸

（3）异柠檬酸氧化与脱羧生成 α-酮戊二酸。在异柠檬酸脱氢酶的催化下，异柠檬酸脱去 2 分子 H，其中间产物草酰琥珀酸迅速脱羧生成 α-酮戊二酸。

$$\begin{array}{l} HOCH—COOH \\ | \\ HC—COOH \\ | \\ CH_2COOH \end{array} + \begin{array}{c} NAD^+ \\ (NADP^+) \end{array} \xrightleftharpoons{\text{异柠檬酸脱氢酶}} \begin{array}{l} CO—COOH \\ | \\ HC—COOH \\ | \\ CH_2COOH \end{array} + \begin{array}{c} NADH + H^+ \\ (NADPH + H^+) \end{array}$$

异柠檬酸　　草酰琥珀酸

两步反应均为异柠檬酸脱氢酶所催化。现在认为这种酶具有脱氢和脱羧两种催化能力。脱羧反应需要 Mn^{2+}。

$$\begin{array}{l} CO—COOH \\ | \\ HC—COOH \\ | \\ CH_2COOH \end{array} \xrightleftharpoons[Mn^{2+}]{\text{异柠檬酸脱氢酶}} \begin{array}{l} CO—COOH \\ | \\ CH_2 \\ | \\ CH_2COOH \end{array} + CO_2$$

草酰琥珀酸　　α-酮戊二酸

此步反应是一分界点，在此之前都是三羧酸的转化，在此之后则是二羧酸的转化。

（4）α-酮戊二酸氧化脱羧反应。α-酮戊二酸在 α-酮戊二酸脱氢酶复合体作用下脱羧形成琥珀酰 CoA，此反应与丙酮酸脱羧相似。总反应如下：

$$\begin{array}{l} CO—COOH \\ | \\ CH_2— \\ | \\ CH_2COOH \end{array} + NAD^+ + CoASH \xrightarrow[FAD, Mg^{2+}]{\text{(S-S)L, TPP}} \begin{array}{l} \quad\quad\ \ O \\ \quad\quad\ \ \| \\ CH_2—C\sim SCoA \\ | \\ CH_2COOH \end{array} + CO_2 + NADH + H^+$$

α-酮戊二酸　　琥珀酰CoA

此反应不可逆，大量释放能量，是三羧酸循环中的第二次氧化脱羧，又产生 NADH 及 CO_2 各 1 分子。

（5）琥珀酰 CoA 在琥珀酰 CoA 合成酶催化下，转移其高能硫酯键至二磷酸鸟苷（GDP）上生成三磷酸鸟苷（GTP），同时生成琥珀酸。然后 GTP 再将高能键能转移给 ADP，生成 1 分子 ATP。

$$CH_2(CH_2COOH)-C(=O)\sim SCoA + H_3PO_4 + GDP \xrightleftharpoons[Mg^{2+}]{\text{琥珀酰CoA合成酶}} \begin{matrix} CH_2COOH \\ | \\ CH_2COOH \end{matrix} + GTP + CoASH$$

琥珀酰CoA　　琥珀酸

$$ADP + GTP \rightleftharpoons ATP + GDP$$

此反应为此循环中唯一直接产生 ATP 的反应（底物磷酸化）。

（6）琥珀酸被氧化成延胡索酸。琥珀酸脱氢酶催化此反应，其辅酶为黄素腺嘌呤二核苷酸（FAD）。

$$\begin{matrix} CH_2COOH \\ | \\ CH_2COOH \end{matrix} + FAD \xrightleftharpoons{\text{琥珀酸脱氢酶}} \begin{matrix} CHCOOH \\ \| \\ CHCOOH \end{matrix} + FADH_2$$

琥珀酸　　延胡索酸

（7）延胡索酸加水生成苹果酸。

$$\begin{matrix} CH_2COOH \\ \| \\ CH_2COOH \end{matrix} + H_2O \xrightleftharpoons{\text{延胡索酸酶}} \begin{matrix} CH_2COOH \\ | \\ CHOH \\ | \\ COOH \end{matrix}$$

延胡索酸　　苹果酸

（8）苹果酸被氧化成草酰乙酸。

$$\begin{matrix} CH_2COOH \\ | \\ CHOH \\ | \\ COOH \end{matrix} + NDA^+ \xrightleftharpoons{\text{苹果酸脱氢酶}} \begin{matrix} CH_2COOH \\ | \\ C=O \\ | \\ COOH \end{matrix} + NADH + H^+$$

苹果酸　　草酰乙酸

至此，草酰乙酸又重新形成，又可和另 1 分子乙酰 CoA 缩合成柠檬酸进入三羧酸循环。

三羧酸循环一周，消耗 1 分子乙酰 CoA（二碳化合物）。循环中的三羧酸、二羧酸并不因参加此循环而有所增减。因此，在理论上，这些羧酸只需微量，就可不息地循环，促使乙酰 CoA 氧化（图 4-23）。

三羧酸循环的多个反应是可逆的，但由于柠檬酸的合成及 α-酮戊二酸的氧化脱羧是不可逆的，因此此循环是单向进行的。

由图 4-23 可见，丙酮酸经 3 次脱羧反应（反应①、⑤、⑥）共生成 3 分子 CO_2；通过反应①、④、⑥、⑧、⑩共脱下 5 个 2H，再经呼吸链氧化生成 5 分子 H_2O，其中反应②、⑦、⑨共用去 3 分子 H_2O，⑦相当于被摄取 1 分子 H_2O。

丙酮酸氧化的总反应可表示如下：

$$CH_3COCOOH + O_2 \longrightarrow 3CO_2 + 2H_2O$$

三、三羧酸循环中 ATP 的形成及三羧酸循环的意义

1 分子乙酰 CoA 经三羧酸循环可生成 1 分子 GTP（可转变成 ATP），共有 4 次脱氢，生成 3 分子 NADH 和 1 分子 $FADH_2$。当经呼吸链氧化生成 H_2O 时，前者每对电子可生成 3 分子 ATP，3 对电子共生成 9 分子 ATP；后者则生成 2 分子 ATP。因此，每分子乙酰 CoA 经三羧酸循环可产生 12 分子 ATP。若从丙酮酸开始计算，则 1 分子丙酮酸可产生 15 分子 ATP。1 分子葡萄糖可以产生 2 分子丙酮酸，如表 4-4 所示，原核细胞每分子葡萄糖经糖酵解、三羧酸循环及氧化磷酸化 3 个阶段共产生 8+2×15＝38 个 ATP 分子。

表 4-4　1mol 葡萄糖在有氧分解时所放出的 ATP 的物质的量

反应阶段	反应	ATP 的生成与消耗/mol			
		消耗	合成		净得
			底物磷酸化	氧化磷酸化	
糖酵解	葡萄糖→6-磷酸葡萄糖	1			–1
	6-磷酸果糖→1, 6-二磷酸果糖	1			–1
	3-磷酸甘油醛→1, 3-二磷酸甘油酸			3×2	6
	1, 3-二磷酸甘油酸→3-磷酸甘油酸		1×2		2
	2-烯醇式丙酮酸→烯醇式丙酮酸		1×2		2
丙酮酸氧化脱羧	丙酮酸→乙酰 CoA			3×2	6
三羧酸循环	异柠檬酸→草酰琥珀酸			3×2	6
	α-酮戊二酸→琥珀酰 CoA			3×2	6
	琥珀酰 CoA→琥珀酸		1×2		2
	琥珀酸→延胡索酸			2×2	4
	苹果酸→草酰乙酸			3×2	6
总计		2	6	34	38

1mol 乙酰 CoA 燃烧释放的热量为 874.04kJ，12 分子 ATP 水解释放 353.63kJ 的能量，能量的利用效率为 40.5%。由于糖、脂肪及部分氨基酸分解的中间产物为乙酰 CoA，可通过三羧酸循环彻底氧化，因此三羧酸循环是生物体内产生 ATP 的最主要途径。

在生物界中，动物、植物与微生物都普遍存在着三羧酸循环途径，因此三羧酸循环具有普遍的生物学意义。

（1）糖的有氧分解代谢产生的能量最多，是机体利用糖或其他物质氧化而获得能量的最有效方式。

（2）三羧酸循环之所以重要在于它不仅为生命活动提供能量，而且还是联系糖、脂肪、蛋白质三大物质代谢的纽带。

（3）三羧酸循环所产生的多种中间产物是生物体内许多重要物质生物合成的原料。在细胞迅速生长时期，三羧酸循环可提供多种化合物的碳架，以供细胞生物合成使用。

（4）植物体内三羧酸循环所形成的有机酸，既是生物氧化的基质，又是一定器官的积累物质，如柠檬果实富含柠檬酸，苹果中富含苹果酸等。

（5）发酵工业上利用微生物三羧酸循环生产各种代谢产物，如柠檬酸、谷氨酸等。

四、三羧酸循环的调控

三羧酸循环的主要调节部位有四处，如图 4-25 所示。这些部位酶活性的调节主要是产物的反馈抑制和能荷调节。

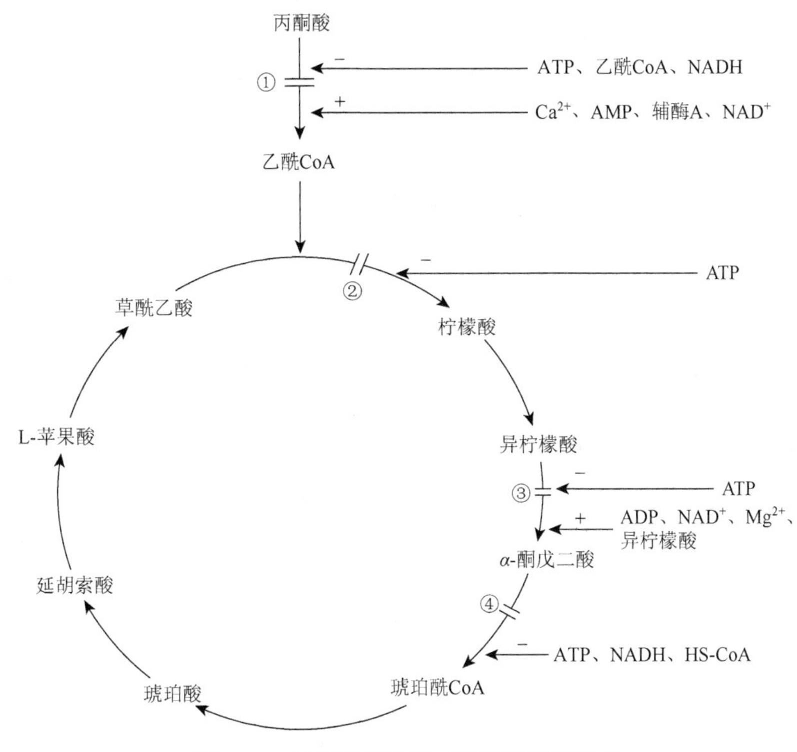

图 4-25　丙酮酸脱羧及三羧酸循环的调节

1. *丙酮酸脱氢酶系的调控*

该酶受多种因素的调节。

（1）反馈调节：反应产物乙酰辅酶 A 与辅酶 A 竞争与酶蛋白结合，而抑制了硫辛酸乙酰转移酶的活性；反应的另一产物 NADH 能抑制二氢硫辛酸脱氢酶的活性。抑制效应可被相应的反应物辅酶 A 和 NAD^+逆转。

（2）共价修饰调节：丙酮酸脱羧酶为共价调节酶，具有活性型与非活性型两种状态。当其分子上特定的丝氨酸残基被 ATP 所磷酸化时，酶就转变为非活性态，丙酮酸的氧化脱羧作用即告停止。而当脱去其分子上的磷酸基团时，酶即恢复活性，丙酮酸脱羧反应就可继续进行。

（3）能荷调节：整个酶系都受能荷控制。丙酮酸脱羧酶为 GTP、ATP 所抑制，为 AMP 所激活。因为能激活丙酮酸脱羧酶的激酶，可使丙酮酸脱羧酶磷酸化而变为无活性态，从而抑制了丙酮酸的脱羧反应。

丙酮酸脱羧酶系可被 Ca^{2+}所促进。

2. *柠檬酸合成酶的调节*

由草酰乙酸及乙酰辅酶 A 合成柠檬酸是三羧酸循环的一个重要控制部位。ATP 是柠檬酸合成酶的别构抑制剂，ATP 的效应是增加酶对乙酰辅酶 A 浓度的要求，增加对乙酰辅酶 A 的 K_m 值，使酶对乙酰辅酶 A 的亲和力减小，因而形成的柠檬酸也减少。琥珀酰辅酶 A 对此酶也有抑制作用。

3. 异柠檬酸脱氢酶的调节

该酶也是别构酶，ADP 是异柠檬酸脱氢酶的别构激活剂，可提高酶对底物的亲和力。异柠檬酸、NAD^+、Mg^{2+}对此酶的活性也有促进作用，NADH 则对此酶有抑制作用。

4. α-酮戊二酸脱氢酶系的调节

α-酮戊二酸脱氢酶系与丙酮酸脱羧酶系相似，其调控的某些方向也相同。此酶活性受反应产物琥珀酰辅酶 A 和 NADH 所抑制，也受能荷调节，即为 ADP 所促进，为 ATP 所抑制。

第五节　磷酸戊糖途径

糖的无氧酵解与有氧氧化过程是生物体内糖分解代谢的主要途径，但不是唯一的途径。糖的另一条氧化途径是从 6-磷酸葡萄糖开始的，称为磷酸己糖支路，因为磷酸戊糖是该途径的中间产物，故又称为磷酸戊糖途径（pentose phosphate pathway），简称 PPP 途径。磷酸戊糖途径是在细胞质的可溶部分——液泡中进行的。

磷酸戊糖途径的存在可以由以下事实来证明：一些糖酵解的典型抑制剂（如碘乙酸及氟化物）不能影响某些组织中葡萄糖的利用。此外，Warburg 发现 $NADP^+$和 6-磷酸葡萄糖氧化成 6-磷酸葡萄糖酸时会导致葡萄糖分子进入一个当时未知的代谢途径，当用 ^{14}C 标记葡萄糖的 C_1 处或 C_6 处的碳原子时，则 C_1 处的碳原子比 C_6 处的碳原子更容易氧化成 $^{14}CO_2$。如果葡萄糖只能通过糖酵解转化成两个 3-^{14}C 丙酮酸，继而裂解成 $^{14}CO_2$，这些 6-^{14}C 葡萄糖和 1-^{14}C 葡萄糖会以同样的速度生成 $^{14}CO_2$。这些观察促进了磷酸戊糖途径的发现。

磷酸戊糖途径的主要特点是葡萄糖的氧化，不是经过糖酵解和三羧酸循环，而是直接脱氢和脱羧，脱氢酶的辅酶为 $NADP^+$。整个磷酸戊糖途径分为两个阶段，即氧化阶段与非氧化阶段。前者是 6-磷酸葡萄糖脱氢、脱羧，形成 5-磷酸核糖，后者是磷酸戊糖经过一系列的分子重排反应，再生成磷酸己糖和磷酸丙糖。

一、磷酸戊糖途径的反应历程

1. 氧化阶段

（1）6-磷酸葡萄糖脱氢酶以 $NADP^+$为辅酶，催化 6-磷酸葡萄糖脱氢生成 6-磷酸葡萄糖酸内酯。

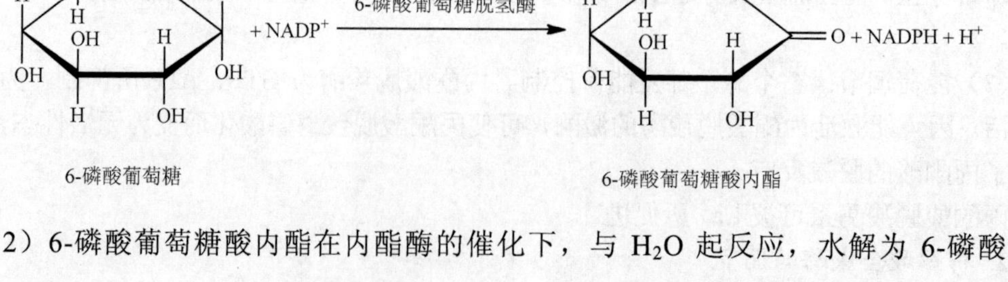

CH_2OⓅ　H　O　H　H　OH　H　OH　OH　H　OH　$+ NADP^+$ —6-磷酸葡萄糖脱氢酶→ CH_2OⓅ　H　O　H　OH　H　OH　=O　H　OH　$+ NADPH + H^+$

6-磷酸葡萄糖　　　6-磷酸葡萄糖酸内酯

（2）6-磷酸葡萄糖酸内酯在内酯酶的催化下，与 H_2O 起反应，水解为 6-磷酸葡萄糖酸。

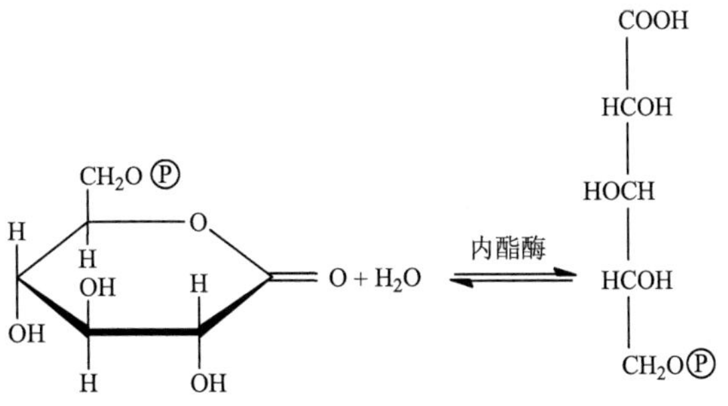

6-磷酸葡萄糖酸内酯 $+ H_2O$ ⇌（内酯酶）6-磷酸葡萄糖酸

（3）6-磷酸葡萄糖酸脱氢酶以 $NADP^+$为辅酶，催化 6-磷酸葡萄糖酸脱羧生成五碳糖。

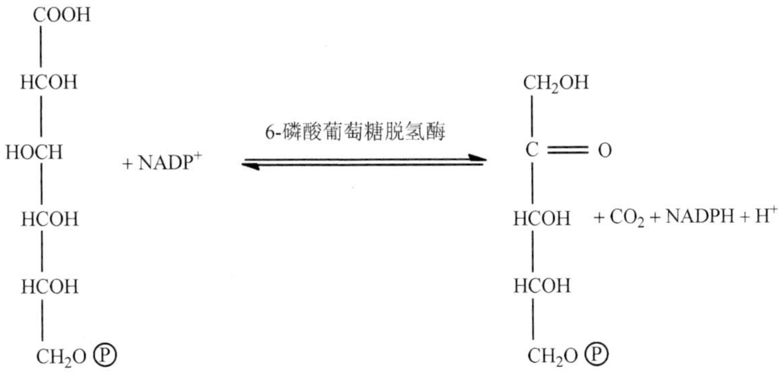

6-磷酸葡萄糖酸 $+ NADP^+$ ⇌（6-磷酸葡萄糖脱氢酶）5-磷酸核酮糖 $+ CO_2 + NADPH + H^+$

2. 非氧化阶段（了解）

（1）磷酸戊糖的相互转化。

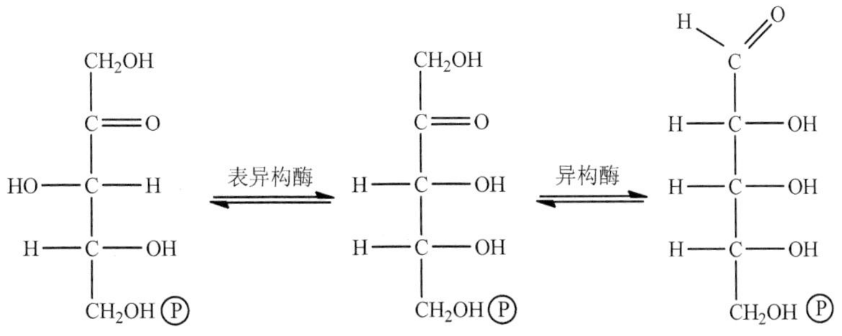

5-磷酸木酮糖 ⇌（表异构酶）5-磷酸核酮糖 ⇌（异构酶）5-磷酸核糖

（2）7-磷酸景天庚酮糖的生成：由转酮酶（转羟乙醛酶）催化将生成的木酮糖的酮醇转移给 5-磷酸核糖。

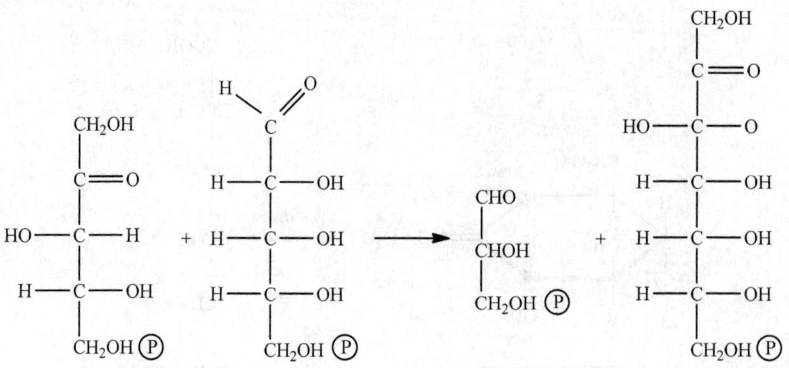

5-磷酸木酮糖 + 5-磷酸核糖 ⟶ 3-磷酸甘油醛 + 7-磷酸景天庚酮糖

（3）转醛酶所催化的反应：生成的 7-磷酸景天庚酮糖由转醛酶（转二羟丙酮基酶）催化，把二羟丙酮基团转移给 3-磷酸甘油醛，生成四碳糖和六碳糖。

（4）四碳糖的转变：4-磷酸赤藓糖并不积存在体内，而是与另 1 分子的木酮糖进行作用，由转酮醇酶催化将木酮糖的羟乙醛基团交给赤藓糖，则又生成 1 分子的 6-磷酸果糖和 1 分子的 3-磷酸甘油醛。

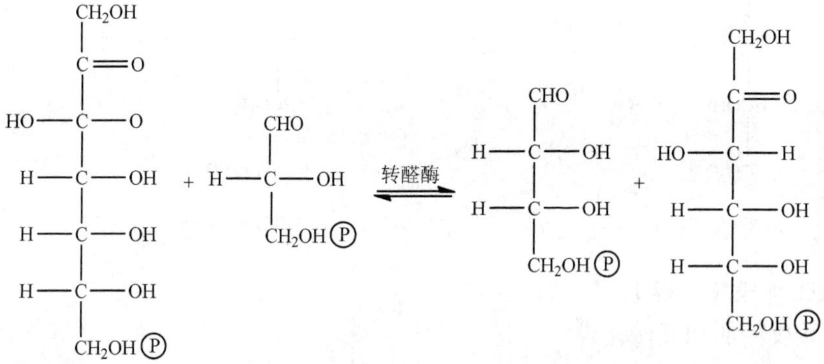

7-磷酸景天庚酮糖 + 3-磷酸甘油醛 $\xrightleftharpoons{\text{转醛酶}}$ 4-磷酸赤藓糖 + 6-磷酸果糖

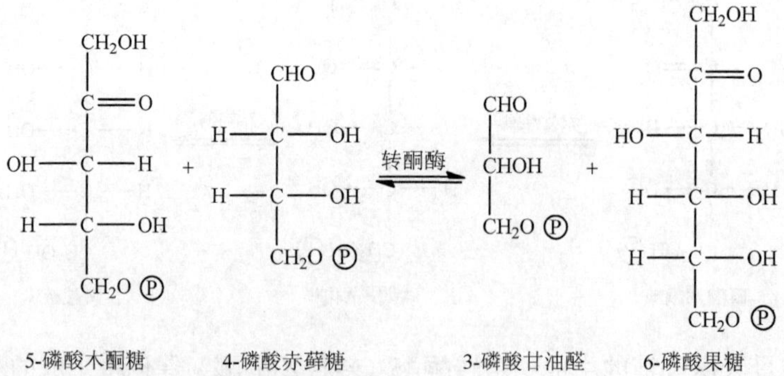

5-磷酸木酮糖 + 4-磷酸赤藓糖 $\xrightleftharpoons{\text{转酮酶}}$ 3-磷酸甘油醛 + 6-磷酸果糖

二、磷酸戊糖途径的化学计量与生物学意义

1. 磷酸戊糖途径的化学计量

上述反应中生成的 6-磷酸果糖可转变为 6-磷酸葡萄糖，由此表明这个代谢途径具有循环的性质，即 1 分子葡萄糖每循环一次，只进行一次脱羧（放出 1 分子 CO_2）和两次脱氢，形成 2 分子 NADPH，即 1 分子葡萄糖彻底氧化生成 6 分子 CO_2，需要 6 分子

葡萄糖同时参加反应，经过一次循环而生成 5 分子 6-磷酸葡萄糖（图 4-26），其反应可概括如下：

$$6(6\text{-磷酸葡萄糖}) + 12NADP^+ \longrightarrow 5(6\text{-磷酸果糖}) + 12NADPH + H^+ + 6CO_2$$

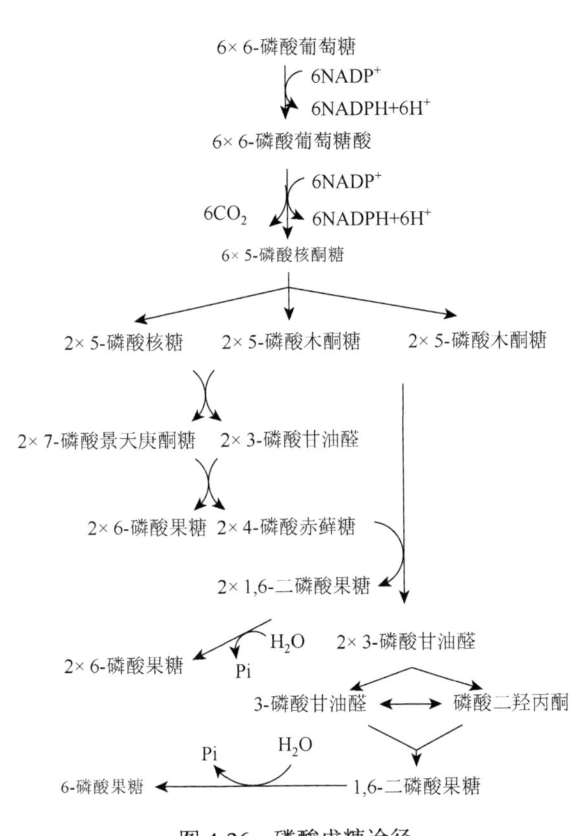

图 4-26　磷酸戊糖途径

2. 磷酸戊糖途径的生物学意义

（1）磷酸戊糖途径的酶类已在许多动植物材料中发现，说明磷酸戊糖途径也是普遍存在的糖代谢的一种方式。该途径在不同的器官或组织中所占的比例不同，在动物、微生物中约占 30%，在植物中可占 50%以上。动物肌肉中糖的氧化几乎完全通过磷酸戊糖途径，肝中 90%糖的氧化通过此途径。

（2）磷酸戊糖途径产生的还原型辅酶Ⅱ（NADPH），可以供组织合成代谢需要。

（3）该途径的反应起始物为 6-磷酸葡萄糖，不需要 ATP 参与起始反应，因此磷酸戊糖循环可在低 ATP 浓度下进行。

（4）此途径中产生的 5-磷酸核酮糖是辅酶及核苷酸生物合成的必需原料。

（5）磷酸戊糖循环与植物的关系更为密切，因为循环中的某些酶及一些中间产物（如丙糖、丁糖、戊糖、己糖和庚糖）也是光合碳循环中的酶和中间产物，从而把光合作用与呼吸作用联系起来。

（6）磷酸戊糖途径与植物的抗性有关，在植物干旱、受伤或染病的组织中，磷酸戊糖途径更加活跃。

（7）磷酸戊糖途径是由 6-磷酸葡萄糖开始的、完整的、可单独进行的途径，因而可以和糖酵解途径相互补充，以增加机体的适应能力，通过3-磷酸甘油醛及磷酸己糖可与糖酵解沟通，相互配合。

三、磷酸戊糖途径的调控

NADPH 的浓度是控制这一途径的主要因素。NADPH 是反应中形成的产物，当其积累过多时，就会对这一途径产生反馈抑制。而某些合成反应，如脂肪酸合成等需要消耗 NADPH，核苷酸合成需要消耗 5-磷酸核糖，则能间接促进这一反应的进行。

糖分解代谢各条途径的联系见图 4-27。

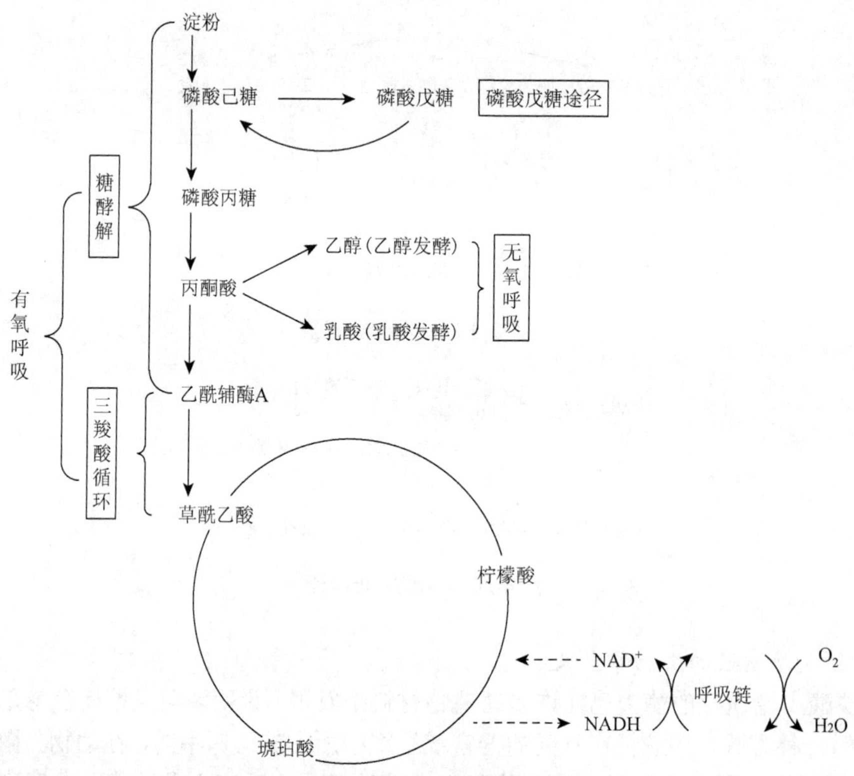

图 4-27　糖分解代谢各条途径的联系

第六节　单糖的生物合成

一、磷酸戊糖途径

单糖是光合作用的产物，植物通过光合作用将 CO_2 固定并还原生成葡萄糖，由葡萄糖再转变生成其他各种单糖。

由于该循环中 CO_2 的受体是一种戊糖（1, 5-二磷酸核酮糖，ribulose bisphosphate，RuBP），又称为还原的戊糖循环（reductive pentose cycle）。CO_2 固定的第一个中间产物是三碳化合物，故又名 C3 途径。

卡尔文循环的基本原理是以放射性的 $^{14}CO_2$ 或 $H^{14}CO_3^-$ 培养植物，经过一定时间（数秒至数十分钟）后，将植物“杀死”（即浸在沸乙醇中），将其中含有 ^{14}C 的化合物提取出来，对提取物进行纸层析和放射性自显影。根据分析结果即可知道 ^{14}C 在各种化合物中出现的先后顺序，最早的产物应该是最先被 ^{14}C 所标记的，较后被标记的化合物出现也较晚，还可以观察其被标记的动态，并且还可研究 ^{14}C 在各个被标记化合物的各个碳原子中的分布情况，从而判断 ^{14}C 的转变途径。

利用这种方法，卡尔文及其同事经过 10 年的努力，于 1962 年绘出了第一张 CO_2 同化的循环图。

卡尔文循环包括 13 个反应，分为 3 个阶段：CO_2 的羧化固定、还原生成六碳糖及 1, 5-二磷酸核酮糖的再生。

1. CO_2 的固定

1, 5-二磷酸核酮糖（RuBP）作为 CO_2 的受体，在 1, 5-二磷酸核酮糖羧化酶（RuBP 羧化酶）的催化下，CO_2 与 1, 5-二磷酸核酮糖结合而生成 2 分子 3-磷酸甘油酸（3-PGA）。

$$\begin{array}{c}CH_2OⓅ\\|\\C=O\\|\\CHOH\\|\\CHOH\\|\\CH_2OⓅ\end{array} + CO_2 + H_2O \xrightarrow{\text{RuBP羧化酶}} \begin{array}{c}CH_2OⓅ\\|\\CHOH\\|\\COOH\end{array} + \begin{array}{c}COOH\\|\\CHOH\\|\\CH_2OⓅ\end{array}$$

1,5-二磷酸核酮糖　　3-磷酸甘油酸　　3-磷酸甘油酸

1, 5-二磷酸核酮糖羧化酶（RuBP 羧化酶）约占叶子中可溶性蛋白质的一半，它是一种寡聚蛋白，由 8 个大亚基与 8 个小亚基组成，相对分子质量约为 500 000。

2. 3-磷酸甘油酸的还原及己糖的形成

3-磷酸甘油酸被 ATP 磷酸化而生成 1, 3-二磷酸甘油酸（DPGA）；再被还原生成 3-磷酸甘油醛（G-3-P），将三碳酸还原为三碳糖。

$$\begin{array}{c}CH_2OⓅ\\|\\CHOH\\|\\COOH\end{array} \underset{\text{3-磷酸甘油酸激酶}}{\overset{ATP \quad ADP}{\rightleftharpoons}} \begin{array}{c}CH_2OⓅ\\|\\CHOH\\|\\COOⓅ\end{array} \underset{\text{3-磷酸甘油醛脱氢酶}}{\overset{NADPH \quad NADP^+}{\rightleftharpoons}} \begin{array}{c}CH_2OⓅ\\|\\CHOH\\|\\CHO\end{array} + Pi$$

3-磷酸甘油酸　　1,3-二磷酸甘油酸　　3-磷酸甘油醛

在磷酸丙糖异构酶的作用下，3-磷酸甘油醛转变为磷酸二羟丙酮（DHAP）。二者在醛缩酶催化下缩合成 1, 6-二磷酸果糖（FDP），后者脱去一个磷酸转变为 6-磷酸果糖（这些反应均为糖酵解过程的逆转），再异构化生成 6-磷酸葡萄糖，继续脱去磷酸基而转变成葡萄糖（图 4-28）。

3. 1, 5-二磷酸核酮糖的再生

同化 CO_2 的反应要继续进行，就要不断地提供 CO_2 的受体 1, 5-二磷酸核酮糖，因此需要有一个 1, 5-二磷酸核酮糖的再生过程。此过程也是通过一个循环反应来实现的。

由上述反应可见，1 分子 1, 5-二磷酸核酮糖只能同化 1 分子 CO_2，6 分子 1, 5-二磷酸核酮糖要同化 6 分子 CO_2，才能转变成 1 分子己糖。1, 5-二磷酸核酮糖并没有被消耗掉。光合循环的全部反应可以用下列总式表示：

$$6RuBP+6CO_2+18ATP+12NADPH+H^+ \longrightarrow 6RuBP+\text{葡萄糖}+18ADP+18Pi+12NADP^+$$

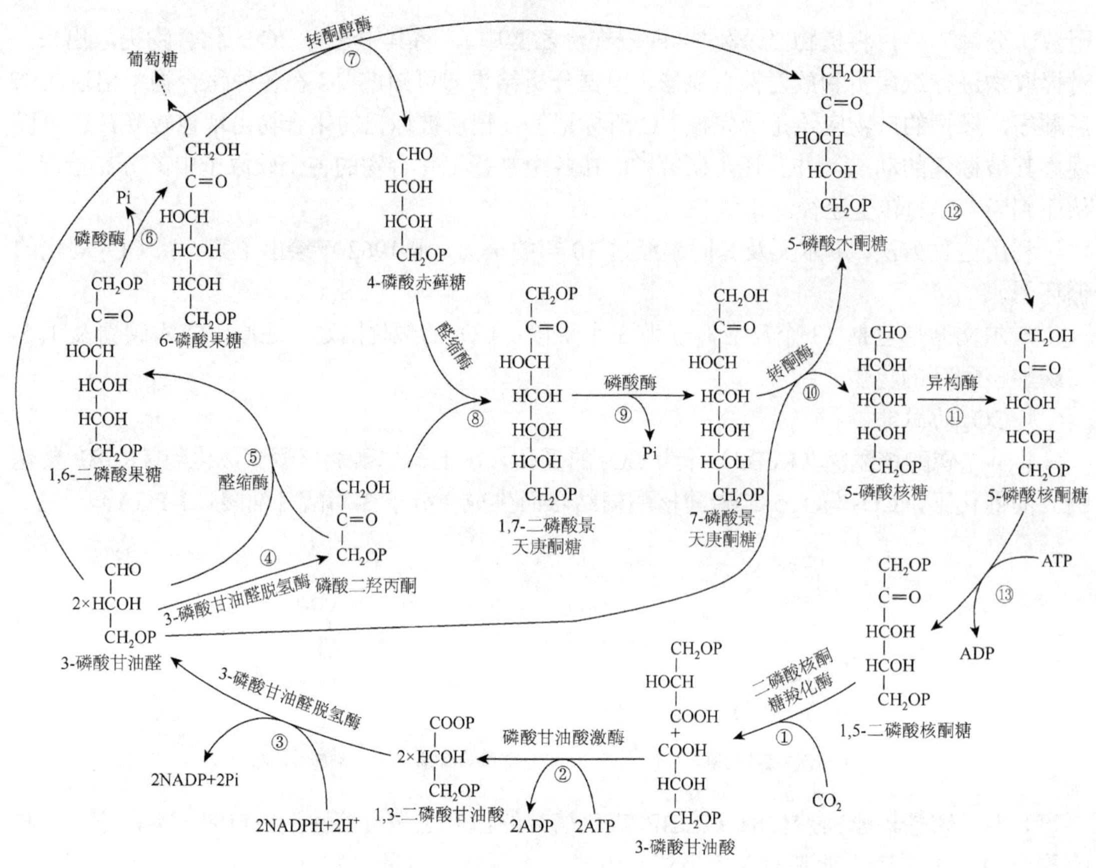

图 4-28　还原的磷酸戊糖途径（C3 途径）

或简写成：

$$6CO_2+18ATP+12NADPH+H^+ \longrightarrow \text{葡萄糖}+18ADP+18Pi+12NADP^+$$

二、糖异生作用

糖的异生作用（gluconeogenesis）是指从非糖物质前体如丙酮酸或草酰乙酸合成葡萄糖的过程。凡能生成丙酮酸的物质都可以异生成葡萄糖，如三羧酸循环的中间产物柠檬酸、异柠檬酸、α-酮戊二酸、琥珀酸、延胡索酸和苹果酸都可转变成草酰乙酸而进入糖异生途径。

大多数氨基酸是生糖氨基酸，它们转变成丙酮酸、α-酮戊二酸、草酰乙酸等三羧酸循环的中间产物进入糖异生途径。

脂肪酸先经β氧化作用生成乙酰辅酶 A，2 分子乙酰辅酶 A 经乙醛酸循环（见脂类代谢），生成 1 分子琥珀酸，琥珀酸经三羧酸循环转变成草酰乙酸，再转变成磷酸烯醇式丙酮酸，而后经糖异生途径生成糖。

1. 生化历程（了解）

由丙酮酸异生成糖，并非全靠糖酵解的逆反应，因为糖酵解过程中有 3 个激酶（丙酮酸激酶、磷酸果糖激酶和己糖激酶）催化的反应是不可逆的，要完成其逆行的反应，就要绕过这 3 个不可逆反应。

（1）由丙酮酸激酶催化的反应，可由下列两个反应代替。

丙酮酸羧化酶：此酶分布在线粒体中，是一种大的别构蛋白，相对分子质量为 660 000，是四聚体，需要乙酰辅酶 A 作为活化剂，以生物素为辅酶。在细胞质中由乳酸或磷酸烯醇式丙酮酸形成的丙酮酸必须先进入线粒体中。丙酮酸转变为草酰乙酸反应如下。

$$\underset{\text{丙酮酸}}{\begin{array}{c}COOH\\|\\C=O\\|\\CH_3\end{array}} + CO_2 + ATP \xrightarrow{\text{丙酮酸羧化酶}} \underset{\text{草酰乙酸}}{\begin{array}{c}COOH\\|\\C=O\\|\\CH_2\\|\\COOH\end{array}} + ADP + Pi$$

磷酸烯醇式丙酮酸（PEP）羧激酶：此酶存在于细胞质中，磷酸化的同时脱去 CO_2，形成磷酸烯醇式丙酮酸。

$$\underset{\text{草酰乙酸}}{\begin{array}{c}COOH\\|\\C=O\\|\\CH_2\\|\\COOH\end{array}} + GTP \xrightarrow{\text{磷酸烯醇式丙酮酸羧激酶}} \underset{\text{磷酸烯醇式丙酮酸}}{\begin{array}{l}COOH\\|\\C-O-\text{Ⓟ}\\\|\\CH_2\end{array}} + GDP + CO_2$$

由丙酮酸转变为磷酸烯醇式丙酮酸的总反应如下。

$$\begin{array}{c}COOH\\|\\C=O\\|\\CH_3\end{array} + ATP + GTP + H_2O \rightleftharpoons \begin{array}{c}COOH\\\|\\C-O-P\\|\\CH_2\end{array} + ADP + GDP + H_3PO_4$$

此过程需要消耗 2 分子 ATP。

（2）磷酸果糖激酶所催化的反应也是不可逆的，由二磷酸果糖磷酸酯酶催化，将 1, 6-二磷酸果糖水解脱去一个磷酸基，生成 6-磷酸果糖。

$$\text{1,6-二磷酸果糖} + H_2O \xrightarrow{\text{磷酸酯酶}} \text{6-磷酸果糖} + H_3PO_4$$

（3）已糖激酶所催化的反应也是不可逆的，由磷酸酯酶催化，把 6-磷酸葡萄糖转变为葡萄糖。

$$\text{6-磷酸葡萄糖} + H_2O \xrightarrow{\text{磷酸酯酶}} \text{葡萄糖} + H_3PO_4$$

2. 糖异生的重要意义

糖异生作用是生物合成葡萄糖的一个重要途径。生物通过此过程可将酵解产生的乳酸、脂肪分解产生的甘油与脂肪酸及生糖氨基酸等中间产物重新转化成糖。在种子萌发时，储藏性的脂肪与蛋白质可以经过糖异生作用转变成碳水化合物，一般以蔗糖为主，因为蔗糖可以运输，也可供种子萌发及幼苗生长的需要。葡萄糖异生作用虽不是植物的普遍特征，但在很多幼苗的代谢中却占优势。油料作物种子萌发时，由脂肪异生成糖的反应尤其强烈。

第七节　蔗糖和多糖的生物合成

一、活化的单糖基供体及其相互转化

在由单糖形成寡糖或多糖之前，它们首先转化成一种活化的形式，即糖与核苷酸相结合的化合物。在高等植物中发现的第一个糖核苷酸是尿苷二磷酸葡萄糖（uridine di-phosphate glucose，UDPG），以后又发现腺苷二磷酸葡萄糖（adenosine diphosphate glucose，ADPG）和少数其他的糖核苷酸。UDPG 和 ADPG 的结构如图 4-29 所示。

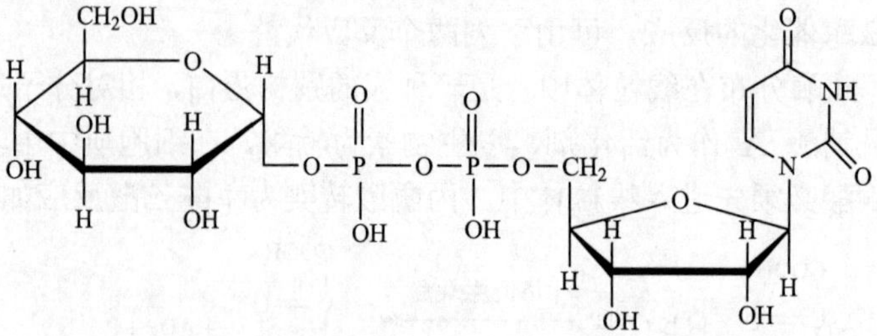

UDPG

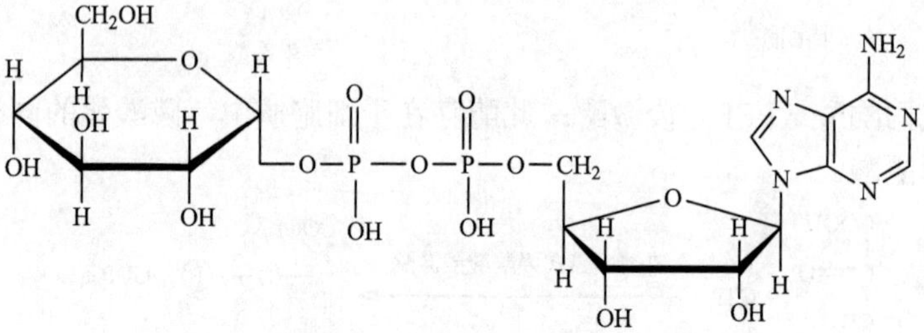

ADPG

图 4-29　UDPG 和 ADPG 的结构

UDPG 是一种活化形式的葡萄糖，它是双糖或多糖生物合成的前体，在寡糖和多糖生物合成中有重要作用，UDPG 糖核苷单位中的 C_1 原子是活化的，因为其羟基部分能被 UDPG 的两个磷酸基团所酯化。UDPG 可以由 1-磷酸葡萄糖和尿苷三磷酸（UTP）合成，由尿苷二磷酸葡萄糖（UDPG）焦磷酸化酶催化。反应时先是从 UTP 末端分解出两个磷酸基团，然后剩下的磷酸基团再与 1-磷酸葡萄糖形成 UDPG。其反应如下。

$$\underset{\text{UTP}}{\text{U—R—P—P—P}} + \underset{\text{1-磷酸葡萄糖}}{\text{G—1—P}} \xrightleftharpoons{\text{UDPG焦磷酸化酶}} \underset{\text{UDPG}}{\text{U—R—P—P—G}} + \underset{\text{焦磷酸}}{\text{PPi}}$$

$$\text{PPi} + H_2O \xrightarrow{\text{焦磷酸酯酶}} 2\text{Pi}$$

在糖核苷酰转移反应中标准自由能的变化很小，所以是可逆的。但由于焦磷酸酯酶将无机焦磷酸继续水解，使反应朝向 UDPG 形成的方向进行。

ADPG 也是以类似反应形成的，催化这个反应的酶称为 ADPG 焦磷酸化酶。

二、蔗糖的合成

现在已知蔗糖的合成可能有以下几条途径。

（1）蔗糖磷酸化酶（sucrose phosphorylase）途径：这是微生物中蔗糖合成的途径。1943 年 Doudoroff 等在假单胞菌（*Pseuomonas saccharophila*）的细胞中提取得到蔗糖磷酸化酶，当有无机酸存在时，可以将蔗糖分解为 1-磷酸葡萄糖和果糖，并且证明这是一种可逆反应，其反应过程如下。

$$\text{1-磷酸葡萄糖} + \text{果糖} \xrightleftharpoons{\text{蔗糖磷酸化酶}} \text{蔗糖} + \text{Pi}$$

但是，在高等植物中至今未能发现这种合成蔗糖的途径。

（2）蔗糖合成酶（sucrose synthase）途径：蔗糖合成酶又名 UDP-D-葡萄糖：D-果糖 *α*-

葡萄糖基转移酶（UDP-D-glucose：D-fructose α-glucosyl transferase），它能利用尿苷二磷酸葡萄糖作为葡萄糖的供体，与果糖合成蔗糖。反应如下。

$$\text{UDPG} + \text{果糖} \xrightleftharpoons{\text{蔗糖合成酶}} \text{UDP} + \text{蔗糖}$$

在许多高等植物中发现有这种酶存在，并且证明这种酶对 UDPG 并不是专一性的，也可利用其他的核苷二磷酸葡萄糖（如 ADPG、TDPG、CDPG 和 GDPG）作为葡萄糖的供体。

（3）磷酸蔗糖合成酶（sucrose phosphate synthase）途径：磷酸蔗糖合成酶也利用 UDPG 作为葡萄糖供体，但是葡萄糖的受体不是游离的果糖，而是 6-磷酸果糖，生成的直接产物为磷酸蔗糖。植物体内还存在蔗糖磷酸酯酶，能将磷酸蔗糖水解成蔗糖。

$$\text{UDPG} + \text{6-磷酸果糖} \xrightleftharpoons{\text{磷酸蔗糖合成酶}} \text{磷酸蔗糖} + \text{UDP}$$

$$\text{磷酸蔗糖} + H_2O \xrightleftharpoons{\text{蔗糖磷酸酯酶}} \text{蔗糖} + \text{UDP}$$

磷酸蔗糖合成酶在植物光合组织中的活性较高，而在非光合组织中蔗糖合成酶的活性较高。磷酸蔗糖合成酶催化的反应虽是可逆的，但由于生成的磷酸蔗糖发生水解，故其总反应是不可逆的，即朝合成蔗糖的方向进行。目前认为这可能是在光合组织中合成蔗糖的主要途径。

三、淀粉（糖原）的合成

1. 直链淀粉的生物合成

（1）淀粉磷酸化酶：淀粉磷酸化酶广泛存在于生物界，在动物、植物、酵母和某些细菌中都有存在，它催化以下可逆反应。

$$\text{1-磷酸葡萄糖} + \text{“引子”} \xrightleftharpoons{\text{淀粉磷酸化酶}} \text{淀粉} + H_3PO_4$$

以上反应表明：当只有 1-磷酸葡萄糖存在时，磷酸化酶不能催化其形成淀粉，需要加入少量的淀粉或葡萄多糖，即所谓“引子”。“引子”主要是 α-葡萄糖等 1, 4-糖苷键的化合物，以葡萄多糖促进反应快速进行，麦芽四糖慢一些，引起反应最小的分子是麦芽三糖。“引子”的功能是作为 α-葡萄糖的受体，转移来的葡萄糖分子结合在“引子”的 C_4 非还原性末端的羟基上。因为淀粉磷酸化酶在离体的条件下是可逆的，所以过去认为这是植物体内合成淀粉的反应。但是植物细胞内无机磷酸浓度较高，不适宜反应朝向合成方向进行。所以有人提出在细胞内淀粉磷酸化酶的作用主要是催化淀粉的分解，淀粉合成主要由其他酶来进行。

（2）D 酶（D-enzyme）：D 酶是一种糖苷转移酶，作用于 α-1, 4-糖苷键上，它能将一个麦芽多糖的残余键段转移到葡萄糖、麦芽糖或其他 α-1, 4-糖苷键的多糖上，起加成作用，故又称为加成酶。例如，D-酶作用在两个麦芽三糖分子上，就能形成麦芽五糖及葡萄糖的混合物，即一个麦芽糖残基从一个麦芽三糖分子中脱离出来作为供体，而加到另一个麦芽三糖分子上（受体）。其反应如下。

●—●—○ + ○—○—○ ⇌ ●—●—○—○—○ + ○

—为 α-1, 4-糖苷键；●为转移的葡萄糖单位。

在淀粉生物合成过程中，“引子”的产生与 D 酶的作用有密切的关系。在马铃薯和大豆中发现有这种酶存在。

（3）淀粉合成酶：现在普遍认为生物体内淀粉的合成是由淀粉合成酶催化的，淀粉合成的第一步是由 1-磷酸葡萄糖先合成尿苷二磷酸葡萄糖（UDPG），催化此反应的酶为 1-磷酸葡萄糖尿苷酰转移酶。

$$\text{1-磷酸葡萄糖} + \text{UTP} \rightleftharpoons \text{UDPG} + \text{PPi}$$

淀粉合成的第二步是由淀粉合成酶催化的。它是一种葡萄糖基转移酶，催化 UDPG 中的葡萄糖转移到 α-1, 4-糖苷键连接的葡聚糖（即“引子”）上，使链加长了一个葡萄糖单位。

$$\text{UDPG} + (\text{葡萄糖}) \xrightarrow[\text{“引子”}]{\text{淀粉合成酶}} \text{UDP} + (\text{葡萄糖})_{n+1}$$

这个反应重复下去，便可使淀粉链不断延长。最近研究表明，在植物和微生物中 ADPG 比 UDPG 更为有效，用 ADPG 合成淀粉的反应要比用 UDPG 快 10 倍。

$$\text{1-磷酸葡萄糖} + \text{ATP} \rightleftharpoons \text{ADPG} + \text{PPi}$$

$$\text{ADPG} + (\text{葡萄糖})_n \xrightarrow[\text{“引子”}]{\text{淀粉合成酶}} \text{ADP} + (\text{葡萄糖})_{n+1}$$

用水稻和玉米种子进行的实验证明：由 ADPG 合成淀粉是主要途径。淀粉合成酶常与细胞中的淀粉颗粒连接在一起。淀粉合成酶不能形成淀粉分支点处的 α-1, 6-糖苷键。

2. 支链淀粉的生物合成

由于淀粉合成酶只能合成 α-1, 4-糖苷键连接的直链淀粉，但是支链淀粉除了 α-1, 4-糖苷键外，尚有分支点处的 α-1, 6-糖苷键。这种 α-1, 6-糖苷键连接是在另一种称为 Q 酶的作用下形成的。Q 酶能够从直链淀粉的非还原性末端切断一个 6 或 7 个糖残基的寡聚糖碎片，然后催化转移到同一直链淀粉链或另一直链淀粉链的一个葡萄糖残基的 6-羟基处，这样就形成了一个 α-1, 6-糖苷键，即形成一个分支。在淀粉合成酶和 Q 酶的共同作用下便合成了支链淀粉。

第五章　脂类与氨基酸代谢

【目的要求】

脂类与氨基酸的代谢与合成调节。

【掌握】

1. 甘油的利用途径。
2. 甘油三酯的分解代谢。
3. 脂肪酸氧化的全过程（活化、脂酰基转运、β氧化）。
4. 脂肪酸氧化的能量计算。
5. 酮体的概念及其代谢的生理意义。
6. 酮体生成部位、原料、关键酶、过程。
7. 氨基酸的代谢状况。
8. 酮酸的代谢。

【熟悉】

1. 甘油三酯的合成部位、原料及甘油二酯途径。
2. 脂解激素的作用机制。
3. 脂肪酸在血液中的运输形式。
4. 酮体代谢的调节。
5. 脂肪酸合成的调节。
6. 氨基酸的脱氨作用、转氨作用。
7. 氨的来源与去路。
8. 丙氨酸-葡萄糖循环。
9. 尿素的合成。
10. 糖、脂类和蛋白质代谢的关系。

【了解】

1. 脂肪在小肠的吸收及合成 CM 的过程。
2. 脂肪酸氧化的其他方式。
3. 脂肪酸碳链的加长、不饱和脂肪酸的合成。
4. 软脂酸合成的全过程。
5. 谷氨酰胺的合成与运氨作用。
6. 联合脱氨基作用。
7. 氨的转运的过程。

代谢是一切生命活动的基础。代谢包括物质代谢、能量代谢和信息代谢三个方面。任何物质变化总伴有能量变化，而能量变化又总伴随着它们组成成分相对无序和有序结构的变更。组织结构的这种变化可以通过称为“熵”的热力学函数进行测量。熵越大，系统越混乱；反之熵越小，系统的有组织程度就越高。信息也可以作为系统组织程度的量度，获得信息便意味着混乱程度或者不确定程度减少，也就是说它的组织程度越高。因而可以说信息就是负熵。活细胞不断与环境交换物质，摄取能量，输入负熵，从而得以构建和维持其复杂的组织结构；这种关系一旦破坏，便意味着死亡。

第一节 脂类的分解与合成代谢

一、脂类的消化、吸收和转运

（一）脂类的消化（主要在十二指肠中）

胃的食物糜（酸性）进入十二指肠，刺激肠促胰液肽的分泌，引起胰脏分泌 HCO_3^-至小肠（碱性）。脂肪间接刺激胆汁及胰液的分泌。胆汁酸盐使脂类乳化，分散成小微团，在胰腺分泌的脂类水解酶作用下水解。

（二）脂类的吸收

脂类的消化产物，甘油单脂、脂肪酸、胆固醇、溶血磷脂可与胆汁酸乳化成更小的混合微团（20nm），这种微团极性增大，易于穿过肠黏膜细胞表面的水屏障，被肠黏膜的柱状表面细胞吸收。被吸收的脂类，在柱状细胞中重新合成甘油三酯，结合上蛋白质、磷脂、胆固醇，形成乳糜微粒（CM），经胞吐排至细胞外，再经淋巴系统进入血液。小分子脂肪酸水溶性较高，可不经过淋巴系统，直接进入门静脉血液中。

（三）脂类转运和脂蛋白的作用

甘油三酯和胆固醇脂在体内由脂蛋白转运。脂蛋白是由以疏水脂类为核心、围绕着极性脂类及载脂蛋白组成的复合体，是脂类物质的转运形式。

载脂蛋白（已发现 18 种，主要的有 7 种）：在肝脏及小肠中合成分泌至胞外，可使疏水脂类增溶，并且具有信号识别、调控及转移功能，能将脂类运至特定的靶细胞中。

（四）贮脂的动用

皮下脂肪在脂肪酶作用下分解，产生脂肪酸，经血浆白蛋白运输至各组织细胞中。

血浆白蛋白占血浆蛋白总量的 50%，是脂肪酸运输蛋白，血浆白蛋白既可运输脂肪酸，又可解除脂肪酸对红细胞膜的破坏。

贮脂的降解受激素调节。促进：肾上腺素、胰高血糖素、肾上腺皮质激素。抑制：胰岛素。植物种子发芽时，脂肪酶活性升高，能利用脂肪的微生物也能产生脂肪酶。

二、甘油三酯的分解代谢

（一）甘油三酯的水解

甘油三酯的水解由脂肪酶催化。组织中有 3 种脂肪酶，逐步将甘油三酯水解成甘油二酯、甘油单酯、甘油和脂肪酸。这 3 种酶是：脂肪酶（激素敏感性甘油三酯脂肪酶，是限速酶）、甘油二酯脂肪酶、甘油单酯脂肪酶。

肾上腺素、胰高血糖素、肾上腺皮质激素都可以激活腺苷酸环化酶，使 cAMP 浓度升高，促使依赖 cAMP 的蛋白激酶活化，后者使无活性的脂肪酶磷酸化，转变成有活性的脂肪酶，加速脂解作用。胰岛素、前列腺素 E1 作用相反，可抗脂解。油料种子萌发早期，脂肪酶活性急剧增高，脂肪迅速水解（图 5-1）。

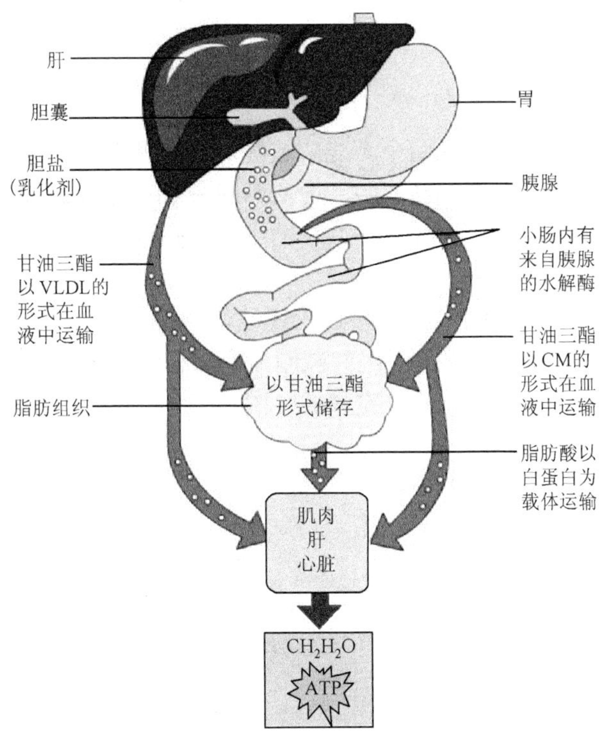

图 5-1　甘油三酯的消化与吸收

（二）甘油代谢

在脂肪细胞中，没有甘油激酶，无法利用脂解产生的甘油。甘油进入血液，转运至肝脏后才能被甘油激酶磷酸化为 3-磷酸甘油，再经磷酸甘油脱氢酶氧化成磷酸二羟丙酮，进入糖酵解途径或糖异生途径。

$$\underset{\text{甘油}}{\begin{matrix} CH_2OH \\ | \\ HO-CH \\ | \\ CH_2OH \end{matrix}} \xrightarrow[\text{甘油激酶}]{ATP \to ADP} \underset{\text{磷酸甘油}}{\begin{matrix} CH_2OH \\ | \\ HO-CH \\ | \\ CH_2OH-Ⓟ \end{matrix}} \xrightarrow[\text{磷酸甘油脱氢酶}]{NAD^+ \to NADH+D^+} \underset{\text{磷酸二羟丙酮}}{\begin{matrix} CH_2OH \\ | \\ C=O \\ | \\ CH_2O-Ⓟ \end{matrix}} \longleftrightarrow \text{糖酵解途径}$$

三、脂肪酸的 β 氧化

（一）β 氧化学说

早在 1904 年，Franz 和 Knoop 就提出了脂肪酸 β 氧化学说。用苯基标记含奇数碳原子的脂肪酸，饲喂动物，尿中是苯甲酸衍生物马尿酸。用苯基标记含偶数碳原子的脂肪酸，饲喂动物，尿中是苯乙酸衍生物苯乙尿酸。结论：脂肪酸的氧化从羧基端 β-碳原子开始，每次分解出一个二碳片段。产生的终产物苯甲酸、苯乙酸对动物有毒害，在肝脏中分别与 Gly 反应，生成马尿酸和苯乙尿酸，排出体外。β 氧化发生在肝脏及其他细胞的线粒体内。

（二）脂肪酸的 β 氧化过程

1. 脂肪酸的活化（细胞质）

$$RCOO- + ATP + CoA-SH \longrightarrow RCO-S-CoA + AMP + PPi$$

生成一个高能硫脂键，需消耗两个高能磷酸键，反应平衡常数为 1，由于 PPi 水解，反应不可逆。细胞中有两种活化脂肪酸的酶，内质网脂酰 CoA 合成酶活化 12C 以上的长链脂肪酸，线粒体脂酰 CoA 合成酶，活化 4～10C 的中链、短链脂肪酸。

2. 脂肪酸向线粒体的转运

中链、短链脂肪酸（4～10C）可直接进入线粒体，并在线粒体内活化生成脂酰 CoA。长链脂肪酸先在胞质中生成脂酰 CoA，经肉碱脂酰肉碱转位酶转运至线粒体内。脂肪酸向线粒体转运的过程是由复杂的转运蛋白来完成的（图 5-2）。

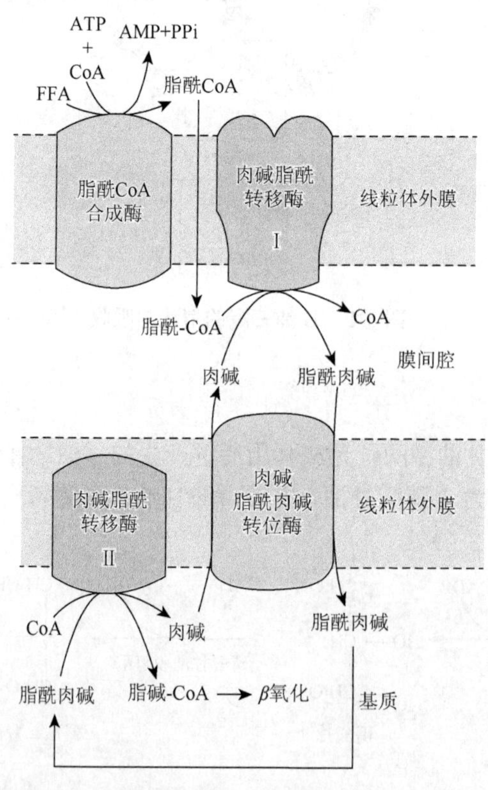

图 5-2　脂酰 CoA 经肉碱转运系统进入线粒体

3. β 氧化作用过程

首先，脂酰 CoA 脱氢生成 β-反式烯脂酰 CoA，线粒体基质中，已发现 3 种脂酰 CoA 脱氢酶，均以 FAD 为辅基，分别催化链长为 C4～C6，C6～C14，C6～C18 的脂酰 CoA 脱氢。随后，Δ^2 反式烯脂酰 CoA 水化生成 L-β-羟脂酰 CoA，L-β-羟脂酰 CoA 脱氢生成 β-酮脂酰 CoA，β-酮脂酰 CoA 硫解生成乙酰 CoA 和（n–2）脂酰 CoA（图 5-3）。

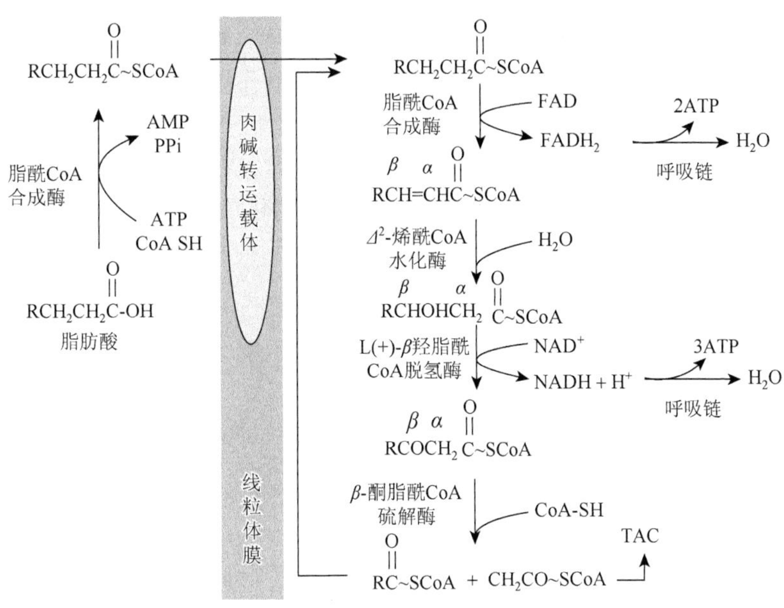

图 5-3　脂肪酸的 β 氧化过程

脂肪酸 β 氧化时仅需活化一次，其代价是消耗 1 个 ATP 的两个高能键。β 氧化包括脱氢、水化、脱氢、硫解 4 个重复步骤。β 氧化的产物是乙酰 CoA，可以进入 TCA。

4. 脂肪酸 β 氧化产生的能量

以硬脂酸为例，18 碳饱和脂肪酸，胞质中活化消耗 2 分子 ATP，生成硬脂酰 CoA，线粒体内脂酰 CoA 脱氢生成 $FADH_2$，β-羟脂酰 CoA 脱氢生成 NADH，β-酮脂酰 CoA 硫解生成乙酰 CoA→TCA。

活化消耗：–2ATP。β 氧化产生：8×（1.5+2.5）ATP=32。

9 个乙酰 CoA：9×10=90ATP。

净生成：120 个 ATP。

5. β 氧化的调节

脂酰基进入线粒体为限速步骤，长链脂肪酸生物合成的第一个前体丙二酸单酰 CoA 的浓度增加，可抑制肉碱脂酰转移酶Ⅰ，限制脂肪氧化；[NADH]/[NAD^+]比率高时，β-羟脂酰 CoA 脱氢酶便受抑制；乙酰 CoA 浓度高时，可抑制硫解酶，抑制氧化（脂酰 CoA 有两条去路：①氧化；②合成甘油三酯）。

6. 不饱和脂肪酸的 β 氧化

（1）单不饱和脂肪酸的氧化：Δ^3 顺-Δ^2 反烯脂酰 CoA 异构酶改变双键位置和顺反构型。单不饱和脂肪酸是指含有 1 个双键的脂肪酸。以前通常指的是油酸（oleic acid），以 18∶1Δ^9 表示。现在的研究证实，单不饱和脂肪酸的种类和来源极其丰富。

（2）多不饱和脂肪酸的氧化：Δ^3 顺-Δ^2 反烯脂酰 CoA 异构酶改变双键位置和顺反构型，β-羟脂酰 CoA 差向酶改变 β-羟基构型：D 型→L 型。除单不饱和脂肪酸以外的氧化均可以认为是多不和脂肪酸的氧化。

7. 奇数碳脂肪酸的 β 氧化

奇数碳脂肪酸经反复的 β 氧化，最后可得到丙酰 CoA，丙酰 CoA 有两条代谢途径。

（1）丙酰 CoA 转化成琥珀酰 CoA，进入 TCA。动物体内存在这条途径，因此，在动物肝脏中奇数碳脂肪酸最终能够异生为糖。反刍动物瘤胃中，糖异生作用十分旺盛，碳水化合物经细菌发酵可产生大量丙酸，进入宿主细胞，在硫激酶作用下生成丙酰 CoA，转化成琥珀酰 CoA，参加糖异生作用。

（2）丙酰 CoA 转化成乙酰 CoA，进入 TCA，这条途径在植物、微生物中较普遍。有些植物、酵母和海洋生物，体内含有奇数碳脂肪酸，经 β 氧化后，最后产生丙酰 CoA（图 5-4）。

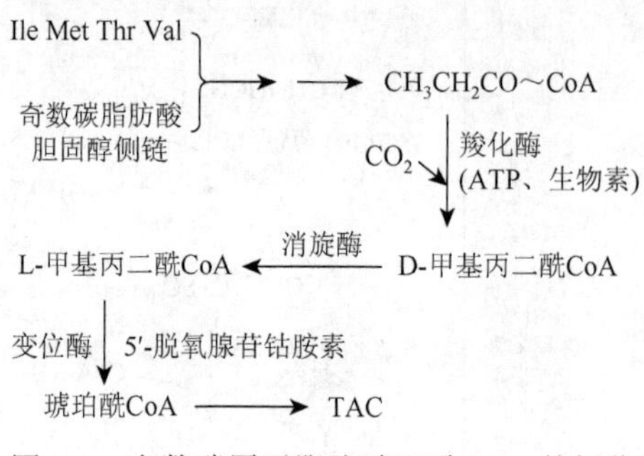

图 5-4　奇数碳原子脂肪酸丙酰 CoA 的氧化

四、脂肪酸的其他氧化途径

1. α 氧化（不需活化，直接氧化游离脂肪酸）

植物种子、叶子和动物的脑、肝细胞，每次氧化从脂肪酸羧基端失去一个 C 原子。α 氧化对于降解支链脂肪酸、奇数碳脂肪酸、过分长链脂肪酸（如脑中 22C、24C）有重要作用。

2. ω 氧化（ω 端的甲基羟基化，氧化成醛，再氧化成酸）

动物体内多数是 12C 以上的羧酸，它们进行 β 氧化，但少数的 12C 以下的脂肪酸可通过 ω 氧化途径，产生二羧酸，如 11C 脂肪酸可产生 11C、9C 和 7C 的二羧酸（在生物体内并不重要）。ω 氧化涉及末端甲基的羟基化，生成一级醇，并继而氧化成醛，再转化成羧酸。ω 氧化在脂肪烃的生物降解中有重要作用。泄漏的石油，可被细菌 ω 氧化，把烃转变成脂肪酸，然后经 β 氧化降解。

五、酮体的代谢

脂肪酸 β 氧化产生的乙酰 CoA，在肌肉和肝外组织中直接进入 TCA，然而在肝、肾细胞中还有另外一条去路：生成乙酰乙酸、D-β-羟丁酸、丙酮，这 3 种物质统称酮体。酮体在肝中生成后，再运到肝外组织中利用。

1. 酮体的生成

酮体的合成发生在肝、肾细胞的线粒体内。

形成酮体的目的是将肝中大量的乙酰 CoA 转移出去，乙酰乙酸占 30%，β-羟丁酸 70%，少量丙酮（丙酮主要由肺呼出体外）。肝线粒体中的乙酰 CoA 走哪一条途径，主要取决于草酰乙酸的可利用性。饥饿状态下，草酰乙酸离开 TCA，用于异生合成 Glc。当草酰乙酸浓度很低时，只有少量乙酰 CoA 进入 TCA，大多数乙酰 CoA 用于合成酮体。当乙酰 CoA 不能再进入 TCA 时，肝合成酮体送至肝外组织利用，肝仍可继续氧化脂肪酸。肝中酮体生成的酶类很活泼，但没有能利用酮体的酶类。因此，肝线粒体合成的酮体，迅速透过线粒体并进入血液循环，送至全身（图 5-5）。

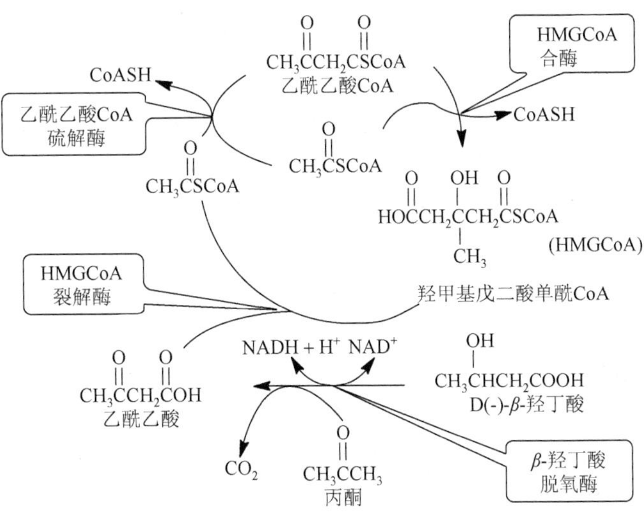

图 5-5　酮体在肝细胞中生成

2. 酮体的利用

肝外许多组织具有活性很强的利用酮体的酶。乙酰乙酸被琥珀酰 CoA 转硫酶（β-酮脂酰 CoA 转移酶）活化成乙酰乙酰 CoA，心、肾、脑、骨骼肌等的线粒体中有较高的酶活性，可活化乙酰乙酸：乙酰乙酸+琥珀酰 CoA⟶乙酰乙酰 CoA+琥珀酸，然后，乙酰乙酰 CoA 被 β 氧化酶系中的硫解酶硫解，生成 2 分子乙酰 CoA 进入 TCA。β-羟基丁酸由 β-羟基丁酸脱氢酶催化，生成乙酰乙酸，然后进入上述途径。丙酮可在一系列酶作用下转变成丙酮酸或乳酸，进入 TCA 或异生成糖（图 5-6）。

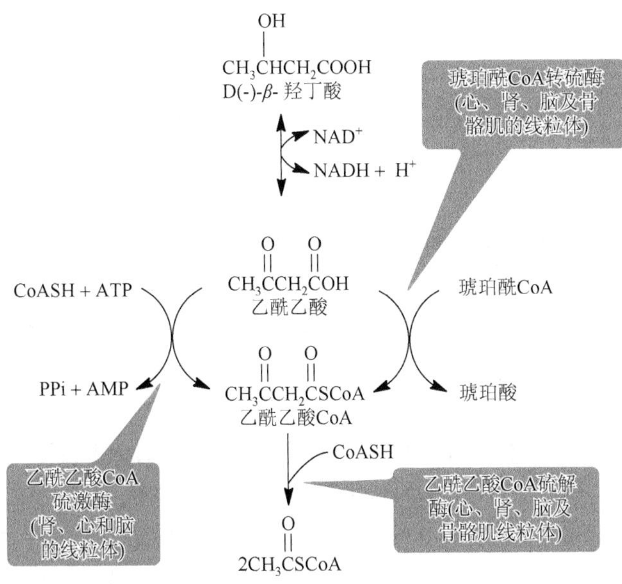

图 5-6　酮体的生成和利用的总示意图

肝氧化脂肪时可产生酮体，但不能利用它（缺少 β-酮脂酰 CoA 转移酶），而肝外组织在脂肪氧化时不产生酮体，但能利用肝中输出的酮体。在正常情况下，脑组织基本上利用 Glc

供能，而在严重饥饿状态，75%的能量由血中酮体供应。

3. 酮体生成的生理意义

酮体是肝内正常的中间代谢产物，是肝输出能量的一种形式。酮体溶于水，分子小，能通过血脑屏障及肌肉毛细管壁，是心、脑组织的重要能源。脑组织不能氧化脂肪酸，却能利用酮体。长期饥饿，糖供应不足时，酮体可以代替 Glc，成为脑组织及肌肉的主要能源。正常情况下，血中酮体小于 1.0mmol/L。在饥饿、高脂低糖膳食时，酮体的生成增加，当酮体生成超过肝外组织的利用能力时，引起血中酮体升高，导致酮症酸（乙酰乙酸、*β*-羟丁酸）中毒，引起酮尿。

4. 酮体生成的调节

1）膳食状况 饱食：胰岛素增加，脂解作用抑制，脂肪动员减少，进入肝中脂肪酸减少，酮体生成减少。饥饿：胰高血糖素增加，脂肪动员量加强，血中游离脂肪酸浓度升高，利于 *β* 氧化及酮体的生成。

2）肝细胞糖原含量及代谢的影响 进入肝细胞的游离脂肪酸，有两条去路：一条是在胞液中酯化，合成甘油三酯及磷脂；另一条是进入线粒体进行 *β* 氧化，生成乙酰 CoA 及酮体。肝细胞糖原含量丰富时，脂肪酸合成甘油三酯及磷脂。肝细胞糖供给不足时，脂肪酸主要进入线粒体，进入 *β* 氧化，酮体生成增多。

3）丙二酸单酰 CoA 抑制脂酰 CoA 进入线粒体 乙酰 CoA 及柠檬酸能激活乙酰 CoA 羧化酶，促进丙二酰 CoA 的合成，后者能竞争性抑制肉碱脂酰转移酶 I，从而阻止脂酰 CoA 进入线粒体内进行 *β* 氧化。

六、脂肪酸的合成代谢

（一）饱和脂肪酸的从头合成

1. 乙酰 CoA 的转运

细胞内的乙酰 CoA 几乎全部在线粒体中产生，而合成脂肪酸的酶系在胞质中，乙酰 CoA 必须经柠檬酸-丙酮酸循环转运出来。

2. 丙二酸单酰 CoA 的生成（限速步骤）

脂肪合成时，乙酰 CoA 是脂肪酸的起始物质（引物），其余链的延长都以丙二酸单酰 CoA 的形式参与合成。所用的碳来自 HCO_3^-（比 CO_2 活泼），形成的羧基是丙二酸单酰 CoA 的远端羧基。乙酰 CoA 羧化酶：（辅酶是生物素）为别构酶，是脂肪酸合成的限速酶，柠檬酸可激活此酶，脂肪酸可抑制此酶。

3. 脂酰基载体蛋白（ACP）

脂肪酸合成酶系有 7 种蛋白质，其中 6 种是酶，1 种是脂酰基载体蛋白（ACP），它们组成了脂肪酸合成酶复合体。ACP 上的 Ser 羟基与 4-磷酸泛酰巯基乙胺上的磷酸基团相连，4-磷酸泛酰巯基乙胺是 ACP 和 CoA 的共同活性基团。脂肪酸合成过程中的中间产物，以共价键与 ACP 辅基上的—SH 基相连，ACP 辅基就像一个摇臂，携带脂肪酸合成的中间物由一个酶转到另一个酶的活性位置上。

4. 脂肪酸的生物合成步骤（图 5-7）

原初反应：乙酰基连到 *β*-酮脂酰 ACP 合成酶上。随后，丙二酸酰基转移反应生成丙二酸单酰-*S*-ACP，此时一个丙二酸单酰基与 ACP 相连，另一个脂酰基（乙酰基）与 *β*-酮脂酰-ACP

合成酶相连。接着是 4 个反应的循环。

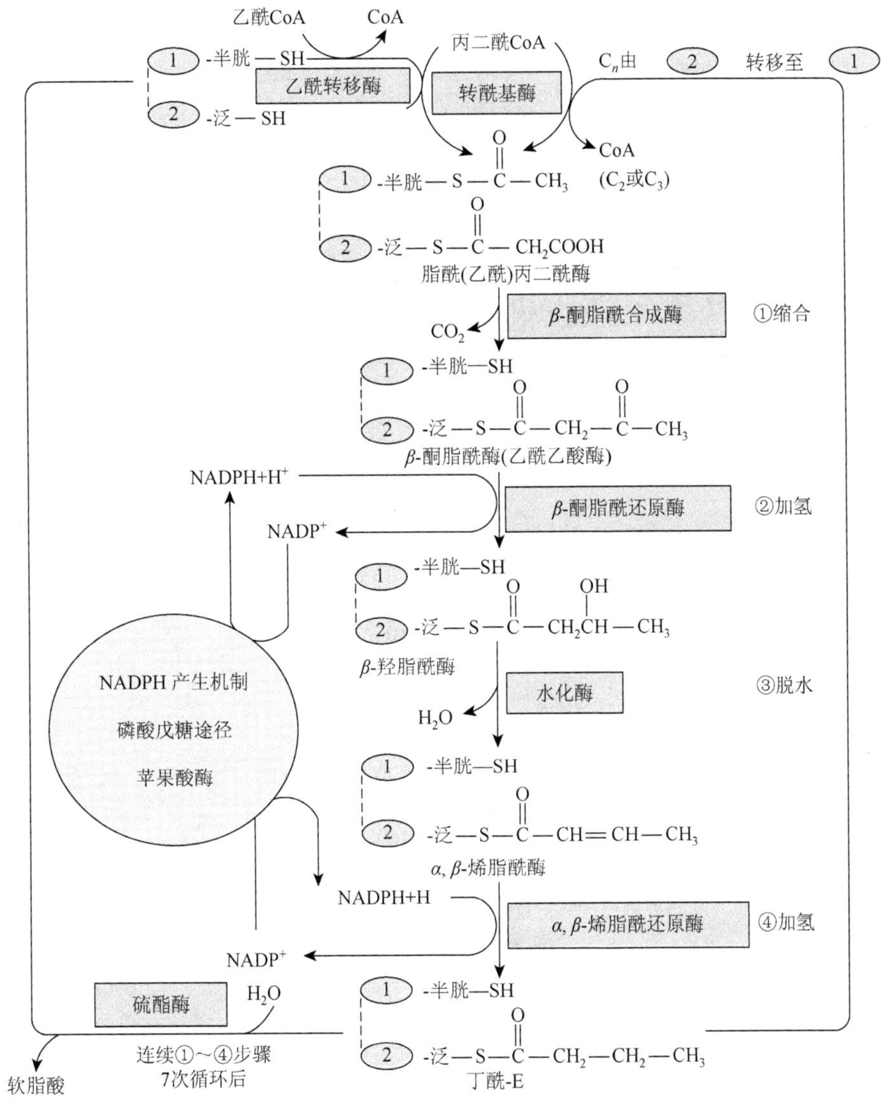

图 5-7　脂肪酸的生物合成

缩合反应：生成 β-酮脂酰-S-ACP，同位素实验证明，释放的 CO_2 来自形成丙二酸单酰 CoA 时所羧化的 HCO_3^-，羧化上的 C 原子并未掺入脂肪酸，HCO_3^-在脂肪酸合成中只起催化作用。第一次还原反应：生成 β-羟脂酰-S-ACP，注意：形成的是 D 型 β-羟丁酰-S-ACP，而脂肪分解氧化时形成的是 L 型。脱水反应：形成 β-烯脂酰-S-ACP。第二次还原反应：形成（n+2）脂酰-S-ACP。

第一次循环，产生丁酰-S-ACP。第二次循环，丁酰-S-ACP 的丁酰基由 ACP 转移至 β-酮脂酰-ACP 合成酶上，再接受第二个丙二酸单酰基，进行第二次缩合。

奇数碳原子的饱和脂肪酸也由此途径合成，只是起始物为丙二酸单酰-S-ACP，而不是乙酰-S-ACP，逐加的二碳单位也来自丙二酸单酰-S-ACP。

多数生物的脂肪酸合成步骤仅限于形成软脂酸（16C）。经过 7 次循环后，合成的软脂酰-

S-ACP 经硫脂酶催化生成游离的软脂酸，或由 ACP 转到 CoA 上生成软脂酰 CoA，或直接形成磷脂肪酸。对链长有专一性的酶是 *β*-酮脂酰 ACP 合成酶，它不能接受 16C 酰基。由乙酰-*S*-CoA 合成软脂酸的总反应：

$$8乙酰CoA + 14NADPH + 14H^+ + 7ATP + H_2O \longrightarrow 软脂酸 + 8CoASH + 14NADP^+ + 7ADP + 7Pi$$

（二）各类细胞中脂肪酸合成酶系

细菌、植物的多酶复合体：6 种酶+ACP。

酵母（$\alpha_6\beta_6$）：电镜下直径为 25nm，*α*, *β*-酮脂酰合成酶、*β*-酮脂酰还原酶，*β*-脂酰转移酶、丙二酸单酰转移酶、*β*-羟脂酰脱水酶、*β*-烯脂酰还原酶。

哺乳动物（α_2，多酶融合体）：结构域Ⅰ，底物进入酶系进行缩合的单元，乙酰转移酶活性、丙二酸单酰转移酶、缩合酶；结构域Ⅱ，还原反应物的单元，ACP、*β*-酮脂酰还原酶、*β*-羟脂酰脱水酶、*β*-烯脂酰还原酶；结构域Ⅲ，释放软脂酸的单元，硫脂酶。

多酶融合体：许多真核生物的多酶体系是多功能蛋白，不同的酶以共价键连在一起，称为单一的肽连，称为多酶融合体。生物进化中，外显子跳动产生的结果，有利于酶的协同作用，提高催化效率。

（三）脂肪酸合成的化学计量（从乙酰 CoA 开始）

以合成软脂酸为例（8 个乙酰 CoA）：14NADPH，7ATP。

（四）脂肪酸氧化与合成途径的比较（表 5-1）

表 5-1　脂肪酸氧化与合成途径的比较

	合成（从乙酰 CoA 开始）	氧化（生成乙酰 CoA）
细胞中部位	细胞质	线粒体
酶系	7 种酶，多酶复合体或多酶融合体	4 种酶分散存在
酰基载体	ACP	CoA
二碳片段	丙二酸单酰 CoA	乙酰 CoA
电子供体（受体）	NADPH	FAD、NAD
β-羟脂酰基构型	D 型	L 型
对 HCO_3^- 及柠檬酸的要求	要求	不要求
能量变化	消耗 7 个 ATP 及 14 个 NADPH，共 49 个 ATP	产生（$7FADH_2$+7NADH−2ATP）共 33 个 ATP
产物	只合成 16C 以内的脂肪酸，延长需由别的酶完成	18C 可彻底降解

（五）脂肪酸合成的调节

1. 酶浓度调节（酶量的调节或适应性控制）

关键酶：乙酰 CoA 羧化酶（产生丙二酸单酰 CoA），脂肪酸合成酶系，苹果酸酶（产生 $NADPH+H^+$）。饥饿时，这几种酶浓度降低 3～5 倍，进食后，酶浓度升高。喂食高糖低脂膳食，这几种酶浓度升高，脂肪酸合成加快。

2. 酶活性的调节

乙酰 CoA 羧化酶是限速酶。别构调节：柠檬酸激活、软脂酰 CoA 抑制。共价调节：磷酸化会失活、脱磷酸化会复活。胰高血糖素可使此酶磷酸化失活，胰岛素可使此酶脱磷酸化而恢复活性。

七、线粒体和内质网中脂肪酸碳链的延长

β-酮脂酰-ACP 合成酶最多只能接受 14C 的酰基，不能接受 16C 酰基。因此，从头合成只能合成 16C 软脂酸。

1. 线粒体脂肪酸延长酶系

能够延长中、短链（4～16C）饱和或不饱和脂肪酸，延长过程是 *β* 氧化过程的逆转，乙酰 CoA 作为二碳片段的供体，NADPH 作为氢供体。具体过程为：硫解→加氢→脱水→加氢。

2. 内质网脂肪酸延长酶系

哺乳动物细胞的内质网膜能延长饱和或不饱和长链脂肪酸（16C 及以上），延长过程与从头合成相似，只是以 CoA 代替 ACP 作为脂酰基载体，丙二酸单酰 CoA 作为 C2 供体，NADPH 作为氢供体，从羧基端延长。

八、不饱和脂肪酸的合成

在人类及多数动物体内，只能合成一个双键的不饱和脂肪酸（Δ^9），如硬脂酸脱氢生成油酸，软脂酸脱氢生成棕榈油酸。植物和某些微生物可以合成（Δ^{12}）二烯酸、三烯酸，甚至四烯酸。某些微生物（*Escherichia coli*）、酵母及霉菌能合成二烯酸、三烯酸和四烯酸。

1. 氧化脱氢（需氧）

一般在脂肪酸的第 9、第 10 位脱氢，生成不饱和脂肪酸。例如，硬脂酸可在特殊脂肪酸氧化酶作用下，脱氢生成油酸。

大肠杆菌：棕榈油酸的合成是由 *β*-羟癸脂酰-ACP 开始。

植物和微生物：由铁硫蛋白代替细胞色素 b_5。

含 2～4 个双键的脂肪酸也能用类似方法合成。

但是，由于缺乏在脂肪酸的第 4 位碳原子以上位置引入不饱和双链的去饱和酶，人和哺乳动物不能合成足够的十八碳二烯酸（亚油酸）、十八碳三烯酸（亚麻酸），必须由食物供给，因此这两种脂肪酸称为必需脂肪酸。

2. 去饱和途径

脂酰 CoA 去饱和酶，催化软脂酰 CoA 及硬脂酰 CoA 分别在 C_9—C_{10} 脱氢，生成棕榈油酸（$\Delta^9 16:1$）和油酸（$\Delta^9 18:1$）。

九、三脂酰甘油的合成

动物肝脏、脂肪组织及小肠黏膜细胞中合成大量的三脂酰甘油，植物也能大量合成三脂酰甘油，微生物合成较少。

合成原料：L-*α*-磷酸甘油（3-磷酸甘油），脂酰 CoA。

L-*α*-磷酸甘油的来源：磷酸二羟丙酮（糖酵解产物）还原生成 L-*α*-磷酸甘油，或甘油磷酸化。磷脂肪酸和甘油二酯是磷脂合成的原料。

十、甘油磷脂代谢

（一）甘油磷脂的水解

磷脂酶 A1 存在于动物细胞中，作用于甘油磷脂分子中第一位脂酰基的碳原子上。生成二脂酰基甘油磷酸胆碱和一分子脂肪酸。磷脂酶 A2 大量存在于蛇毒、蝎毒、蜂毒中，动物胰脏中有此酶原，作用于甘油磷脂分子中的第二位脂酰基的碳原子上，生成 1-脂酰基甘油磷酸胆碱和脂肪酸。磷脂酶 C 存在于动物脑、蛇毒和细菌毒素中。作用于甘油磷脂分子中的第三位脂酰基的碳原子上，生成二酰甘油和磷酸胆碱。磷脂酶 D 主要存在于高等植物中，作用于甘油磷脂分子中的第四位脂酰基的碳原子上，水解产物是磷脂肪酸和胆碱。磷脂酶 B 能同时水解第一、第二位。磷脂经过酶促分解脱去一个脂肪酸分子形成溶血磷脂（带一个游离脂肪酸和一个磷酸胆碱），催化溶血磷脂水解的酶称为溶血磷脂酶（L1、L2）。磷脂酶的催化作用使磷脂分解，促使细胞膜不断更新、修复。

（二）甘油磷脂的生物合成

1. 磷脂酰乙醇胺的合成（脑磷脂）

（1）乙醇胺磷酸化。

（2）磷酸乙醇胺生成 CDP-乙醇胺。

（3）CDP-乙醇胺与甘油二酯形成磷脂酰乙醇胺（脑磷脂）。

甘油二酯的来源：甘油三酯合成的中间产物，还有磷脂肪酸磷酸酶（磷脂酶 C）催化磷脂肪酸水解的产物。

2. 磷脂酰胆碱的合成（卵磷脂）

节约利用（主要是细菌）：由磷脂酰乙醇胺的氨基直接甲基化，甲基的供体是 *S*-腺苷甲硫氨酸。磷脂酰乙醇胺甲基转移酶的辅基是四氢叶酸。

从头合成（动物细胞）：此途径与形成磷脂酰乙醇胺的途径相同。

3. 磷脂酰丝氨酸的合成

丝氨酸与磷脂酰乙醇胺的醇基酶促交换：

磷脂酰乙醇胺+丝氨酸 ——→ 磷脂酰丝氨酸+乙醇胺

动物、大肠杆菌中，磷脂酰丝氨酸可脱羧生成磷脂酰乙醇胺：磷脂肪酸→CDP-二脂酰基甘油→磷脂酰丝氨酸（细菌中）。

4. 鞘脂类的代谢

鞘脂的生物合成由 3-酮鞘氨醇合成酶催化的反应开始，经多步反应合成神经酰胺，神经酰胺与不同的基团缩合，生成神经节苷脂和鞘磷脂。

5. 胆固醇的合成

胆固醇中 27 个碳原子全部来源于乙酰 CoA。3 分子乙酰 CoA 合成甲羟戊酸，其中 HMG-CoA 还原酶的活力受合成速度、降解速度及磷酸化和脱磷酸调控。甲羟戊酸转化为鲨烯，鲨烯转化为胆固醇。胆固醇的合成是一个高度耗能的过程，合成一个胆固醇需 18 个乙酰辅酶 A，36 个 ATP，16 个 NADPH。能源物质过剩时，胆固醇的合成速度加快，午夜时，合成速度较快，膳食固醇类，特别是植物固醇可抑制胆固醇的合成。

第二节　氨基酸的分解与合成代谢

一、氨基酸代谢的概况

食物蛋白质经过消化吸收后进入体内的氨基酸称为外源性氨基酸。机体各组织的蛋白质分解生成的及机体合成的氨基酸称为内源性氨基酸。在血液和组织中分布的氨基酸称为氨基酸代谢库（amino acid metabolic pool）。各组织中氨基酸的分布不均匀。氨基酸的主要功能是合成蛋白质，也参与合成多肽及其他含氮的生理活性物质。除维生素外，体内的各种含氮物质几乎都可由氨基酸转变而来。氨基酸在体内代谢的基本情况概括如图 5-8 所示。大部分氨基酸的分解代谢在肝脏中进行，氨的解毒过程也主要在肝脏中进行。

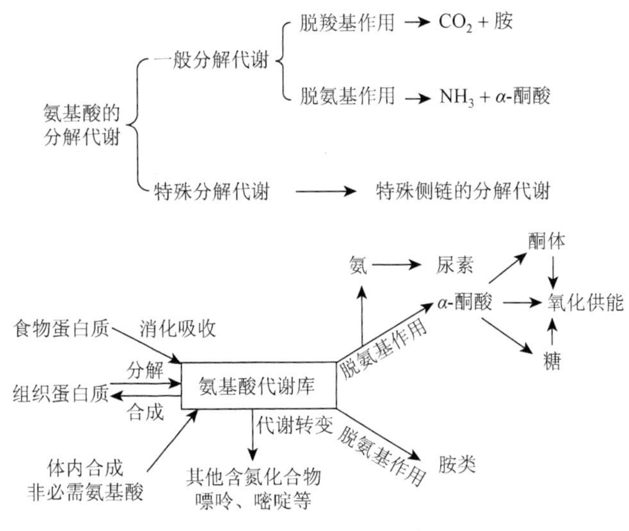

图 5-8　氨基酸代谢库

二、氨基酸的脱氨基作用

脱氨基作用是指氨基酸在酶的催化下脱去氨基生成 α-酮酸的过程，是体内氨基酸分解代谢的主要途径。脱氨基作用主要有氧化脱氨基、转氨基、联合脱氨基、嘌呤核苷酸循环和非氧化脱氨基作用。

（一）氧化脱氨基作用

氧化脱氨基作用是指在酶的催化下氨基酸在氧化的同时脱去氨基的过程。组织中有几种催化氨基酸氧化脱氨的酶，其中以 L-谷氨酸脱氢酶最重要。L-氨基酸氧化酶与 D-氨基酸氧化酶虽能催化氨基酸氧化脱氨，但对人体内氨基酸脱氨的意义不大。

由 L-谷氨酸脱氢酶（L-glutamate dehydrogenase）催化谷氨酸氧化脱氨。谷氨酸脱氢使辅酶 NAD^+还原为 $NADH+H^+$并生成 α-酮戊二酸和氨。谷氨酸脱氢酶的辅酶为 NAD^+。

$$\underset{\text{L-谷氨酸}}{\begin{array}{l}NH_2\\ |\\ CH-COOH\\ |\\ (CH_2)_2-COOH\end{array}} \underset{NAD^+\ \ NADH+H^+}{\xrightleftharpoons{\text{L-谷氨酸脱氢酶}}} \begin{array}{l}NH\\ \|\\ C-COOH\\ |\\ (CH_2)_2-COOH\end{array} \underset{-H_2O}{\overset{+H_2O}{\rightleftharpoons}} \underset{\alpha\text{-酮戊二酸}}{\begin{array}{l}O\\ \|\\ C-COOH\\ |\\ (CH_2)_2-COOH\end{array}} + NH_3$$

谷氨酸脱氢酶广泛分布于肝、肾、脑等多种细胞中。此酶活性高、特异性强，是一种不需氧的脱氢酶。谷氨酸脱氢酶催化的反应是可逆的。其逆反应为α-酮戊二酸的还原氨基化，在体内营养非必需氨基酸合成过程中起着十分重要的作用。

（二）转氨基作用

转氨基作用是指在转氨酶（transaminase）的催化下，某一氨基酸的α-氨基转移到另一种α-酮酸的酮基上，生成相应的氨基酸；原来的氨基酸则转变成α-酮酸。转氨酶催化的反应是可逆的。因此，转氨基作用既属于氨基酸的分解过程，也可用于合成体内某些营养非必需氨基酸。

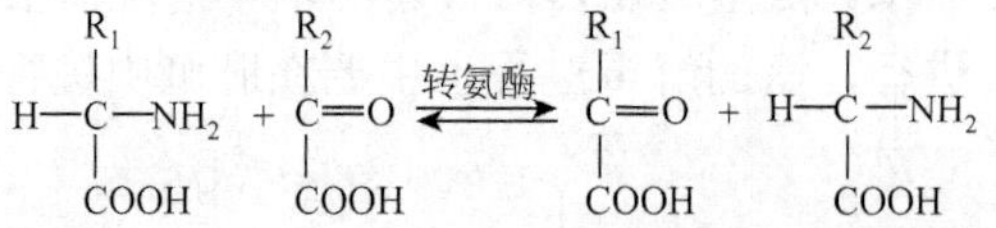

$$H-\underset{COOH}{\overset{R_1}{C}}-NH_2 + \underset{COOH}{\overset{R_2}{C}}=O \xrightleftharpoons{\text{转氨酶}} \underset{COOH}{\overset{R_1}{C}}=O + H-\underset{COOH}{\overset{R_2}{C}}-NH_2$$

除赖氨酸、脯氨酸和羟脯氨酸外，体内大多数氨基酸可以参与转氨基作用。人体内有多种转氨酶分别催化特异氨基酸的转氨基反应，它们的活性高低不一。其中以谷丙转氨酶（glutamicpyruvic transaminase，GPT，又称 ALT）和谷草转氨酶（glutamic oxaloacetictransaminase，GOT，又称 AST）最为重要（图 5-9）。

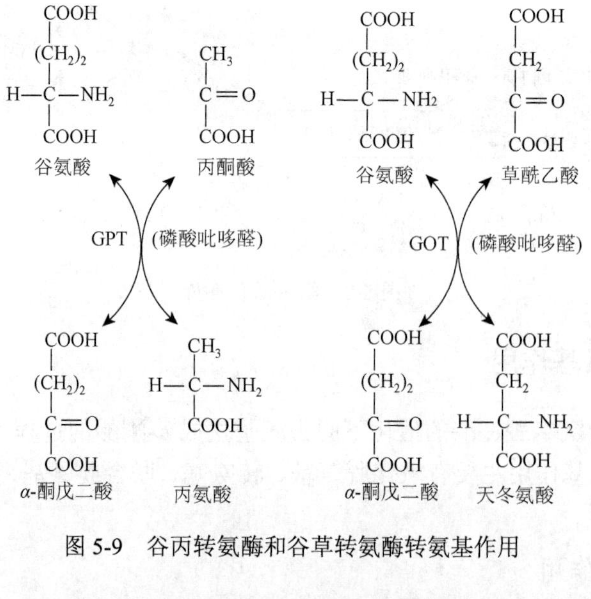

$$\underset{\text{谷氨酸}}{HOOC-(CH_2)_2-CH(NH_2)-COOH} + \underset{\text{丙酮酸}}{CH_3-CO-COOH} \xrightleftharpoons[\text{(磷酸吡哆醛)}]{GPT} \underset{\alpha\text{-酮戊二酸}}{HOOC-(CH_2)_2-CO-COOH} + \underset{\text{丙氨酸}}{CH_3-CH(NH_2)-COOH}$$

$$\underset{\text{谷氨酸}}{HOOC-(CH_2)_2-CH(NH_2)-COOH} + \underset{\text{草酰乙酸}}{HOOC-CH_2-CO-COOH} \xrightleftharpoons[\text{(磷酸吡哆醛)}]{GOT} \underset{\alpha\text{-酮戊二酸}}{HOOC-(CH_2)_2-CO-COOH} + \underset{\text{天冬氨酸}}{HOOC-CH_2-CH(NH_2)-COOH}$$

图 5-9 谷丙转氨酶和谷草转氨酶转氨基作用

转氨酶的分布很广，不同的组织器官中转氨酶活性高低不同，如心肌中 GOT 含量最丰富，肝中则 GPT 含量最丰富。转氨酶为细胞内酶，血清中转氨酶活性极低。当病理改变引起细胞膜通透性增高、组织坏死或细胞破裂时，转氨酶大量释放，血清转氨酶活性明显增高。如急性肝炎患者血清 GPT 活性明显升高，心肌梗死患者血清 GOT 活性明显升高。这可用于相关疾病的临床诊断，也可作为观察疗效和预后的指标。

各种转氨酶的辅酶均为含维生素 B_6 的磷酸吡哆醛或磷酸吡哆胺。它们在转氨基反应中起着氨基载体的作用。在转氨酶的催化下，α-氨基酸的氨基转移到磷酸吡哆醛分子上，生成磷酸吡哆胺和相应的α-酮酸；而磷酸吡哆胺又可将其氨基转移到另一α-酮酸分子上，生成磷酸吡哆醛和相应的α-氨基酸（图 5-10），可使转氨基反应可逆进行。

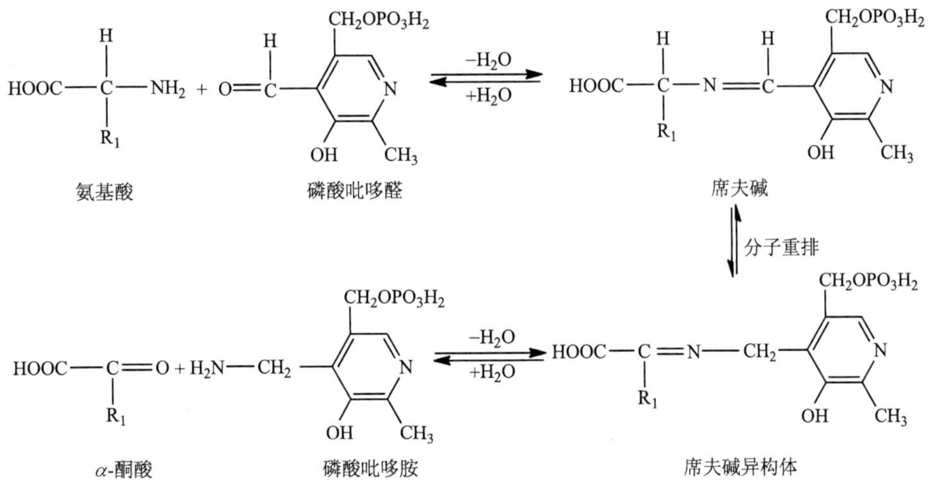

CH2OPO3H2
H
HOOC—C—NH2 + O═C
R1
N
OH CH3
−H2O
+H2O
HOOC—C—N═C
席夫碱
分子重排
氨基酸
磷酸吡哆醛
HOOC—C═O + H2N—CH2
HOOC—C═N—CH2
α-酮酸
磷酸吡哆胺
席夫碱异构体

图 5-10　磷酸吡哆醛传递氨基的作用

（三）联合脱氨基作用

转氨基作用与氧化脱氨基作用联合进行，从而使氨基酸脱去氨基并氧化为 α-酮酸（α-ketoacid）的过程，称为联合脱氨基作用。联合脱氨基作用可在大多数组织细胞中进行，是体内主要的脱氨基的方式。

（四）嘌呤核苷酸循环

由于骨骼肌和心肌 L-谷氨酸脱氢酶活性较低，氨基酸不易借上述联合脱氨基作用方式脱氨基，但可通过转氨基反应与嘌呤核苷酸循环（purine nucleotide cycle）（图 5-11）的联合作用脱去氨基。在肌肉等组织中，氨基酸通过转氨基作用将其氨基转移到草酰乙酸上形成天冬氨酸，天冬氨酸可与次黄嘌呤核苷酸（IMP）作用，生成腺苷酸代琥珀酸，后者经酶催化

氨基酸
α-酮酸
COOH
(CH2)2
C═O
COOH
α-酮戊二酸
CHNH2
L-谷氨酸
HOOC—CH2—C—COOH
NH2
天冬氨酶
GTP
腺苷酸代琥珀酸合成酶
OH
R—5'—P
次黄嘌呤核苷酸
(IMP)
NH3
腺苷酸脱氧酶
H2O
NH2
腺嘌呤核苷酸
(AMP)
NH
腺苷酸代琥珀酸
CH2COOH
COCOOH
草酰乙酸
CHOHCOOH
苹果酸
CHCOOH
延胡索酸

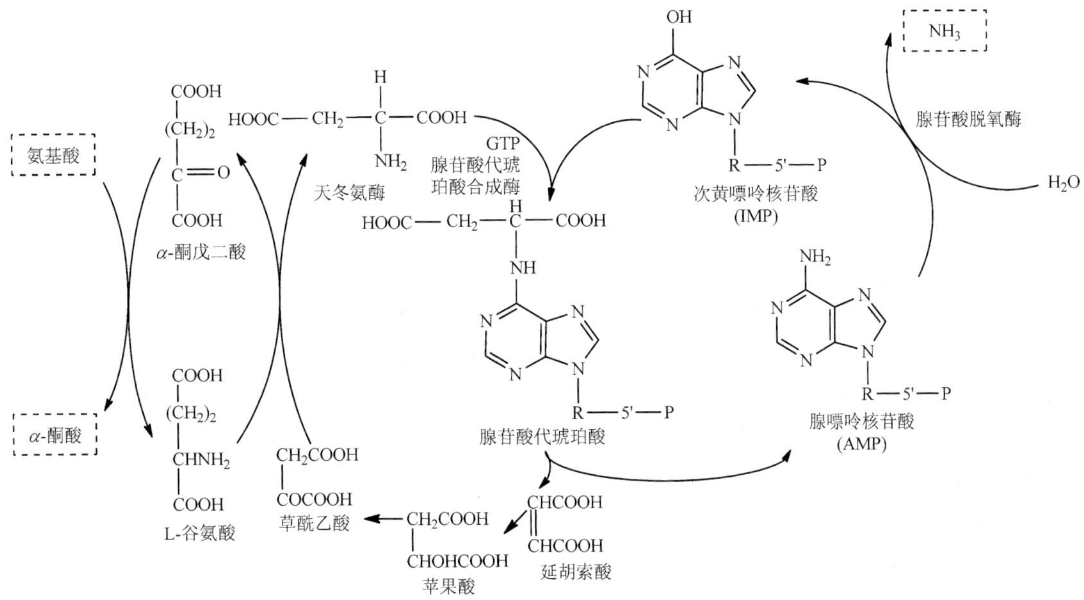

图 5-11　嘌呤核苷酸循环

裂解生成腺嘌呤核苷酸（AMP）并生成延胡索酸。肌组织中富含的腺苷酸脱氢酶可催化 AMP 脱下来自氨基酸的氨基，生成的 IMP 及延胡索酸可再参加循环。由此可见，此过程实际上也是另一种形式的联合脱氨基作用。

（五）非氧化脱氨基作用

个别氨基酸还可以通过特异脱氨基作用脱去氨基。例如，丝氨酸可在丝氨酸脱水酶的催化下脱水生成氨和丙酮酸，天冬氨酸酶催化天冬氨酸直接脱氨。

三、氨的代谢

体内氨主要由氨基酸代谢产生，氨是毒性物质，血氨增多对脑神经组织损害最明显。虽然氨在人体内不断产生，但肝有强大能力将氨转变为无毒的尿素，维持人血中氨在极低浓度。

（一）氨的来源和去路

1. 来源

人体内氨的主要来源有：组织中氨基酸的脱氨基作用、肾来源的氨和肠道来源的（图 5-12）。

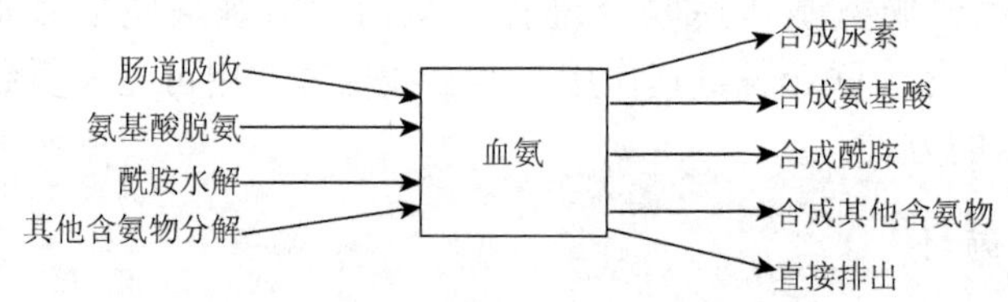

图 5-12　血氨的来源和去路

（1）氨基酸可经脱氨基反应生成氨：是体内氨的主要来源。此外，体内一些胺类物质也可分解释放出氨。

$$RCH_2NH_2 \longrightarrow RCHO + NH_3$$

（2）肾来源的氨：主要来自谷氨酰胺分解。血液中的谷氨酰胺流经肾时，在肾远曲小管上皮细胞中经谷氨酰胺酶催化分解为谷氨酸和氨，其他氨基酸在肾分解过程中也产生氨：

$$\text{Gln} \xrightarrow{\text{谷氨酰胺酶}} \text{Glu} + NH_3$$

（3）肠道来源的氨：一小部分来自蛋白质腐败作用，另一部分来自肠道菌脲酶对肠道尿素的分解。肠道产氨量大，每天可产生 4g 氨，并能被吸收入血。

因 NH_3 比 NH_4^+ 更容易透进细胞而被吸收，当肠道内 pH 低于 6 时，肠道内氨偏向于生成 NH_4^+，利于排出体外；肠道 pH 较高时，肠道内的氨吸收增多。临床护理中给高血氨患者作灌肠治疗时，应禁忌使用碱性溶液如肥皂水灌肠，以免加重氨的吸收。为减少肾中 NH_3 的吸收，也不能使用碱性利尿药。

2. 去路

（1）肝合成尿素。

（2）氨与谷氨酸合成谷氨酰胺。

（3）氨的再利用：参与合成非必需氨基酸或其他含氮化合物（如嘧啶碱）。

（4）肾排氨：中和酸以铵盐形式排出。

（二）氨的转运

组织在代谢过程中产生的氨必须经过转运才能到达肝或肾。机体将有毒的氨转变为无毒的化合物，在血中安全转运。氨在体内的运输主要有丙氨酸和谷氨酰胺两种形式。

1. 丙氨酸-葡萄糖循环

肌肉蛋白质分解的氨基酸占机体氨基酸代谢库的一半以上，肌肉中的氨基酸将氨基转给丙酮酸生成丙氨酸，后者经血液循环转运至肝再脱氨基，生成的丙酮酸经糖异生合成葡萄糖后再经血液循环转运至肌肉重新分解产生丙酮酸，通过这一循环反应过程即可将肌肉中氨基酸的氨基转移到肝进行处理。这一循环反应过程称为丙氨酸-葡萄糖循环。肌肉中的氨以无毒的丙氨酸形式运输到肝为肌肉提供了葡萄糖（图 5-13）。

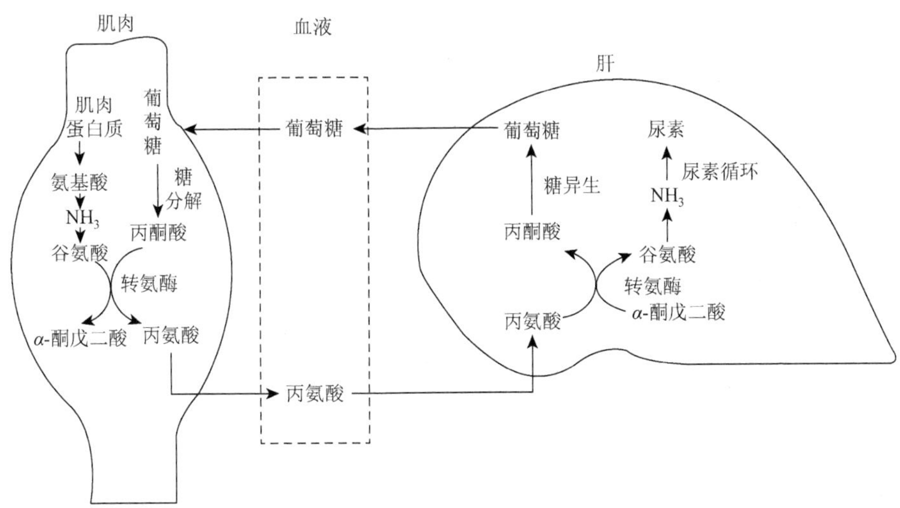

图 5-13　丙氨酸-葡萄糖循环

2. 谷氨酰胺的合成与运氨作用

谷氨酰胺的合成由谷氨酰胺合成酶（glutamine synthetase）催化，其合成需消耗 ATP。谷氨酰胺的合成与分解是由不同酶催化的不可逆反应。

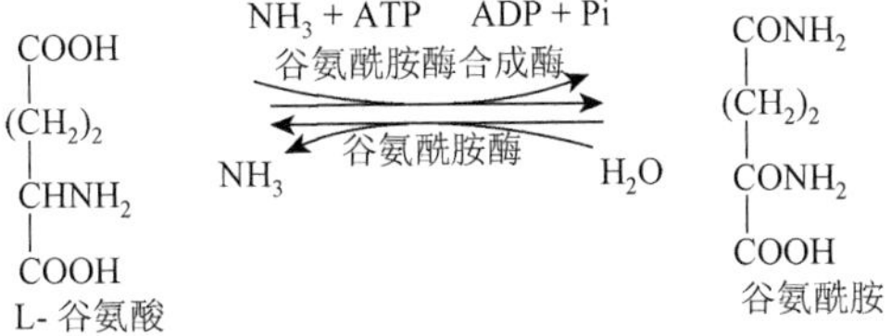

主要从脑、肌肉等组织向肝、肾运氨，是脑中解氨毒的一种重要方式，是氨的运输形式，也是氨的储存、利用形式。临床上对氨中毒患者可服用或输入谷氨酸盐，以降低血氨的浓度。谷氨酰胺在肾分解生成谷氨酸和氨，氨与原尿 H^+结合形成铵盐随尿排出有利于调节酸碱平衡。

体内存在 L-天冬酰胺酶将天冬酰胺水解为天冬氨酸和氨，由于某些肿瘤生长需要大量谷氨酰胺及天冬酰胺，谷氨酰胺酶和天冬酰胺酶可作为抑肿瘤成分。例如，临床上常用天冬酰胺酶以减少血中天冬酰胺浓度，达到治疗白血病的目的。

（三）鸟氨酸循环与尿素的合成

体内氨的主要代谢去路是用于合成无毒的尿素。合成尿素的主要器官是肝，但在肾及脑中也可少量合成。尿素合成是经过称为鸟氨酸循环来完成的。催化这些反应的酶存在于胞液和线粒体中。

尿素的生成分为三个阶段，首先是鸟氨酸与 CO_2 和氨结合生成瓜氨酸，然后瓜氨酸再与氨结合生成精氨酸，最后在精氨酸酶的作用下，精氨酸水解生成尿素和鸟氨酸。鸟氨酸再重复上述循环过程。每经过一次循环，一分子 CO_2 和两分子氨合成一分子尿素。

1. 尿素的合成过程

（1）氨基甲酰磷酸的合成：氨基甲酰磷酸合成酶Ⅰ（carbamoyl phosphate synthetase Ⅰ，CPS-Ⅰ）催化氨和 CO_2 在肝线粒体中合成氨基甲酰磷酸。这是一个耗能反应，需 2 分子 ATP 和 Mg^{2+} 参与，*N*-乙酰谷氨酸（*N*-acetyl glutamtic acid，AGA）为 CPS-Ⅰ必需的别构激活剂。生成的含高能键的氨基甲酰磷酸有很强的反应活性。肝细胞中存在两种氨基甲酰磷酸合成酶，上述的 CPS-Ⅰ存在于肝细胞线粒体中，以 NH_3 为氮源，产物用于合成尿素。而另一种 CPS-Ⅱ存在于肝细胞胞液中，以谷氨酰胺为氮源，生成的氨基甲酰磷酸是嘧啶合成的前体。

（2）瓜氨酸的合成：线粒体中的鸟氨酸氨基甲酰转移酶（ornithine carbamoyl transferase，OCT）催化氨基甲酰磷酸与鸟氨酸缩合生成瓜氨酸。借助线粒体内膜上的特异载体，鸟氨酸不断由胞液转进线粒体，而生成的瓜氨酸由线粒体转入细胞质。

（3）精氨酸的合成：瓜氨酸进入细胞质，由精氨酸代琥珀酸合成酶（argininosucclnate synthetase）催化瓜氨酸与天冬氨酸缩合，为尿素合成提供第二个氨基。反应需要 ATP 和 Mg^{2+}，生成产物精氨酸代琥珀酸。后者经过精氨酸代琥珀酸裂解酶（argininosucclnate lyase）作用裂解生成精氨酸和延胡索酸。反应中生成的延胡索酸在胞液中类似三羧酸循环，先生成苹果酸再脱氢生成草酰乙酸，后者再经转氨基作用接受多种其他氨基酸的氨基生成天冬氨酸，天冬氨酸作为氨基载体又可参与精氨酸生成反应。

（4）精氨酸水解及尿素的生成：肝细胞中的精氨酸酶催化精氨酸水解生成尿素和鸟氨酸。尿素合成的全过程可用图 5-14 表示。

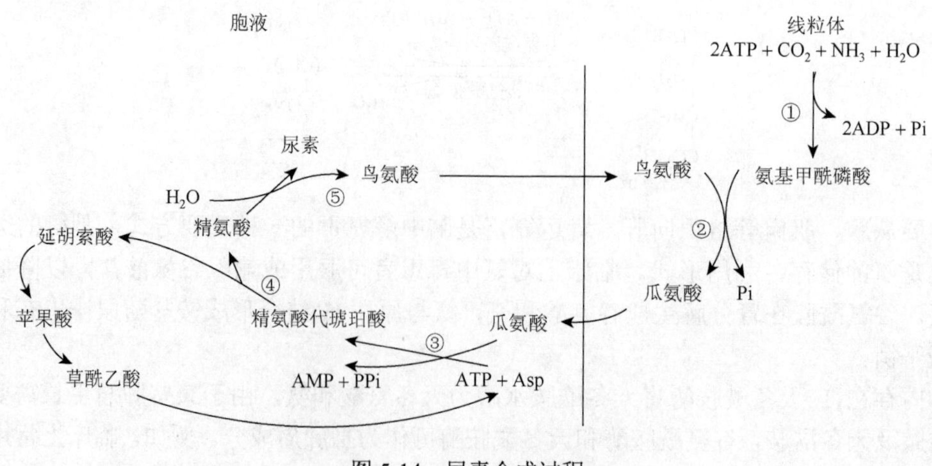

图 5-14　尿素合成过程

2. 尿素合成的特点

（1）合成主要在肝的线粒体和胞液中进行。

（2）合成一分子尿素需消耗 4 分子 ATP。

（3）精氨酸代琥珀酸合成酶是尿素合成的关键酶。

（4）尿素分子中的两个氮原子，一个来源于 NH_3，一个来源于天冬氨酸。

解除氨毒的主要方式是在肝中经鸟氨酸循环合成尿素。肝功能严重损害时，尿素合成障碍，氨在血中积聚导致水平增高。增高的血氨进入脑将引起脑细胞损害和功能障碍，临床上称为肝性脑病或肝昏迷。这可能由于脑主要利用谷氨酸合成谷氨酰胺来消除增高的氨，并消耗大量。α-酮戊二酸氨基化以补充谷氨酸，使三羧酸循环因中间产物 α-酮戊二酸的减少而减弱，脑组织缺乏 ATP 供能而发生功能障碍。肝中尿素合成途径的 5 个酶中任何一种有遗传性缺陷，都会导致先天性尿素合成障碍及高血氨。降低血氨有助于肝性脑病的治疗。常用的降低血氨的方法包括减少氨的来源如限制蛋白质摄入量、口服抗生素药物抑制肠道菌；增加氨的去路如给予谷氨酸以结合氨生成谷氨酰胺。

尿素的合成受多种因素的调控，主要影响因素如下。

（1）食物的影响：如高蛋白膳食者尿素合成速度加快，排泄的含氮物中尿素占 80%～90%。

（2）氨基甲酰磷酸合成酶Ⅰ的调控：氨基甲酰磷酸合成酶Ⅰ为尿素合成关键酶，*N*-乙酰谷氨酸是该酶必需的别构激活剂。精氨酸增加可作为激活剂增高 *N*-乙酰谷氨酸合成酶活性，促进尿素合成。

（3）鸟氨酸循环中酶系的调节作用：精氨酸代琥珀酸合成酶是尿素合成的限速酶，其活性改变可调节尿素的合成速度。

四、酮酸的代谢

α-氨基酸经联合脱氨基作用或其他脱氨基方式生成的 α-酮酸有以下几种去路。

（一）重新氨基化生成营养非必需氨基酸

α-酮酸经联合加氨反应可生成相应的氨基酸。8 种必需氨基酸中，除赖氨酸和苏氨酸外，其余 6 种也可由相应的 α-酮酸加氨生成。但和必需氨基酸相对应的 α-酮酸不能在体内合成，所以必需氨基酸依赖于食物供应。

（二）氧化生成 CO_2 和水

α-酮酸先转变成丙酮酸、乙酰辅酶 A 或三羧酸循环的中间产物，可经过三羧酸循环彻底氧化分解，产生 ATP 供能。氨基酸可作为能源物质，但此作用可被糖、脂肪替代。

（三）转变生成糖和脂肪

由图 5-15 可知，多数氨基酸能生成丙酮酸或三羧酸循环的中间产物，再经糖异生途径生成葡萄糖，这些氨基酸称为生糖氨基酸。亮氨酸能生成乙酰辅酶 A 转变为酮体，称为生酮氨基酸。少数氨基酸既能生成丙酮酸或三羧酸循环的中间产物，也能生成乙酰辅酶 A，这些氨基酸称为生糖兼生酮氨基酸。也可通过上述反应的逆过程合成营养非必需氨基酸。凡能生成乙酰辅酶 A 的氨基酸均能参与脂肪酸和脂肪的合成。

（四）糖、脂肪和蛋白质代谢的相互关系

糖在体内可以生成脂肪。糖代谢某些中间产物能参与合成营养非必需氨基酸；但氨基仍

来自蛋白质的分解，而 8 种营养必需氨基酸需要由食物提供，因此糖不能转变为完整的蛋白质。脂肪分解时仅生成的甘油可作为糖异生的原料转变为糖。脂肪酸不能转变为糖，脂肪酸也不能转变成蛋白质。蛋白质在体内的主要功能是作为细胞的基本组成成分、补充组织蛋白质的消耗、更新组织蛋白质。剩余部分可转变为糖或脂肪在体内储存也可氧化分解供能，但这部分作用可由糖、脂肪替代，见图 5-15。

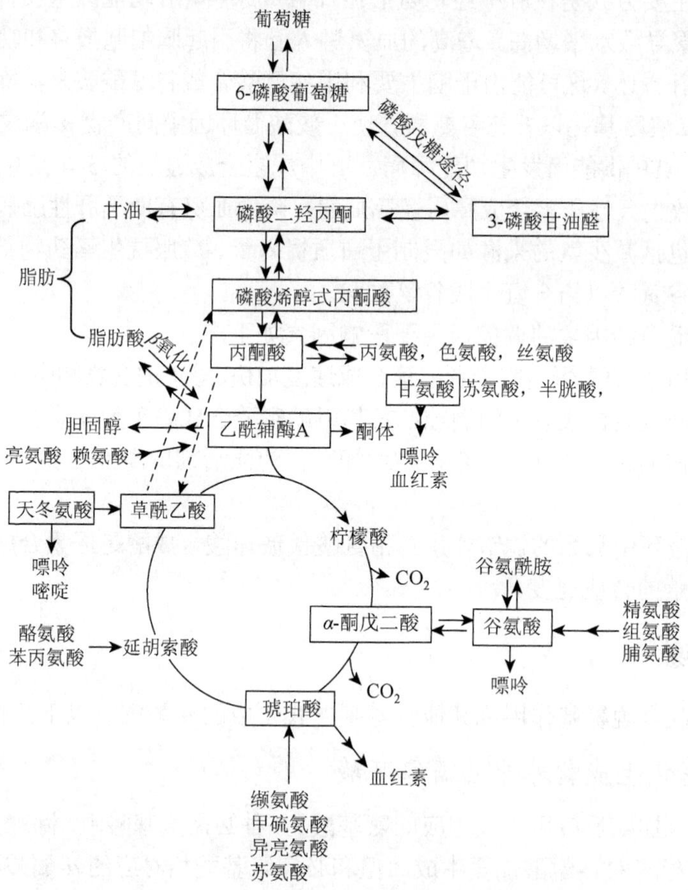

图 5-15 糖、脂肪、氨基酸代谢相互关联图

第六章 生 物 氧 化

【目的要求】

生物氧化的特点。

【掌握】

1. 呼吸链概念、部位、组成成分及其功能。
2. NADH 氧化呼吸链的排列顺序。
3. 琥珀酸氧化呼吸链的排列顺序。
4. 氧化磷酸化的偶联部位、P/O 值的概念。

【熟悉】

1. 生物氧化的概念、特点。
2. 影响氧化磷酸化的各种因素。
3. 解偶联剂的作用机制。
4. 磷酸肌酸生成和功能。

【了解】

1. ATP 合酶的作用机制。
2. 线粒体内膜转运蛋白的转运功能。
3. 需氧脱氢酶和氧化酶的特点。
4. 过氧化物酶体中的酶类。

物质在生物体内进行氧化，主要是糖、脂肪和蛋白质等在体内分解时逐步释放能量，最终生成二氧化碳和水的过程。氧化方式包括加氧、脱氢及失电子。其特点是在细胞内温和的环境中（体温、pH 接近中性）进行，在一系列酶的催化下进行的，完成能量逐步释放，水是由脱下的氢和氧直接结合产生的，二氧化碳是由有机酸脱羧产生的。

第一节 概 述

1. 生物氧化的概念

生物氧化（biological oxidation）：物质在生物体内氧化分解的过程称为生物氧化，主要是指糖、脂肪、蛋白质等有机物在生物体内分解时逐步释放能量，最终生成 CO_2 和 H_2O 的过程。生物氧化的主要生理意义是为生物体提供能量。

2. 生物氧化的过程

具体过程见图 6-1。

3. 生物氧化的特点

（1）相同点如下。

物质氧化方式：加氧、脱氢、失电子。

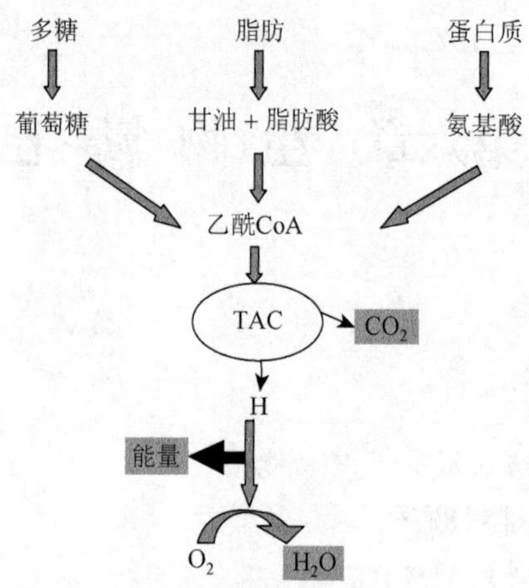

图 6-1　生物氧化的过程

物质氧化时消耗的氧量、得到的产物和能量相同。

（2）不同点：见表 6-1。

表 6-1　体内氧化与体外氧化的不同点

	体内氧化	体外氧化
反应条件	温和	剧烈
反应过程	分步反应，能量逐步释放	一步反应，能量突然释放
产物生成	间接生成	直接生成
能量形式	热能、ATP	热能、光能

第二节　生成 ATP 的氧化体系

一、呼吸链

1. 呼吸链（respiratory chain）

一系列酶和辅酶按照一定的顺序排列在线粒体内膜上，可以将代谢物脱下的氢（H^++e）逐步传递给氧生成水，同时释放能量，由于此过程与细胞摄取氧的呼吸过程有关，因此这一传递链称为呼吸链。

2. 呼吸链的组成

用胆酸、脱氧胆酸等反复处理线粒体内膜，可将呼吸链分离，得到 4 种仍具有传递电子功能的酶复合体。这 4 种复合物分别为：NADH-CoQ 还原酶（NADH 脱氢酶）、琥珀酸-CoQ 还原酶（琥珀酸脱氢酶）、CoQ-细胞色素 c 还原酶、细胞色素氧化酶（图 6-2）。

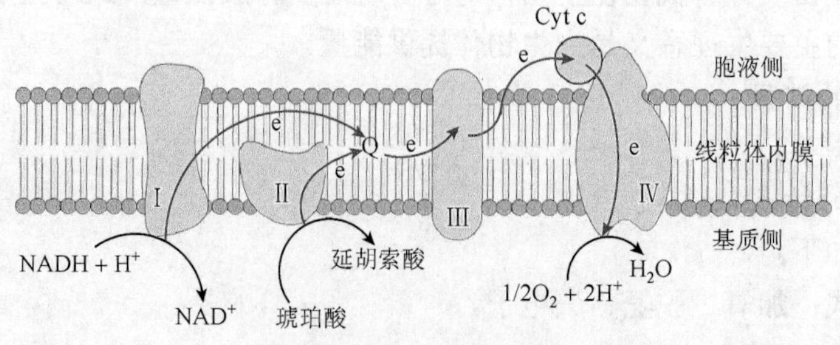

图 6-2　呼吸链复合体

4 个蛋白复合体：复合体Ⅰ～Ⅳ有两个可灵活移动的成分，即泛醌（辅酶 Q）和细胞色素 c（表 6-2）。

表 6-2 人线粒体呼吸链复合物

复合物	酶名称	成分	功能
Ⅰ	NADH-CoQ 还原酶（NADH 脱氢酶）	FMN、(Fe-S)	既可传递电子，又可传递氢原子
Ⅱ	琥珀酸-CoQ 还原酶（琥珀酸脱氢酶）	FAD、(Fe-S)、Cyt b	既可传递电子，又可传递氢原子
Ⅲ	CoQ-细胞色素 c 还原酶	Cyt b、Cyt c_1、(Fe-S)	只能传递电子
Ⅳ	细胞色素 c 氧化酶	Cyt a、Cyt aa_3、Cu^{2+}	只能传递电子

（1）复合体Ⅰ（NADH-泛醌还原酶）：该复合体将电子从 NADH 经 FMN 及铁硫蛋白传给泛醌。

（2）复合体Ⅱ（琥珀酸-泛醌还原酶）：该复合体将电子从琥珀酸经 FAD 及铁硫蛋白传递给泛醌。

（3）复合体Ⅲ（泛醌-细胞色素 c 还原酶）：该复合体将电子从泛醌经 Cyt b、Cyt c_1 传给 Cyt c。

（4）复合体Ⅳ（细胞色素 c 氧化酶）：该复合体将电子从 Cyt c 经 Cyt aa_3 传递给氧。

3. 呼吸链的排列顺序（氧还电位）

呼吸链成分的排列顺序是由下列实验确定的。

（1）根据呼吸链各组分的标准氧化还原电位，由低到高顺序排列（电位低容易失去电子）（表 6-3）。

表 6-3 呼吸链中各种氧化还原对的标准氧化还原电位

氧化还原电对	$\Delta E^{\circ\prime}$/V
$NADH^+/NADH+H^+$	−0.32
$FMN/FMNH_2$	−0.30
$FAD/FADH_2$	−0.06
Cytb Fe^{3+}/Fe^{2+}	0.04（0.10）
$Q_{10}/Q_{10}H_2$	0.07
Cyt c_1 Fe^{3+}/Fe^{2+}	0.22
Cyt c Fe^{3+}/Fe^{2+}	0.25
Cyt a Fe^{3+}/Fe^{2+}	0.29
Cyt aa_3 Fe^{3+}/Fe^{2+}	0.55
1/2 O_2/H_2O	0.82

注：$\Delta E^{\circ\prime}$表示在 pH=7.0、25℃、1mol/L 反应物浓度条件下测得的标准氧化还原电位

（2）电子只能从电子亲和力低（氧化能力弱）的电子传递体向电子亲和力强（氧化能力强）的传递体。测定各电子传递体的标准氧化还原电位（$\Delta E^{\circ\prime}$）值即可测出其氧化能力强弱，$\Delta E^{\circ\prime}$值越小（负值越大或正值越小）的电子传递体供电子能力越大，处于电子传递

链的前列。

（3）体外将呼吸链拆开和重组，鉴定4种复合物的组成与排列。

（4）用呼吸链特异的抑制剂阻断某一组分的电子传递，在阻断部位以前的组分处于还原状态，后面组分处于氧化状态，根据吸收光谱的改变进行检测。

（5）利用呼吸链各组分特有的吸收光谱，以离体线粒体无氧时处于还原状态作为对照，缓慢给氧，观察各组分被氧化的顺序。

4. 两条氧化呼吸链的排列顺序（图6-3）

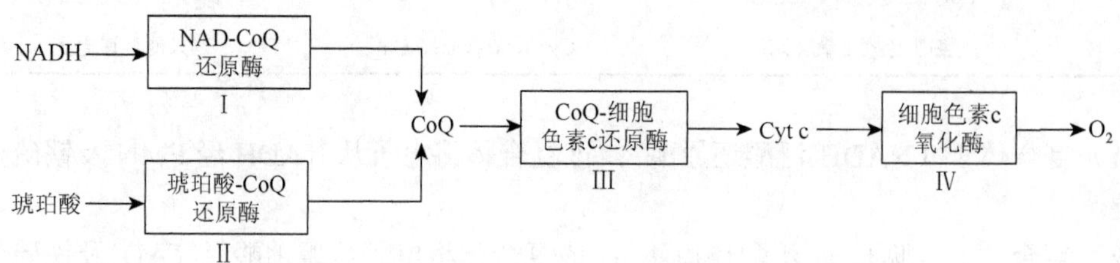

图6-3　氧化呼吸链

（1）NADH氧化呼吸链：生物氧化中大多数脱氢酶如乳酸脱氢酶、苹果酸脱氢酶都是以NAD^+为辅酶的。NAD^+接受氢生成$NADH+H^+$，然后通过NADH氧化呼吸链将其携带的2个电子逐步传递给氧。即$NADH+H^+$脱下的2H经复合物Ⅰ（FMN，Fe-S）传给CoQ，再经复合物Ⅲ（Cyt b，Fe-S，Cyt c_1）传至Cyt c，然后传至复合物Ⅳ（Cyt a，Cyt aa_3）最后将2e交给O_2。

（2）$FADH_2$氧化呼吸链：琥珀酸由琥珀酸脱氢酶催化脱下的2H经复合物Ⅱ（FAD，Fe-S，b560）使CoQ形成$CoQH_2$，再往下的传递与NADH氧化呼吸链相同。α-磷酸甘油脱氢酶及脂酰CoA脱氢酶催化代谢物脱下的氢也由FAD接受，通过此呼吸链被氧化。

二、氧化磷酸化

体内ATP生成方式有两种：氧化磷酸化和底物水平磷酸化（代谢物在脱氢或脱水过程中，其分子内部的能量发生重排，形成高能键，其能量递交给ADP生成ATP的过程）。线粒体氧化磷酸化是人体ATP生成的主要方式。

1. 氧化磷酸化

氧化磷酸化（oxidative phosphorylation）是指代谢物脱下的氢或失去的电子经电子传递体传递，最后与氧结合生成水，在此氧化过程中，释放的能量使ADP磷酸化生成ATP的过程，这一过程又称为电子传递水平磷酸化。实质上这是代谢物氧化放能与ADP磷酸化吸能的偶联过程。脱下的氢的氧化过程与ADP的磷酸化过程不仅同时发生，而且紧密偶联（图6-4）。

2. 氧化与磷酸化偶联——ATP生成

电子传递链中氧化磷酸化偶联部位分别是：NADH和CoQ之间、细胞色素b与细胞色素c之间、细胞色素aa_3与O_2之间。上述部位各产生一个ATP。因此，一对电子由NADH进入电子传递链传递到氧能产生3分子ATP；$FADH_2$是把电子传递给CoQ，所以一对电子从$FADH_2$传递给氧只能形成2分子ATP（图6-5）。

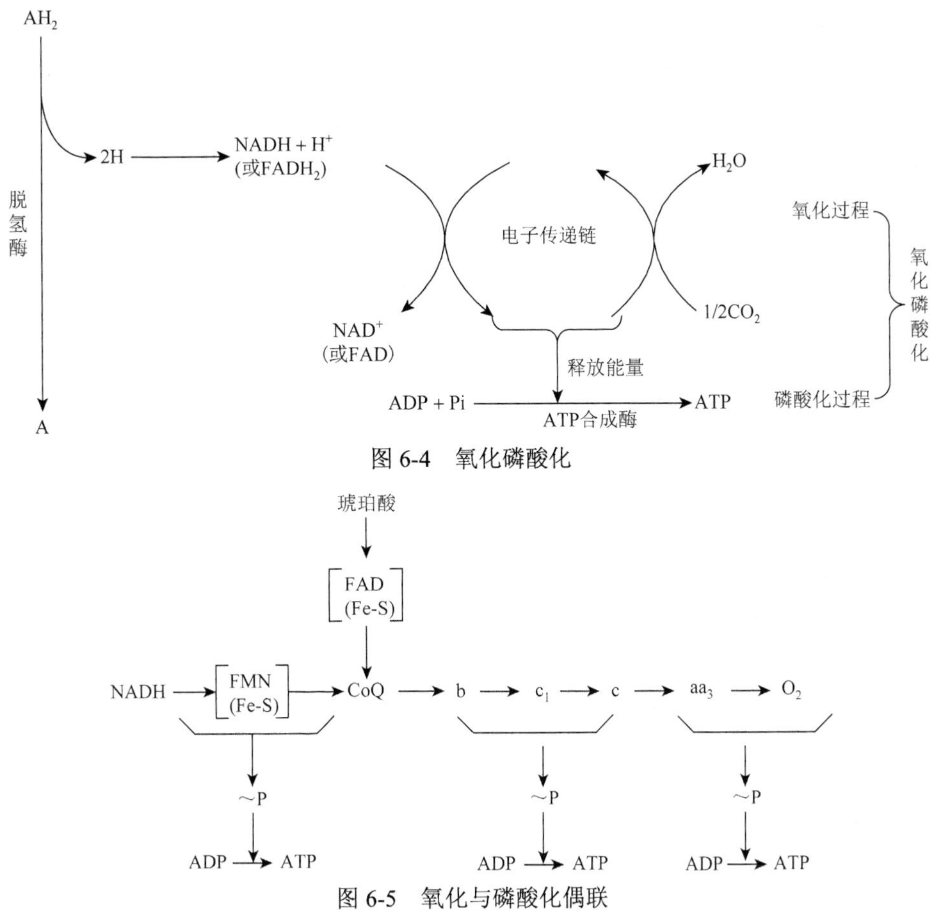

图 6-4 氧化磷酸化

图 6-5 氧化与磷酸化偶联

3. 电子传递链与氧化磷酸化的偶联部位

（1）计算各阶段所释放的自由能：自由能变化（$\Delta G^{\circ\prime}$）与电位变化（$\Delta E^{\circ\prime}$）之间有以下关系：

$$\Delta G^{\circ\prime}=-n\mathrm{F}\Delta E^{\circ\prime}$$

式中，$\Delta G^{\circ\prime}$表示pH7.0时的标准自由能变化；n为传递的电子数；F为法拉第常数[96.5kJ/(mol·V)]。计算结果，图 6-5 中三处释放能量步骤相应的 $\Delta G^{\circ\prime}$分别约为 69.5kJ/mol、40.5kJ/mol、102.3kJ/mol，而生成每摩尔 ATP 需能量约 30.5kJ（7.3kcal），可见电子传递过程中均足够提供了生成 ATP 所需的能量。

（2）P/O 值测定：研究氧化磷酸化最常用方法是测定离体完整线粒体的 P/O 值。由于氧化磷酸化过程是释放能量使 ADP 磷酸化生成 ATP 过程，因此必须消耗无机磷酸，所以测定氧和无机磷酸的消耗量可计算出 P/O 值。P/O 值是指每消耗 1mol 原子氧时 ADP 磷酸化摄取无机磷酸的物质的量（即合成 ATP 的物质的量）。根据不同底物的 P/O 值可以测出该物质氧化时生成 ATP 数，也可以大致推导出氧化磷酸化的偶联部位（表 6-4）。

表 6-4 离体线粒体的 P/O 值

底物	电子传递链	P/O 值	生成 ATP 数
β-羟丁酸	NAD^+→FMN→CoQ→Cyt b→c_1→c→aa_3→O_2	3.00	3
琥珀酸	FAD→CoQ→Cyt b→c_1→c→aa_3→O_2	1.70	2
维生素 C	Cyt c→aa_3→O_2	0.88	1

4. 氧化磷酸化的偶联机制

化学渗透学说是解释氧化磷酸化偶联机制的主要学说。该学说认为，电子经呼吸链传递释放的能量，可将氢离子从线粒体内膜的基质侧泵到内膜外侧，产生质子电化学梯度储存能量。ATP 合酶又称复合体V，由 F_0和 F_1两部分构成。F_0（疏水部分）是质子回流的通道，F_1（亲水部分）的功能是催化生成 ATP，催化部位在β亚基上（图 6-6）。

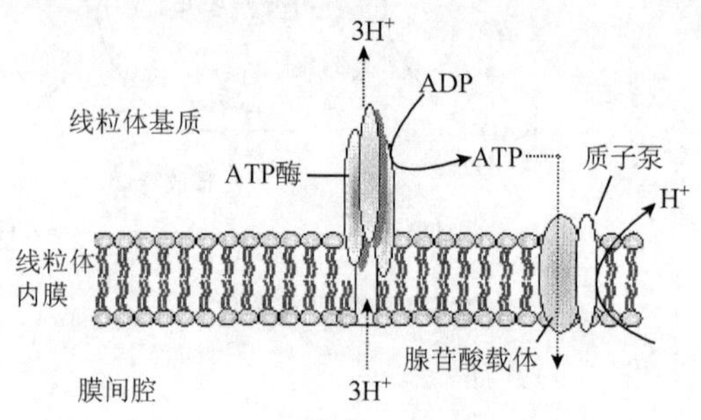

图 6-6 氧化磷酸化的偶联机制

三、影响氧化磷酸化的因素

氧化磷酸化进行需要氧、NADH、ADP 和 Pi。氧的供应情况可以影响氧化磷酸化，如缺氧时细胞则不能顺利地进行氧化磷酸化，但在生理条件下大多数细胞并不缺氧，故影响氧化磷酸化的众多因素中仍以 $NADH/NAD^+$和 ADP 为主。

1. $NADH/NAD^+$的调节作用

三羧酸循环与氧化磷酸化是密切联系的。三羧酸循环的运转加快则产生更多 NADH，使氧化磷酸化进一步加强。同时由于氧化磷酸化速率加快使 $NADH/NAD^+$值减小，也间接促进三羧酸循环的运转。另外，氧化磷酸化速率加快使 ATP 生成过多时，因 ADP 不足使氧化磷酸化速率变慢，使分解代谢产生的 NADH 因氧化减弱而堆积，导致 $NADH/NAD^+$值增大，促使三羧酸循环变慢，ATP 合成减少。

2. ADP 的调节作用

正常机体氧化磷酸化的速率主要受 ADP 的调节。当机体利用 ATP 增多，ADP 浓度增高，转运入线粒体后使氧化磷酸化速度加快；反之 ADP 不足，使氧化磷酸化速度减慢。它可以作为氧化磷酸化偶联程度较敏感的指标。

3. 甲状腺激素的作用

甲状腺激素诱导细胞膜上 Na^+，K^+-ATP 酶的生成，使 ATP 加速分解为 ADP 和 Pi，ADP 增多促进氧化磷酸化，甲状腺激素（T3）还可使解偶联蛋白基因表达增加，因而引起耗氧和产热均增加。所以甲状腺功能亢进症患者基础代谢率增高。

4. 抑制剂的作用

（1）解偶联剂：氧化磷酸化的解偶联剂是指使电子传递过程和原先紧密相偶联的 ATP 合成过程相分离。解偶联剂是使机体氧化过程照常进行，但抑制 ADP 的磷酸化过程，即使产能过程和储能过程相脱离，如 2, 4-二硝基苯酚（2, 4-DNP）。

（2）氧化磷酸化抑制剂：这类抑制剂对电子传递及 ADP 磷酸化均有抑制作用。例如，寡霉素可与 ATP 合成酶 F_1和 F_0之间柄部的寡霉素敏感蛋白结合，阻止质子从 F_0质子通道回流，抑制 ATP 生成。此时由于线粒体内膜两侧电化学梯度增高影响呼吸链质子泵的功能，继而抑制电子传递。

（3）呼吸链抑制剂：由于电子传递阻断使物质氧化过程中断，磷酸化也无法进行，因此呼吸链传递抑制剂同样也可抑制氧化磷酸化。

目前已知的呼吸链抑制剂有以下几种：鱼藤酮、粉蝶霉素 A、阿密妥等可与复合物 I 中的铁硫蛋白结合，从而阻断电子的传递。抗霉素 A 抑制复合物III中的 Cyt b 与 Cyt c_1 间的电子传递。CO、CN^-、N_3^- 等抑制细胞色素氧化酶，牢固地结合，阻断电子传递至氧的作用。

呼吸链抑制剂的作用部位归纳于图 6-7。

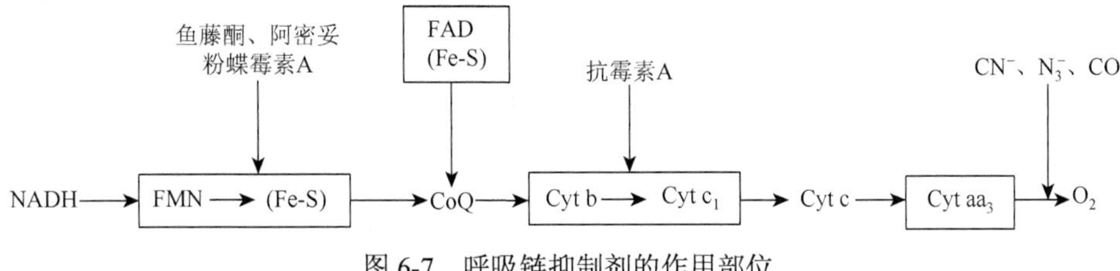

图 6-7 呼吸链抑制剂的作用部位

四、通过线粒体内膜的物质转运

线粒体内生成的 NADH 可直接参与氧化磷酸化过程，但在细胞液中生成的 NADH 不能自由透过线粒体内膜，故线粒体外的 NADH 所携带的氢必须通过某种转运机制才能进入线粒体，然后再经呼吸链进行氧化磷酸化过程。这种转运机制主要有 α-磷酸甘油穿梭（glycerophosphate shuttle）和苹果酸穿梭（malate-aspartate shuttle）两种。

1. *α-磷酸甘油穿梭*

这是指通过 α-磷酸甘油将细胞液中 NADH 的氢带入线粒体的过程。这种穿梭主要存在于肌肉和神经组织，生成的 $FADH_2$ 经电子传递呼吸链进行氧化磷酸化。由 $FADH_2$ 传递的 2H 氧化生成水后，可生成 2 分子的 ATP（图 6-8）。

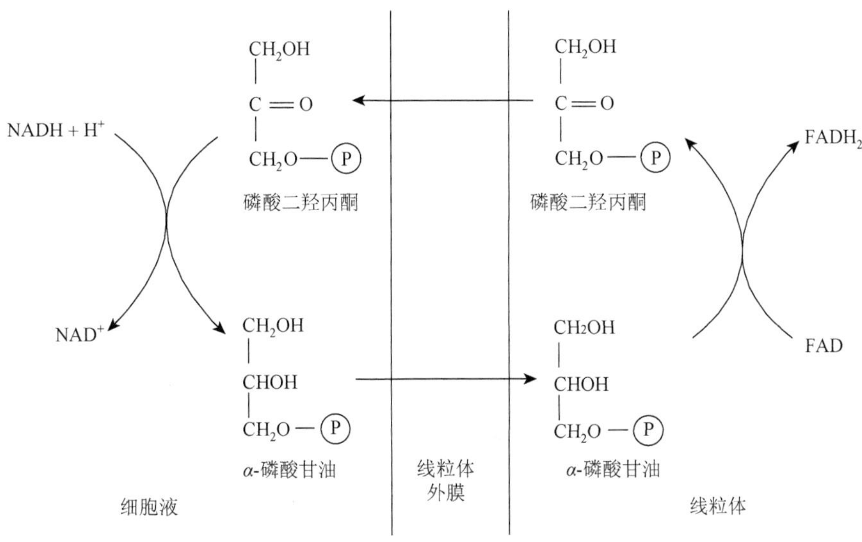

图 6-8 α-磷酸甘油穿梭过程

2. *苹果酸穿梭*

这是指通过苹果酸将细胞液中 NADH 的氢带进线粒体的过程。这种穿梭主要存在于心、肝等组织。细胞液中生成的 NADH+H$^+$在苹果酸脱氢酶催化下，使草酰乙酸还原成苹果酸。苹果酸在线粒体内膜转位酶的催化下穿过线粒体内膜，进入线粒体的苹果酸在苹果酸脱氢酶作用下脱氢生成草酰乙酸，并生成 NADH+H$^+$。生成的 NADH+H$^+$通过电子传递呼吸链进行氧化磷酸化，并生成 3 分子的 ATP（图 6-9）。

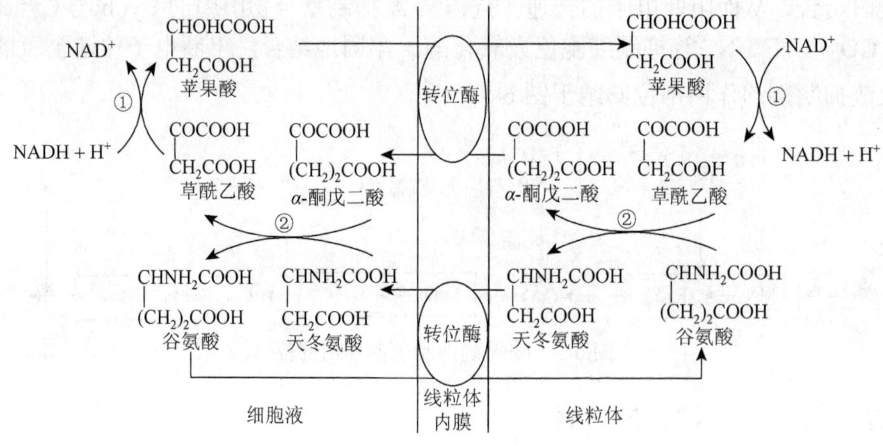

图 6-9　苹果酸穿梭

①苹果酸脱氢酶；②谷草转氨酶

五、ATP 和 ADP 的流动

ATP、ADP 和 Pi 都不能自由地通过线粒体内膜。细胞液内的 ADP 与 Pi 要转运到线粒体内，线粒体生成的 ATP 要转运到细胞液，转运都靠载体。ATP 和 ADP 的流动是配对的，即 1 分子 ATP 出线粒体必须同时有 1 分子 ADP 进入线粒体。而 Pi 和 H$^+$是同向从细胞质转运到线粒体的。当 ADP 与 Pi 合成 ATP 时则消耗 1 个 H$^+$，两侧保持平衡（图 6-10）。

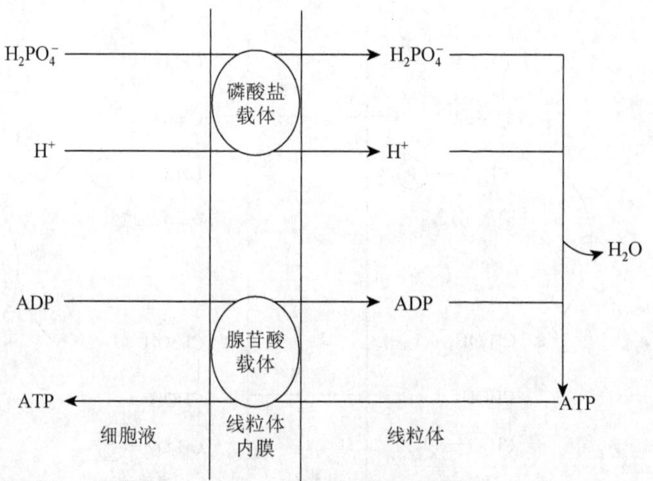

图 6-10　ATP 和 ADP 的流动

由于几乎所有离子和不带电荷小分子化合物都不能自由通过线粒体内膜，因此线粒体内膜两侧物质转运都依赖于内膜上的转运载体，这些载体是特殊的蛋白质，少数是酶。

第七章　物质代谢的相互关系和调节控制

【目的要求】

糖、脂肪和蛋白质代谢之间的相互联系。

【掌握】

1. 机体能量利用的共同形式。
2. 合成代谢所需的 NADPH。
3. 糖、脂肪和蛋白质代谢之间的相互联系。
4. 细胞内酶的隔离分布。
5. 关键酶的别构调节。
6. 酶的化学修饰调节。
7. 饥饿状态下的整体调节。
8. 应激状态下的整体调节。

【熟悉】

1. 物质代谢的整体性。
2. 代谢调节的普遍性。
3. 肝、脑等重要组织、器官物质代谢的特色。
4. 机体在能量代谢上的相互联系。
5. 核酸与氨基酸代谢的相互联系。
6. 重要组织、器官的代谢特点及联系。
7. 酶量的调节。
8. 膜受体激素概念。
9. 胞内受体激素概念。

【了解】

代谢池的概念。

物质代谢、能量代谢与代谢调节是生命存在的三大要素。生命体都是由糖、脂肪、蛋白质、核酸四大类基本物质和一些小分子物质构成的。虽然这些物质化学性质不同，功能各异，但它们在生物体内的代谢过程并不是彼此孤立、互不影响的，而是互相联系、互相制约、彼此交织在一起的。机体代谢之所以能够顺利进行，生命之所以能够健康延续，并能适应千变万化的体内、体外环境，除了具备完整的糖、脂肪、蛋白质与氨基酸、核苷酸与核酸代谢和与之偶联的能量代谢以外，机体还存在着复杂完善的代谢调节网络，以保证各种代谢井然有序、有条不紊地进行。如果这些代谢之间的协调关系受到破坏，便会发生代谢紊乱，甚至引起疾病。机体在正常情况下，既不会引起某些代谢产物的不足或过剩，也不会造成某些原料的缺乏或积聚，这主要是由于机体内有一套精确而有效的代谢调节机制来适应外界的变化。本章主要介绍生物体内物质代谢之间的相互联系和调节控制。

在之前的学习中，我们已经讲述了糖、脂肪、蛋白质和核酸等物质的代谢过程，以及这些物质代谢过程中能量和信息的变化。实际上，生物机体的新陈代谢是一个完整统一的过程，并且存在复杂的调节机制。生物体的代谢在三种不同的水平上进行：①分子水平调节；②细胞水平调节；③多细胞整体水平调节。所有这些调节机制都是在基因产物蛋白质（可能还有 RNA）的作用下进行的，也就是说与基因表达调控有关。

第一节　物质代谢的相互联系

生物体内的代谢过程不是孤立的，各代谢途径之间相互联系、相互制约，构成一个协调统一的整体。在生物体内，各类物质代谢相互联系、相互制约，在一定条件下，各类物质又可相互转化。现将 4 类主要物质：糖、脂肪、蛋白质和核酸代谢之间的联系分别加以讨论。

一、糖、脂肪、蛋白质在能量代谢上的相互联系

糖、脂肪及蛋白质都是能源物质，均可在体内氧化供能。尽管三大营养物质在体内氧化分解的代谢途径各不相同，但乙酰 CoA 是它们代谢的中间产物，三羧酸循环和氧化磷酸化是它们代谢的共同途径，而且都能生成可利用的化学能 ATP。从能量供给的角度来看，三大营养物质的利用可相互替代。一般情况下，机体利用能源物质的次序是糖（或糖原）、脂肪和蛋白质（主要为肌肉蛋白），糖是机体主要供能物质（占总热量的 50%～70%），脂肪是机体储能的主要形式（肥胖者可多达 30%～40%）。机体以糖、脂肪供能为主，能节约蛋白质的消耗，因为蛋白质是组织细胞的重要结构成分。由于糖、脂肪、蛋白质分解代谢有共同的代谢途径限制了进入该代谢途径的代谢物总量，因而各营养物质的氧化分解又相互制约，并根据机体的不同状态来调整各营养物质氧化分解的代谢速度以适应机体的需要。若任一种供能物质的分解代谢增强，通常能代谢调节抑制和节约其他供能物质的降解。例如，在正常情况下，机体主要依赖葡萄糖氧化供能，而脂肪动员及蛋白质分解往往受到抑制；在饥饿状态时，由于糖供应不足，则需动员脂肪或动用蛋白质而获得能量。

二、糖、脂肪、蛋白质及核酸代谢之间的相互联系

体内糖、脂肪、蛋白质及核酸的代谢是相互影响、相互转化的，其中三羧酸循环不仅是三大营养物质代谢的共同途径，也是三大营养物质相互联系、相互转变的枢纽。同时，一种代谢途径的改变必然影响其他代谢途径的相应变化，当糖代谢失调时会立即影响蛋白质代谢和脂类代谢。

（一）糖代谢和脂肪代谢的联系

糖可以转变为脂肪，这一代谢转化过程在植物、动物和微生物中普遍存在。油料作物种子中脂肪的积累；用含糖多的饲料喂养家禽家畜，可以获得育肥的效果；某些酵母，在含糖的培养基中培养，其合成的脂肪可达干重的 40%。这都是糖转变成脂肪的典型例子。

糖和脂类都是以碳氢元素为主的化合物，它们在代谢关系上十分密切。一般来说，机体摄入糖增多而超过体内能量的消耗时，除合成糖原储存在肝和肌肉外，可大量转变为脂肪储存起来。糖转变为脂肪的大致步骤为：糖经酵解产生磷酸二羟丙酮和 3-磷酸甘油醛，其中磷酸二羟丙酮可以还原为甘油；而 3-磷酸甘油醛能继续通过糖酵解途径形成丙酮酸，丙酮酸氧化脱羧后转变成乙酰辅酶 A，乙酰辅酶 A 可用来合成脂肪酸，最后由甘油和脂肪酸合成脂

肪。此外，糖的分解代谢增强不但为脂肪合成提供了大量的原料，而且其生成的 ATP 及柠檬酸是乙酰 CoA 羧化酶的别构激活剂，促使大量的乙酰 CoA 羧化为丙二酸单酰 CoA 进而合成脂肪酸及脂肪储存于脂肪组织。脂肪分解成甘油和脂肪酸，其中甘油可经磷酸化生成 α-磷酸甘油，再转变为磷酸二羟丙酮，然后经糖异生的途径可变为葡萄糖；而脂肪酸部分在动物体内不能转变为糖。相比而言，甘油占脂肪的量很少，其生成的糖量相当有限，因此，脂肪绝大部分不能在体内转变为糖。

脂肪分解代谢的强度及代谢过程能否顺利进行与糖代谢密切相关。三羧酸循环的正常运转有赖于糖代谢产生的中间产物草酰乙酸，当饥饿或糖供给不足或糖尿病糖代谢障碍时，引起脂肪动员加快，脂肪酸在肝内经 β 氧化生成酮体的量增多，其原因是糖代谢的障碍导致草酰乙酸相对不足，生成的酮体不能及时通过三羧酸循环氧化，而造成血酮体升高。

（二）糖代谢与蛋白质代谢的相互联系

蛋白质由氨基酸组成。某些氨基酸相对应的 α-酮酸可来自糖代谢的中间产物，如由糖分解代谢产生的丙酮酸、草酰乙酸、α-酮戊二酸经转氨作用可分别转变为丙氨酸、天冬氨酸和谷氨酸。谷氨酸可进一步转变成脯氨酸、羟脯氨酸、组氨酸和精氨酸等其他氨基酸。

糖是生物体内的重要碳源和能源。糖经酵解途径产生的磷酸烯醇式丙酮酸和丙酮酸，丙酮酸羧化生成草酰乙酸及其脱羧后经三羧酸循环形成的 α-酮戊二酸，它们都可以作为氨基酸的碳架。通过氨基化或转氨基作用形成相应的氨基酸。但是必需氨基酸，包括赖氨酸、色氨酸、甲硫氨酸、苯丙氨酸、亮氨酸、苏氨酸、异亮氨酸、缬氨酸 8 种，则必须由食物提供。组成蛋白质的 22 种氨基酸，除亮氨酸和赖氨酸（生酮氨基酸）外，均可通过脱氨基作用生成相应的 α-酮酸，而这些 α-酮酸均可作为或转化为糖代谢的中间产物，可通过三羧酸循环部分途径及糖异生作用转变为糖。由此可见，22 种氨基酸除亮氨酸和赖氨酸外均可转变为糖，而糖代谢的中间物质在体内仅能转变为 14 种非必需氨基酸，其余 8 种必需氨基酸必须由食物供给，故食物中的糖不能替代蛋白质。

（三）蛋白质代谢和脂肪代谢的相互联系

组成蛋白质的所有氨基酸均可在动物体内转变成脂肪。生酮氨基酸在代谢中先生成乙酰 CoA，然后再生成脂肪酸；生糖氨基酸可直接或间接生成丙酮酸，丙酮酸不但可变成甘油，还可以氧化脱羧生成乙酰 CoA 后生成脂肪酸，进一步合成脂肪。

脂肪水解成甘油和脂肪酸以后，变成丙酮酸和其他 α-酮酸，所以它和糖一样，可以转变成各种非必需氨基酸。脂肪酸经 β 氧化作用生成乙酰 CoA，乙酰 CoA 经三羧酸循环与草酰乙酸生成 α-酮戊二酸，α-酮戊二酸转变成谷氨酸后再转变成其他氨基酸。由于产生 α-酮戊二酸的过程需要草酰乙酸，而草酰乙酸是由蛋白质与糖所产生的，因此脂肪转变成氨基酸的数量是有限的。植物种子萌发时，脂肪转变成氨基酸较多。脂肪分解产生甘油和脂肪酸，甘油可转变为丙酮酸、草酰乙酸及 α-酮戊二酸，分别接受氨基而转变为丙氨酸、天冬氨酸及谷氨酸。脂肪酸可以通过 β 氧化生成乙酰辅酶 A，乙酰辅酶 A 与草酰乙酸缩合进入三羧酸循环，可产生 α-酮戊二酸和草酰乙酸，进而通过转氨作用生成相应的谷氨酸和天冬氨酸，但必须消耗三羧酸循环的中间物质而受限制，如无其他来源补充，反应将不能进行下去。因此脂肪酸不易转变为氨基酸。生糖氨基酸可通过丙酮酸转变为磷酸甘油；而生糖氨基酸、生酮氨基酸及生糖兼生酮氨基酸均可转变为乙酰 CoA，后者可作为脂肪酸合成的原料，最后合成脂肪。因而蛋白质可转变为脂肪。此外，乙酰 CoA 还是合成胆固醇的原料。丝氨酸脱羧生成乙醇胺，经甲基化形成胆碱，而丝氨酸、乙醇胺和胆碱分别是合成磷脂酰丝氨酸、脑磷脂及卵磷脂的原料。

（四）核酸代谢与糖、脂肪和蛋白质代谢的相互联系

核酸是细胞中重要的遗传物质，它通过控制蛋白质的合成，影响细胞的组成成分和代谢类型。核酸不是重要的供能物质，但是许多核苷酸在代谢中起重要作用。

糖代谢中通过磷酸戊糖途径产生的五碳糖核糖是核苷酸生物合成的重要原料，糖异生作用需要 ATP，糖的合成需要 UTP。因此，核苷酸与糖代谢关系密切。

核苷酸碱基合成需要的 CO_2，可由糖和脂肪分解的产物得来。脂肪酸和脂肪的合成需 ATP，磷脂的合成需要 CTP，因此，核苷酸与脂肪代谢也有密切的关系。

甘氨酸、甲酸盐、谷氨酰胺、天冬氨酸和氨等物质，是合成嘌呤碱或嘧啶的原料。反过来，蛋白质是以 DNA 为基因、mRNA 为模板，在 tRNA 和 rRNA 的共同参与下以各种氨基酸为原料合成的，且蛋白质的合成过程必须有 GTP 供应能量。因此，核酸对蛋白质的代谢有重要的作用。

核酸是遗传物质，在机体的遗传、变异及蛋白质合成中，起着决定性的作用。许多游离核苷酸在代谢中起着重要的作用。例如，ATP 是能量生成、利用和储存的中心物质，UTP 参与糖原的合成，CTP 参与卵磷脂的合成，GTP 供给蛋白质肽链合成时所需的部分能量。此外，许多重要辅酶也是核苷酸的衍生物，如辅酶 A、NAD^+、$NADP^+$、FAD 等。另外，核酸或核苷酸本身的合成，又受到其他物质特别是蛋白质的影响，如甘氨酸、天冬氨酸、谷氨酰胺及一碳单位（是由部分氨基酸代谢产生的）是核苷酸合成的原料，参与嘌呤和嘧啶环的合成；核苷酸合成需要酶和多种蛋白因子的参与；合成核苷酸所需的磷酸核糖来自糖代谢中的磷酸戊糖途径等。

糖、脂肪、氨基酸代谢途径间的相互关系见图 7-1。

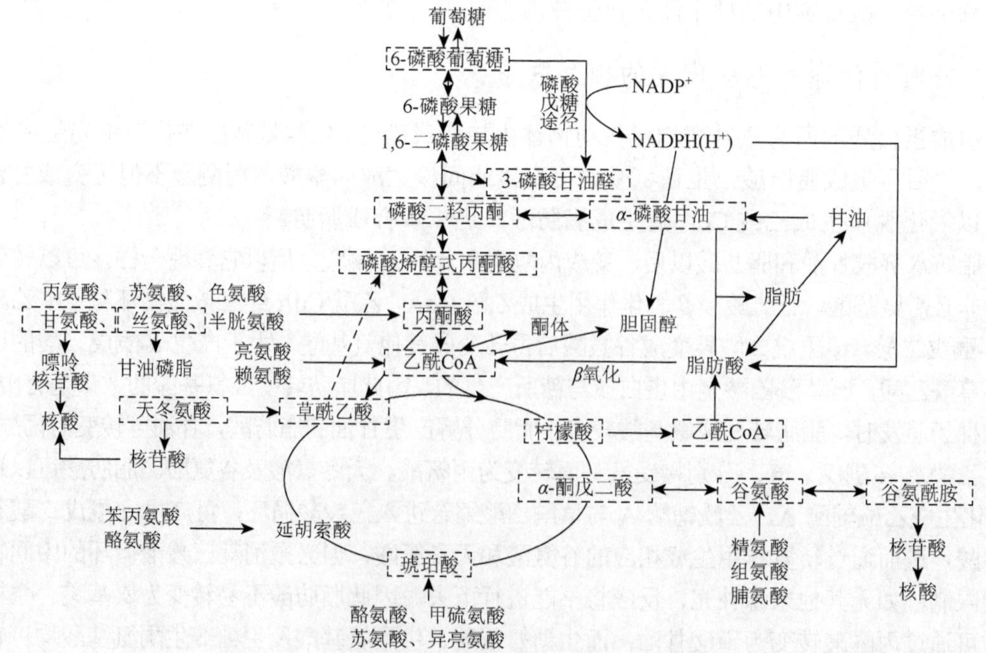

图 7-1 糖、脂肪、氨基酸代谢途径间的相互关系

第二节　代谢的调节

代谢调节在生物界中普遍存在，是生物进化过程中逐渐形成的一种适应能力。进化程度越高的生物，其代谢调节的机制越复杂。

一、酶水平的调节

酶水平的调节为生物体所共有。因为原核细胞和真核细胞的代谢都有酶参加，而酶是维持正常生命活动的基本因素，所以酶水平的调节是最基本的调节。

酶水平的调节有两种方式，一种是改变酶活力的快速调节。其机制是在温度、pH、作用物和辅酶等因素不变的情况下，通过酶分子结构的改变影响酶的活性而实现对酶促反应速度的调节，反应在数秒或数分钟内即可发生；另一种是改变酶的含量，它是通过改变酶合成或降解的速度来改变酶的浓度而实现对酶促反应的调节（是缓慢调节，一般需经数小时甚至更长时间才能完成）。

（一）酶活力的调节

通过改变酶的结构来调节酶活力，可以分为别构调节和化学修饰调节两种方式。

1. 别构调节

1）别构调节的概念

（1）某些小分子化合物能与酶分子活性中心以外的某一部位特异地非共价可逆结合，引起酶蛋白分子的构象发生改变，从而改变酶的催化活性，这种调节称为变构调节（allosteric regulation）或别构调节。受别构调节的酶称为别构酶（allosteric enzyme）或变构酶。这种现象称为别构效应。能使别构酶发生别构效应的一些小分子化合物称为别构效应剂（allosteric effector），其中能使酶活性增高的称为别构激活剂（allosteric activator），而使酶活性降低的称为别构抑制剂（allosteric inhibitor）。别构调节在生物界普遍存在，代谢途径中的关键酶大多数是别构酶。现将糖、脂代谢中某些别构酶及别构效应剂列于表 7-1 中。

表 7-1　一些代谢途径中的别构酶及其别构效应剂

代谢途径	别构酶	别构激活剂	别构抑制剂
糖酵解	己糖激酶	AMP、ADP、FDP、Pi	G-6-P
	1-磷酸果糖激酶	FDP	柠檬酸
	丙酮酸激酶	FDP	ATP、乙酰 CoA
三羧酸循环	柠檬酸合酶	AMP	ATP、长链脂酰 CoA
	异柠檬酸脱氢酶	AMP、ADP	ATP
糖异生	丙酮酸羧化酶	乙酰 CoA、ATP	AMP
	1, 6-二磷酸果糖酶	ATP	AMP
糖原分解	磷酸化酶 b	AMP、G-1-P、Pi	ATP、G-6-P
糖原合成	糖原合酶	G-6-P	乙酸乙酰 CoA、乙酰 CoA
脂肪酸合成	乙酰 CoA 羧化酶	柠檬酸、异柠檬酸	长链脂酰 CoA
酮体合成	HMG-CoA 还原酶	CMP、CDP	胆固醇

续表

代谢途径	别构酶	别构激活剂	别构抑制剂
氨基酸代谢	谷氨酸脱氢酶	ADP、亮氨酸、甲硫氨酸	ATP、GTP、NADH
嘌呤核苷酸合成	PRPP 酰胺转移酶	PRPP	AMP、ADP、GMP、GDP
嘧啶核苷酸合成	天冬氨酸氨基转移酶	天冬氨酸	CTP

（2）别构酶的特点及作用机制。别构酶常具有四级结构，多为由多个亚基组成的酶蛋白。在别构酶分子中有能与底物分子相结合并催化底物转变为产物的催化亚基；也有能与别构效应剂相结合使酶分子的构象发生改变而影响酶的活性的调节亚基，与别构效应剂结合的部位称为别位或调节部位。有的酶分子的催化部位与调节部位在同一亚基内的不同部位。

（3）别构效应剂一般都是生理小分子物质，主要包括酶的底物、产物或其他小分子中间代谢物。它们在细胞内浓度的改变能灵敏地表现代谢途径的强度及能量供求的关系，并通过别构效应改变某些酶的活性，进而调节代谢的强度、方向及细胞内能量的供需平衡。例如，ATP 是糖酵解途径关键酶 1-磷酸果糖激酶的别构抑制剂，可抑制糖氧化途径；而 ADP、AMP 为该酶别构激活剂，它们的量增多可以促进糖氧化分解，而使 ATP 产生增加。

2）别构效应剂 别构效应剂是指引起酶蛋白分子构象改变的物质，有的表现为酶的紧密构象（T 态）和松弛构象（R 态）或亚基的聚合和解聚之间的相互转变而改变酶活性。例如，大肠杆菌的 1-磷酸果糖激酶是由 4 个相同亚基所构成的一个四聚体，每个亚基均含调节部位及催化部位。别构激活剂 ADP 可与调节部位相结合，使 1-磷酸果糖激酶呈现松弛构象（R 态）而对底物 6-磷酸果糖具高亲和力。相反，当别构抑制剂 FDP 与相同的调节部位相结合时，却引起 1-磷酸果糖激酶呈现紧密构象（T 态）而使酶对底物 6-磷酸果糖的亲和力降低。有的是原聚体与多聚体相互转化而引起酶活性的改变。例如，乙酰 CoA 羧化酶也是一种别构酶，其原聚体无催化活性，在柠檬酸、异柠檬酸存在时，10～20 个原聚体聚合成线状排列的多聚体，催化活性增加 10～20 倍。而 ATP-Mg^{2+}和长链脂酰 CoA 能使多聚体解聚成为原聚体而使酶失去活性。

3）别构调节的意义 在一个合成代谢体系中，其终产物常可使该途径中催化起始反应的限速酶反馈别构抑制，可以防止产物过多堆积而浪费。例如，体内高浓度胆固醇作为别构抑制剂，抑制肝中胆固醇合成的限速酶 HMG-CoA 还原酶活性，而使胆固醇合成减少。此外，别构调节可直接影响关键酶的活性来调节体内产能与储能代谢反应，使能量得以有效利用，不致浪费。AMP 是糖分解代谢途径中许多关键酶的别构激活剂，如细胞内能量不足，AMP 含量增多时，则可通过激活相应关键酶的活性而使糖分解代谢增强；相反，ATP 是这些关键酶的别构抑制剂，如机体能量充足，ATP 含量增多时，则可通过抑制这些酶的活性而减慢产能的代谢反应。

2. 共价修饰调节

酶蛋白在其他酶的催化下，使酶分子以共价键结合或解离某种特殊的化学基团而使酶处于活性和无活性的互变状态，从而调节酶的活性，这称为酶蛋白的共价修饰，也称为化学修饰。

（二）酶含量的调节

1. 原核生物酶蛋白合成的调控

酶的浓度取决于酶的合成和降解速度，细胞内酶的浓度即酶含量的增减可以调节生物体有机物的代谢。

某些物质（诱导物）能促进细胞内酶的合成，这种作用称为酶合成的诱导作用。

1）酶合成的诱导　诱导这一性质被认为是由调节基因 *i* 所决定的。定位结果表明，*i* 基因位于 *Z*、*Y*、*A* 三个基因的上游。测定有无诱导物存在时 *β*-半乳糖苷酶活性大小，提出了酶合成的诱导作用机制——大肠杆菌的乳糖操纵子学说。

操纵子学说认为，在细菌内与某一代谢途径有关的几个基因在染色体上的位置往往集中在一个区域内，这些基因的表达与否都受同一个操纵基因所控制。染色体上还存在着调节基因。它们的产物与操纵基因结合时，受操纵基因控制的几个基因都不表达。诱导物的作用是与调节基因产物结合，破坏了它与操纵基因结合的活性，于是受操纵基因控制的几个基因都能表达。操纵基因和被它所操纵的几个基因组成的一个单元便称为操纵子（图 7-2）。

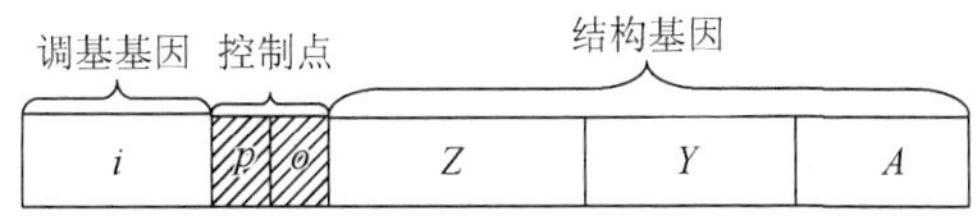

图 7-2　操纵子模型

i. 调节基因；*p*. 启动因子；*o*. 操纵基因；*Z*. *β*-半乳糖苷酶基因；*Y*. *β*-半乳糖苷透性酶基因；*A*. *β*-半乳糖苷转乙酰基酶基因

2）酶合成的阻遏　当无诱导物乳糖存在时，调节基因编码的阻遏蛋白（repressor protein）处于活性状态，阻遏蛋白可与操纵基因结合，阻止了 RNA 聚合酶与启动基因的结合，使结构基因（*Z*，*Y*，*A*）不能编码参与乳糖分解代谢的 3 种酶。在诱导物乳糖存在的情况下，乳糖同阻遏蛋白结合，使阻遏蛋白构象发生变化而处于失活状态，此时结构基因（*Z*，*Y*，*A*）可转录一条多顺反子的 mRNA，并翻译出乳糖分解代谢的 3 种酶（*β*-半乳糖苷酶、*β*-半乳糖苷透性酶、*β*-半乳糖苷转乙酰基酶）。对于大肠杆菌来说，乳糖不是经常遇到的碳源，因此乳糖操纵子经常处于关闭状态，也就是说酶的形成经常处于阻遏状态。只有当诱导物存在时，移去了阻遏物，才能进行转录作用，从而翻译出酶蛋白。

2. 真核生物基因表达的调控

真核生物基因组结构复杂，因此其细胞内酶含量受多种因素协同调节控制，是一种多级调控方式。

转录前水平的调控是指通过改变 DNA 序列和染色体结构的过程，包括染色质的丢失、基因扩增、基因重排、基因修饰等。但转录前水平的调控并不是普遍存在的调控方式。例如，染色质的丢失，只在某些低等真核生物中发现。

（三）代谢调节作用点——关键酶、限速酶

代谢途径包含一系列催化化学反应的酶，其中有一个或几个酶能影响整个代谢途径的反应速度和方向，这些具有调节代谢的酶称为关键酶（key enzyme）或调节酶（regulatory enzyme）。

在代谢途径的酶系中，关键酶一般具有以下的特点：①常催化不可逆的非平衡反应，因此能决定整个代谢途径的方向；②酶的活性较低，其所催化的化学反应速度慢，故又称限速

酶（rate-limiting enzyme），因此它的活性能决定整个代谢途径的总速度；③酶活性受底物、多种代谢产物及效应剂的调节，因此它是细胞水平的代谢调节的作用点。例如，己糖激酶、1-磷酸果糖激酶和丙酮酸激酶均为糖酵解途径的关键酶，它们分别控制着酵解途径的速度，其中 1-磷酸果糖激酶的催化活性最低，通过催化 6-磷酸果糖转变为 1, 6-二磷酸果糖控制糖酵解途径的速度。而 1, 6-二磷酸果糖酶则通过催化 1, 6-二磷酸果糖转变为 6-磷酸果糖作为糖异生途径的关键酶之一。

因此，这些关键酶的活性决定体内糖的分解或糖异生。当细胞内能量不足时，AMP 含量升高，可激活 1-磷酸果糖激酶而抑制 1, 6-二磷酸果糖酶，使葡萄糖分解代谢途径增强而产生能量。

相反，当细胞内能量充足，ATP 含量升高时，抑制 1-磷酸果糖激酶，则葡萄糖异生途径增强。调节某些关键酶的活性是细胞代谢调节的一种重要方式，表 7-2 列出一些重要代谢途径的关键酶。

表 7-2 重要代谢途径的关键酶

代谢途径	限速酶
糖酵解	己糖激酶、1-磷酸果糖激酶、丙酮酸激酶
磷酸戊糖途径	6-磷酸葡萄糖脱氢酶
糖异生	丙酮酸羧化酶、磷酸烯醇式丙酮酸羧激酶 1, 6-二磷酸果糖酶、6-磷酸葡萄糖酶
三羧酸循环	柠檬酸合成酶、异柠檬酸脱氢酶 α-酮戊二酸脱氢酶复合体
糖原合成	糖原合酶
糖原分解	糖原磷酸化酶
脂肪分解	三酰甘油脂肪酶（激素敏感脂肪酶）
脂肪酸合成	乙酰辅酶 A 羧化酶
酮体合成	HMG 辅酶 A 合酶
胆固醇合成	HMG 辅酶 A 还原酶
尿素合成	精氨酸代琥珀酸合成酶
血红素合成	δ-氨基-γ-酮戊酸合酶（ALA 合酶）

细胞水平的代谢调节主要是通过对关键酶活性的调节实现的，而酶活性调节主要是通过改变现有酶的结构与含量。故关键酶的调节方式可分两类：一类是通过改变酶的分子结构而改变细胞现有酶的活性来调节酶促反应的速度，如酶的别构调节与化学修饰调节，这种调节一般在数秒或数分钟内即可完成，是一种快速调节；另一类是改变酶的含量，即调节酶蛋白的合成或降解来改变细胞内酶的含量，从而调节酶促反应速度。这种调节一般需要数小时才能完成，因此是一种迟缓调节。

（四）酶的化学修饰调节

1. 化学修饰调节的概念

酶蛋白肽链上的某些基团可在另一种酶的催化下，与某些化学基团发生可逆地共价结合从而引起酶的活性改变，这种调节称为酶的化学修饰（chemical modification）或共价修饰（covalent modification）。酶的可逆化学修饰主要有磷酸化（phosphorylation）和脱磷酸化（dephosphorylation），甲基化（methylation）和脱甲基化（demethylation），腺苷化（adenylation）和脱腺苷化（deadenylation）及—SH 和—S—S—互变等，其中以磷酸化和脱磷酸化最为多见（表 7-3）。

表 7-3　某些酶的可逆化学修饰

酶	反应类型	效应
磷酸果糖激酶	磷酸化 / 脱磷酸	抑制/激活
丙酮酸脱氢酶	磷酸化 / 脱磷酸	抑制/激活
丙酮酸脱羧酶	磷酸化 / 脱磷酸	抑制/激活
糖原磷酸化酶	磷酸化 / 脱磷酸	激活/抑制
磷酸化酶 b 激酶	磷酸化 / 脱磷酸	激活/抑制
磷酸化酶磷酸酶	磷酸化 / 脱磷酸	抑制/激活
糖原合酶	磷酸化 / 脱磷酸	抑制/激活
三酰甘油脂肪酶（脂肪细胞）	磷酸化 / 脱磷酸	激活/抑制
HMG-CoA 还原酶	磷酸化 / 脱磷酸	抑制/激活
HMG-CoA 还原酶激酶	磷酸化 / 脱磷酸	激活/抑制
乙酰 CoA 羧化酶	磷酸化 / 脱磷酸	抑制/激活
谷氨酰胺合成酶（大肠杆菌）	腺苷化 / 脱腺苷	抑制/激活
黄嘌呤氧化（脱氢）酶	—SH/—S—S—	脱氢/氧化

2. 化学修饰调节的作用机制

由特异酶催化的化学修饰是体内快速调节酶活性的重要方式之一，磷酸化是细胞内最常见的修饰方式。酶蛋白多肽链中的丝氨酸、苏氨酸和酪氨酸的羟基往往是磷酸化的位点。细胞内存在着多种蛋白激酶，可催化酶蛋白的磷酸化，将 ATP 分子中的 γ-磷酸基团转移至特定的酶蛋白分子的羟基上，从而改变酶蛋白的活性；与此相对应的，细胞内也存在着多种蛋白磷酸酶，它们可将相应的磷酸基团移去，可逆地改变酶的催化活性。因此，磷酸化与脱磷酸化这对相反过程，分别由蛋白激酶和蛋白磷酸酶催化而完成的。糖原磷酸化酶是酶的化学修饰的典型例子。此酶有两种形式：有活性的磷酸化酶 a 和无活性的磷酸化酶 b，二者可以互相转变。磷酸化酶 b 在磷酸化酶 b 激酶催化下，接受 ATP 上的磷酸基团转变为磷酸化酶 a 而活化；磷酸化酶 a 也可在磷酸化酶 a 磷酸酶催化下转变为磷酸化酶 b 而失活。该酶被修饰的基团是丝氨酸的羟基（图 7-3）。

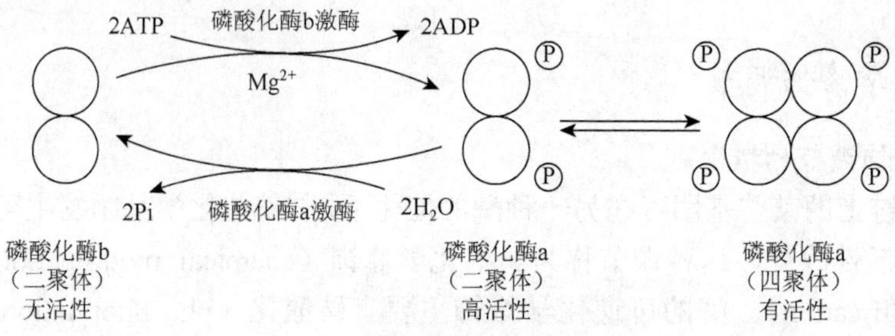

图 7-3　肌肉磷酸化酶的化学修饰

3. 化学修饰调节的特点

（1）大多数化学修饰的酶都存在有活性（或高活性）与无活性（或低活性）两种形式，且两种形式之间通过两种不同酶的催化可以相互转变。对于磷酸化与脱磷酸化而言，有些酶脱磷酸化状态有活性，而另一些酶磷酸化状态有活性。

（2）由于化学修饰调节本身是酶促反应，且参与酶促修饰的酶又常常受其他酶或激素的影响，因此化学修饰具有瀑布式级联放大效应。少量的调节因素便可引起大量酶分子的化学修饰（图 7-4）。因此，这类反应的催化效率往往较别构调节高。

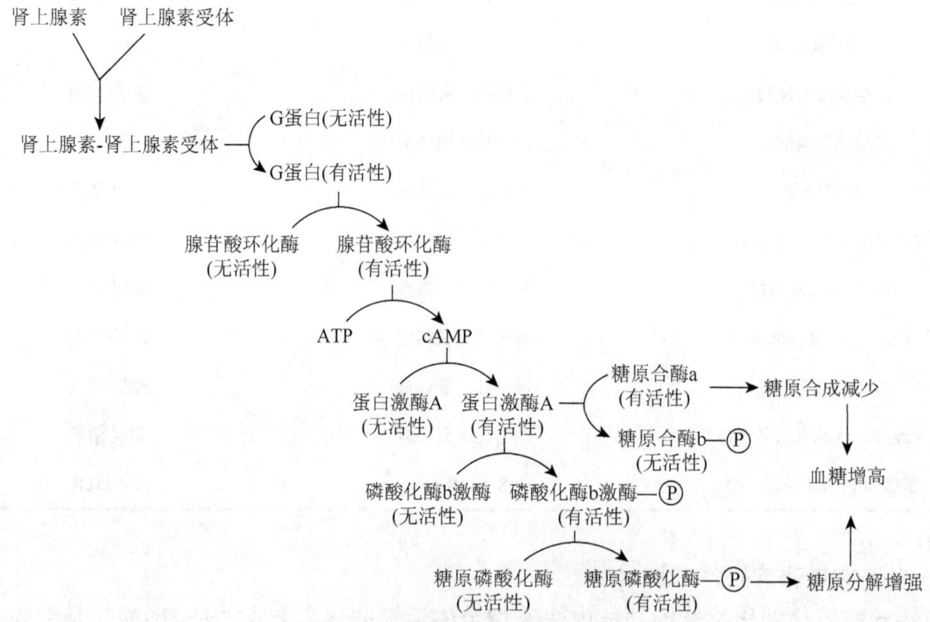

图 7-4　磷酸化酶激活的级联放大反应

（3）磷酸化和脱磷酸化是最常见的酶促化学修饰反应，其消耗的能量由 ATP 提供，这与合成酶蛋白所消耗的 ATP 相比要少得多，因此，化学修饰是一种经济、快速而有效的调节方式。

别构调节和化学修饰调节是调节酶活性的两种不同方式，对某一种酶来说，它可以同时接受这两种方式的调节，相互补充，使相应代谢途径调节更为精细、有效。例如，二聚体糖原磷酸化酶存在磷酸化位点，且每个亚基都有催化部位和调节部位，因此，在受化学修饰的同时也可由 ATP 别构抑制，并受 AMP 别构激活。

细胞中同一种酶受别构和化学修饰双重调节的意义可能在于：别构调节是细胞的一种基

本调节机制，对维持代谢物和能量平衡具有重要作用，但当效应剂浓度过低，就不足以与全部酶蛋白分子的调节部位结合时，就不能动员所有的酶发挥作用，难以发挥应急效应。当在应激状态下，随着肾上腺素的释放，通过 cAMP，启动一系列的级联酶促化学修饰反应，迅速有效地满足机体的急需。

（五）细胞内酶的区域化分布

细胞是生物体结构和功能的基本单位。细胞内存在由膜系统分开的区域，使各类反应在细胞中有各自的空间分布，称为区域化（compartmentation）。尤其是真核生物细胞呈更高度的区域化，由膜包围的多种细胞器分布在细胞质内，如细胞核、线粒体、溶酶体、高尔基体等。代谢上相关的酶常常组成一个多酶体系（multienzyme system）或多酶复合体（multienzyme complex），分布在细胞的某一特定区域，执行着特定的代谢功能。例如，糖酵解、糖原合成与分解、磷酸戊糖途径和脂肪酸合成的酶系存在于细胞质中；三羧酸循环、脂肪酸 β 氧化和氧化磷酸化的酶系存在于线粒体中；核酸合成的酶系大部分在细胞核中；水解酶系在溶酶体中（图 7-5）。即使在同一细胞器内，酶系分布也有一定的区域化。例如，在线粒体内，在外膜、内膜、膜间空间及内部基质的酶系是不同的：细胞色素和氧化磷酸化的酶分布在内膜上，而三羧酸循环的酶则主要是在基质中。

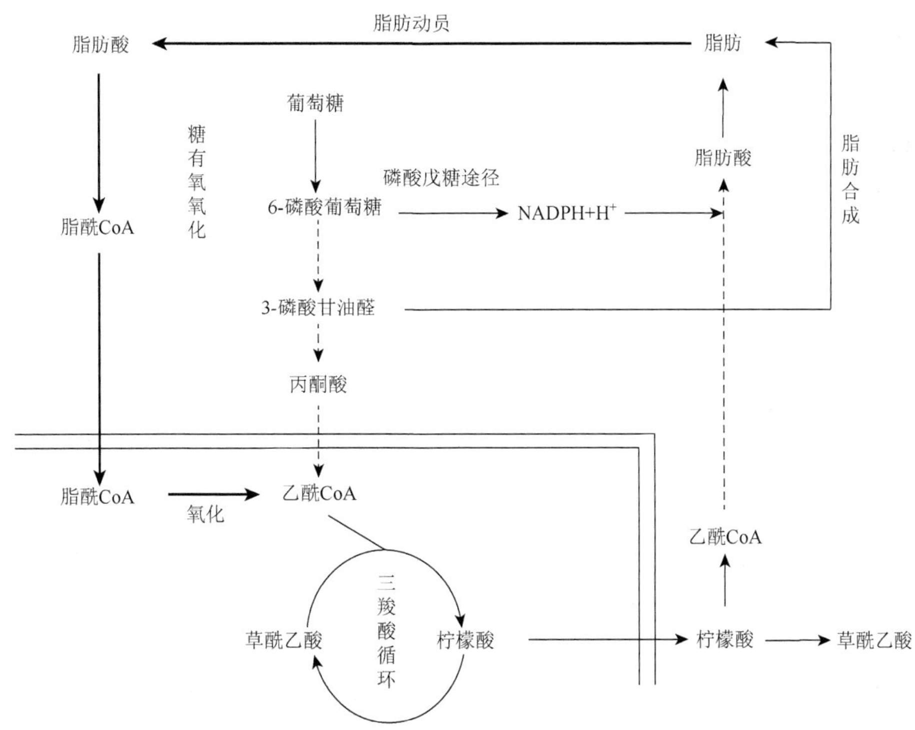

图 7-5　主要代谢途径多酶体系在细胞内的分布

这种细胞内酶的区域化分布对物质代谢及调节有重要的意义：①使得在同一代谢途径中的酶互相联系、密切配合，同时将酶、辅酶和底物高度浓缩，使同一代谢途径一系列酶促反应连续进行，提高反应速度；②使得不同代谢途径隔离分布，各自行使不同功能，互不干扰，使整个细胞的代谢得以顺利进行；③使得某一代谢途径产生代谢产物在不同细胞器呈区域化分布，而形成局部高代谢物浓度，有利于其对相关代谢途径的特异调节。此外，一些代谢中间产物在亚细胞结构之间还存在着穿梭，从而组成生物体内复杂的代谢与调节网络。因此，酶在细胞内的区域化分布也是物质代谢调节的一种重要方式。

二、激素水平的调节

激素是由多细胞生物（植物、无脊椎动物与脊椎动物）的特殊细胞所合成，并经体液输送到其他部位显示特殊生理活性的微量化学物质。哺乳动物的激素依其化学本质可分为 4 类：氨基酸及其衍生物、肽及蛋白质、固醇类、脂肪酸衍生物。植物激素可分为 5 类：生长素、赤霉素类、激动素类、脱落酸、乙烯。

通过激素来控制物质代谢是代谢调节的重要方式。不同的激素可作用于不同的组织，产生不同的生物效应，体现较高的组织特异性和效应特异性，这是激素作用的一个重要特点。激素之所以能对特定的组织或细胞发挥调节作用，就在于靶细胞具有能和激素特异结合的物质，即激素受体。它和相应的激素结合后，能使激素信号转化成一系列细胞内的化学反应，从而表现出激素的生理效应。每种激素都有相应的特异性受体，根据激素受体在细胞中的定位将激素的作用机制分为两类：一是通过细胞膜受体起作用，二是通过细胞内受体蛋白起作用。

（一）通过细胞膜受体的调节机制

（1）激素与受体结合的特点。

（2）激素对受体细胞膜的影响。

（3）激素对细胞内 cAMP 水平的影响。

（4）cAMP 的生理作用：①蛋白激酶的激活过程；②蛋白激酶的催化作用。

（二）通过细胞内受体的调节机制

在血液中，类固醇类激素或甲状腺激素都大部分与一些血浆蛋白结合而运输。当血液循环通过靶细胞时，游离激素则被大量摄入细胞内。靶细胞内存在着各种特殊的可溶性蛋白质的受体，能专一地与类固醇激素结合，是类固醇激素发挥生理作用的必要物质。

1. 受体的作用特点

各种胞液受体与相应的激素通过非共价键进行可逆结合，结合特点和细胞膜受体相似，也显出高度的特异性和亲和力，而且与生理功能相关。

2. 激素受体复合物的别构与转移

一般认为胞液受体是由内质网合成的，可以多种形式存在。但受体在胞液中与激素结合后，在一定条件下，会改变其构型，而形成活性复合物，再转移到细胞核中。

3. 活性复合物对染色质的作用

（1）活性复合物与染色质结合：类固醇激素与受体的活性复合物对靶组织的染色质具有很强的亲和力，故进入核内的活性复合物能迅速结合到染色质 DNA 上，使基因活化，这是激素诱导蛋白质合成的基本条件。

（2）活性复合物对 RNA 及蛋白质合成的作用：有些类固醇激素在作用于靶组织数分钟内，即可出现早期 RNA 合成增加的现象。激素受体复合物作用于染色质时，消除了该部位染色质的阻抑状态，促进了该部位上 DNA 的转录过程，导致多种蛋白质合成增加。

三、神经水平的调节

对于有完善神经系统的人和高等动物，除酶和激素调节外，中枢神经系统对物质的代谢也起着调节控制作用。

中枢神经系统的直接调节是大脑接受某种刺激后直接对有关组织、器官或细胞发出信息，使它们兴奋或抑制以调节代谢。例如，人在精神紧张或遭遇意外刺激时，肝糖原即迅速分解使血糖含量增高，这是大脑直接控制的代谢反应。中枢神经系统的间接调控主要是通过对分泌活动的控制而实现的，也就是通过对激素的合成和分泌的调控而发挥其调节作用。在人和动物的生活过程中，不断遇到某些特殊情况，发生内、外环境的变化，这些变化可通过神经-体液途径引起一系列激素分泌的改变而进行整体调节，使物质代谢适应环境的变化，从而维持细胞内环境的稳定。而对于所有生物体，酶的调节是最基本的调节方式。正是由于生物体内存在着代谢调节机制，才维持了生命活动的正常进行。

四、整体水平的代谢调节

为适应外界环境的变化，生物体可通过神经-体液途径对其物质代谢进行整体调节，使不同组织、器官中物质代谢途径相互协调和整合，以满足机体的能量需求并维持机体内环境的相对稳定。例如，应激及饥饿时，机体通过调节以适应紧急状况。

（一）应激状态下的代谢调节

应激是机体在一些特殊情况下，如严重创伤、感染、寒冷、中毒、剧烈的情绪变化等所作出的应答性反应。在应激状态下，交感神经兴奋，肾上腺皮质及髓质激素分泌增多，血浆胰高血糖素及生长激素水平也增高，而胰岛素水平降低，引起糖代谢、脂代谢及蛋白质代谢发生相应的改变。

1. 血糖浓度升高

应激时，糖代谢的变化主要表现为血糖浓度升高。由于交感神经兴奋引起许多激素分泌增加。肾上腺素及胰高血糖素均可激活磷酸化酶而促进肝糖原分解；糖皮质激素和胰高血糖素可诱导磷酸烯醇式丙酮酸羧激酶的表达而促使糖的异生；肾上腺皮质激素生长激素可抑制周围组织对血糖的利用。血糖浓度升高对保证红细胞及脑组织的供能有重要意义。应激时血糖浓度明显升高，如超过肾糖阈 8.88～9.99mmol/L 时，部分葡萄糖可随尿液排出而导致应激性糖尿。

2. 脂肪动员增强

应激时，脂代谢的主要表现变为脂肪动员增加。由于肾上腺素、胰高血糖素、去甲肾上腺素等脂解激素分泌增多，通过提高甘油三酯脂肪酶的活性而促进脂肪分解。血中游离脂肪酸增多，成为心肌、骨骼肌和肾等组织的主要能量来源，从而减少对血液中葡萄糖的消耗，进一步保证了脑组织及红细胞的葡萄糖的供应。

3. 蛋白质分解加强

应激时，蛋白质代谢主要表现为蛋白质分解加强。肌肉组织蛋白质分解增加，生糖氨基酸及生糖兼生酮氨基酸增多，为肝细胞糖的异生作用提供了原料。同时蛋白质分解增加，尿素的合成增多，出现负氮平衡（negative nitrogen balance）。

总之，应激时，体内三大营养物质代谢的变化均趋向于分解代谢增强，合成代谢受到抑制，最终使血中葡萄糖、脂肪酸、酮体、氨基酸等浓度相应升高，为机体提供足够的能量物质，以帮助机体应付“紧急状态”。若应激状态持续时间较长，可导致机体因消耗过多而出现衰竭甚至危及生命。

（二）饥饿时的代谢调节

1. 短期饥饿

在不能进食1～3d后，肝糖原显著减少，血糖浓度降低。便引起胰岛素分泌减少和胰高血糖素分泌增加，同时也引起糖皮质激素分泌增加，这些激素的改变可引起一系列的代谢变化。

（1）肌蛋白分解增加：肌肉蛋白质分解释放出的氨基酸大部分可转变为丙氨酸和谷氨酰胺，经血液转运到肝成为糖异生的原料，蛋白质的降解增多可导致负氮平衡。

（2）糖异生作用增强：饥饿2d后，肝糖异生作用明显增强（占80%），此外肾也有糖异生作用（约占20%），氨基酸为糖异生的主要原料，通过糖异生作用维持血糖浓度的相对恒定，进而维持某些依赖葡萄糖供能组织（如脑组织及红细胞）的正常功能。

（3）脂肪动员加强，酮体生成增多：由于脂解激素分泌增加，脂肪动员增强，血液中甘油和游离脂肪酸含量增高，许多组织以摄取利用脂肪酸为主，此外脂肪酸β氧化为肝酮体生成提供了大量的原料。而肝合成的酮体既为肝外其他组织提供了能量来源，也可成为脑组织的重要能源物质。这使许多组织减少对葡萄糖摄取和利用。饥饿时脑组织对葡萄糖利用也有所减少，但饥饿初期的大脑仍主要由葡萄糖供能。

2. 长期饥饿

在较长时间的饥饿状态（一周以上），体内的能量代谢将发生进一步变化，此时代谢的变化与短期饥饿不同之处在于：

（1）脂肪动员进一步加速，酮体在肝及肾细胞中大量生成，其中肾糖异生的作用明显增强，生成约40g葡萄糖/d。脑组织利用酮体增加，甚至超过葡萄糖，可占总耗氧的60%，这对减少糖的利用、维持血糖及减少组织蛋白质的消耗有一定意义。

（2）肌肉优先利用脂肪酸作为能源，以保证脑组织的酮体供应。血中酮体增高直接作用于肌肉，减少肌肉蛋白质的分解，此时肌肉释放氨基酸减少，而乳酸和丙酮酸成为肝中糖异生的主要物质。

（3）肌肉蛋白质分解减少，负氮平衡有所改善，此时尿液中排出尿素减少而氨增加。其原因在于肾小管上皮细胞中谷氨酰胺脱下的酰胺氮，可以氨的形式排入管腔，有利于促进体内H^+的排出，从而改善酮症引起的酸中毒。

第三篇　基因信息的传递

生物体基因组中结构基因所携带的遗传信息经过转录及翻译等一系列过程，合成特定的蛋白质，进而发挥其特定生物学功能。基因表达产物是各种 RNA（tRNA、mRNA 和 rRNA）及蛋白质、多肽。经典遗传学在关于基因的概念中指出，基因是不连续的颗粒状因子，在染色体上有固定的位置，呈直线排列，具有相对的稳定性。同时，基因作为一个功能单位控制性状的表达，以整体进行突变，是突变的最小单位。基因能自我复制，在有机体内通过有丝分裂有规律地传递，在上下代之间能通过减数分裂和受精作用有规律地传递。基因调控是现代分子生物学研究的中心课题之一。如果想要了解动植物生长发育规律、形态结构特征及生物学功能，就必须搞清楚基因表达调控的时间和空间概念。掌握了基因调控机制，就等于掌握了一把揭示生物学奥秘的钥匙。基因表达调控主要表现在以下几个方面：①转录水平上的调控；②mRNA 加工、成熟水平上的调控；③翻译水平上的调控。基因表达调控的指挥系统有很多种，不同生物使用不同的信号来指挥基因调控。

基因工程（gene engineering）又称基因操作（gene manipulation）或重组 DNA（recombinant DNA），是一门以分子遗传学和分子生物学理论为基础，以生物化学和微生物学的现代方法为手段，将来源不同的遗传物质（基因）即 DNA 分子，按照预先设计的蓝图，在体外构建杂合 DNA，然后通过载体导入受体细胞，以改变生物原有的遗传特性，获得新物种（品种）或研究基因结构与功能的现代生物技术。基因工程最大的优点是打破常规育种难以突破物种之间的界限，可以使原核生物与真核生物之间、动物与植物之间、甚至人与其他生物之间的遗传信息进行重组和转移。基因工程的两个基本特点是基因在分子水平上的操作和细胞水平上的表达。

第八章　基因表达的调控

【目的要求】

原核与真核基因表达调控。

【掌握】

1. 基因表达调控的基本概念。
2. 基因表达调控的基本原理。
3. 原核基因表达调控。
4. 真核基因表达调控。

【熟悉】

1. 色氨酸操纵子模型，乳糖操纵子模型。
2. 真核基因表达调控的层次。

【了解】

1. 原核生物基因表达调控的概念、原理和过程。
2. 真核生物基因表达调控的概念、原理和过程。

第一节　基因的概念

基因的概念是不断发展的。孟德尔提出基因是遗传因子的概念，1909 年丹麦的 Johnson 用基因取代了孟德尔的遗传因子的概念，一直应用至今。基因既是一个结构单位，又是一个功能单位。基因是由什么物质构成的？基因的本质是什么？经典遗传学无法回答这些问题。

分子遗传学关于基因的概念：一个基因就是 DNA 分子上的一段序列，每一个基因都携带有特殊的遗传信息，这些遗传信息包括 mRNA、rRNA 或 tRNA 对其他基因的活动起调控作用。从结构上，基因可以划分为 3 个小单位，即突变单位、重组单位和功能单位。突变单位（又称突变子）是指发生突变的最小单位，最小的突变子是一个碱基。重组单位（又称重组子）可交换的最小单位，最小的重组单位也可以只是一个碱基。功能单位（顺反子 cistron，又称作用子）是指基因中指导一条多肽链合成的 DNA 序列，平均大小为 500～1500bp。顺反子与经典概念的功能单位相当，是遗传信息的最小功能单位。

现代基因是指功能单位，不是结构单位。一个基因内包含了大量的突变单位和重组单位。随着基因概念的进一步发展，又将基因分为：结构基因（structural gene）、调节基因（regulator gene）、重叠基因（overlapping gene）、不连续基因（split gene）、跳跃基因（jumping gene）和假基因（pseudogene）。结构基因是指编码多肽链或 RNA 分子的基因。调控基因是指参与调控结构基因表达的基因，包括控制结构基因转录起始和产物合成速率的基因，能影响其他基因活性的一类基因。重叠基因是指同一个 DNA 序列可以参与编码两个以上的 RNA 或多肽链。不连续基因是指在真核生物中，一个基因的编码序列（exon）是不连续的，被若干个非编码序列（intron）分割，这类结构断裂的基因称为不连续基因，又称断裂基因（interrupted gene）。跳跃基因是指可以在基因组内移动位置的基因。假基因是指不产生有功能产物的基因，基因的作用与性状的表达在生物体内，大部分遗传性状都是直接或间接通过蛋白质表现出来的。

一个细胞或病毒所携带的全部遗传信息或整套基因，称为基因组。不同生物基因组所含基因多少不同。在某一特定时期，基因组中只有一部分基因处于表达状态。在个体不同生长时期、不同生活环境下，某种功能的基因产物在细胞中的数量会随时间、环境而变化。基因表达就是基因转录及翻译的过程。在一定调节机制控制下，大多数基因经历基因激活、转录及翻译等过程，产生具有特异生物学功能的蛋白质分子。但并非所有基因表达过程都产生蛋白质。rRNA、tRNA 编码基因转录合成 RNA 的过程也属于基因表达。

基因表达的生物学意义一是在于适应环境、维持生长和增殖。生物体赖以生存的外环境是在不断变化的。生命体中的所有活细胞都必须对外环境变化作出适当反应，调节代谢，以使生物体能更好地适应变化着的外环境，维持生命。这种适应调节的能力总是与某种或某些蛋白质分子的功能有关，即与相关基因表达有关。生物体调节基因表达，适应环境是普遍存在的。原核生物、单细胞生物调节基因的表达就是为了适应环境、维持生长和细胞分裂。高等生物也普遍存在适应性表达方式。经常饮酒者体内醇氧化酶活性高即与相应基因表达水平升高有关。基因表达的生物学意义另一层含义在于维持个体发育与分化。在多细胞个体生长、发育的不同阶段，细胞中的蛋白质分子种类和含量差异很大；即使在同一生长发育阶段，不同组织器官内蛋白质分子分布也存在很大差异，这些差异是调节细胞表型的关键。高等哺乳类动物各种组织、器官的发育、分化都是由一些特定基因控制的。当某种基因缺陷或表达异常时，则会出现相应组织或器官的发育异常。

基因表达表现为严格的规律性，即时间、空间特异性。基因表达的时间、空间特异性由特异基因的启动子（序列）和/或增强子与调节蛋白相互作用决定。并且基因表达存在时间和时空的特异性。其中时间特异性是指噬菌体、病毒或细菌侵入宿主后，呈现一定的感染阶段。随感染阶段发展、生长环境变化，有些基因开启，有些基因关闭。按功能需要，某一特定基因的表达严格按特定的时间顺序发生，这就是基因表达的时间特异性。在多细胞生物从受精卵到组织、器官形成的各个不同发育阶段，相应基因严格按一定时间顺序开启或关闭，表现为与分化、发育阶段一致的时间性。因此，多细胞生物基因表达的时间特异性又称阶段特异性。空间特异性是指在多细胞生物个体某一发育、生长阶段，同一基因产物在不同的组织器官表达多少是不一样的；在同一生长阶段，不同的基因表达产物在不同的组织、器官分布也不完全相同。在个体生长全过程，某种基因产物在个体按不同组织空间顺序出现，这就是基因表达的空间特异性。基因表达伴随时间或阶段顺序所表现出的这种空间分布差异，实际上是由细胞在器官中的分布情况决定的，因此基因表达的空间特异性又称细胞特异性或组织特异性。

基因表达的方式在不同种类的生物遗传背景不同，同种生物不同个体生活环境不完全相同，不同的基因功能和性质也不相同。因此，不同的基因其表达方式或调节类型存在很大差异。基因表达的方式分为组成性表达和诱导/阻遏表达。基因的组成性表达是指某些基因产物对生命全过程都是必需的或必不可少的，这类基因在一个生物个体的几乎所有细胞中持续表达，通常被称为管家基因。例如，三羧酸循环是一中枢性代谢途径，催化该途径各阶段反应的酶编码基因就属这类基因。管家基因较少受环境因素影响，而是在个体各个生长阶段的大多数或几乎全部组织中持续表达，或变化很小。这类基因表达被视为基本的或组成性基因表达。这类基因表达只受启动序列或启动子与 RNA 聚合酶相互作用的影响，而不受其他机制调节。事实上，组成性基因表达水平并非真的“一成不变”，所谓“不变”是相对的。基因表达的诱导和阻遏，与管家基因不同，另有一些基因表达极易受环境变化影响。随外环境信号变化，这类基因表达水平可呈现升高或降低现象。在特定环境信号刺激下，相应的基因被激活，基因表达产物增加，这种基因是可诱导的。可诱导基因在特定环境中表达增强的过程称为诱导。例如，有 DNA 损伤时，修复酶基因就会在细菌内被诱导激活，使修复酶反应性地增加。相反，如果基因对环境信号应答时被抑制，这种基因是可阻遏的。可阻遏基因表达产物水平降低的过程称为阻遏。例如，当培养基中色氨酸供应充分时，在细菌内与色氨酸合成有关的酶编码基因表达就会被抑制。可诱导或可阻遏基因除受启动序列或启动子与 RNA 聚合酶相互作用的影响外，尚受其他机制调节；一般，这类基因的调控序列含有特异刺激的反应元件。诱导和阻遏是同一事物的两种表现形式，在生物界普遍存在，也是生物体适应环境的基本途径。

第二节　原核生物基因表达的调控

一个个体的各类细胞都是按照一定的规律和一定的时空顺序，关闭一些基因，开启另一些基因，并不断地进行严格的调控，以保证个体的发育得以顺利进行。决定哪些基因表达、哪些基因不表达，并控制表达速率的过程就是基因表达的调控。原核生物中，营养状况（nutritionalstatus）和环境因素（environmental factor）对基因表达起着举足轻重的影响。在真核生物尤其是高等真核生物中，激素水平（hormone level）和发育阶段（developmental stage）是基因表达调控的最主要手段，营养和环境因素的影响力大为下降。

一、原核基因表达调控的基本原理

原核基因表达调控的 4 个基本的调控点为：基因结构的活化、转录起始、转录后加工及转运和翻译及翻译后加工。基因结构的活化是指 DNA 暴露碱基后 RNA 聚合酶才能有效结合。活化状态的基因表现为：对核酸酶敏感、结合有非组蛋白及修饰的组蛋白和低甲基化。转录起始是指最有效的调节环节，通过 DNA 元件与调控蛋白相互作用来调控基因表达。转录后加工及转运是指 RNA 编辑、剪接、转运。翻译及翻译后加工是指翻译水平可通过特异的蛋白因子阻断 mRNA 翻译，翻译后对蛋白质的加工、修饰也是基本调控环节。原核基因表达的多级调控，基因的结构活化、转录起始、转录后加工及转运、mRNA 降解、翻译及翻译后加工及蛋白质降解等均为基因表达调控的控制点。可见，基因表达调控是在多级水平上进行的复杂事件。其中转录起始是基因表达的基本控制点。

从基因转录激活调节基本要素上看，主要有 DNA 序列、调节蛋白、DNA-蛋白质、蛋白质和蛋白质相互作用及 RNA 聚合酶。原核生物大多数基因表达调控是通过操纵子机制实现的。操纵子通常由 2 个以上的编码序列与启动序列、操纵序列及其他调节序列在基因组中成簇串联组成。启动序列是 RNA 聚合酶结合并启动转录的特异 DNA 序列。多种原核基因启动序列在特定区域内，通常在转录起始点上游−10 及−35 区域存在一些相似序列，称为共有序列。大肠杆菌及一些细菌启动序列的共有序列在−10 区域是 TATAAT，又称 Pribnow 盒（Pribnow box），在−35 区域为 TTGACA。这些共有序列中的任一碱基突变或变异都会影响 RNA 聚合酶与启动序列的结合及转录起始。因此，共有序列决定启动序列的转录活性大小。操纵序列是原核阻遏蛋白的结合位点。当操纵序列结合阻遏蛋白时会阻碍 RNA 聚合酶与启动序列的结合，或使 RNA 聚合酶不能沿 DNA 向前移动，阻遏转录，介导负性调节。原核操纵子调节序列中还有一种特异 DNA 序列可结合激活蛋白，使转录激活，介导正性调节。

原核基因表达调控的调节蛋白分为 3 类：特异因子、阻遏蛋白和激活蛋白。特异因子决定 RNA 聚合酶对一个或一套启动序列的特异性识别和结合能力。阻遏蛋白可结合操纵序列，阻遏基因转录。激活蛋白可结合启动序列邻近的 DNA 序列，促进 RNA 聚合酶与启动序列的结合，增强 RNA 聚合酶活性。

原核基因表达调控的 DNA-蛋白质相互作用是指反式作用因子与顺式作用元件之间的特异识别及结合。这种结合通常是非共价结合。绝大多数调节蛋白结合 DNA 前需通过蛋白质-蛋白质相互作用形成二聚体或多聚体。所谓二聚化是指两分子单体通过一定的结构域结合成二聚体，它是调节蛋白结合 DNA 时最常见的形式。由同种分子形成的二聚体称为同二聚体，异种分子间形成的二聚体称为异二聚体。除二聚化或多聚化反应，还有一些调节蛋白不能直接结合 DNA，而是通过蛋白质-蛋白质相互作用间接结合 DNA，调节基因转录。

原核基因表达调控的 RNA 聚合酶的作用方式有以下两种。

（1）启动序列或启动子与 RNA 聚合酶活性：原核启动序列或真核启动子由转录起始点、RNA 聚合酶结合位点及控制转录的调节组件组成。会影响其与 RNA 聚合酶的亲和力，而亲和力大小则直接影响转录起始频率。

（2）调节蛋白与 RNA 聚合酶活性：一些特异调节蛋白在适当环境信号刺激下在细胞内表达，随后这些调节蛋白通过 DNA-蛋白质相互作用、蛋白质-蛋白质相互作用影响 RNA 聚合酶活性，从而使基础转录频率发生改变，出现表达水平变化。

二、原核生物基因调控序列

调控序列是调节基因表达的序列，位于基因的侧翼（flanking region），可对一些特定分子起反应。调控序列并不表达，它所包含的信息是为信号分子提供识别序列并与信号分子相互作用，从而调节附近的结构基因的转录。常见的调控序列有 5 类。

启动子（promoter，P）：启动子是指能被 RNA 聚合酶识别、结合并启动基因转录的一段 DNA 序列。常位于结构基因的上游，长度 20～200bp。原核生物启动子含有两段共同的保守序列，一个是位于转录起始点上游−10 区的保守序列 TATAAT，由 Pribnow（1975）发现，故称 Pribnow box；另一个是 RNA 聚合酶所覆盖的区域，共有序列是 TTGACA，位于−35 位置。−10 区的保守序列是 σ 因子的结合区，−35 区的保守序列是 RNA 聚合酶的另一个结合区。启动子也可以结合其他调节蛋白而调控转录。−10 区和−35 区间的距离至关重要；相距 17bp 时，转录效率最高。

操纵子（operator，O）：操纵子位于结构基因和启动子之间，是与阻遏蛋白质结合的一段 DNA 序列。阻遏蛋白质与操纵子有很强的亲和力，可以阻止 RNA 聚合酶到达转录起始点。

衰减子（attenuator）：衰减子位于前导序列的 P-O 区与第一个结构基因起始点之间，长度为 162bp，它可以微调转录活性，其效果约为 10 倍。衰减作用并不依赖于阻遏作用，它由结构基因转录前体的终止而产生。

增强子（enhancer）：增强子是通过增加对所调节基因进行转录的 RNA 聚合酶的分子数量而提高转录效率的顺式作用因子，它并无特定的位置，在不同的基因中位置是可变的，可以位于基因上下游。增强子可以被序列特异性结合蛋白激活，主要在组织特异性基因表达和发育过程中的基因时序表达中起调节作用。

终止子（terminator）：终止子是为 RNA 聚合酶转录提供终止信号的一段 DNA 序列。终止子按其作用是否需要蛋白质因子的协助可分成两类：不依赖 ρ 因子的终止子和依赖于 ρ 因子的终止子。

三、原核生物基因表达调控的几个方面

原核生物基因表达调控主要表现在以下几个方面：转录水平上的调控（transcriptional regulation）和翻译水平上的调控（differential translation of mRNA）。

（1）转录水平的调控：单细胞的原核生物对环境条件具有高度的适应性，可以迅速调节各种基因的表达水平，以适应不断变化的环境条件。原核生物主要是在转录水平上调控基因的表达。当需要某种基因产物时，就大量合成这种 mRNA，当不需要这种基因产物时就抑制这种 mRNA 的转录，就是让相应的基因不表达。通常所说的基因不表达，并不是说这个基因完全不转录为 mRNA，而是转录的水平很低，维持在一个基础水平（本底水平）。基因表达完全关闭的情况是极为少见的。

（2）翻译水平的调控：基因表达的调控可以调控转录环节，也可以调控翻译环节。*E. coli* 核糖体蛋白质合成为反馈调控机制（feedback regulation）。*E. coli* 有 7 个操纵子与核糖体蛋白质合成有关。每一种操纵子转录的 mRNA 都能够被同一操纵子编码的蛋白质识别，并能够与其结合。如果某种核糖体蛋白质在细胞中过量积累，它们将与其自身的 mRNA 结合，阻止这些 mRNA 进一步翻译成蛋白质。

四、原核生物基因的正调控系统和负调控系统

原核生物基因表达的正调控与负调控并非互相排斥的两种机制，而是生物体适应环境的需要，有的系统既有正调控又有负调控；原核生物以负调控为主，真核生物以正调控为主；降解代谢途径中既有正调控又有负调控；合成代谢途径中一般以负调控来控制产物自身的合成。有以下 4 种基本类型，其调控机制如图 8-1 所示。正调控（positive regulation）是指如果调节蛋白不与启动子 DNA 序列（顺式调控元件）结合时，基因是关闭的，当调节蛋白与启动子结合时基因开始表达，这种调控系统称为正调控。正调控系统中的调节蛋白称为诱导蛋白（inducer）。诱导蛋白与基因启动子 DNA 序列结合，激活基因启动转录。负调控（negative regulation）是指在调节蛋白不与启动子（顺式调控元件）结合时，基因是表达的，当调节蛋

白与启动子结合时，基因的表达被关闭，这样的调控机制称为负调控。负调控系统中的调节蛋白称为阻遏蛋白（repressor）。阻遏蛋白与启动子结合，阻碍 RNA 聚合酶的工作，使基因处于关闭状态（图 8-1）。

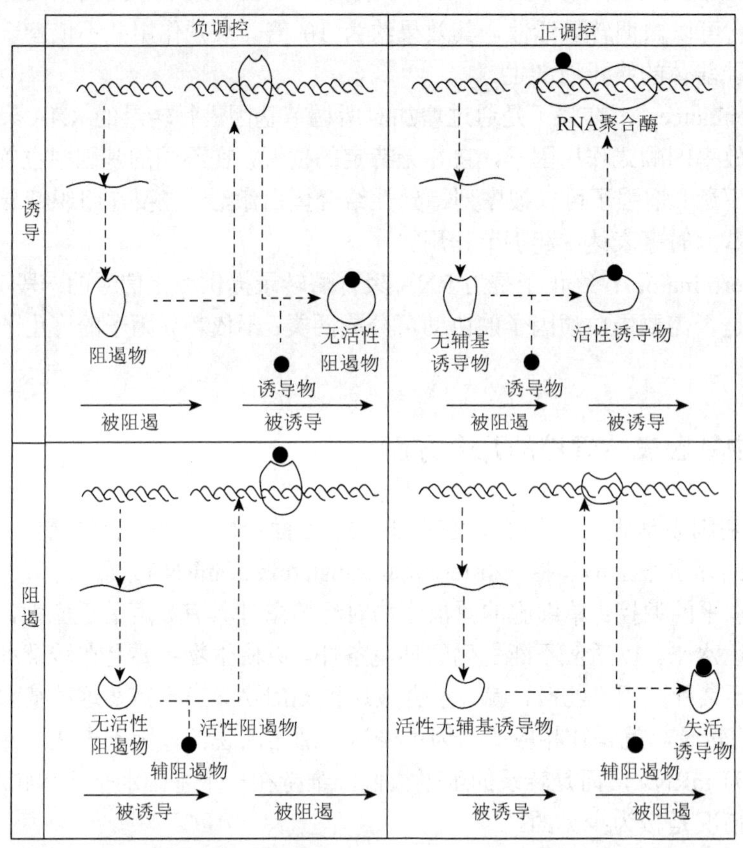

图 8-1　原核生物基因表达调控的正负调控系统

乳糖操纵子是原核生物基因表达调控的特例，从乳糖操纵子的结构及其基因表达调控上可见。乳糖操纵子有 4 个序列组成：调控序列、结构基因、调控基因和阻遏蛋白相互作用的调节成分。其中调节序列为启动子 P 和操纵子 O；结构基因为 *LacZ*、*LacY*、*LacA*；调控基因为 *LacI*；相互作用的调控成分为 RNA 聚合酶；阻遏蛋白（四聚体别构蛋白，有 4 个半乳糖结合位点，当无半乳糖时它结合于 P 位点上）。乳糖（诱导物）：当乳糖进入细胞后，*β*-半乳糖苷酶将其转化为葡萄糖和半乳糖，后者起真正的诱导作用。CAP（分解代谢物激活蛋白，也称 CRP 环腺苷酸受体蛋白）：二聚体别构蛋白，当 cAMP 与之结合后发生别构作用而被激活，激活的 CAP-cAMP 能结合在调节序列上。

从乳糖操纵子的调控方式上看，当细胞内外有葡萄糖时，大多数微生物都以葡萄糖作为唯一的碳源和能量代谢物。这种情况下葡萄糖起着分解代谢阻遏物的作用，从而使乳糖操纵子等其他能量代谢物的操纵子处于被阻遏状态。分解葡萄糖的酶为组成性表达的，在有葡萄糖时，CAP-cAMP 浓度很低，不能激活乳糖操纵子。当细胞内外无葡萄糖时，膜上环腺苷磷酸化酶被激活，将 ATP 转化为 cAMP，cAMP 与 CAP 结合后作用于调节序列。

五、原核生物基因表达的特例——色氨酸操纵子

色氨酸是构成蛋白质的组分，一般的环境难以为细菌提供足够的色氨酸，细菌要生存繁殖通常需要自己经过许多步骤合成色氨酸，但是一旦环境能够提供色氨酸时，细菌就会充分利用外界的色氨酸，减少或停止合成色氨酸，以减轻自己的负担。细菌之所以能做到这点是因为有色氨酸操纵子（trp operon）的调控（图 8-2）。

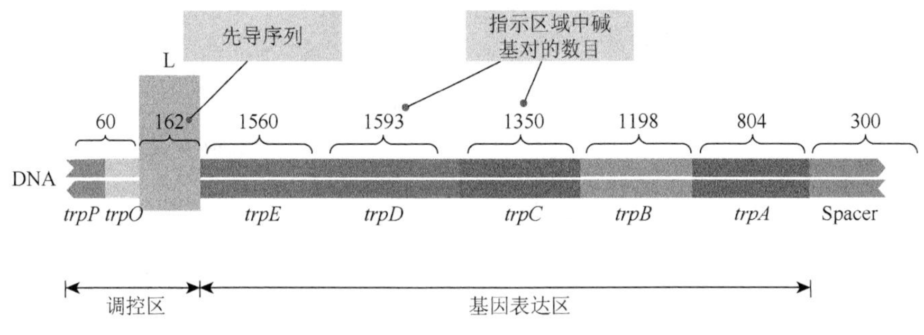

图 8-2　色氨酸操纵子模型

1. 色氨酸操纵子的结构与阻遏蛋白的负性调控

如图 8-2 所示，合成色氨酸所需要酶类的基因 *E*、*D*、*C*、*B*、*A* 等头尾相接串联排列组成结构基因群，受其上游的启动子 *P* 和操纵子 *O* 的调控，调控基因的位置远离结构基因群，在其自身的启动子作用下，以组成性方式低水平表达其编码相对分子质量为 47 000 的调控蛋白 R，R 并没有与 *O* 结合的活性，当环境能提供足够浓度的色氨酸时，R 与色氨酸结合后构象变化而活化，就能够与 *O* 特异性亲和结合，阻遏结构基因的转录。因此这是属于一种负调控、可阻遏的操纵子（repressible operon），即这个操纵子通常是开放转录的，有效应物（色氨酸为阻遏剂）作用时则阻遏关闭转录。细菌不少生物合成系统的操纵子都属于这种类型，其调控可使细菌处在生存繁殖最经济最节省的状态（图 8-3）。

2. 衰减子及其作用

实验观察表明，当色氨酸达到一定浓度，但还没有高到能够活化 R 使其起阻遏作用的程度时，产生色氨酸合成酶类的量已经明显降低，而且产生的酶量与色氨酸浓度呈负相关。仔细研究发现这种调控现象与色氨酸操纵子特殊的结构有关。在色氨酸操纵子 *P*-*O* 与第一个结构基因 *trpE* 之间有 162bp 的一段先导序列（leading sequence，L），实验证明当色氨酸有一定浓度时，RNA 聚合酶的转录会终止在这里。这段序列中含有编码由 14 个氨基酸组成的短肽的开放阅读框，其序列中有 2 个色氨酸相连，在此开放读框前有核糖体识别结合位点（RBS）序列，提示这段短开放阅读框在转录后是能被翻译的。在先导序列的后半段含有 3 对反向重复序列，在被转录生成 mRNA 时都能够形成发夹式结构，但由于 B 的序列分别与 *A* 和 *C* 重叠，所以如果 *B* 形成发夹结构，*A* 和 *C* 都不能再形成发夹结构；相反，当 *A* 形成发夹结构时，*B* 就不能形成发夹结构，却有利于 *C* 生成发夹结构。*C* 后面紧跟一串 *A*（转录成 RNA 就是一串 U），*C* 实际上是一个终止子，如果转录成 mRNA 时它形成发夹结构，就能使 RNA 聚合酶停止转录而从 mRNA 上脱离下来。

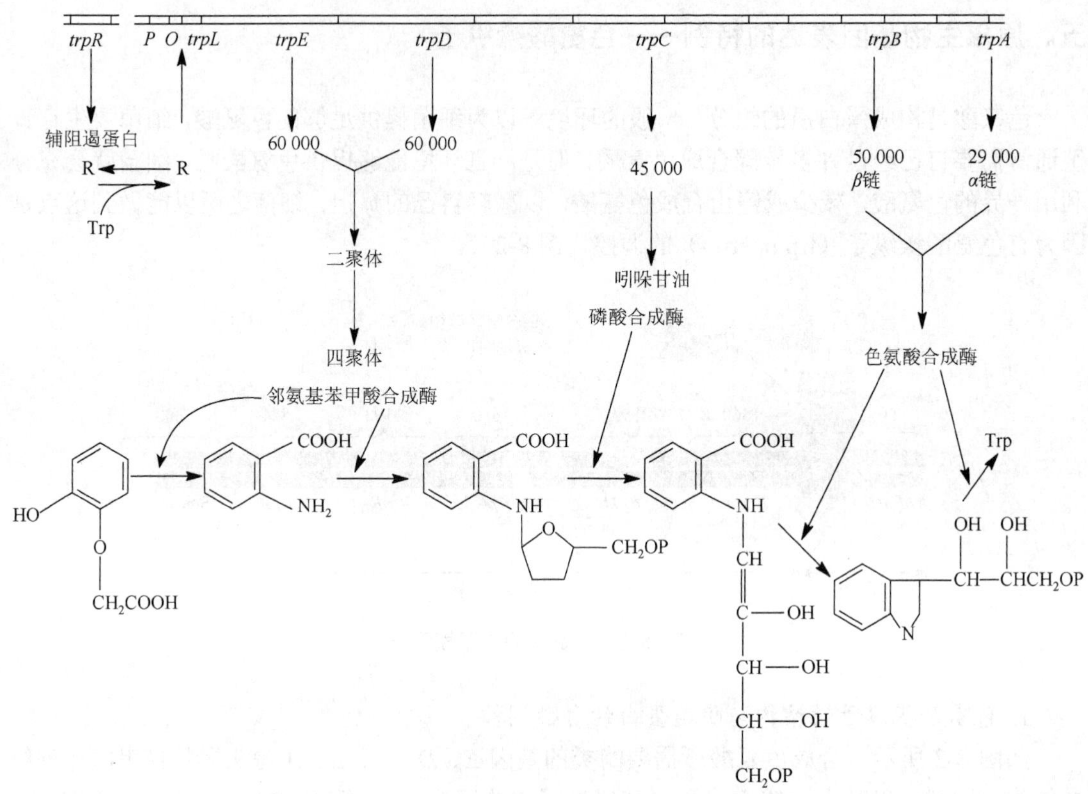

图 8-3　色氨酸调节示意图

在色氨酸浓度未达到能起阻遏作用时，从 *P* 起始转录，RNA 聚合酶沿 DNA 转录合成 mRNA 同时，核糖体就结合到新生成的 mRNA 核糖体结合位点上开始翻译。当色氨酸浓度低时，生成的 tRNAtrp-色氨酸量就少，能扩散到核糖体-mRNA 形成的翻译复合体中供给合成短肽的概率低，使核糖体沿 mRNA 翻译移动的速度减慢，赶不上 RNA 聚合酶沿 DNA 移动转录的速度，这时核糖体占据短开放阅读框的机会较多，使 *A* 不能生成发夹结构，于是 *B* 就形成发夹结构，阻止了 *C* 生成终止信号的结构，RNA 聚合酶得以沿 DNA 前进，继续转录其后 *trpE* 等基因，trp 操纵子就处于开放状态。当色氨酸浓度增高时，tRNAtrp-色氨酸浓度随之升高，核糖体沿 mRNA 翻译移动的速度加快，占据到 *B* 段的机会增加，*B* 生成发夹结构的机会减少，*C* 形成终止结构的机会增多，RNA 聚合酶终止转录的概率增加，于是转录减弱。如果当其他氨基酸短缺（注意：短开放阅读框编码的 14 肽中多数氨基酸能由环境充分供应的机会是不多的）或所有的氨基酸都不足时，核糖体翻译移动的速度就更慢，甚至不能占据 *A* 的序列，结果有利于 *A* 和 *C* 发夹结构的形成，于是 RNA 聚合酶停止转录，等于告诉细菌："整个氨基酸都不足，即使合成色氨酸也不能合成蛋白质，不如不合成以节省能量"。

由此可见，先导序列起到随色氨酸浓度升高降低转录的作用，这段序列就称为衰减子（attenuator）。在 trp 操纵子中，对结构基因的转录阻遏蛋白的负调控起到粗调的作用，而衰减子起到细调的作用。细菌其他氨基酸合成系统的许多操纵子（如组氨酸、苏氨酸、亮氨酸、异亮氨酸、苯丙氨酸等操纵子）中也有类似的衰减子存在。

第三节　真核生物基因表达的调控

原核生物的调控系统就是在一个特定的环境中为细胞创造高速生长的条件，或使细胞在受到损伤时，尽快得到修复，所以，原核生物基因表达的开关经常是通过控制转录的起始来调节的。真核基因表达调控最显著的特征是能在特定时间和特定的细胞中激活特定的基因，从而实现“预定”的、有序的、不可逆转的分化、发育过程，并使生物的组织和器官在一定的环境条件范围内保持正常功能。真核生物基因表达调控与原核的共同点为：基因表达都有转录水平和转录后的调控，且以转录水平调控为最重要；在结构基因上游和下游、甚至内部均存在多种调控成分，并依靠特异蛋白因子与这些调控成分的结合与否调控基因的转录。真核生物基因表达调控与原核生物不同点：真核基因表达调控的环节更多，转录与翻译间隔进行，具有多种原核生物没有的调控机制；个体发育复杂，具有调控基因特异性表达的机制。真核生物活性染色体结构的变化对基因表达具有调控作用：DNA 拓扑结构变化、DNA 碱基修饰变化、组蛋白变化；正性调节占主导，且一个真核基因通常有多个调控序列，需要有多个激活物。

真核生物基因表达调控的种类根据其性质可分为两大类：一是瞬时调控或称为可逆性调控，它相当于原核细胞对环境条件变化所作出的反应。瞬时调控包括某种底物或激素水平的升降，以及细胞周期不同阶段中酶活性和浓度的调节。二是发育调控或称不可逆调控，是真核基因调控的精髓部分，它决定了真核细胞生长、分化、发育的全部进程。

根据基因调控在同一事件中发生的先后次序又可分为：DNA 水平调控（replicational regulation）、转录水平调控（transcriptional regulation）、转录后水平调控（post transcriptional regulation）、翻译水平调控（translational regulation）、蛋白质加工水平调控（regulation of protein maturation）。

一、真核生物在 DNA 水平上的基因表达调控

真核生物 DNA 水平上的基因表达调控分为：基因丢失、基因扩增、基因重排、DNA 的甲基化与基因调控和染色质结构与基因表达调控。

基因丢失是丢失一段 DNA 或整条染色体的现象。在细胞分化过程中，可以通过丢失掉某些基因而去除这些基因的活性。某些原生动物、线虫、昆虫和甲壳类动物在个体发育中，许多体细胞常常丢失掉整条或部分染色体，只有将来分化产生生殖细胞的那些细胞一直保留着整套的染色体。目前，在高等真核生物（包括动物、植物）中尚未发现类似的基因丢失现象。

基因扩增是指某些基因的拷贝数专一性增大的现象，它使得细胞在短期内产生大量的基因产物以满足生长发育的需要，是基因活性调控的一种方式。例如，非洲爪蟾卵母细胞中 rDNA 的基因扩增是因发育需要而出现的基因扩增现象。发育或系统发生中的倍性增加在植物中普遍存在，基因组拷贝数增加，即多倍性，在植物中是非常普遍的现象。基因组拷贝数增加使可供遗传重组的物质增多，这可能构成了加速基因进化、基因组重组和最终物种形成的一种方式。

基因重排是将一个基因从远离启动子的地方移到距它很近的位点从而启动转录，这种方

式被称为基因重排。通过基因重排调节基因活性的典型例子是免疫球蛋白结构基因的表达。人类基因组中，所有抗体的重链和轻链都不是由固定的完整基因编码的，而是由不同基因片段经重排后形成的完整基因编码的。完整的重链基因由 V_H、D、J 和 C 四个基因片段组合而成。完整的轻链基因由 V_L、J 和 C 三个片段组合而成。人类基因组中抗体基因片段产生免疫球蛋白分子多样性的遗传控制重链和轻链的不同组合，κ、λ、H；在重链中，V_H、D、J 和 C 片段的组合；κ 轻链中 V_L 和 C 的组合；λ 轻链中 V_L、J 和 C 的组合；基因片段之间的连接点也可以在几个 bp 的范围内移动。因此，可以从约 300 个抗体基因片段中产生 10^9 数量级的免疫球蛋白分子。

DNA 的甲基化与基因调控是胞嘧啶被甲基化修饰形成 5-甲基胞嘧啶（^{m}C），几乎所有的 ^{m}C 与其 3′的鸟嘌呤以 5′^{m}CpG3′的形式存在。当两条链上的胞嘧啶都被甲基化时称为完全甲基化。一般在复制刚完成时，子链的 C 呈非甲基化状态，称为半甲基化。在真核生物中，5-甲基胞嘧啶主要出现在 CpG 序列、CpXpG、CCA/TGG 和 GATC 中 CpG 二核苷酸通常成串出现在 DNA 上，CpG 岛甲基化位点的检测特殊的限制性内切酶——同裂酶，HpaⅡ识别并切割未甲基化的 CCGG（C↓CGG），MspⅠ识别无论是否甲基化的 CCGG（C↓CGG 或 C↓C^{m}GG），真核生物细胞内存在两种甲基化酶活性：构建性甲基转移酶，作用于非甲基化位点，对发育早期 DNA 甲基化位点的确定起重要作用；维持性甲基转移酶，作用于半甲基化位点，使子代细胞具备亲代的甲基化状态。一些不表达的基因中，启动区的甲基化程度很高，而处于活化状态的基因则甲基化程度较低。

染色质结构与基因表达调控主要发生在真核生物的活性染色质上，真核生物的染色质按功能状态的不同可将染色质分为活性染色质和非活性染色质，活性染色质是指具有转录活性的染色质，非活性染色质是指没有转录活性的染色质。真核细胞中基因转录的模板是染色质而不是裸露的 DNA，因此染色质呈疏松或紧密结构，即是否处于活化状态是决定 RNA 聚合酶能否有效行使转录功能的关键。活性染色质的主要特点在结构上，活性染色质上具有 DNaseⅠ超敏感位点，活性染色质上具有基因座控制区，活性染色质上具有核基质结合区（MAR 序列）。活性染色质上具有 DNaseⅠ超敏感位点。每个活跃表达的基因都有一个或几个超敏感位点，大部分位于基因 5′端启动子区域。活性染色质上具有核基质结合区（matrix attachment region，MAR）。MAR 一般位于 DNA 放射环或活性转录基因的两端。在外源基因两端接上 MAR，可增加基因表达水平 10 倍以上，说明 MAR 在基因表达调控中有作用，是一种新的基因调控元件。活性染色体结构变化主要体现在对核酸酶敏感，对 DNA 拓扑结构变化，对 DNA 碱基修饰变化和组蛋白变化上。对核酸酶敏感是指活化基因常有超敏位点，位于调节蛋白结合位点附近。DNA 拓扑结构变化是天然双链 DNA 均以负性超螺旋构象存在，DNA 碱基修饰变化是真核 DNA 约有 5%的胞嘧啶被甲基化，且甲基化范围与基因表达程度成反比。组蛋白变化主要体现在富含 Lys 组蛋白水平降低，H_2A，H_2B 二聚体不稳定性增加；组蛋白修饰：高乙酰化，H_3 组蛋白巯基暴露。

二、真核生物在转录水平上的基因表达调控

真核生物与原核生物转录调控的差异在于：真核生物转录过程涉及复杂的染色质结构变化；原核生物调节元件种类少，真核很多；原核生物有操纵子结构，真核生物不组成操纵子；大多数真核生物启动子以正调控为主，原核生物以负调控为主。

真核生物转录调控的顺式作用元件（cis-acting element）是指影响自身基因表达活性的

非编码DNA序列，包括启动子、增强子、沉默子。其中启动子是在DNA分子中，RNA聚合酶能够识别、结合并导致转录启始的序列。增强子是指能使与它连锁的基因转录频率明显增加的DNA序列。SV40的转录单元上发现，转录起始位点上游约200bp处有两段长72bp的正向重复序列。增强子特点：①增强效应十分明显，一般能使基因转录频率增加10～200倍；②增强效应与其位置和取向无关，不论增强子以什么方向排列（5′→3′或3′→5′），甚至和靶基因相距3kb，或在靶基因下游，均表现出增强效应；③大多为重复序列，一般长约50bp，适合与某些蛋白因子结合。其内部常含有一个核心序列：（G）TGGA/TA/TA/T（G），该序列是产生增强效应所必需的；④增强效应有严密的组织和细胞特异性，说明增强子只有与特定的蛋白质（转录因子）相互作用才能发挥其功能；⑤没有基因专一性，可以在不同的基因组合上表现增强效应；⑥许多增强子还受外部信号的调控，如金属硫蛋白的基因启动区上游所带的增强子，就可以对环境中的锌、镉浓度作出反应。沉默子是某些基因含有负性调节元件，当其结合特异蛋白因子时，对基因转录起阻遏作用。

真核生物转录调控的反式作用因子（转录因子，transcription factor）是指能直接或间接地识别或结合在各类顺式作用元件上，参与调控靶基因转录的蛋白质，也称为转录因子（transcriptional factor，TF），如TFⅡD（TATA）识别结合TATA box、CTF（CAAT）识别结合CCAAT box、SP1（GGGCGG）识别结合GC box、HSF（热激蛋白启动区）。反式作用因子的类型分为：基本转录因子（通用转录因子）、组织或细胞特异性转录因子和可诱导（inducible）的转录因子。其中基本转录因子包含TATA盒结合蛋白，如TFⅠ、TFⅡ和TF Ⅲ等；组织或细胞特异性转录因子，如红细胞中的EF1因子，胰岛β细胞中的Isl-Ⅰ因子，骨骼肌细胞中的Myo DI因子；B淋巴细胞中的NF-κB因子；乳腺癌细胞中的DF3因子等；可诱导的转录因子包括高温环境中的热休克转录因子（HSTF），感染与炎症反应中的激活蛋白2（AP-2），抗原中的CD28反应元件结合蛋白，血清中的生长应激因子（SRF）等。

重要结构域反式作用因子有两个必需的结构域：DNA结合结构域和转录激活结构域。其中DNA结合结构域有螺旋-转折-螺旋（helix-turn-helix，H-T-H）、锌指结构（zinc finger）、碱性-亮氨酸拉链（basic-leucine zipper）、碱性-螺旋-环-螺旋（basic-helix/loop/helix，bHLH）和螺旋-转角-螺旋（helix-turn-helix，HTH）。HTH的基本结构是两个α-螺旋被一个转角结构分开。α-螺旋由短肽链组成，肽链的氨基酸顺序因不同的转录因子而不同。其中一个α-螺旋识别特异的顺式作用元件上的DNA序列，另一个α-螺旋则结合在DNA上，调控基因的转录。锌指结构是一种常出现在DNA结合蛋白中的结构基元，是由一个含有大约30个氨基酸的环和一个与环上的4个Cys或2个Cys和2个His配位的Zn构成，形成的结构像手指状。锌指的N端部分形成β-折叠结构，C端部分形成α-螺旋结构。每个α-螺旋有两处识别特异的DNA序列；3个α-螺旋结构与一个DNA双螺旋的深沟（major groove）结合，调控RNA的转录。α-螺旋的氨基酸顺序视不同的转录因子而不同。转录因子SP1（GC盒）、连续的3个锌指重复结构。碱性-亮氨酸拉链（Leucine zipper）是蛋白质之间的相互作用，是生命现象的普遍规律之一，在基因表达调控中同样具有重要意义。亮氨酸拉链是蛋白质二聚体化（蛋白质相互作用的一种方式）的一种结构基础。某些癌基因（如*c-jun*、*v-jun*、*c-fos*、*v-fos*等）表达产物通过亮氨酸拉链形成同源或异源二聚体，大大增加其对DNA的结合能力，调控基因表达。亮氨酸拉链是一个高亮氨酸组成的α-螺旋，每两个螺圈出现一个亮氨酸，形成拉链的一边。两个蛋白质因子的α-螺旋通过亮氨酸的疏水作用结合在一起形成拉链结构。在亮氨酸拉链近N端有富含碱性（带正电荷）氨基酸残基的区域，是 DNA 的结合区。

亮氨酸拉链结构中亮氨酸之间相互作用形成二聚体，形成“拉链”。肽链氨基端 20～30 个富含碱性氨基酸结构域与 DNA 结合。这类蛋白质的 DNA 结合结构域实际是以碱性区和亮氨酸拉链结构域整体作为基础的，出现在 DNA 结合蛋白质和其他蛋白质中的一种结构基元。当来自同一个或不同多肽链的两个 α-螺旋的疏水面（常常含有亮氨酸残基）相互作用形成一个圈对圈的二聚体结构时就形成了亮氨酸拉链。

第九章　基因重组和基因工程

【目的要求】

基因重组的过程。

【掌握】

要求学生掌握重组 DNA 技术的过程，DNA 分子克隆技术，重组 DNA 技术与人类的关系。

【熟悉】

基因克隆技术。

【了解】

1. 重组 DNA 技术和过程。
2. 基因工程相关基本原理。

自 1973 年 Stanley Cohen 等首次在体外将重组的 DNA 分子形成无性繁殖系以来，经历了多年时间，科学家分离、分析及操作基因的能力几乎达到无所不能的地步；当代科学家可以从细菌数千个基因、哺乳类动物数万个基因中分离某一目的基因；他们还能使外源基因在一定的受体细胞或宿主体内成功地表达有特殊生物学意义的蛋白质。不仅如此，人们甚至雄心勃勃地计划描绘人类的全部基因图谱，搞清楚每个基因的结构及功能，这就是 1990 年开始实施的人类基因组工程。重组 DNA 技术作为分子生物学发展的一个重要领域，不但为生命科学的理论研究提供了崭新的技术手段，而且为工农业生产和医学领域的发展开辟了广阔的前景。

第一节　自然界的基因转移和重组

自然界不同物种或个体之间的基因转移和重组是经常发生的，它是基因变异和物种演变、进化的基础。人类在进行基因克隆、动物克隆、植物克隆及基因治疗等科学实验和实践中所进行的基因操作也离不开基因转移和重组。这种人工操作基因的过程就是重组 DNA 技术。重组 DNA 技术正是基于人们对自然界基因转移和重组的认识而发展起来的。

一、接合作用

当细胞与细胞或细菌通过菌毛相互接触时，质粒 DNA（见本章第二节）就可从一个细胞（细菌）转移至另一细胞（细菌），这种类型的 DNA 转移称为接合作用（conjugation）。并非任何质粒 DNA 都有这种转移能力，只有某些较大的质粒，如 F 因子（F factor）可通过接合作用从一个细胞转移至另一个细胞。F 因子含细菌性菌毛蛋白编码基因，决定细菌表面性菌毛的形成。当含有 F 因子的细菌（F^+细胞）与没有 F 因子的细菌（F^-细胞）相遇时，性菌毛连接就会在两细胞间形成，接着质粒双链 DNA 中的一条链就会被酶切割，产生单链缺口，切口单链 DNA 通过菌毛连接桥向 F^-细胞转移。随后，在两细胞内分别以单链 DNA 为模板合成互补链（图 9-1）。

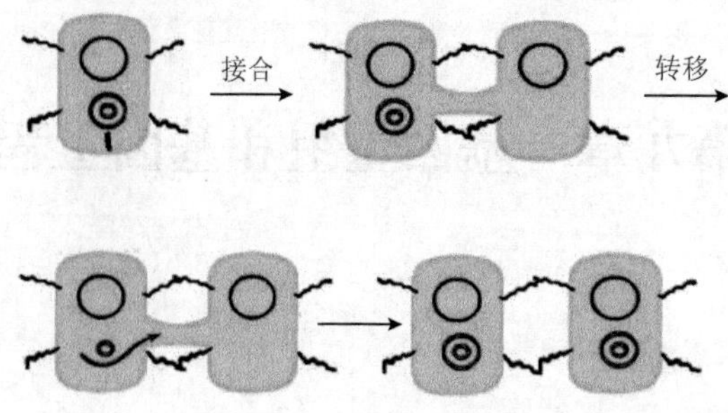

图 9-1　细菌的接合作用

二、转化及转导作用

除接合作用外，细菌还可通过转化和转导作用获得新 DNA。

（一）转化作用

通过自动获取或人为地供给外源 DNA，使细胞或培养的受体细胞获得新的遗传表型，这就是转化作用（transformation）。例如，当溶菌时，裂解的 DNA 片段作为外源 DNA 被另一细菌摄取，并通过重组机制将外源 DNA 整合进基因组，受体菌就会获得新的遗传性状，这就是自然界发生的转化作用（图 9-2）。但是，由于较大的外源 DNA 不易透过细胞膜，因此自然界发生的转化作用效率并不高，染色体整合概率则更低。

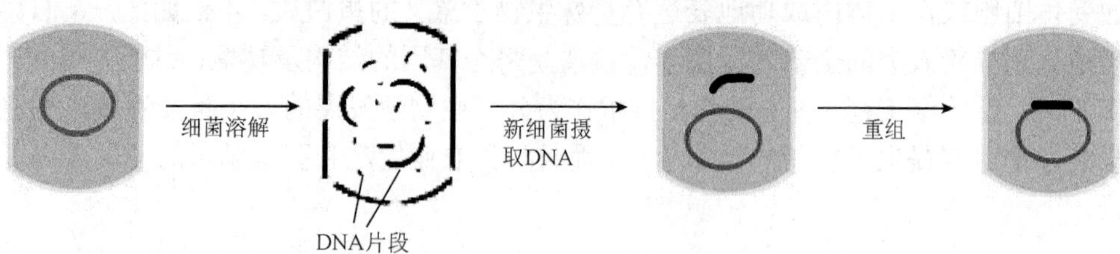

图 9-2　细菌的转化作用

（二）转导作用

当病毒从被感染的（供体）细胞释放出来再次感染另一（受体）细胞时，发生在供体细胞与受体细胞之间的 DNA 转移及基因重组即为转导作用（transduction）。自然界常见的例子就是由噬菌体感染宿主时伴随发生的基因转移事件（图 9-3）。当噬菌体感染宿主时会有两种结局：一种是噬菌体 DNA 在宿主菌内迅速增殖，产生新的病毒颗粒，并溶解细菌、释放出新生噬菌体，这就是所谓的溶菌生长途径（lysis pathway）；另一种是噬菌体 DNA 整合进宿主染色体，随宿主 DNA 复制而被动复制，这就是溶原菌生长途径（lysogenic pathway）。在溶原菌生长途径中，噬菌体（此时称原噬菌体）与宿主菌（称溶原菌）“和平共处”可维持无数代，直到宿主遭遇特殊事件（如 DNA 损伤诱发 SOS 反应）使原噬菌体 DNA 从细菌染色体上被切下，进入溶原菌。当原噬菌体 DNA 从细菌染色体上被切除时，如果有部分宿主 DNA 被随着切下，新生的噬菌体在下次感染细菌时就可能将前一宿主 DNA 转移至新的宿主细胞，发生转导作用。

三、转座

大多数基因在基因组内的位置是固定的，但有些基因可以从一个位置移动到另一位置。这些可移动的 DNA 序列包括插入序列和转座子。由插入序列和转座子介导的基因移位或重排称为转座（transposition）。转座的确切机制目前尚不十分清楚。这里仅简单介绍插入序列和转座子的概念。

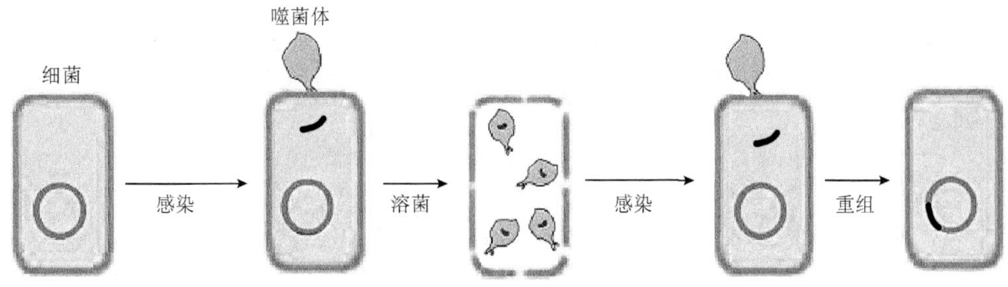

图 9-3　细菌的转导作用

（一）插入序列转座

典型的插入序列（insertion sequence，IS）是长 750～1500bp 的 DNA 片段，其中包括两个分离的、由 9～41bp 构成的反向重复序列（inverted repeats）及一个转座酶（transposase）编码基因，后者的表达产物可引起转座（transposition）。反向重复序列的侧翼连接有短的（4～12bp）、不同的插入序列所特有的正向重复序列。插入序列发生的转座有两种形式：保守性转座（conservative transposition）是插入序列从原位迁至新位；复制性转座（duplicative transposition）是插入序列复制后，其中的一个复制本迁移至新位，另一个仍保留在原位（图 9-4）。

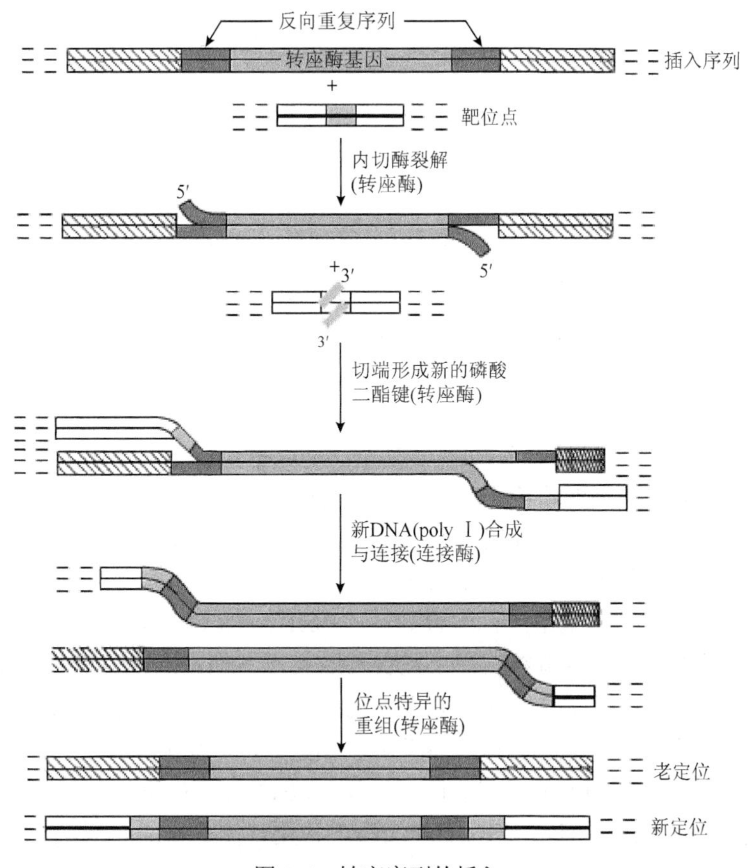

图 9-4　转座序列的插入

（二）转座子转座

转座子（transposon）是指可从一个染色体位点转移至另一位点的分散的重复序列。与插入序列类似，转座子也是以两个反向重复序列为侧翼序列，并含有转座酶基因；与插入序列不同的是，它们含有抗生素抗性等有用的基因。在很多转座子中，它的侧翼序列本身就是插入序列（图 9-5）。

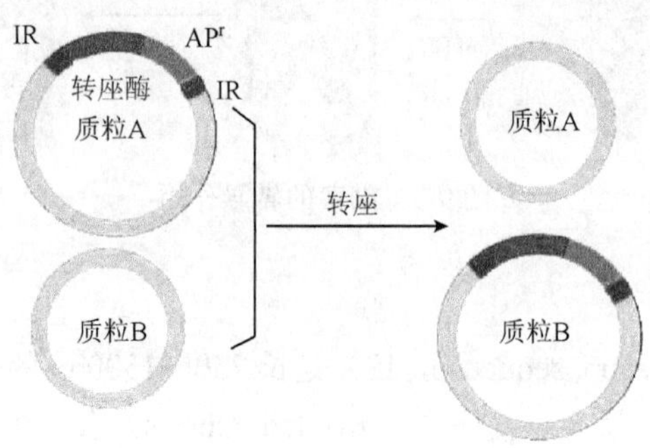

图 9-5　转座子序列的插入

四、基因重组

在上述接合、转化、转导或转座过程中，不同 DNA 分子间发生的共价连接称为重组。（recombination）。这些过程中的基因重组有下述两种类型。

（一）位点特异的重组

由整合酶催化、在两个 DNA 序列的特异位点间发生的整合称为位点特异的重组（site specific recombination）。例如，由λ噬菌体的整合酶识别噬菌体 DNA 和宿主染色体的特异靶位点，而后发生的选择性整合即是其中的一种。通常，这种由整合酶催化的整合是十分特异而有效的。反转录病毒整合酶可特异地识别、整合反转录病毒的 cDNA 的长末端重复序列（long terminal repeat，LTR）；转座酶可特异识别转座子的反向末端重复序列，发生特异性整合。

（二）同源重组

发生在同源序列间的重组称为同源重组（homologous recombination），又称基本重组（general recombination）。同源重组不需要特异 DNA 序列，而是依赖两分子之间序列的相同性或类似性。如果通过转化或转导获得的外源 DNA 与宿主 DNA 充分同源，那么外源 DNA 就可以整合进宿主的染色体。目前对 *E. coli* 的同源重组分子机制了解最清楚，这过程需要一些重组蛋白。*E. coli* 的同源重组过程大致如下：RecB、RecC 和 RecD 的复合物是一种内切酶，兼有解旋酶活性，可产生单链切口 DNA；RecA 蛋白催化单链 DNA 对另一双链 DNA 的侵入，并与其中的一条链交叉，交叉分支移动，待相交的另一链在 RecB、RecC 和 RecD 的内切酶活性催化下断裂后，由 DNA 连接酶交换连接缺失的远末端，这样就形成了一个交叉连接的中间产物，称为 Holiday 中间体（由 Robin Holiday 在 1964 年发现此结构而得名）；此中间物再经内切酶 RuvC 切割、DNA 连接酶的作用，完成重组。同源重组在原核、真核生物都有发生。

第二节　重组 DNA 技术

Gregor Mendel 的豌豆杂交实验（1865 年），Oswald Avery 等的肺炎球菌转化实验（1944 年）说明，人类欲改变一个生物个体的遗传性状是可能的。继克隆基因、转基因动物之后，英国罗斯林研究所成功地克隆了“多莉”（1997 年 2 月），所有这些成就都是以重组 DNA 技术为基础的。除改造生物外，人类还试图改变自己疾病基因的表达方式；1989 年，以重组 DNA 技术生产的促红细胞生成素批准上市并大获成功，进而造福人类，所有这一切都说明重组 DNA 技术对人类生活和健康的影响是巨大的。

一、重组 DNA 技术相关概念

（一）DNA 克隆

所谓克隆（clone）就是来自同一始祖的相同副本或拷贝（copy）的集合；获取同一拷贝的过程称为克隆化（cloning），也就是无性繁殖。通过无性繁殖过程获得的克隆可以是分子的，也可以是细胞的、动物的或植物的。在分子遗传学领域所谈的分子克隆（molecular clone）专指 DNA 克隆。DNA 克隆（DNA cloning）就是应用酶学的方法，在体外将各种来源的遗传物质——同源的或异源的、原核的或真核的、天然的或人工的，与载体 DNA 结合成具有自我复制能力的 DNA 分子——复制子（replicon），继而通过转化或转染宿主细胞筛选出含有目的基因的转化子细胞，再进行扩增、提取获得大量同一 DNA 分子，即 DNA 克隆。由于早期研究是从较大的染色体分离、扩增特异性基因，因此 DNA 克隆又称基因克隆（gene cloning）。在克隆某一基因或 DNA 片段过程中，将外源 DNA 插入载体分子所形成的复制子是杂合分子——嵌合 DNA（chimeric DNA），所以 DNA 克隆或基因克基因又称重组 DNA（recombinant DNA）。实现基因克隆所采用的方法及相关的工作统称重组 DNA 工艺学（recombinant DNA technology），又称基因工程（genetic engineering）。基因工程与当前发展的蛋白质工程、酶工程和细胞工程共同构成了当代新兴的学科领域——生物工程。生物工程的兴起为现代科学技术发展和工农业、医药卫生事业的进步提供了巨大动力。

（二）工具酶

在重组 DNA 技术中，常需要一些基本工具酶进行基因操作。例如，对目的基因（target DNA）进行处理时，需利用序列特异的限制性内切核酸酶在准确的位置切割 DNA，使较大的 DNA 分子成为一定大小的 DNA 片段；构建重组 DNA 分子时，必须在 DNA 连接酶催化下才能使 DNA 片段与克隆载体共价连接。此外，还有一些工具酶也都是重组 DNA 时所必不可少的。现将某些常用工具酶概括于表 9-1。在所有的工具酶中，限制性内切核酸酶具有特别的重要意义。所谓限制性内切核酸酶（restriction endonuclease）就是识别 DNA 的特异序列，并在识别位点或其周围切割双 DNA 的一类内切酶。限制性内切核酸酶存在于细菌体内，与相伴存在的甲基化（methylase）共同构成细菌的限制-修饰体系（restriction-modification system），限制外源 DNA、保护自身 DNA，对细菌遗传性状的稳定遗传具有重要意义。目前发现的限制性切核酸酶有 1800 种以上。根据酶的组成、所需因子及裂解 DNA 方式的不同，可将限性内切核酸酶分为三类。重组 DNA 技术中常用的限制性内切核酸酶为Ⅱ类酶，如 *Eco*RⅠ、*Bam*HⅠ等就属于这类酶。大部分Ⅱ类酶识别 DNA 位点的核苷酸序列呈二元旋转对称，通常称这种特殊的结构顺序为回文结构（palindrome）。所有限制性内切核酸酶切割 DNA 均产生含 5′磷酸基和 3′羟基基团的末端。其中有些酶，如 *Eco*RⅠ能使其识别序列相对两链之间的数个碱基对（base pairs，bp）分开，形成 5′端突出的黏性末端（cohesive end 或 sticky end）。还有一些酶产生具有 3′端突出的黏性末端，如 *Pst* Ⅰ；而另一些酶切割 DNA 后产生平头或钝性末端（blunt end），如 *Hpa* Ⅰ。不同限制性内切核酸酶识别 DNA 中核苷酸序列长短不一，有的是六或八核苷酸序列。如果 DNA 序列是随机的，那么特异四核苷酸序列可能在每 256bp 出现一次，六核苷酸序列出现的间隔是 4kb，八核苷酸序列出现的间隔是 65kb。这种可能性随 GC 含量变化而变化。不同的酶切割 DNA 频率不同，切割 DNA 后产生黏性末端长短不一样，所产生末端的性质也不同，这对重组 DNA 或有关分子生物学操作及应用影响很大。

表 9-1 常用的工具酶

工具酶种类	功能
限制性内切核酸酶	识别特异序列，切割 DNA
DNA 连接酶	催化 DNA 中相邻的 5′磷酸基端和 3′羟基端之间形成磷酸二酯键，使 DNA 切口封合或使两个 DNA 分子或片段连接
DNA 聚合酶	合成双链 cDNA 分子或片段连接 缺口平移制作高比活探针 DNA 序列分析 填补 3′端
Klenow 片段	又名 DNA 聚合酶Ⅰ大片段，具有完整 DNA 聚合酶Ⅰ的 5′→3′聚合、3′→5′外切活性，而无 5′→3′外切活性。常用于 cDNA 第二链合成，双链 DNA 3′端标记等
反转录酶	合成 cDNA 替代 DNA 聚合酶Ⅰ进行填补，标记或 DNA 序列分析
多聚核苷酸激酶	催化多聚核苷酸 5′羟基端磷酸化，或标记探针
末端转移酶	在 3′羟基端进行同质多聚物加尾
碱性磷酸酶	切除末端磷酸基

有些限制性内切核酸酶虽然识别序列不完全相同，但切割 DNA 后产生相同类型的黏性末端，称为配伍末端（compatible end），可进行相互连接；产生平端的酶切割 DNA 后，也可彼此连接。现列举某些限制性内切核酸酶于表 9-2。

表 9-2 限制性内切核酸酶

名称	识别序列及切割位点	名称	识别序列及切割点
切割后产生 5′突出末端：		切割后产生 3′突出末端：	
*Bam*H Ⅰ	5′…G▼GATCC...3′	*Hae* Ⅱ	5′…PuGCGC▼Py...3′
Bgl Ⅱ	5′…A▼GATCT...3′	*Kpn* Ⅰ	5′...GGTAC▼C...3′
*Eco*R Ⅰ	5′…G▼AATTC...3′	*Pst* Ⅰ	5′...CTGCA▼G...3′
Hind Ⅲ	5′…A▼AGCTT...3′	*Sph* Ⅰ	5′...GCATG▼C...3′
		切割后产生平末端：	
Hpa Ⅱ	5′…C▼CGG...3′	*Alu* Ⅰ	5′...AG▼CT...3′
Mbo Ⅰ	5′…▼GATC...3′	*Eco*R Ⅴ	5′...GAT▼ATC...3′
Nde Ⅰ	5′...GA▼TATG...3′	*Hae* Ⅲ	5′...GG▼CC...3′
切割后产生 3′突出末端：		*Pvu* Ⅱ	5′...CAG▼CTG...3′
Apa Ⅰ	5′…GGGCC▼C...3′	*Sma* Ⅰ	5′...CCC▼GGG...3′

（三）目的基因

应用重组 DNA 技术有时是为分离、获得某一感兴趣的基因或 DNA 序列，或是为获得感兴趣基因的表达产物——蛋白质，这些感兴趣的基因或 DNA 序列就是目的基因又称目的 DNA（target DNA）。目的 DNA 有两种类型，即由 cDNA 和基因组 DNA。cDNA（complementary DNA）是指经反转录合成的、与 RNA（通常指 mRNA 或病毒 RNA）互补的单链 DNA。以单链 cDNA 为模板、经聚合反应可合成双链 cDNA。基因组 DNA（genomic DNA）是指代表一个细胞或生物体整套遗传信息（染色体及线粒体）的所有 DNA 序列。进行 DNA 克隆时，所构建的嵌合 DNA 分子是由载体 DNA 与某一来源的 cDNA 或基因 DNA 连接而成。cDNA 或基因组 DNA 即含有人们感兴趣的基因或 DNA 序列——目的基因，又称外源 DNA。

（四）基因载体

基因载体或称克隆载体（cloning vector），即为“携带”感兴趣的外源 DNA，实现外源 DNA 的无性繁殖或表达有意义的蛋白质所采用的一些 DNA 分子。其中，为使插入的外源 DNA 序列可转录，进而翻译成多肽链而特意设计的克隆载体又称表达载体（expression vector）。可充当克隆载体的 DNA 分子有质粒 DNA、噬菌体 DNA 和病毒 DNA，它们经适当改造后仍具有自我复制能力，或兼有表达外源基因的能力。

所谓质粒（plasmid）是存在于细菌染色体外的小型环状双链 DNA 分子，小的 2～3kb，大的可达数百 kb。质粒分子本身是含有复制功能的遗传结构，能在宿主细胞独立自主地进行复制，并在细胞分裂时保持恒定地传给子代细胞。质粒带有某些遗传信息，所以会赋予宿主细胞一些遗传性状，如对青霉素或重金属的抗性等。根据质粒赋予细菌的表型可识别质粒的存在，是筛选转化子细菌的根据。因此，质料 DNA 的自我复制功能及所携带的遗传信息在重组 DNA 操作，如扩增、筛选过程中都是极为有用的。

pBR322 质粒（图 9-6）是稍早构建的质粒载体，其 DNA 分子中含有单个 *Eco*RⅠ限制了内切核酸酶位点，可在此插入外源基因。此外还含有 Tet^r 和 Amp^r 抗药基因，分别编码抗四环素、抗氨苄西林，使细菌产生抗性。这个质粒还含有一个复制起始点（*Ori*）及与 DNA 复制调节有关的序列，赋予 pBR322 质粒复制子特性。

常用作克隆载体的噬菌体 DNA 有λ噬菌体和 M13 噬菌体。稍早经λ噬菌体 DNA 改造成的载体系统有λ噬菌体系列（插入型载体，适用于 DNA 克隆）和 EMBL 系列（置换型载体，适用于基因组 DNA 克隆）。经改造的 M13 载体有 M13mp 系列及 pUC 系列（图 9-7）。它们是在 M13 基因间隔区插入 *E. coli* 的一段调节基因及 *Lac Z* 的 N 端 146 个氨基酸残基编码基因，其编码产物即 β-半乳糖苷酶的 α 片段。突变型 *Lac-E. coli* 可表达该酶切片段（酶的 C 端）。单独存在的 α 及 ω 片段均无 β-半乳糖苷酶活性，只有宿主细胞与克隆载体同时共表达两个片段时，宿主细胞内才有 β-半乳糖苷酶活性，使特异性作用物变为蓝色化合物，这就是所谓的 α 互补（alpha complementation）。由 M13 改造的载体含不同位置的克隆位点，可接受不同限制性内切酶的酶切片段。如果插入的外源基因是在 *Lac Z* 基因内，则会干扰 *Lac Z* 的表达，利用 *Lac-E. coli* 为转染或感染细胞，在含 X-gal 的培养基上生长时会出现白色菌落；如果在 *Lac Z* 基因内无外源基因插入，则有 *Lac Z* 表达，转化菌在同样条件下呈蓝色菌落。再结合插入片段的序列测定可筛选、鉴定重组体与非重组体载体。

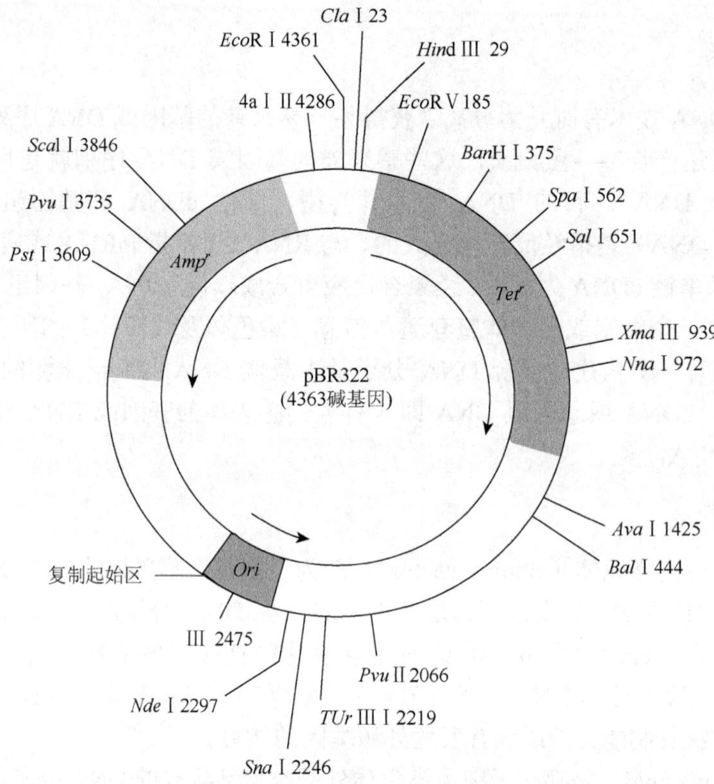

图 9-6 pBR322 质粒的物理图谱

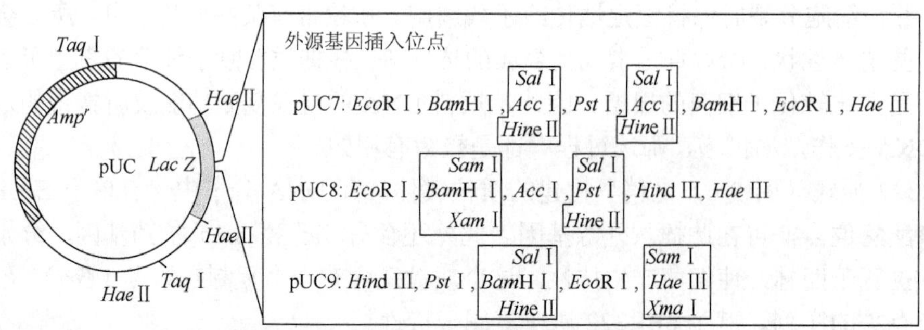

图 9-7 pUC 系列质粒的物理图谱

为增加克隆载体插入外源基因的容量，还设计有柯斯质粒载体（cosmid vector）和酵母人工染色体载体（yeast artificial chromosome vector，YAC）。为适应真核细胞重组 DNA 技术需要，特别是为满足真核基因表达或基因治疗的需要，发展了一些用动物病毒改造的载体，如腺病毒载体、反转录病毒载体等。

二、DNA 克隆基本原理

一个完整的 DNA 克隆过程应包括：目的基因的获取，克隆载体的选择与构建，目的基因与载体的连接，重组 DNA 分子导入受体细胞，筛选并无性繁殖含重组分子的受体细胞（转化子）。图 9-8 是以质粒为载体进行 DNA 克隆的模式图。

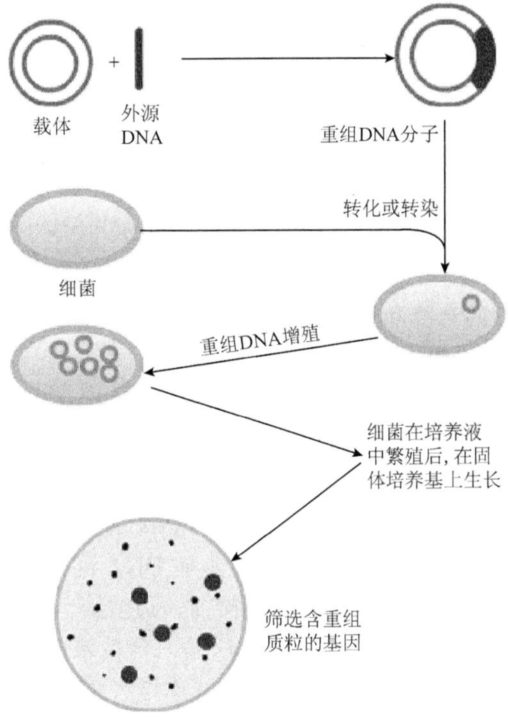

图 9-8　以质粒为载体进行 DNA 克隆的模式图

(一) 目的基因的获取

目前获取目的基因大致有如下几种途径或来源。

1. 化学合成法

如果已知某种基因的核苷酸序列，或根据某种基因产物的氨基酸序列推导出为该多肽链编码的核苷酸序列，再利用 DNA 合成仪通过化学合成原理合成目的基因。利用该法合成的基因有：人生长激素释放抑制因子基因、胰岛素原基因、脑啡肽基因及干扰素基因等。

2. 聚合酶链反应

目前，采用聚合酶链反应（polymerase chain reaction，PCR）获取目的 DNA 十分广泛。实际上，PCR 是一种在体外利用酶促反应获得特异序列的基因组 DNA 或 cDNA 的专门技术。

（1）基因组 DNA：分离组织或细胞染色体 DNA，利用限制性内切核酸酶（如 *Sau* 3A Ⅰ或 *Mbo* Ⅰ）将染色体 DNA 切割成基因水平的许多片段，其中即含有人们感兴趣的基因片段。将它们与适当的克隆载体拼接成重组 DNA 分子，继而转入受体菌扩增，使每个细菌内都携带一种重组 DNA 分子的多个拷贝。不同细菌所包含的重组 DNA 分子内可能存在不同的染色体 DNA 片段，这样生长的全部细菌所携带的各种染色体片段就代表了整个基因组。由克隆载体所携带的所有基因组 DNA 的集合称基因组 DNA 文库（genomic DNA library）。基因组 DNA 文库就像图书馆库存万卷书一样，涵盖了基因组全部基因信息，也包括人们感兴趣的基因。与一般图书馆不同的是，基因组 DNA 文库没有图书目录，建立基因文库后需结合适当筛选方法从众多转化子菌落中选出含有某一基因的菌落，再行扩增，将重组 DNA 分离、回收，获得目的基因的无性繁殖系——克隆。

（2）cDNA：以 mRNA 为模板，利用反转录酶合成与 mRNA 互补的 DNA（complementary DNA，cDNA），再复制成双链 cDNA 片段，与适当载体连接后转入受体菌，即获得 cDNA

文库（cDNA library）。与上述基因组 DNA 文库类似，由总 mRNA 制作的 cDNA 文库包含了细胞表达的各种 mRNA 信息，自然也含有人们感兴趣的编码 cDNA。然后，采用适当方法从 cDNA 文库中筛选出目的 cDNA。当前发现的大多数蛋白质的编码基因几乎都是这样分离的。

（二）克隆载体的选择和构建

外源 DNA 片段离开染色体是不能复制的。如果将外源 DNA 连到复制子上，外源 DNA 则可作为复制子的一部分在受体细胞中复制。这种复制子就是克隆载体（见本章第一节）。重组 DNA 技术中克隆载体的选择和改进是一种极富技术性的专门工作，目的不同，操作基因的性质不同，载体的选择和改建方法也不同。

（三）目的基因与载体的连接

通过不同途径获取含目的基因的外源 DNA、选择或改建适当的克隆载体后，下一步工作是如何将外源 DNA 与载体 DNA 连接在一起，即 DNA 的体外重组。与自然界发生的基因重组（见本章第一节）不同，这种人工重组 DNA 是靠 DNA 连接酶将外源 DNA 与载体共价连接的。改建载体、着手进行目的基因与载体连接前，必须结合研究目的及感兴趣基因的特性，认真设计最终构建的重组体分子。应该说，这是一件技术性极强的工作，除技巧问题，还涉及对重组 DNA 技术领域深刻的认识。这里仅就连接方式作扼要介绍。

1. 黏性末端连接

（1）同一限制性内切核酸酶切割位点连接：由同一限制性内切核酸酶切割的不同 DNA 片段具有完全相同的末端。只要酶切割 DNA 后产生单链突变（5′突出及 3′突出）的黏性末端，同时酶切位点附近的 DNA 序列不影响连接，那么，当这样的两个 DNA 片段一起退火（anneal）时，黏性末端单链间进行碱基配对，然后在 DNA 连接酶催化作用下形成共价结合的重组 DNA 分子。

（2）不同限制性内切核酸酶位点连接：由两种不同的限制性内切核酸酶切割的 DNA 片段，具有相同类型的黏性末端，即配伍末端，也可以进行黏性末端连接。例如，*Mbo* Ⅰ（▼GATC）和 *Bam*HⅠ（G▼GATCC）切割 DNA 后均可产生 5′突出的 GATC 黏性末端，彼此可相互连接。

2. 平端连接

DNA 连接酶可催化相同和不同限制性内切核酸酶切割的平端之间的连接。原则上讲，限制酶切割 DNA 后产生的平端也属配伍末端，可彼此相互连接；若产生的黏性末端经特殊酶处理，使单键突出处被补齐或削平，变为平端，也可施行平端连接。

3. 同聚物加尾连接

同聚物加尾连接是利用同聚物序列，如多聚 A 与多聚 T 之间的退火作用完成连接。在末端转移酶（terminal transferase）的作用下，在 DNA 片段末端加上同聚物序列、制造出黏性末端，而后进行黏性末端连接。这是一种人工提高连接效率的方法，属于黏性末端连接的一种特殊形式。

4. 人工接头连接

对平端 DNA 片段或载体 DNA，可在连接前将磷酸化的接头（linker）或适当分子连到平末端，使产生新的限制性内切核酸酶位点，再用识别新位点的限制性内切核酸酶切除接头的远端，产生黏性末端。这也是黏性末端连接的一种特殊形式。

（四）重组 DNA 导入受体细胞

外源 DNA（含目的 DNA）与载体在体外连接成重组 DNA 分子（嵌合 DNA）后，需将其导入受体细胞。随受体细胞生长、增殖，重组 DNA 分子得以复制、扩增，这一过程即为无性繁殖；筛选出的含目的 DNA 的重组体分子即为一无性繁殖系或克隆。进行无性繁殖时所采用的受体细胞多为由大肠杆菌 K-12 改造的安全宿主菌，在人的肠道几乎无存活率或存活率极低。除安全标准外，所采用的宿主细胞应为限制酶和重组酶缺陷型。在选择适当的受体细胞后，经特殊方法处理，使之成感受态细胞（competent cell），即具备接受外源 DNA 的能力。根据重组 DNA 时所采用的载体性质不同，导入重组 DNA 分子有转化（transformation）、转染（transfection）和感染（infection）等不同方式。

（五）克隆基因的表达

通过上述过程可分离、获得特异序列的基因组 DNA 或 cDNA 克隆，即基因克隆，这是进行重组 DNA 技术操作的基本目的之一。此外，采用重组 DNA 技术还可进行目的基因的表达，实现生命科学研究、医药或商业目的。克隆基因在受体细胞表达或大量生产有用的蛋白质是基于正确的基因转录、mRNA 翻译及适当的转录后和翻译后加工过程。这些过程的进行在不同的表达体系是不一样的，这些差别不但与基因的来源、性质有关，而且与载体和表达体系有关。如今，如何使克隆的目的基因能正确而大量表达有特殊意义的蛋白质已成为重组 DNA 技术中一个专门的领域，这就是蛋白质表达（protein expression）。在蛋白质表达领域，表达体系的建立包括表达载体的构建、受体细胞的建立及表达产物的分离、纯化等技术和策略。下面仅就原核、真核表达体系作简要概述。

1. 原核表达体系

E. coli 是当前采用最多的原核表达体系，其优点是培养方法简单、迅速、经济而又适合大规模生产工艺，再加上人们运用 *E. coli* 表达外源基因已经有多年的经验。运用 *E. coli* 表达有用的蛋白质必须使构建的表达载体符合下述标准：①含大肠杆菌适宜的选择标志；②具有能调控转录、产生大量 mRNA 的强启动子，如 *Lac Z* 启动子或其他启动子序列；③含适当的翻译控制序列，如核蛋白体结合位点（ribosome-binding site）和翻译起始点等；④含有合理设计的多接头克隆位点（polylinker cloning site），以确保目的基因按一定方向与载体正确衔接。将目的基因插入适当表达载体后，经过转化、筛选获得正确的转化子细菌即可直接用于蛋白质的表达，这是一般方法。在实际工作中，个别具体过程差异很大，表达策略颇不一致。有时表达目的是为获得蛋白质抗原，以便制备抗体，此时要求表达的蛋白质或多肽片段具有抗原性，同时要求表达产物易于分离、纯化。较好的策略是在目的基因前连上一个由特殊多肽编码的附加序列，表达融合蛋白。在这种情况下表达的蛋白质多为不溶性的包涵体（inclusion body），极易与菌体蛋白分离。如果在设计融合基因时，在目的基因与附加序列之间加入适当的裂解位点，则很容易从表达的杂合分子去除附加序列。巧妙的附加序列设计还可极大地方便优先产物的分离、纯化。如果表达的蛋白质是用于生物化学、细胞生物学研究或临床应用，除分离、纯化方便，更重要的是考虑蛋白质的功能或生物学活性。此时，表达可溶性蛋白质往往具有特异的生物学功能；如果表达的是包涵体形式，还需在分离后进行复性或折叠。

E. coli 表达体系在实际应用中尚有一些不足之处：①由于缺乏转录后加工机制，*E. coli*

表达体系只能表达克隆的 cDNA，不能表达真核基因组 DNA；②由于缺乏适当的翻译后加工机制，*E. coli* 表达体系表达的真核蛋白质不能形成适当的折叠或进行糖基化修饰；③表达的蛋白质常常形成不溶性的包涵体，欲使其具有活性尚需进行复杂的复性处理；④很难用 *E. coli* 表达体系表达大量的可溶性蛋白。

2. 真核表达体系

与原核表达体系比较，真核表达体系如酵母、昆虫及哺乳类动物细胞表达体系显示了较大优越性。尤其是哺乳类动物细胞，不仅可表达克隆的 cDNA，还可表达真核基因组 DNA；哺乳类细胞表达的蛋白质通常被适当修饰，而且表达的蛋白质会恰当地分布在细胞内的一定区域并积累。当然，操作技术难、费时、不经济是哺乳类动物细胞表达体系的缺点。如何将克隆的重组 DNA 分子导入真核细胞是关键步骤。将表达载体导入真核细胞的过程称为转染（transfection），它比转染 *E. coli* 的方法要难得多。常用于细胞转染的方法有：磷酸钙转染（calcium phosphate transfection）、DEAE 葡聚糖介导转染（DEAE dextran-mediated transfection）、电穿孔（electroporation）、脂质体转染（lipofectin transfection）及显微注射（microinjection）等。转染方法的选择根据细胞的种类、特性及表达载体性质而定。例如，采用爪蟾卵母细胞（oocyte）作表达体系时，卵母细胞极大，适合采用显微注射法导入外源基因。一般说，大多数细胞均可采用磷酸钙转染和 DEAE 葡聚糖介导转染方法进行瞬时转染（transient transfection），操作条件简单，不需特殊设备；而且通过这两种方法与电穿孔技术一样均会使小部分外源基因整合进细胞染色体，获得稳定转化子（stable transfection）后，转化子细胞的筛选依赖特异的抗性标志。如果在重组的哺乳类细胞表达载体中含有可供筛选的遗传标志是细菌的 Neo^r 基因，Neo^r 基因编码的新霉素磷酸转移酶可使细胞培养液中的 G418（geneticin）磷酸化而失活，稳定转染的细胞就会在含 C418 的培养液中存活并增殖。另一种用于筛选稳定转染的哺乳类细胞体系是二氢叶酸还原酶（DHFR）及 DHFR 缺陷细胞，如果表达载体含有 *dhfr* 基因，稳定转染的 DHFR 缺陷细胞就会在有氨甲蝶呤（MTX）的培养液中生存；非转染的缺陷细胞不能存活而被淘汰。当前采用最多的哺乳类细胞是 COS 细胞（猿猴肾细胞）和 CHO 细胞（中国仓鼠卵巢细胞）。

（六）重组体的筛选和鉴定

由体外重组产生的 DNA 分子，通过转化、转染、转导等适当途径引入宿主会得到大量的重组体细胞或噬菌体。面对这些大量的克隆群体，需要采用特殊的方法才能筛选出可能含有目的基因的重组体克隆。同时也需要用某种方法检测从这些克隆中提取的质粒或噬菌体 DNA，看其是否确实具有一个插入的外源 DNA 片段。即便在这一问题得到了证实之后，也还不能肯定这些重组载体所含有的外源 DNA 片段就一定是编码所研究的目的基因的序列。为解决这一系列的问题，从为数众多的转化子克隆中分离出含有目的基因的重组体克隆，需要建立一整套行之有效的特殊方法。

目前已经发展和应用了一系列构思巧妙、可靠性较高的重组体克隆检测法，包括使用特异性探针的遗传检测法和物理检测法、核酸杂交筛选法、免疫化学检测法等。

1. 遗传检测法

遗传检测法可分为根据载体表型特征选择重组体和根据插入序列的表型特征选择重组体两种方法。

1）根据载体表型特征选择重组体的直接选择法　在基因工程中使用的所有载体分子，

都带有一个可选择的遗传标记或表型特征。质粒及柯斯载体具有抗药性标记或营养标记，而对于噬菌体来说，噬菌斑的形成则是它们的自我选择特征。根据载体分子所提供的遗传特征进行选择，是获得重组体 DNA 分子群体必不可少的条件之一。如前所述，这种遗传选择法能将重组体的 DNA 分子同非重组体的亲本载体分子区别开来。抗药性标记的插入失活作用，或者是诸如 *β*-半乳糖苷酶基因一类的显色反应，便是属于这种依据载体编码的遗传特性选择重组体的典型方法。

（1）抗药性标记插入失活选择法：pBR322 质粒是 DNA 分子克隆中最常用的一种载体分子。编码有四环素抗性基因（Tet^r）和氨苄西林抗性基因（Amp^r）。只要将转化的细胞培养在含有四环素或氨苄西林的生长培养基中，便可以容易地检测出获得了此种质粒的转化子细胞。检测外源 DNA 插入作用的一种通用的方法是插入失活效应（insertional inactivation）。在 pBR322 质粒的 DNA 序列上，有许多种不同的限制性内切核酸酶的识别位点都可以接受外源 DNA 的插入。例如，在 Tet^r 基因内有 *Bam*HⅠ和 *Sal*Ⅰ两种限制性酶的单一识别位点，在这两个识别位点中的任何插入作用，都会导致 Tet^r 基因出现功能性失活，于是形成的重组质粒都将具有 Amp^rTet^s 的表型。如果野生型的细胞（Amp^sTet^s）用被 *Bam*HⅠ或 *Sal*Ⅰ切割过的且同外源 DNA 限制性片段退火的 pBR322 转化，然后涂布在含有氨苄西林的琼脂平板上，那么存活的 Amp^r 菌落就必定是已经获得了这种重组体质粒的转化子克隆。接着进一步检测这些菌落对四环素的敏感性。

（2）*β*-半乳糖苷酶显色反应选择法：应用这样的载体系列，外源 DNA 插入到它的 *Lac Z* 基因上所造成的 *β*-半乳糖苷酶失活效应，可以通过大肠杆菌转化子菌落在 X-gal-IPTG 培养基中的颜色变化直接观察出来。*β*-半乳糖苷酶会把乳糖水解成半乳糖和葡萄糖。将 pUC 质粒转化的细胞培养在补加有 X-gal 和乳糖诱导物 IPTG 的培养基中时，由于基因内互补作用形成有功能的半乳糖苷酶，会把培养基中无色的 X-gal 切割成半乳糖和深蓝色的底物 5-溴-4-氯-靛蓝（5-bromo-4-chloro-indigo），使菌落呈现出蓝色反应。在 pUC 质粒载体 *Lac Z* 序列中，含有一系列不同限制酶的单一识别位点，其中任何一个位点插入了外源克隆 DNA 片段，都会阻断读码结构，使其编码的肽失去活性，结果产生白色的菌落。因此，根据这种 *β*-半乳糖苷酶的显色反应，便可以检测出含有外源 DNA 插入序列的重组体克隆。

2）根据插入序列的表型特征选择重组体的直接选择法　重组 DNA 分子转化到大肠杆菌寄主细胞之后，如果插入在载体分子上的外源基因能够实现其功能的表达，那么分离带有此种基因的克隆，最简便的途径便是根据表型特征的直接选择法。这种选择法依据的基本原理是，转化进来的外源 DNA 编码的基因，能够对大肠杆菌寄主菌株所具有的突变发生体内抑制或互补效应，从而使被转化的寄主细胞表现出外源基因编码的表型特征。例如，编码大肠杆菌生物合成基因的克隆所具有的外源 DNA 片段，对于大肠杆菌寄主菌株的不可逆的营养缺陷突变具有互补的功能。根据这种特性，便可以分离到获得这种基因的重组体克隆。

目前已拥有相当数量的对其突变做了详尽研究的大肠杆菌实用菌株。而且其中有多种类型的突变，只要克隆的外源基因产物获得低水平表达，便会被抑制或发生互补作用。研究表明，一些真核的基因能够在大肠杆菌中表达，并且还能够同寄主菌株的营养缺陷突变发生互补作用。

根据克隆片段为寄主提供的新的表型特征选择重组体 DNA 分子的直接选择法，是受一定条件限制的，它不但要求克隆的 DNA 片段必须大到足以包含一个完整的基因序列，而且还要求所编码的基因应能够在大肠杆菌寄主细胞中实现功能表达。无疑，真核基因是比较难以满足这些要求的，其原因在于有许多真核基因是不能够同大肠杆菌的突变发生抑制作用或互补效应的。此外，大多数的真核基因内部都存在着间隔序列，而大肠杆菌又不存在真核基因转录加工过程中所需要的剪接机制，这样便阻碍了它们在大肠杆菌寄主细胞中实现基因产物的表达。当然，在有些情况下，是可以通过使用 mRNA 的 cDNA 拷贝构建重组体 DNA 的办法来解决这些问题的。

2. 物理检测法

虽然说在大多数场合下，基因克隆的目的都是要求将某种特定的基因分离出来在体外进行分析，不过也有一些特殊的实验。例如，有关真核 DNA 序列结构的研究，则需要将 DNA 序列中的非基因编码区的片段也克隆到质粒载体上。对于这类重组体质粒，只要根据其相对分子质量比野生型大这一特点，就可以检测出来。常用的重组体分子的物理检测法有凝胶电泳检测法和 R-环检测法两种。

（1）凝胶电泳检测法：带有插入片段的重组体在相对分子质量上会有所增加。分离质粒 DNA 并测定其分子长度是一种直截了当的方法。通常用比较简单的凝胶电泳进行检测。

电泳法筛选比抗药性插入失活平板筛选更进一步。有些假阳性转化菌落，如自我连接载体、缺失连接载体、未消化载体、两个相互连接的载体及两个外源片段插入的载体等转化的菌落，用平板筛选法不能鉴别，但可以被电泳法淘汰。因为由这些转化菌落分离的质粒 DNA 分子的大小各不相同，和真正的阳性重组体 DNA 比较，前 3 种的 DNA 分子较小，在电泳时的泳动率较大，其 DNA 带的位置位于阳性重组 DNA 带的前面；相反，后两种重组 DNA 分子较大，泳动率较小，其 DNA 带的位置位于真阳性重组 DNA 带的后面。所以，电泳法能筛选出有插入片段的阳性重组体。如果插入片段是大小相近的非目的基因片段，对于这样的阳性重组体，电泳法仍不能鉴别，只有用 Southern blot 杂交，即以目的基因片段制备放射性探针和电泳筛选出的重组体 DNA 杂交，才能最终确定真阳性重组体。

（2）R-环检测法：即小规模制备质粒 DNA 进行限制酶切分析。R-环是指 RNA 通过取代与其序列一致的 DNA 链而与双链 DNA 杂交，被取代的 DNA 单链与 RNA-DNA 杂交双链所形成的环状结构。在靠近双链 DNA 变性温度下和高浓度（70%）的甲酰胺溶液中，即所谓的形成 R-环的条件下，双链的 DNA-RNA 分子要比双链的 DNA-DNA 分子更为稳定。因此，将 RNA 及 DNA 的混合物置于这种退火条件下，RNA 便会同它的双链 DNA 分子中的互补序列退火形成稳定的 DNA-RNA 杂交分子，而被取代的另一条链处于单链状态。这种由单链 DNA 分支和双链 DNA-RNA 分支形成的“泡状”体，即所谓的 R-环结构。R-环结构一旦形成就十分稳定，而且可以在电子显微镜下观察到。

所以，应用 R-环检测法可以鉴定出双链 DNA 中存在的与特定 RNA 分子同源的区域。根据这样的原理，在有利于 R-环形成的条件下，使得检测纯化的质粒 DNA，在含有 mRNA 分子的缓冲液中局部变性。如果质粒 DNA 分子上存在着与 mRNA 探针互补的序列，那么这种 mRNA 便可取代 DNA 分子中的相应的互补链，形成 R-环结构。然后放置在电子显微镜下观察，这样便可以检测出重组体质粒的 DNA 分子。

3. 核酸杂交筛选法

从基因文库中筛选带有目的基因插入序列的克隆，最广泛使用的一种方法是核酸分子杂交技术。它所依据的原理是利用放射性同位素（^{32}P 或 ^{125}I）标记的 DNA 或 RNA 探针进行 DNA-DNA 或 RNA-DNA 杂交，即利用同源 DNA 碱基配对的原理检测特定的重组克隆，包括原位杂交、Southern 印迹杂交、Northern 印迹杂交。

1）原位杂交　原位杂交（in situ hybridization）也称菌落杂交或噬菌体杂交，即将生长在培养基平板上的菌落或噬菌斑按照其原来的位置不变地转移到硝酸纤维素膜上，并在原位发生溶菌、DNA 变性和杂交作用。这种方法对于从成千上万的菌落或噬菌斑中鉴定出含有重组体的菌落或噬菌斑具有特殊的实用价值（图 9-9）。

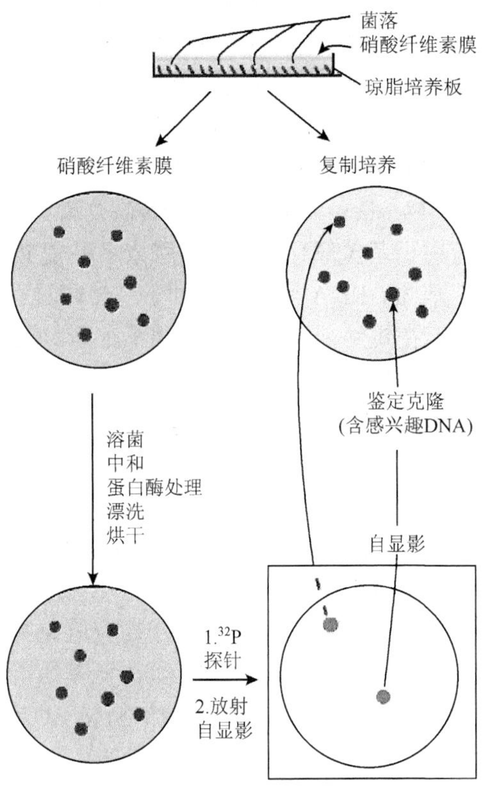

图 9-9　原位杂交的方法

这种方法的基本程序是，将被筛选的大肠杆菌菌落，从其生长的琼脂平板中小心地转移到铺放在琼脂平板表面的硝酸纤维素膜上，而后进行适当的培养，同时保藏原来的菌落平板作为参照，以便从中挑取阳性克隆。取出已经长有菌落的硝酸纤维素膜，使用碱处理，于是细菌菌落便被溶解，它们的 DNA 也就随之变性。然后再用适当的方法处理膜，以除去蛋白质，留下的便是同硝酸纤维素膜结合的变性 DNA。因为变性 DNA 同硝酸纤维素膜有很强的亲和力，便在膜上形成 DNA 的印迹。在 80℃下烘烤膜，使 DNA 牢固地固定下来。带有 DNA 印迹的膜可以长期保存。用放射性同位素标记的 RNA 或 DNA 作为探针，同膜上的菌落所释放的变性 DNA 杂交，并用放射自显影技术进行检测。凡是含有与探针互补序列的菌落 DNA，就会在 X 胶片上出现曝光点。根据曝光点的位置，便可以从保留的母板上相应位置挑出所需要的阳性菌落。

2）Southern 印迹杂交　Southern 印迹杂交是进行基因组 DNA 特定序列定位的通用方法。其基本原理是：具有一定同源性的两条核酸单链在一定的条件下，可按碱基互补的原则特异性地杂交形成双链。一般利用琼脂糖凝胶电泳分离经限制性内切核酸酶消化的 DNA 片段，将胶上的 DNA 变性并在原位将单链 DNA 片段转移至尼龙膜或其他固相支持物上，经干烤或者紫外线照射固定，再与相对应结构的标记探针进行杂交，用放射自显影或酶反应显色，从而检测特定 DNA 分子的含量。

由于核酸分子的高度特异性及检测方法的灵敏性，综合凝胶电泳和限制性内切核酸酶分析的结果，便可绘制出 DNA 分子的限制图谱。但为了进一步构建出 DNA 分子的遗传图，或进行目的基因序列的测定以满足基因克隆的特殊要求，还必须掌握 DNA 分子中基因编码区的大小和位置。有关这类数据资料可应用 Southern 印迹杂交技术获得。

Southern 印迹杂交技术包括两个主要过程：一是将待测定核酸分子通过一定的方法转移并结合到一定的固相支持物（硝酸纤维素膜或尼龙膜）上，即印迹（blotting）；二是固定于膜上的核酸与同位素标记的探针在一定的温度和离子强度下退火，即分子杂交过程。该技术是 1975 年英国爱丁堡大学的 E.M.Southern 首创的，因此而得名。

3）Northern 印迹杂交 Northern 印迹杂交的 RNA 吸印与 Southern 印迹杂交的 DNA 吸印方法类似，只是在上样前用甲基氢氧化银、乙二醛或甲醛使 RNA 变性，而不用 NaOH，因为它会水解 RNA 的 2′-羟基基团。RNA 变性后有利于在转印过程中与硝酸纤维素膜结合，它同样可在高盐中进行转印，但在烘烤前与膜结合得并不牢固，所以在转印后用低盐缓冲液洗脱，否则 RNA 会被洗脱。在胶中不能加 EB，因为它会影响 RNA 与硝酸纤维素膜的结合。为测定片段大小，可在同一块胶上加分子质量标记物一同电泳，之后将标记物切下、上色、照相，样品胶则进行 Northern 转印。标记物胶上色的方法是在暗室中将其浸在含 5μg/ml EB 的 0.1mol/L 乙酸铵中 10min，光在水中就可脱色，在紫外光下用一次成像相机拍照时，上色的 RNA 胶要尽可能少接触紫外光，若在白炽灯下暴露过久，会使 RNA 信号降低。

琼脂糖凝胶中分离功能完整的 mRNA 时，甲基氢氧化银是一种强力、可逆变性剂，但是有毒，因而许多人喜欢用甲醛作为变性剂。所有操作均应避免 RNase 的污染。

如果通过 Northern 印迹杂交整合到植物染色体上的外源基因能正常表达，则转化植株细胞内有其转录产物——特异 mRNA 的生成。将提取的植物总 RNA 或 mRNA 用变性凝胶电泳分离，则不同的 RNA 分子将按分子质量大小依次排布在凝胶上；将它们原位转移到固定膜上；在适宜的离子强度及温度条件下，用探针与膜杂交；然后通过探针的标记性质检测出杂交体。若经杂交，样品无杂交带出现，表明外源基因已经整合到植物细胞染色体上，但在该取材部位及生理状态下该基因并未有效表达。

4. 免疫化学检测法

直接的免疫化学检测技术同菌落杂交技术在程序上是十分类似的，但它不是使用放射性同位素标记的核酸作探针，而是用抗体鉴定那些产生外源 DNA 编码的抗原的菌落或噬菌斑。只要有一个克隆的目的基因能够在大肠杆菌寄主细胞中实现表达，合成出外源蛋白质，就可以采用免疫化学法检测重组体克隆。现在已经发展出一套特异地适用于这种检测法的载体系统，它们都是专门设计的“表达”载体。因此，由它们所携带的外源基因，能够在大肠杆菌寄主细胞中进行转录和翻译。

免疫化学检测法可分为放射性抗体测定法（radio active antibody test）和免疫沉淀测定法（immuno precipitation test）。这些方法最突出的优点是，它们能够检测不为寄主提供任何可选择的表型特征的克隆基因。不过，这些方法需要使用特异性的抗体。

（1）放射性抗体检测法：现在已被许多实验室广泛采用。其所依据的原理为：①一种免疫血清含有好几种 IgG 抗体，它们识别抗原分子，并分别同各自识别的抗原相结合；②抗体分子或抗体的 Fab 部分，能够十分牢固地吸附在固体基质（如聚乙烯等塑料制品）上，而不会被洗脱掉；③通过体外碘化作用，IgG 抗体便会迅速地被放射性同位素 ^{125}I 标记上。

在实际的测定中，首先把转化的菌落涂布在普通琼脂平板上，同时，还必须制备影印的复制平板。因为在随后的操作过程中，涂布在普通平板上的转化菌落是要被杀死的。接着把细菌菌落溶解，这样便使阳性菌落释放出抗原蛋白质。将连接在固体支持物上的抗体缓慢地同溶解的细胞接触，以利于抗原吸附到抗体上，并且彼此结合成抗原-抗体复合物。然后，将这种吸附着抗原-抗体复合物的固体支持物取出来，与放射性标记的第二种抗体一道温育，以便检出这种复合物。未反应的抗体可以被漂洗掉，而抗原-抗体复合物的位置，则可通过放射自显影技术被测定出来，并据此确定出在原平板中能够合成抗原的细菌菌落的位置。

（2）免疫沉淀检测法：免疫沉淀检测法同样也可以鉴定产生蛋白质的菌落。其做法是：在生长菌落的琼脂培养基中加入专门抗这种蛋白质分子的特异性抗体，如果被检测菌落的细菌能够分泌出特定的蛋白质，那么在它的周围，就会出现一条由一种称为沉淀素（preciptin）的抗原-抗体沉淀物所形成的白色的圆圈。

（3）表达载体产物的免疫化学检测法：现在已经发展出一套专门适用于免疫化学检测技术的表达载体系统。由于这些表达载体都是专门设计的，插入到它上面的真核基因所编码的蛋白质都能够在大肠杆菌寄主细胞中表达，适宜用免疫化学检测法进行检测。

5. DNA-蛋白质筛选法

DNA-蛋白质筛选法同上面所述的可以从噬菌斑中检测出由重组 DNA 分子表达的融合蛋白质的免疫筛选法十分相似，是专门设计用来检测同 DNA 特异性结合的蛋白质因子的一种方法。现在这种方法已成功地用于筛选并分离表达融合蛋白质的克隆。合成此种融合蛋白质的重组 DNA 分子中的外源 DNA 序列，编码一种能专门同某一特定 DNA 序列结合的 DNA 结合蛋白（DNA-binding protein）。此法的基本操作程序是：用硝酸纤维素膜进行“噬菌斑转移”，使其中的蛋白质吸附在膜上；再将此膜同放射性同位素标记的含有 DNA 结合蛋白质编码序列的双链 DNA 寡核苷酸探针杂交；最后根据放射自显影的结果筛选出阳性反应克隆。由于这项技术是用一种放射性标记的 DNA 探针检测转移到硝酸纤维素膜上的特异性蛋白质多肽分子，因此称为 DNA-蛋白质筛选法。

第三节 基因工程概述

在研究生物演化的过程中，遗传和变异是两个重要的概念。遗传性赋予物种稳定，保证物种的延续不断。变异性赋予物种进化，保证物种对各种环境的适应。在生物演变的长河中，自然发生的变异是非常缓慢的，随着生物科学的发展，人类开始学会干预生物的变异，经典遗传学的出现，使人们在几年至几十年内便可实现在自然界中需要千百万年才能出现的变异，从而改变了某些物种，有利于人类。20 世纪 70 年代初，基因工程学诞生，在非常短的时间内就已经取得了许多激动人心的成果。它的最大特点，就是利用重组 DNA 技术，开辟了在短时间内改造生物遗传性的新天地。它跨越了物种属间不可逾越的鸿沟，克服了常规育种的盲目性，使人类有可能按照需要定向培育生物新品种、新类型乃至创造自然界从未有过的新生物。目前，基因工程正以新的势头迅猛发展，成为当今生物科学研究领域中最有生命力、最引人瞩目的前沿科学。

基因工程产生以来，还没有一个统一的公认定义。一般认为基因工程是指：把体外核酸分子（无论采取什么方法从细胞中取得）组合到任何病毒、细菌质粒或其他载体系统（分子），形成遗传物质的新组合，并使之进入原来没有这类分子的宿主体内，而能持续稳定地繁殖。

或者说，它是对 DNA 大分子上的遗传单元（基因）进行体外操作，把不同来源的基因按照设计的蓝图，重新构成新的基因组（即重组体），再把它引入细胞中，构成具有新的遗传特性的生物。

从上面的定义可以看出基因工程的一个重要特征，就是强调了外源 DNA 分子的新组合被引入一种新的寄主生物中进行繁殖。这种 DNA 分子的新组合是按照工程学的方法进行设计和操作的。这就赋予基因工程跨越天然物种屏障的能力，克服了固有的生物种间的限制，扩大和带来了定向创造新生物的可能性，这是基因工程的最大特点。

基因工程问世以来，各种相关的名称相继问世。在文献中常见的有遗传工程（genetic engineering）、基因工程（gene engineering）、基因操作（gene manipulation）、重组 DNA 技术（recombinant DNA technique）、分子克隆（molecular cloning）、基因克隆（gene cloning）等，这些术语所代表的具体内容彼此具有相关性，在许多场合下被混同使用，难以严格区分。不过它们之间还是存在一定的区别的。例如，遗传工程比基因工程有更广泛的内容，凡是人工改造生物遗传性的技术如物理化学诱变、细胞融合、花粉培育、常规育种、有性杂交等，还包括基因工程在内。因此，遗传工程包括基因工程，遗传工程不等于基因工程。又如，重组 DNA 技术，它是基因工程的核心内容，但严格地说，基因工程除上述的定义所阐明的内容以外，还应包括体外 DNA 突变，体内基因操作及基因的化学合成等。总之，凡是在基因水平上操作而改变生物遗传性的技术都属于基因工程。而重组 DNA 技术不等于就代表基因工程。至于生物工程，它是更大范围内改造生物并生产生物产品的工程技术，是现代生物学中一切工程技术的总称，除遗传工程、基因工程外，还有酶学工程、细胞工程、发酵工程、农业工程等。克隆（Clone）一词有必要加以解释。当它作为名词使用时，是指从一个祖先通过无性繁殖方式产生的后代，或具有相同遗传性状的 DNA 分子、细胞或个体所组成的特殊的生命群体。当克隆作动词使用时，是指从同一祖先生产这类同一的 DNA 分子群或细胞群的过程。因此，基因工程也可称为基因克隆或 DNA 分子克隆。

一、基因工程的诞生

基因工程诞生于 1973 年，它是数十年来无数科学家辛勤劳动的成果、智慧的结晶。从 20 世纪 40 年代开始，科学家从理论和技术两方面为基因工程的产生奠定了坚实的基础。概括起来，现代分子生物学领域理论上的三大发现及技术上的三大发明对基因工程的诞生起到了决定性的作用。

1. 理论上的三大发现

（1）20 世纪 40 年代发现了生物的遗传物质是 DNA。1934 年，Avery 在美国的一次学术会上首次报道了著名的肺炎球菌的转化实验结果。超越时代的科学成就，往往不容易被人接受，Avery 的论文没有得到公认。事隔 10 年，这一成果才得以公开发表。事实上，Avery 不仅证明 DNA 是生物的遗传物质，而且也证明了 DNA 可以把一个细菌的性状转给另一个细菌，理论意义十分重大。正如诺贝尔奖得主 Lederberg 指出的，Avery 的工作是现代生物科学的革命开端，也可以说是基因工程的先导。

（2）20 世纪 50 年代发现了 DNA 的双螺旋结构和半保留复制机制。1953 年，Watson 和 Crick 提出了 DNA 结构的双螺旋模型。对生命科学的发展，足以和达尔文学说、孟德尔定律相提并论。

（3）20 世纪 60 年代确定了遗传信息的传递方式。确定遗传信息是以密码方式传递的，每 3 个核苷酸组成一个密码子，代表一个氨基酸。到了 1966 年，破译了 64 个密码子，编排了一本密码字典，叙述了中心法则。从此，千百年来神秘的遗传现象，在分子水平上得到了揭示。

2. 技术上的三大发明

（1）限制性内切核酸酶的发现。从 20 世纪 40 年代到 60 年代，虽然从理论上已经确立了基因工程的可能性，科学家也为基因工程设计了一幅美好的蓝图。但是，科学家面对着庞大的双链 DNA（dsDNA），尤其是真核生物，其 DNA 分子是相当巨大的，仍然是束手无策，不能把它切成单个的基因片段。尽管那时酶学知识已得到相当的发展，但没有任何一种酶能对 DNA 进行有效的切割。

直到 1970 年，Smith 和 Wilcox 在流感嗜血杆菌中分离并纯化了限制性内切核酸酶 *Hin*d Ⅲ，使 DNA 分子的切割成为可能。1972 年 Boyer 实验室又发现了名为 *Eco*R Ⅰ 的限制性内切核酸酶，这种酶每遇到 GAATTC 序列，就会将双链 DNA 分子切开形成 DNA 片段。以后，又相继发现了大量类似于 *Eco*R Ⅰ 的限制性内切核酸酶，这就使研究者可以获得所需的 DNA 特殊片段，为基因工程提供了技术基础。

（2）对基因工程技术突破的另一发现是 DNA 连接酶的发现。1967 年，世界上有 5 个实验室几乎同时发现了 DNA 连接酶。这种酶能够参与 DNA 缺口的修复。1970 年，美国的 Khorana 实验室发现了一种称为 T4 DNA 连接酶，具有更高的连接活性。

（3）基因工程载体的发现。科学家有了对 DNA 切割与连接的工具（酶），还不能完成 DNA 体外重组的工作。因为大多数 DNA 片段不具备自我复制的能力。所以，为了能够在寄主细胞中进行繁殖，必须将 DNA 片段连接到一种特定的、具有自我复制的 DNA 分子上。这种 DNA 分子就是基因工程载体（vector）。基因工程的载体研究先于限制性内切核酸酶。从 1946 年起，Lederberg 开始研究细菌的性因子——F 因子，至 20 世纪五六十年代，相继发现其他质粒，如抗药性因子（R 因子）、大肠杆菌素因子（CoE）。到 1973 年，Cohen 将质粒作为基因工程的载体使用。具备了以上的理论与技术基础，基因工程诞生的条件已经成熟。两位科学的“助产士”——Berg 和 Cohen 把基因工程“接”到了人间。

1972 年，美国斯坦福大学的 Berg 领导的研究小组，在世界上第一次成功地实现了 DNA 体外重组。他们使用限制性内切核酸酶 *Eco*R Ⅰ，在体外对猿猴病毒 SV40 的 DNA 和 λ 噬菌体的 DNA 分别进行酶切，然后再用 T4 DNA 连接酶把两种酶切的 DNA 片段连接起来，结果获得了含有 SV40 和 λDNA 重组的杂合 DNA 分子（基因工程的雏形）。1973 年，斯坦福大学的 Cohen 等，也成功地进行了另一个体外重组实验并实现了细菌间性状的转移。他们将大肠杆菌（*E. coli*）的抗四环素（Te^{r}）质粒 PSC101 和抗新霉素（Ne^{r}）及抗磺胺（S^{r}）的质粒 R6-3，在体外用限制性内切核酸酶 *Eco*R Ⅰ 切割，连接成新的重组质粒，然后转化到大肠杆菌中。结果在含四环素和新霉素的平板中，选出了抗四环素和抗新霉素的重组菌落。这是基因工程发展史上第一次实现重组体转化成功的例子。基因工程从此诞生，这一年被定为基因工程诞生的元年。

二、基因工程安全性的问题

从基因工程诞生之日起，便受到人类的极大关注。其理论和实践的意义都非常重大，但和任何新生事物一样，其成长过程中也遇到了强大的阻力。基因工程刚诞生的几年里，人们便对它有不少争论。

（1）人们担心“基因逃逸”问题。由于微生物之间通过转导、转化、接合进行基因转移。“有害”基因是否会逃逸到人体或环境中。科学家经常使用大肠杆菌作为宿主菌。重组质粒转入大肠杆菌中表达，人们担心大肠杆菌会通过研究者的消化道带出实验室。经过连续两年对研究人员的粪便检查，均未发现大肠杆菌和质粒。

（2）转基因食品的安全性的问题。随着全球人口增多，粮食紧张的问题日益严重。许多生物学家致力于培育高产、高质的农作物。提高农作物产量的方法主要有两方面：一方面培育高产农作物；另一方面减少农作物生长中的损失（旱、涝、病毒、虫、腐烂等）。目前，植物基因工程方面的使用技术就是从其他物种上分离的有效基因，然后转移到农作物上（如现在已有的抗虫棉、水稻、土豆、番茄、大豆、玉米等）。现在产生的问题是安全性问题，特别是人们大量的食用转基因食品，其安全性问题应该引起高度重视和科学地评价，确保人民健康，才能使基因工程顺利发展。转基因植物食品的安全性主要包括两方面：转基因植物食品有无毒性物质及有无过敏性蛋白；食品安全性的另一个重要问题是标记基因的安全性评价。*npt* Ⅱ（新霉素磷酸转移酶基因）、*hpt*（潮霉素磷酸转移酶基因）、*gent*（乙酰转移酶基因）及抗除莠剂的基因在转基因植物中得到高效表达，人们食用大量转基因食品是否可能对抗生素产生抗药性。

（3）基因工程与生态环境平衡。转基因作物栽到大田后，会不会和野生亲缘植物自然杂交，导致野生亲缘植物获得抗性，从而影响环境，而导致产生新的杂草类型。例如，除草剂对已获得了抗除草剂基因的杂草不再具备除草性能；抗虫基因的获得也许会导致害虫种类交替进化；这些都迫使人们使用更危险的化学药物。人们担心转基因植物的大规模种植可能会给群落带来极大的不利。群落的影响不但难以预料，甚至可能产生更严重的后果；获得了毒蛋白基因会由于食草动物难以伤害它而加剧繁衍蔓延，稀有植物品种也许会由于竞争，同种植物的遗传多样性便会减少，昆虫群落也会受到影响。

研究结果表明，从本质上讲转基因植物与常规育种是一样的。两者都是在原有的基础上对现有品种的某些性状进行修饰，或增加新性状，或者消除不良性状，最后培育出优质高产稳产和抗病、抗逆的新品种，它们的区别只是技术和方法问题。基因工程只是利用现代分子生物学进行单基因或多个基因的转化，增强了育种的目的性和可操作性，缩短了育种周期，应该说是更科学和更安全。例如，在常规育种时，父母本的不良基因，甚至是有害基因都传递给下一代。基因工程育种只是把好的基因、有用的基因传递给下一代，使下一代不断优化。关于目的基因的结构与功能应该进行严格科学的研究和选择，堵截有害基因的使用，就可以避免上述安全性的疑虑。

第四篇　物质运输与细胞信号转导

细胞信号转导是指细胞从外界环境中接收信号来控制增殖、分化、迁移或者死亡。这些信号来自特殊的可溶性信号分子、基质分子或者是直接从其他细胞中获得，且被接收细胞的特异性受体所调节。受体的活化作用引发多种胞内信号通路激活。在对这些信号通路进行研究时，发现其中有很多值得关注的地方，细胞信号转导的存在及其过程是近年来细胞生物学、分子生物学和医学领域的研究热点之一。细胞信号转导异常与肿瘤等多种疾病的发生、发展和预后直接相关，阐明它们的作用机制对于探索肿瘤发病机制并最终攻克肿瘤具有重要的意义。

第十章　生物膜与细胞信号转导

【目的要求】

生物膜与细胞信号转导的基本原理。

【掌握】

1. 生物膜的化学组成、功能及分子结构。
2. 受体的结构与功能、受体活性的调节及受体作用的特点。
3. 第二信使的概念。
4. G 蛋白的结构与功能。
5. 物质的跨膜运输方式。
6. 胞内受体介导的信息传递。
7. 主要的信息传递途径。

【熟悉】

1. 生物膜的基本结构。
2. 信息传递途径的交互联系。
3. 几种重要的信号转导系统。

【了解】

信息传递与疾病。

近代生物学发展中具有重要意义的成就之一，就是认识到细胞主要是由膜系统组成的多分子动态体系。任何细胞都有一层薄膜（厚度为 4～7nm）将其内含物与环境分开，这层膜称为细胞膜或质膜或外膜。真核细胞还有许多内膜系统，它们组成具有各种特定生理功能的亚细胞结构，包括细胞核、线粒体、内质网、溶酶体、高尔基体、过氧化物酶体等，在植物细胞中还有进行光合作用的叶绿体等。原核细胞（如细菌）的细胞壁内有细胞质膜，某些细菌的质膜还可向细胞内延伸成内陷结构，称为中体或者质膜体，它们可以完成真核细胞器的部分功能。比细胞更小的支原体，直径仅为 0.33～1.0μm，只有一层质膜包裹着细胞质。病毒颗粒的外周也有一层蛋白质和类脂组成的外壳膜，有些病毒的外壳膜的类脂也是双分子层的典型生物膜结构。所有这些细胞中的膜系统虽然功能不同，但其基本的结构原则却是十分相似的。

细胞的外膜和内膜系统统称为生物膜。生物膜结构是细胞结构的基本形式，它对细胞内很多生物大分子的有序反应和整个细胞的“区域化”都提供了必需的结构基础，从而使各个细胞器和亚细胞结构既各自具有恒定、动态的内环境，又相互联系、相互制约，从而使整个细胞活动有条不紊、协调一致地进行。

生物膜具有多种功能。与生命科学中许多基本问题都有密切关系，如细胞起源、物质转运、能量转换、细胞识别、细胞免疫、激素作用、神经传导、药物作用、细胞分化及肿瘤的发生等。

生物膜的研究不仅具有十分重要的理论意义，而且在工农业及医学实践中也有广阔的应用前景。在工业方面，生物膜的基本原理为工程技术仿生学提供了原型。例如，生物膜的选择透性功能一旦模拟成功，将极大提高污水处理、海水淡化及回收有用工业副产品的效率。在农业方面，从生物膜结构与功能的角度来研究农作物的抗寒、抗旱、耐盐、抗病等机制，这方面的研究成果将为农业增产带来显著成效。

第一节　生物膜的化学组成

化学分析表明，所有生物膜几乎都由蛋白质（包括酶）和脂类（主要是磷脂）两大类物质组成，此外还有糖（糖蛋白和糖脂）、水和金属离子等。生物膜中的水分占 15%～20%。生物膜的组分，尤其是蛋白质和脂类的比例随膜种类的不同而表现出很大的差异，蛋白质和脂类含量的变化和膜功能的多样性有密切关系。一般来说，功能复杂和多样的膜，蛋白质所占的比例大，且种类多；相反，功能越简单特化的膜，蛋白质的含量和种类越少。例如，神经髓鞘膜主要起绝缘作用，只含有 3 种蛋白质，约占 18%，而脂类则占 79%，另外 3%是糖，而线粒体内膜和细菌质膜功能复杂，含有电子传递系统和磷酸化酶系统，共有约 60 种蛋白质，占 75%，脂类只占 25%。

一、膜脂

1. 膜脂的种类

生物膜中的脂质有磷脂、胆固醇和糖质等，但以磷脂为主要组分。

1）磷脂　　磷脂是构成生物膜的主要脂质。磷脂主要是以甘油为骨架，在甘油分子的第 1，第 2 位碳原子的羟基上以酯键分别连接两个脂肪酸链，第 3 位碳原子与磷酸成酯，即形成磷脂肪酸，磷脂肪酸再与胆碱、乙醇胺、丝氨酸、肌醇等结合为磷脂酰胆碱、磷脂酰乙醇胺、磷脂酰丝氨酸、磷脂酰肌醇等。除甘油磷酸酯外，生物膜中还含有鞘磷脂组分。磷脂分子的结构如下（图 10-1）。

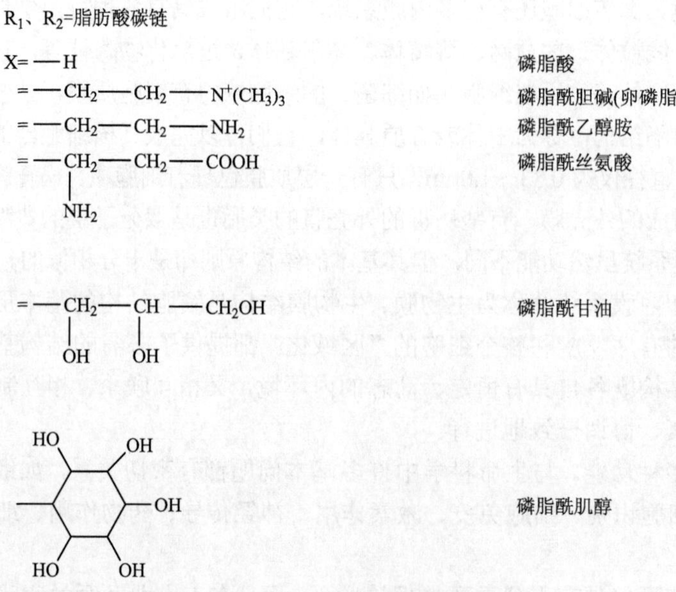

图 10-1　甘油磷脂结构

磷脂分子是“两性”分子，磷脂分子的两性特征决定了它们在生物膜中呈双分子层排列的结构特征（称为脂质双层）及其与各种蛋白质相结合的特性。磷脂分子中脂肪酸碳链的长短及其不饱和程度则与生物膜的流动性有着密切的关系。

2）胆固醇　动物细胞中的胆固醇含量比植物细胞高，质膜中的胆固醇含量比细胞内膜高。胆固醇也是“两性”分子，胆固醇的两性特点可能对生物膜中脂类的物理状态有一定的调节作用。在相变温度以上时，胆固醇干扰磷脂分子脂酰链的旋转异构化运动，在相变温度以下时，胆固醇的存在又会阻止磷脂分子脂酰链的有序排列，从而防止其向凝胶态转化，保持了膜的流动性，降低了相变温度。

3）糖脂　糖脂在膜上的分布是不对称的，仅分布在细胞外侧的单分子层，暴露在膜的外表面，带糖基的极性端朝向膜外表的水相，而非极性的脂部分则分布在膜的疏水区。

细菌和植物细胞质膜的糖脂几乎都是甘油的衍生物，非极性部分以亚麻酸的含量较为丰富，极性部分则是糖残基（如半乳糖），可以是一个、两个或多个（一般为1～15个糖残基）。

动物细胞质膜上的糖脂几乎都是神经鞘氨醇的衍生物，如半乳糖脑苷脂、神经节苷脂等，统称神经糖脂。根据糖的性质不同，神经糖脂又分为中性糖脂和酸性糖脂，后者是在糖基的头部带有一个或多个唾液酸残基，它在中性条件下使细胞膜表面带负电荷。半乳糖苷脂的“极性”头部带有一个半乳糖残基。它是神经髓鞘膜的主要糖脂。神经节苷脂具有受体的功能，如霍乱毒素、干扰素、促甲状腺素、破伤风毒素等的受体都是神经节苷脂。糖脂末端的半乳糖残基在与毒素的结合中起主要作用。在细胞的癌变（如病毒转化细胞）中细胞膜上的神经节苷脂和脑苷脂常有很大的变化。

除磷脂、胆固醇和糖脂外，在叶绿体膜和嗜盐菌膜上还发现有含硫的脂质。

2. 膜脂的不对称分布

一般来说，脂质分子在膜两侧的分布是不对称的，例如，人红细胞膜的外层含磷脂酰胆碱和鞘磷脂较多，内层则含磷脂酰丝氨酸和磷脂酰乙醇胺较多。这种不对称分布会导致膜内外两层电荷数量、流动性等的差异。膜脂的不对称分布与膜蛋白的定向分布及其功能都有密切的关系。天然生物膜脂质在两层之间的翻转运动是非常缓慢的，因此，脂质在内质网合成时，这种不对称性分布看来就已经形成，而且通过不断地调节控制来维持其不对称性。

3. 脂质的多形性

如前所述，脂质分子是两性分子，它们在水溶液中的溶解度是很有限的（包括磷脂分子）。以磷脂为例，当磷脂加入水中后，由于疏水部分表面积大，只有极少的分子以单体形式游离存在。绝大部分倾向于在水-空气界面上形成单分子层，其“极性头”与水接触，而“疏水尾”伸向空气一侧。如果加入较多量的磷脂分子，使水-空气界面达到饱和，磷脂分子就以“微团”或者“双层微囊”形式存在，这两种形式都使磷脂分子的“极性头”与水相接触，而“疏水尾”则通过疏水作用力和范德瓦耳斯力的作用，尽可能地靠近，将水从邻近部位排出。磷脂分子在水溶液中究竟是以“微团”形式存在还是以“双层微囊”形式存在，则取决于磷脂的组成。大多数天然磷脂分子倾向于后一种形式，因为这样更有利于分子的堆积，而只含有一条脂酰链的溶血磷脂、游离脂肪酸和去污剂则更容易形成微团结构，因为从整个分子看，它们的疏水表面积仅占较小的比例。

在一定条件下，磷脂分子还可以形成六角形相Ⅱ（H_{II}）结构，微团和六角形相Ⅱ结构均称为非脂双层结构。磷脂酰胆碱、鞘磷脂等一般都形成稳定的脂质双层结构，而不饱和脂肪酸链的磷脂酰乙醇胺、单葡萄糖甘油二酯及单半乳糖甘油二酯则容易形成六角形相Ⅱ结构。心磷脂也容易形成六角形相Ⅱ，尤其是在Ca^{2+}诱发的条件下。磷脂酰丝氨酸与磷脂酰甘油在中性与低温时，以脂质双层结构存在，在酸性与高温时则可转变为六角形相Ⅱ结构。

生物膜在一般条件下都呈双层结构，在某些生理条件下（如细胞的内吞、外排，细胞融合，脂质分子的翻转运动，蛋白质跨膜运送等）均可能出现非脂双层结构，但迄今为止还不能十分肯定，还需要进一步的研究和证明。

二、膜蛋白

细胞中有 20%～25%的蛋白质是与膜结构相关联的。膜蛋白根据其与膜脂的相互作用方式及其在膜中排列部位的不同，粗略地可分为两在类：外周蛋白和内在蛋白。

1. 外周蛋白

外周蛋白分布于膜的外表面，它们通过静电作用或范德瓦耳斯力与膜的外表结合。经过温和的处理，如改变介质的离子强度或 pH，或加入螯合剂等可把外周蛋白分离下来。从膜上分离下来和外周蛋白呈水溶性，不再聚合，与脂类不再形成膜结构，表现了一般水溶性蛋白质的特征。此类蛋白质占膜蛋白的 20%～30%，在红细胞膜中约占 50%。

2. 内在蛋白

内在蛋白有的全部埋于脂质双层的疏水区，有的部分嵌在脂质双层中，有的横跨全膜。它们主要以疏水效应（或称疏水作用力）与膜脂相结合，只有使用比较剧烈的条件，如加入表面活性剂、有机溶剂，或使用超声波才能将其从膜上溶解下来。它们的特征是水不溶性，分离下来之后，一旦去掉表面活性剂或有机溶剂，又能聚合成水不溶性，或与脂类形成膜结构。内在蛋白占膜蛋白的 70%～80%。内在蛋白的氨基酸组分中，一般非极性氨基酸的比例高，其分子大都成为“双型”分子的特点，即极性氨基酸与非极性氨基酸在肽链中形成不对称分布。其非极性氨基酸部分与脂类的疏水区相互作用使蛋白质固着在膜中。内在蛋白与脂质双层疏水区相接触的部分中，由于水分子的排出，多肽分子本身形成氢键的趋向大大增加，因此它们往往以 α-螺旋或 β-折叠形式存在，尤其以前者更为普遍。

三、糖类

生物膜中含有一定量的糖类，主要以糖蛋白和糖脂的形式存在。在细胞的质膜和内膜系统中都有分布，在细胞的质膜表面占质膜总量的 2%～10%。糖类在膜上的分布也是不对称的，质膜和内膜系统的糖蛋白和糖脂中的寡糖都全部分布在非细胞质的一侧。分布于质膜表面的糖残基形成一层多糖-蛋白质复合物，可称为细胞外壳。分布于细胞内膜系统的糖类面向膜系的内腔。在生物膜中组成寡糖的单糖主要有：半乳糖、甘露糖、岩藻糖、半乳糖胺、葡萄糖胺、葡萄糖和唾液酸。糖蛋白可能与大多数细胞的表面行为有关，细胞与周围环境的相互作用都涉及糖蛋白，如糖蛋白与细胞的抗原结构、受体、细胞免疫、细胞识别及细胞癌变都有密切的关系（图 10-2）。

在糖蛋白中，糖与肽链以 3 种不同的糖苷键相连接：①以 *N*-β-糖苷键与天冬酰胺的酰胺基结合；②以 *O*-β-糖苷键与丝氨酸、苏氨酸、羟赖氨酸、羟脯氨酸残基的羟基结合；③以 *S*-糖苷键与半胱氨酸中的硫相结合。

除上述 3 种主要组分外，膜中尚含有少量水分和无机离子。膜的水分约为 20%，呈结合状态。金属离子与膜蛋白和膜脂的结合有关。

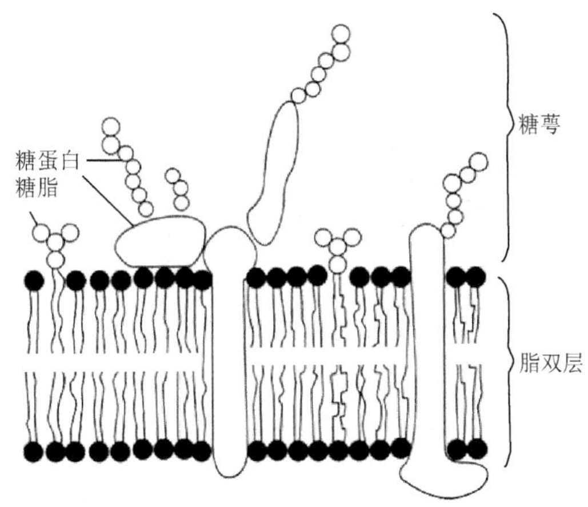

图 10-2　细胞外壳（糖萼）示意图

第二节　生物膜的基本结构

生物膜的组分是蛋白质、脂类和糖类等，这些组分如何排列和组织起来形成特定的膜结构，膜的主要结构模型及主要理化性质是这一节讨论的主要问题。

一、生物膜的分子结构模型

科学家对生物膜的结构进行了几十年的研究，先后提出过 50 多种说明膜结构的理论模型。在这里我们对有代表性和影响比较大的几种模型作以简要的介绍。

1. 脂质双层模型

1899 年，Overton 在研究细胞膜的透性时提出脂质和胆固醇类物质可能是构成细胞膜的主要组分。1925 年，荷兰科学家 Gorter 与 Grendel 用丙酮抽提了红细胞膜的脂质并铺成单分子层，用 Langmuir 槽测定了其表面面积。同时他们估算了红细胞膜的表面面积。结果发现，前者是后者的两倍，因而提出了膜中脂质分子以双分子排列的模型。后来经多人研究证明，脂质双分子层的概念是正确的，所以迄今为止，双脂层是生物膜结构主体的论点仍然被广泛接受。

2. 三夹板模型

1935 年，Danielli 和 Davson 在 Gorter 与 Grendel 提出的连续的磷脂双分子层构成生物膜主体的基础上，企图解释蛋白质定位的问题时，提出了一种模型，其要点是：连续的脂质双分子层组成生物膜的主体，两层磷脂分子脂肪酸烃链伸向膜的中心，极性端朝向膜外两侧的水相，蛋白质则以单层形式覆盖于膜的两侧，从而开成“蛋白质-脂质-蛋白质”的三夹板（或“三明治”）式结构。这个模型曾得到电镜观察和 X 射线衍射分析等方面实验结果的支持（图 10-3）。

3. 单位膜模型

这是一种类似于三夹板膜的模型，是 1964 年由 Robertson 提出的，与三夹板模型相同之处是膜也有三层结构，是“蛋白质-磷脂-蛋白质”的结构方式。不同之处是蛋白质以单层肽链的厚度，以 β-折叠形式通过静电作用与磷脂极性端相结合，而且蛋白质在两侧呈不对称性分布。

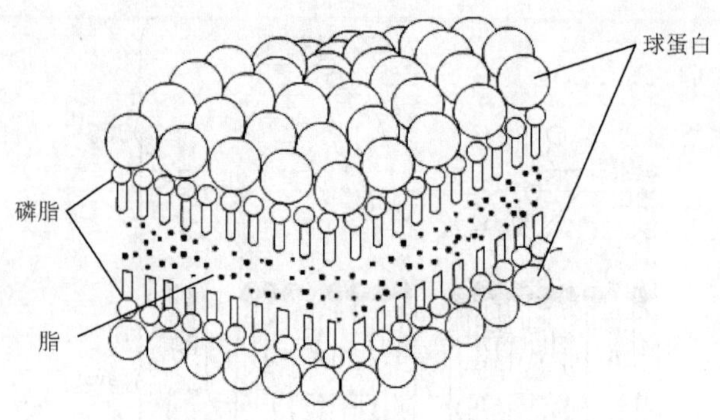

图 10-3　脂质双层模型与三夹板模型

但是，人们逐渐发现大多数生物膜所含的脂质并不全是连续的，而且大多数蛋白质都需要用比较剧烈的方法（如去污剂、有机溶剂、超声波等）才能从膜上分离下来，这些都是 Robertson 的单位膜模型难以解释的（图 10-4）。

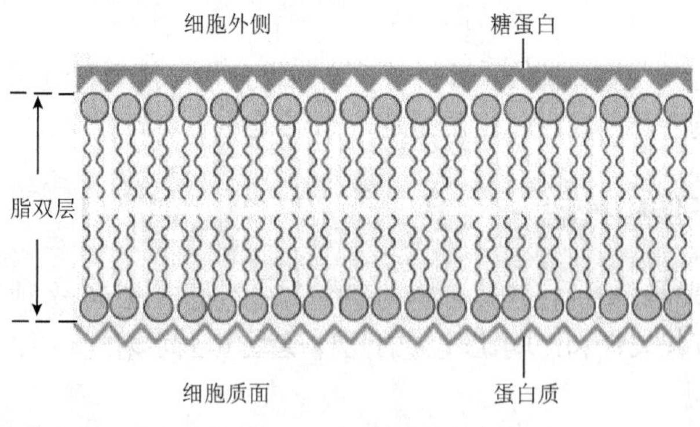

图 10-4　单位膜模型

4. 流体镶嵌模型（液态镶嵌模型）

在生物膜的流动性和膜蛋白分布的不对称性等研究获得一系列重要成果的基础上，1972 年美国的 Singer 与 Nicolson 提出了流体镶嵌模型。它与以前提出的各种模型的差别在于：一是突出了膜的流动性，二是显示了蛋白质分布的不对称性。它主要把生物膜看成是球型蛋白质和脂质按三维排列的流体。从膜的横切面观看，膜中的内在蛋白与磷脂的双分子层交替排列，且与磷脂一样，其极性端突出膜表面伸向水相，而非极性端埋藏在膜脂的疏水部分。有些内在蛋白或其聚合体可横穿膜层，两端的极性部分伸向水相，中间的疏水部分与脂质双分子层的脂肪酸链部分呈疏水结合。外周蛋白与膜两侧的极性部分呈离子键结合。流体镶嵌模型主要强调流动的脂质双分子层构成膜的连续主体；蛋白质则无规则地任意流动在脂质的“海洋”中（图 10-5）。

5. 板块模型

迄今为止，液态镶嵌模型虽然得到了比较广泛的支持，但仍然存在着很多局限性。例如，有很多实验结果表明，膜的流动性是不均匀的。由于脂质组成的不同，膜蛋白-脂质、膜蛋白-膜蛋白的相互作用及环境因素（如温度、pH、金属离子等）的影响，在一定温度下，有的膜脂处于结晶态，有的膜脂则呈流动的液晶态。即使都处于液晶态，膜中各部分的流动性也不相同。这样，整个膜可视为具有不同流动性的“微区”相间隔的动态结构。因此，

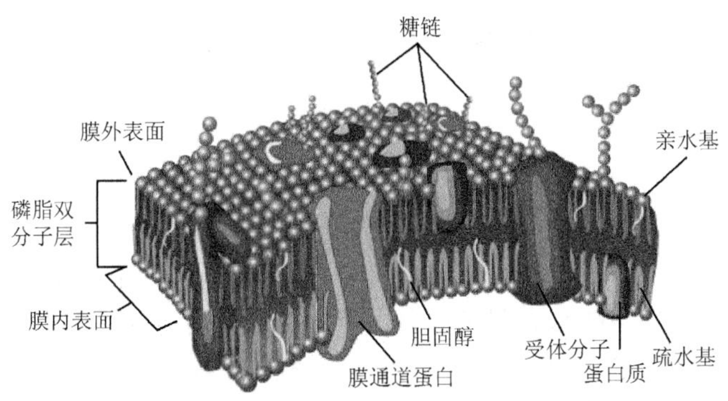

图 10-5　液态镶嵌模型

1977 年 Jain 和 White 提出了“板块模型”。该模型认为，在流动的脂质双层中存在着许多大小不同刚度较大的独立移动的脂质“板块”（有序结构“板块”），板块之间由无序、流动的脂区（无序结构“板块”）所分割。这种无序结构“板块”和有序结构“板块”之间，可能处在一种连续的动态平衡之中。分布于膜内两半层的“板块”彼此独立，呈不对称性，但也可能有某些“板块”延伸到全部双分子层。板块内的各种组分之间以疏水力相互作用。蛋白质和脂质两者也可能形成另一种不同性质的长距离的有序组织（一般超过几百个分子大小）。因此，膜平面实际上同时存在不同组织结构和性质的许多“板块”，它们的变化主要由“板块”内组分的构象和相互作用的特异性所决定。而膜功能的多样性也可能与“板块”的性质和变化有关。

从上述几种不同的生物膜结构模型可以看出，生物膜结构的问题还远没有解决。一种模型也难以概括不同来源不同功能的生物膜。但下述几条基本原则对所有已知的生物膜结构来说可能都是共同的：①磷脂的双分子层；②脂质分子的各种运动形式；③磷脂双分子层两半层的不对称性；④膜蛋白结构、功能、分布及运动的不均一性；⑤外周蛋白主要以离子键与膜脂极性端结合，内在蛋白由于其一级结构和三级结构的不同，以各种方式和不同深度插入或穿过膜脂双分子层；⑥膜蛋白、脂质等不同组分经常处于动态（相变和分相）和代谢周转过程中。

二、生物膜中分子间的作用力

一般认为生物膜中分子间主要有 3 种类型的作用力：静电力、疏水力和范德瓦耳斯力。

1. 静电力

静电力是存在于一切极性和带电荷基团之间的吸引和排斥作用。膜两侧的脂质和蛋白质的亲水基团通过静电力的相互吸引可形成稳定的结构。静电力在膜蛋白之间的相互作用中也很重要，膜中疏水区的介电常数较低，它可使蛋白分子的极性部分之间形成强烈的静电力。

2. 疏水力

疏水力对维持膜结构起着主要的作用。蛋白质分子具有非极性基团的氨基酸侧链和脂质双层的疏水脂肪酸链都有不与水接触或者说避开水的强烈倾向，因而使它们之间存在着一种相互趋近的力，称为疏水作用力。疏水力依赖于水的存在。在生物膜中，脂质的脂肪酸链和蛋白质分子的非极性面出于避开水的原因，排列在膜的内部；而脂质的极性端和蛋白质的极性部分或带电荷的基团则有与水接触的强烈倾向，定位于膜的两个表面，所以疏水力就成为决定膜总体结构的主要因素。

3. 范德瓦耳斯力

范德瓦耳斯力倾向于使膜中的分子尽可能地彼此靠近。由于这种作用力存在于所有原子对之间，因此它们在膜结构中也是十分重要的，它和疏水力有相互补充的作用。

在水相中，影响膜结构稳定的力可能来自两个方面：与膜平面平行作用的力和垂直作用的力。这两方面的力都是由疏水力和亲水力这两种相反作用力的总和形成的。垂直于膜平面的亲水力主要倾向于把磷脂的极性基团拉向水相；相反疏水力则倾向于把磷脂分子的碳氢链拉向脂质的中心部分以避开水相。这两种相反的作用力呈动态平衡，因而磷脂分子经常处于不断轻微伸出和缩入膜双分子层的状态中，表现为膜平面的波形振荡运动。另外，与脂质双层平行方向也有两种相反作用力，一是疏水力和范德瓦耳斯力都使磷脂的脂肪酸链互相靠近并排斥水分子，二是极性端之间的排斥或吸引使磷脂分子彼此分开或靠近。这两种相反作用的结果，使每个组分经常可以彼此互相侧向置换。同样，膜中的兼性蛋白质也是这样，以疏水力和亲水力与脂质分子相互作用。由于脂质双分子层经常处于轻微的收缩-扩张的周期运动，因此蛋白质也不断表现出伸出和缩入脂质双分子层的轻微波动。

热能倾向于抵消或减弱上述的各种吸引力。当非键合原子之间的范德瓦耳斯力使脂类的末端碳氢链尽可能靠近时，热能会使其末端运动。由于热能随温度上升而增大，因此在一定温度下，脂类末端就由静止的晶态转变为无秩序的流动液体态。

一方面，电介质在水相中有加强疏水力的倾向，但同时又有减弱静电力的倾向。但另一方面，非极性物质则有减弱疏水力的倾向，但同时又有加强静电力的倾向。

三、生物膜的流动性

膜的流动性也可称为运动性，包括膜脂和膜蛋白的运动状态。

流动性是生物膜结构的主要特征。大量研究结果表明，合适的流动性对生物膜表现其正常功能具有十分重要的作用。例如，能量转换、物质转运、信息传递、细胞分裂、细胞融合、内吞、外排及激素的作用等都与膜的流动性有密切的关系。

（一）膜脂的流动性

1. 相变与分相

相变与分相是生物膜结构的一个基本特征。在生理温度下，膜脂双分子层中有相当一部分表现为流体态（液晶态），但另一部分由于各种因素而表现为固体态（结晶态）。因此，从膜平面看，显示出分相现象。当温度降至相变温度时，流动的液晶态可转变为不流动的结晶态，在一定条件下，结晶态也可以转变为液晶态，将液晶态和结晶态的相互转变称为相变。磷脂的相变与其成分和环境条件密切相关。脂肪酰链的不饱和度、链长及极性端的结构都影响相变温度。例如，含不饱和双键的磷脂相变温度远远低于相应的饱和键磷脂的相变温度；在碳氢链相同的情况下，磷脂酰胆碱相变温度比磷脂酰乙醇胺低；在极性头相同的情况下，随脂肪酰碳链加长相变温度升高。所以，各种脂质由于组分的不同而具有各自的相变温度。生物膜脂质组成很复杂，其相变温度的范围就很宽，有时可宽达几十摄氏度。

2. 膜脂运动的几种方式

在相变温度以上时，磷脂的运动可归纳为下列几种方式。

（1）磷脂烃链围绕 C—C 旋转而导致异构化运动。磷脂分子脂肪酸的 C—C 键具有全反式和偏转两种构型，在低温条件下磷脂主要以全反式构型存在，随着温度升高，偏转构型增多，流动性增大。

（2）磷脂分子围绕与膜平面相垂直的轴左右摆动，而且从整个分子来看，这种运动还表现出梯度现象。极性部分的运动较快，甘油骨架的运动较慢，脂肪酸烃链部分运动又较快，尤其以“尾部”的运动最快。

（3）磷脂分子围绕与膜平面相垂直的轴做旋转运动。

（4）磷脂分子在膜内做侧向扩散或侧向移动。

（5）磷脂分子在脂质双层中做翻转运动。由于磷脂分子是一种两性分子，做翻转运动时必须通过脂质双层的疏水区，因此与其他运动方式相比，这种运动速度要慢得多。

在相变温度以下，有些运动方式仍可进行，但是速度变慢。

影响磷脂流动性的因素很多，如磷脂脂肪酰链的不饱和程度和链长，胆固醇、鞘磷脂的含量，膜蛋白及温度、pH、离子强度、金属离子等。

3. 胆固醇与膜的流动性

胆固醇在膜结构的调节机制中，具有重要的作用。在质膜中胆固醇含量较高，与磷脂的比例约为 1∶1；但在细胞内膜系统中，胆固醇含量很低。胆固醇由于本身的聚合能量较大，常不与蛋白质结合，而主要与磷脂结合。胆固醇为兼性分子，在膜中其极性端分布于亲水界面，非极性端约深入脂质双分子层的 10 个碳原子的深度。它在膜中的运动主要有两种方式，沿其分子长轴作摆动或旋转。实验证明，一方面，在相变温度以上时，胆固醇由于能抑制磷脂分子的脂肪酰链的旋转异构化运动，减少歪扭构象的数量，因而降低膜的流动性；另一方面，在相变温度以下，膜脂处于晶态排列时，胆固醇又可诱发脂肪酰链歪扭构象的产生，从而阻止结晶态的出现；使膜处于“中间流动”的结构状态。此外，胆固醇可以取消膜脂的相变。

（二）膜蛋白的运动性

1. 膜蛋白的侧向扩散

膜蛋白在膜平面扩散，主要是由于脂质分子快速运动引起的，使其运动速度较脂质分子慢 1/100～1/10。但并不是所有的膜蛋白都能在膜平面中进行扩散运动，目前也发现有些膜蛋白和受体等并不随意扩散，而是相对固定在细胞膜表面的一定区域。细胞的骨架系统对膜蛋白的运动有一定的作用。例如，微丝对膜中蛋白组分有移运作用，这是通过微丝的收缩引起的；而微管则有固定膜蛋白组分的作用，二者正好相反，构成一套控制系统。膜蛋白的侧向扩散对研究膜的装配，对免疫反应、膜融合、感觉传导、细胞分裂和发育及代谢等都有重要意义。

2. 膜蛋白旋转扩散

膜蛋白可以围绕与膜平面垂直的轴进行旋转运动。这种运动方式比侧向扩散的速度要慢，但与侧向扩散相似，不同的内在膜蛋白由于本身和微环境的差别，它们的旋转扩散也有很大的差异。膜蛋白在膜中旋转运动的生理意义，可能在酶蛋白和其底物的相互联系，以及蛋白质之间相互作用时调整正确的构象等。

（三）膜流动性的生理意义

生物膜流动性的生理意义在于：膜脂合适的流动性是膜蛋白表现正常功能的必要条件。这是因为膜脂流动性对生物膜的内在蛋白部分嵌入脂质双层的深度有一定影响。当膜脂流动性降低时，嵌入膜蛋白暴露于水相的部分就会增加；相反，如果膜脂流动性增加，嵌入的膜蛋白则更多地深入脂质双层。因此，膜脂流动性的变化会影响膜蛋白的构象与功能。在生物体内，可以通过细胞代谢、pH、金属离子（Mg^{2+}、Ca^{2+}等）等因素对生物膜进行调控，使其具有合适的流动性从而表现正常功能。如果超出调节范围，生物膜就会发生病变。已经发现很多疾病患者的病变细胞膜或红细胞膜的流动性有异常变化，例如，急性淋巴细胞白血病患者的淋巴细胞膜流动性明显高于正常人。有报道称，杜兴氏（Duchenne）型进行性肌肉营养不良症患者的红细胞、骨骼肌、肝细胞膜的流动性都比正常人要低；*β*-脂蛋白缺乏症和遗传性球形红细胞症患者的红细胞膜流动性也明显低于正常人。我国学者报道，大骨节病患者的红细胞膜和克山病患者心肌线粒体膜的流动性都低于正常人。

另外，植物的抗寒性也与生物膜的流动性存在着一定的相关性，我国科学工作者报道，玉米或水稻等农作物的抗寒性与其线粒体膜的流动性具有一定的内在联系。

第三节　物质的跨膜运输

生物膜的通透性具有高度的选择性，细胞能主动地从环境中摄取所需的营养物质，同时排出代谢废物和产物，使细胞保持动态的平衡，这对维持细胞的生命活动是极为重要的。大量证据表明，生物界中的许多生命过程都直接或间接与物质的跨膜运输密切相关，如神经冲动传导、细胞行为和细胞分化，以及感觉的接受和传导等重要生命过程。因此，了解物质跨膜运输的规律和机制具有重要的意义。

物质的跨膜转运有多种方式。如果只是把一种物质由膜的一侧转运到另一侧，称为单向转运；如果一种物质的转运与另一种物质相伴随，称为协同转运，其中，方向相同，称为同向协同转运，方向相反，称为反向协同转运。根据被转运的对象及转运过程是否需要载体和消耗能量，还可再进一步细分出各种跨膜运输方式。

本节主要介绍一些小分子物质及大分子物质（包括蛋白质）跨膜运输及其相关分子机制的主要观点。

一、小分子物质的跨膜转运

（一）被动运输

被动运输是物质从高浓度的一侧跨膜转运到低浓度的一侧，即顺浓度梯度的转运过程。这是一个不需要能量的自发性过程。物质的转运速率既依赖于膜两侧的浓度差，又与被转运物质的分子大小、电荷和在脂质双层中的溶解度有关。

1. 简单扩散

简单扩散是物质依赖于在膜两侧的浓度差，从高浓度的一侧向低浓度的一侧扩散的过程，不需能量，也不需载体。但不同的分子与离子并非以相同的速率进行过膜扩散。由于膜的基本结构是脂质双层，因此一般说来，疏水性小分子的透过性好，如 O_2、N_2 和苯等能较容易地穿越脂质双层。而离子和多数的极性分子透过性较差。图 10-6 所示是一些物质在脂质双层上的透过率比较。

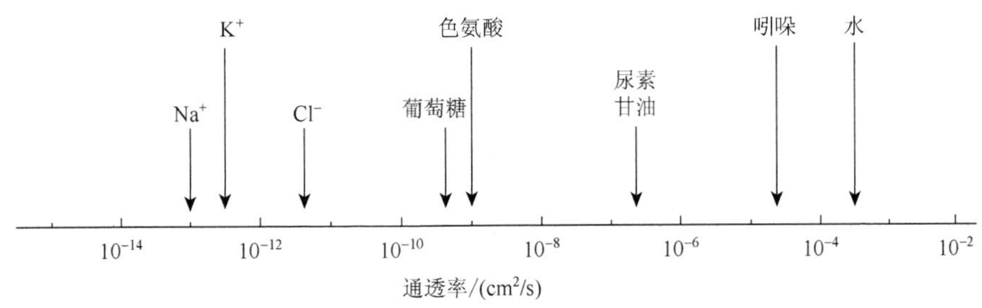

图 10-6　脂质双层对一些物质的通透率

2. 促进扩散

促进扩散又称易化扩散，与简单扩散有相似之处，它也是物质从高浓度一侧向低浓度一侧转运的过程，也不需要提供能量。但不同的是这种转运方式需要特异的转运载体参与。转运载体有移动性离子载体和通道载体两种类型，它们有的是肽类抗生素，有的是蛋白质。这里介绍几种移动性离子载体和通道载体。

1）移动性离子载体　移动性离子载体是一类可溶于脂质双层的疏水性小分子物质，如缬氨霉素、A23187、尼日利亚菌素等。

（1）缬氨霉素：它是由链霉菌产生的一种抗生素，它对结合 K^+具有高度的选择性。它与 K^+形成缬氨霉素-K^+复合物，有效地屏蔽了分子内部的亲水基团，而使分子的四周呈疏水性，因此复合体能从膜的一侧运送 K^+到膜的另一侧。用已知磷脂组分的人工膜做实验发现，缬氨霉素运送 K^+的能力与温度有关，如果在磷脂的相变温度以上时，K^+的运送速度明显增加，反之，很小。这就说明缬氨霉素是一个移动性离子载体。如果把缬氨霉素加入含有 K^+的线粒体制剂中，发现保温介质中的 K^+进入线粒体，而且同时发现了 H^+的反向运动，这说明它进行的是反向协同转运。因此，被广泛用于人工膜或生物膜的许多重要功能（如 H^+转位）的研究中。

（2）A23187 载体：这是另一种移动性离子载体，它的功能是运送 Ca^{2+}、Mg^{2+}等二价阳离子，在运送阳离子进入细胞的同时，将 2 个 H^+带至细胞外，所以进行的也是反向协同转运。如果把 A23187 加入含 Ca^{2+}的活细胞培养液中，Ca^{2+}可很快进入细胞质中。因此，在细胞生物学的研究中，被广泛用于增加细胞质的游离 Ca^{2+}浓度。

（3）尼日利亚菌素：它是一个多环醚羧酸化合物，其主要作用是进行 H^+与 K^+的交换。其作用机制类似于缬氨霉素，它通过分子上带负电荷的羧化物与 K^+相互作用形成尼日利亚菌素-K^+复合体，进行 H^+-K^+交换。移动性离子载体运送物质的分子机制可用移动性载体模型来说明。该模型假说认为：运送体或运送体结合被运送物质的部位在运送过程中，由于通过膜的来回穿梭运动或由于通过膜平面的旋转运动改变它在膜内的定向，使物质从膜的一侧运至另一侧。

2）通道载体　通道载体是横跨于膜上的多肽或者蛋白质，如短杆菌肽 A、ATP/ADP 交换体等。

（1）短杆菌肽 A：它属于形成通道的离子载体，可从短芽孢杆菌中分离出来，是由 15 个氨基酸组成的线形多肽，具有疏水性侧链，由两个单体分子头-头相对的二聚体形成一个穿过膜的通道。能选择性地让一价阳离子顺电化学梯度通过。据测定，在较大的电化学梯度下，短杆菌肽在一秒内每打开一次通道，大约能运送 2×10^7 个阳离子，这比单纯的移动性载体在相同时间运送的离子要快上千倍。从孔道的开关来说，又具有闸门作用。如果当配基结合到一个专一性的细胞表面受体时，引起通道打开，称为“配体-闸门通道”。

通道载体运送物质的分子机制可用孔道或通道模型来加以说明。该模型认为：载体在膜内有较确定的方向，并且形成一个对被运送物质具有立体构型的亲水性孔道，因膜电位变化而打开的载体通道称为；“电压-闸门通道”。

（2）ATP/ADP 交换体：真核细胞线粒体是合成 ATP 的主要场所，而细胞中很多利用 ATP 的代谢过程主要是在细胞质中。这就需要将线粒体内的 ATP 跨线粒体内膜转运到细胞质中，这种转运功能是通过分布在线粒体膜上的 ATP/ADP 交换体进行的。通过呼吸作用形成的跨线粒体膜的膜电位（内负、外正），使 ATP/ADP 交换体易于向外运送 ATP，向内运送 ADP。（图 10-7）。

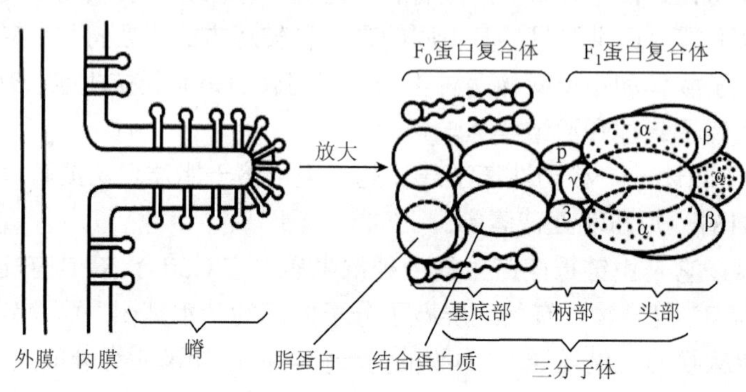

图 10-7　线粒体内膜 ATP/ADP 交换体及其作用的分子机制模型

分离提纯的 ATP/ADP 交换体是一个相对分子质量为 30 000 的蛋白质，在膜上是以二聚体的形式存在的。生物化学与动力学研究，都支持 ATP/ADP 交换体作用机制的两态闸门-孔道机制假说。认为每一个二聚体只含有一个核苷酸结合位点，当它面向膜外面时，对 ADP 的亲和力强，而面向膜内侧时，对 ATP 的亲和力强。核苷酸的结合位点的这两种状态可以通过膜蛋白的构象变化而相互转变，而实现核苷酸的交换。

（二）主动运输

主动运输是物质从低浓度一侧跨膜转运到高浓度一侧，即逆浓度梯度的转运过程。如果被转运物质带有电荷，则物质在跨膜运输时，需要逆两个梯度，一个是浓度梯度，一个是电荷梯度。这二者的总和又称为电化学梯度。所以全面地讲，主动运输是物质逆浓度梯度或电化学梯度的转运过程。这是一个需要能量和依赖于转运载体的过程，能量由 ATP 提供，转运载体则是膜蛋白。主动运输的主要特点是：①有专一性。例如，有的细胞膜能主动运输某些氨基酸，但不能运送葡萄糖，有的则相反。②有饱和动力学特征。例如，葡萄糖进入细胞的速度可随外界浓度的增加而加快，但这种增加有一定的限度，增加到一定浓度时运送体即处于“饱和”状态，即使再增加葡萄糖浓度，其速度不再增加，犹如酶分子被底物饱和一样。③有方向性。例如，细胞为了保持其内、外 K^+、Na^+的浓度梯度差以维持其正常的生理活动，主动地向外运送 Na^+，而向内运送 K^+。④选择性抑制。各种物质的运送有其专一的抑制剂阻遏这种运送。例如，乌本苷专一地抑制 K^+向外运送，而根皮苷则抑制肾细胞的葡萄糖运送。⑤需要提供能量。例如，红细胞的 K^+、Na^+主动运输的能源主要来自糖酵解产生的 ATP，如果加入糖酵解过程的抑制剂（如氟化物），则运送不能进行。肝或肾细胞中的 K^+、Na^+主动运输的能源来自线粒体的氧化磷酸化，如果加入电子传递体的抑制剂氰化物或解偶联剂 2, 4-二硝基酚，则主动运输过程也被抑制。因此，主动运输过程的进行，需要有两个体系存在：一是参与运输的载体，二是酶或酶系组成的能量传递系统。这二者的偶联才能推动主动运输。

1. Na^+和 K^+的转运（Na^+-K^+泵）

无论动物、植物细胞还是细菌，细胞内外都存在着离子浓度差。细胞内的 K^+浓度高而 Na^+浓度低，细胞外的 Na^+浓度高而 K^+浓度低。例如，红细胞内的 K^+含量比 Na^+含量高 20 倍左右，这种明显的离子梯度显然是逆浓度梯度主动运输的结果。执行这一运送功能的体系称为 Na^+-K^+泵，Na^+-K^+泵就是分布于细胞膜上的 Na^+，K^+-ATP 酶。

Na^+，K^+-ATP 酶是由一个跨膜的催化亚单位（相对分子质量大约为 100 000）和与其相结合的一个糖蛋白（相对分子质量约为 45 000）组成。催化亚单位在位于膜内侧表面有 Na^+和 ATP 的结合位点，而在膜外侧表面有 K^+和乌本苷（抑制剂）的结合位点。糖蛋白的功能还不清楚。Na^+，K^+-ATP 酶在膜上可能以四聚体（两个大亚基和两个小亚基）的形式存在。Na^+，K^+-ATP 酶具有依赖于 Na^+、K^+的 ATP 酶活性，其主动运送 Na^+、K^+的作用正是由水解 ATP 提供的能量来驱动的。

Na^+，K^+-ATP 酶的作用机制：在 Na^+存在下，将 ATP 末端的磷酸基转移到 ATP 酶的天冬酰胺残基上，这种与 Na^+有关的蛋白质磷酸化作用导致酶的构象发生变化，形成一个“开口”向外且对 Na^+亲和力小而对 K^+亲和力大的构象，将 Na^+从细胞内转运到细胞外。然后在 K^+存在下，ATP 酶去磷酸化导致构象变化，再回到原来的“开口”向内的状态，这种构象对 K^+亲和力小而对 Na^+亲和力大，从而将 K^+从细胞外转运到细胞内。这一步反应可被乌本苷抑制。所以在 Na^+和 K^+的主动运输过程中，Na^+，K^+-ATP 酶经历了磷酸化和去磷酸化的变化过程，每经过一次变化过程，可以向膜外泵出 3 个 Na^+，向膜内泵入 2 个 K^+。

由 Na^+，K^+-ATP 酶维持的离子梯度差具有重要的意义。它不仅维持了细胞的膜电位，而且成为可兴奋细胞（如神经、肌细胞等）的活动基础，也调节细胞的体积和驱动某些细胞中的糖和氨基酸的转运。

2. Ca^{2+}的运送（Ca^{2+}-泵）

细胞内外及肌质网、线粒体内与细胞质之间都存在着明显的 Ca^{2+}浓度差。例如，细胞质中的 Ca^{2+}浓度很低，为 10^{-7}～10^{-6}mol/L，而细胞外的 Ca^{2+}浓度却高达 10^{-3}mol/L。肌质网和线粒体内的 Ca^{2+}浓度也极明显高于细胞质。这种差异主要是通过存在于细胞膜和细胞内膜系统中的 Ca^{2+}运送体系的作用实现的。这里主要介绍肌肉细胞中肌质网膜上的 Ca^{2+}泵（Ca^{2+}-ATP 酶）。

肌质网是肌细胞含有的一种特化的内质网膜系统，是一种由许多精细的通道构成的网状结构，是细胞内重要的 Ca^{2+}库之一。当肌细胞受到外界刺激（如电刺激产生神经冲动使膜去极化）时，Ca^{2+}由肌质网释放进入细胞质中，引起肌肉收缩。当肌肉松弛时，Ca^{2+}重新被摄入肌质网。可见肌肉的收缩和松弛过程，是 Ca^{2+}从肌质网释放和再摄入的主动运送过程。这一过程与 Ca^{2+}泵即 Ca^{2+}-ATP 酶的作用有关。Ca^{2+}-ATP 酶是一个跨膜蛋白，在膜上可能以四聚体的形式存在。肌质网膜上的 Ca^{2+}-ATP 酶的相对分子质量约为 110 000，由 1015 个氨基酸残基组成。Ca^{2+}-ATP 酶具有 Ca^{2+}激活的 ATP 酶活性，其主动运送 Ca^{2+}的作用正是由水解 ATP 提供的能量来驱动的。

Ca^{2+}-ATP 酶的活性受钙调蛋白（CAM 或 CaM）的调节。钙调蛋白可结合 4 个 Ca^{2+}，它对 Ca^{2+}-ATP 酶活性的调节作用与细胞质中的 Ca^{2+}浓度有关。当细胞质中的 Ca^{2+}浓度极低时，钙调蛋白主要以不与 Ca^{2+}结合的非活性状态存在，也不能激活 Ca^{2+}-ATP 酶，酶对 Ca^{2+}的亲和力也很低。如果细胞质中的 Ca^{2+}达到 10^{-6}～10^{-5}mol/L 时，钙调蛋白与 Ca^{2+}形成复合物，该复合物与 Ca^{2+}-ATP 酶结合，并提高酶与 Ca^{2+}的亲和力，酶活性增加 6～7 倍，使 Ca^{2+}的主动运输大大增强，从而使细胞质中的 Ca^{2+}浓度又达到原有的稳态水平。

Ca^{2+}-ATP 酶的作用机制与 Na^+，K^+-ATP 酶类似。Ca^{2+}-ATP 酶有 E_1 和 E_2 两种构象，E_1 构象对 Ca^{2+}有很高的亲和力，可与 2 个 Ca^{2+}结合，与 Ca^{2+}结合的结果使酶磷酸化（即将 ATP 分子上的磷酸基转移到酶分子上）成为 E_2 构象，该构象对 Ca^{2+}的亲和力降低而释放 Ca^{2+}，从而将 Ca^{2+}由膜的一侧运送到另一侧。E_2 构象对 K^+的亲和力增大，可与 K^+结合，结果使酶去磷酸化成为 E_1 构象，该构象对 K^+的亲和力降低而释放出 K^+。所以，Ca^{2+}-ATP 酶在运送 Ca^{2+}的同时，也转运了 K^+。

3. 糖和氨基酸的运送

（1）协同运送：一些糖或氨基酸的主动运送并不是靠直接水解 ATP 提供能量，而是依赖于离子梯度形式储存的能量。在动物细胞中形成这种离子梯度的通常是 Na^+。在小肠和肾细胞中，葡萄糖的运送是伴随 Na^+一起被送入细胞的，所以这种运送称为协同运送（或协同转运）。协同转运假说认为，由于膜外 Na^+浓度高，Na^+顺电化学梯度流向膜内，葡萄糖利用 Na^+梯度提供的能量，通过专一的运送载体，伴随 Na^+一起进入细胞。Na^+梯度越大，葡萄糖进入的速度越快。如果细胞外的 Na^+浓度明显降低，葡萄糖的运送也就减慢或停止。但是，进入膜内的 Na^+通过膜上的 Na^+-K^+泵又被运送到膜外，以维持 Na^+浓度梯度，从而使葡萄糖不断利用离子梯度形式的能量进入细胞。动物细胞质膜中氨基酸的运送，也是通过运送蛋白伴随 Na^+进行协同运送的。但在细菌中，很多糖与氨基酸的运送是由质子梯度推动的。换言之，在协同运送中，伴随的不是 Na^+，而是 H^+。在大肠杆菌中，每运送一个乳糖分子进入细胞，伴随着一个 H^+的协同运送。在线粒体和较低等的真核细胞膜中也存在着这种协同运送。如果运送一种分子由膜的一侧到另一侧，称为单向运送；如果物质（糖和氨基酸）与另一种物质（如 Na^+、H^+）有关而且运送方向相同，称为同向协同运送，反之为反向协同运输。

（2）基团运送：一般来说，物质通过膜运送时不需要经过化学修饰，但有些糖在通过细胞膜时需要进行磷酸化反应加入一个磷酸基团，以糖-磷酸的形式才能通过膜，称为基团运送。例如，1964 年 Rosman 等在大肠杆菌中发现的磷酸烯醇式丙酮酸转磷酸酶系统（PTS），能利用磷酸烯醇式丙酮酸（PEP）作为磷酸基团的供体，使糖磷酸化并运送通过细胞膜。可见这种主动运输形式中的能量来自于 PEP，而不是 ATP。细菌中的脂肪酸、嘌呤和嘧啶等物质的运送也可能是通过基团运送机制进行的。

二、大分子物质的跨膜转运

大分子物质的跨膜转运与小分子物质的跨膜转运有很大不同。例如，多核苷酸、多糖等大分子物质甚至颗粒物质主要是通过外排作用、内吞作用及包括受体介导的内吞作用等形式运送的。蛋白质的跨膜运送除内吞、外排作用之外，还有跨内质网膜和线粒体膜、叶绿体膜等运送类型。

（一）外排作用

细胞内物质先被囊泡裹入形成分泌泡，然后与细胞质膜接触、融合并向外释放被裹入的物质，这个过程称为外排作用。真核细胞对合成物质的分泌通常是通过外排作用完成的。例如，胰岛素的分泌，产生胰岛素的细胞将胰岛素分子堆积在细胞内的囊泡中，然后这种分泌囊泡与质膜融合并打开，从而向细胞外释放胰岛素。细胞质中的 Ca^{2+}有促进分泌泡与质膜融合而启动外排的作用。神经等因素引起的细胞分泌，以及血浆中的葡萄糖促进胰岛素的分泌都是通过细胞膜的去极化，使 Ca^{2+}进入细胞而引起的。除依赖于胞质中的 Ca^{2+}之外，外排作用也需要 ATP 供能。

（二）内吞作用

细胞从外界摄入的大分子物质或者颗粒，逐渐被质膜的一小部分包围，内陷，其后从质膜上脱落下来而形成含有摄入物质的细胞内囊泡的过程，称为内吞作用。内吞作用又可分为吞噬作用、胞饮作用及受体介导的内吞作用。

1. 吞噬作用

凡以囊泡形式（常称为液泡）内吞较大的固体颗粒、直径达几微米的复合物、微生物及细胞碎片等的过程，称为吞噬作用。例如，原生动物摄取细菌和食物颗粒；高等动物免疫系统的巨噬细胞内吞侵入的微生物等。吞噬作用是一个需要能量的主动运输过程，但不具有明显的专一性。

2. 胞饮作用

胞饮作用是指以小的囊泡形式将细胞周围的微滴状液体（微滴直径一般小于 1μm）吞入细胞的过程。被吞入的微滴常含有离子或小分子，胞饮作用也不具有明显的专一性。

3. 受体介导的内吞作用

受体介导的内吞作用是指被吞物（称为配体，它们或者是蛋白质或者是小分子物质）与细胞表面的专一性受体结合，并随即引发细胞膜的内陷，形成囊泡将配体裹入并输入到细胞内的过程。因此，这是一种专一性很强的内吞作用，能使细胞选择性的摄入大量专一性配体，无需像胞饮作用那样摄入体积相当大的细胞外液。例如，动物细胞摄取胆固醇的过程就是通过受体介导的内吞作用实现的。胆固醇及其酯是以低密度脂蛋白（LDL）的形式运输的，是一种比较大的球形颗粒，直径约为 22nm，胆固醇及其酯位于其颗粒的内部，载脂蛋白覆盖于表面。在细胞表面具有特异的 LDL 受体，它是一种糖蛋白，能特异的识别和结合 LDL 上的载脂蛋白。当血浆中的 LDL 与细胞表面的 LDL 受体结合后，形成 LDL-受体复合物，然后通过胞吞作用将此复合物摄入胞内。此时复合物被质膜包围起来形成内吞泡，内吞泡再与胞内溶酶体融合，由溶酶体中的水解酶将 LDL 降解，其中的蛋白质被水解为氨基酸，胆固醇酯则被水解为胆固醇及脂肪酸。游离的胆固醇可以掺入到质膜中，或者转变为生物活性物质，或者再酯化为胆固醇酯储存于细胞中，还可以参与细胞内胆固醇生物合成的调节。LDL 受体蛋白则可以再“回流”到质膜上。

（三）蛋白质分子的跨膜转运

蛋白质在细胞质的核糖体中合成之后，要分送到细胞各部分（如细胞质、细胞核、线粒体、内质网、溶酶体等）进行补充和更新，有的还要通过细胞的质膜分泌到细胞外去。由于细胞各部分都有特定的蛋白质组分，因此，合成的蛋白质必须定向地、准确无误地运送到特定部位发挥作用，才能保证细胞活动的正常进行。对于亚细胞和细胞器来说，合成的蛋白质运送到有关部位后，还要跨膜运送（有的通过的还不至一层膜），才能“各就各位”，发挥其正常功能。蛋白质从合成部位是怎样定向地运送到一定部位的？就定位于亚细胞结构和细胞器内的蛋白质而言，它们又是如何跨膜运送的？跨膜之后又是依靠什么信息来进行识别，从而选择分配到各自的“岗位”的？对于膜蛋白来说，还有一个在膜上定向分布的问题（外周蛋白，还是内在蛋白，部分镶嵌还是跨膜分布，在膜的外侧还是在膜的内侧等）又是怎样决定的？这些都是十分有趣的问题，也是生物膜研究中十分活跃的领域。

真核细胞中，合成的蛋白质跨膜运送主要有 3 种类型：①以内吞（包括受体介导的内吞）或外排形式通过质膜；②通过内质网膜，一般认为在此过程中，信号肽、信号识别蛋白（SRP）、停泊蛋白（DP）等起了重要的作用；③通过线粒体膜、叶绿体膜、过氧化物酶体膜及乙醛酸循环体膜等，在这些过程中前导肽起着重要的作用。对于内吞和外排作用，在前面已经作了简要介绍，下面就②、③两种类型作以简要介绍。

1. 分泌蛋白通过内质网膜的运送

1975 年，Blobel 和 Dobberstein 提出了“信号肽”假说。这一假说认为，分泌蛋白质的生物合成像细胞质中一般蛋白质一样，系在自由核糖体上开始的，但在肽链的 N 端首先合成的是由 20 个左右的氨基酸组成的、决定着肽链去向的“信号肽”。当 N 端的信号肽延伸出核糖体后，即由信号肽识别蛋白体（SRP，一种核糖核酸蛋白复合体）识别，并与合成该蛋白质的自由核糖体结合为 SRP-信号肽-多核糖体复合物，此时肽链的合成暂时停止。SRP-信号肽-多核糖体复合物随后再与内质网膜上的 SRP 的受体蛋白-停泊蛋白（DP）相结合并在膜上形成蛋白孔道，结合后暂时中止的多肽合成又恢复进行，而信号肽则通过蛋白质孔道穿越内质网膜。信号肽在穿越内质网膜之后，即被内质网膜内腔中信号肽酶水解，而正在合成的新生肽链则继续通过蛋白质孔道穿越脂质双层。一旦核糖体移动到 mRNA 分子上的终止密码位置时，蛋白质合成即告完成，“翻译”体系解散，内质网膜上的蛋白质孔道消失。信号肽假说原来是针对分泌蛋白如何跨越内质网膜进行运送提出的，后来已扩展到一些其他蛋白质的跨膜运送。信号肽假说主要的特点在于蛋白质合成与跨膜运送是同步进行的，称为“伴随翻译的运送”。

2. 线粒体蛋白的跨膜运送

线粒体是细胞的“动力站”，它虽然含有遗传物质（DNA、RNA）及核糖体等，拥有遗传复制所需的全部“装置”，但是它的 DNA 信息含量极为有限。在线粒体所拥有的上百种蛋白质中，绝大部分都是由核 DNA 编码，并在细胞质的自由核糖体上合成的。这些蛋白质首先被释放到细胞质中，再跨膜运送到线粒体的各部分。与分泌蛋白质通过内质网膜进行运送不同，通过线粒体膜的蛋白质是在合成以后才转运的，所以称为“翻译后运送”。

这类运送过程有如下特征：①通过线粒体膜的蛋白质在运送之前大多数是以前体形式存在的，它由成熟蛋白质和 N 端延伸出的一段前导肽或称为引肽共同组成。迄今为止，已有 40 多种线粒体蛋白质的前导肽一级结构被阐明，它们含有 20～80 个氨基酸残基，当前体蛋白过膜时，前导肽被一种或两种多肽酶所水解转变为成熟蛋白质。②蛋白质通过线粒体内膜的运送是一种需要能量的过程。③蛋白质通过线粒体膜运送时，外膜上很可能有专一性不很强的受体参与作用。

蛋白质能定位于线粒体的不同部位（基质、内外膜之间或外膜）可能是由前导肽的组成及结构性质所决定的。①定位于线粒体基质的蛋白质的前导肽，一般由导向基质肽段和水解部位两部分组成。在进入线粒体基质后由水解酶从水解部位水解切去前导肽而成为成熟蛋白质。②定位于线粒体内外膜之间的蛋白质的前导肽，一般由导向基质肽段、停止运入（内膜）肽段及水解部位 3 个部分组成。在运送过程中，它的前导肽经历两次水解，首先“导向基质肽段”被基质中的水解酶水解，接着在内膜、外膜之间又被另一水解酶水解，从而成为成熟形式。由于它的前导肽中含有止运入（内膜）肽段，从而保证了被牵引蛋白质定位于内膜、外膜之间。③定位于线粒体外膜的蛋白质并不是以前体形式运送的，因为它没有前导肽，但这类蛋白质的 N 端氨基酸往往行使了前导肽的功能，其 N 端肽段可分为两部分，即导向基质肽段和停止运入（外膜）肽段。这类蛋白质之所以不能进入线粒体基质而滞留于外膜，主要是由停止运入（外膜）肽段的定位作用实现的。

第四节　信号的过膜转导

生物体是一个统一的整体，体内的每个细胞之间及细胞内部的各个部分之间的生理活动都是密切配合、互相协调的。对于动物来说，这种协调一致是通过神经与体液传送的化学信号的调节来实现的。体液的化学信号主要是激素，神经的化学信号主要是神经递质。这些化学信号物质的大部分不进入细胞内，而是与细胞膜上的专一性受体结合，引起受体及有关蛋白分子构象的改变，从而改变膜离子通道的开关状态或在细胞内产生第二信使物质，再通过第二信使物质引起一系列细胞内的生物化学变化，从而发挥生理效应的。只有少部分较为疏水的信号分子可以直接穿越质膜进入细胞内，与胞质内或核内的受体结合，然后起作用。这一节简要介绍信号过膜转导的主要系统。

一、受体

（一）受体的特点

受体是指生物膜上或膜内能识别生物活性物质（激素、神经递质、毒素、药物、抗原和其他细胞黏附分子），并与之结合的生物大分子。绝大多数受体是蛋白质，少数是糖脂。能与受体结合的活性分子常被称为配体。配体是信息的载体，是信号分子，也称第一信使。受体通常有以下几个特点。

（1）受体与配体的结合具有专一性。一种受体只能与一种配体结合，但也存在有些相同生物活性的配体可共享一种受体的现象。

（2）受体与配体的结合是快速和可逆的。受体与配体之间是以非共价键结合的，结合的过程主要受温度和受体浓度的影响，在 37℃时几分钟内它们的结合就可以达到平衡状态，而在低温时则在几小时内也未必能达到饱和状态。

（3）受体的数目相对恒定。配体与受体的结合表现为两种情况，一种是很快达到饱和的特异性结合，另一种是在配体浓度很高的情况下也不能达到饱和的非特异性结合，它的亲和力极低，这种低亲和力的非特异性结合可能是一种吸附现象。特异性结合很容易达到饱和，反映出受体在靶细胞上的数目是一定的。

（4）受体与配体的亲和力高，其溶解常数通常达到 10^{-11}～10^{-9}mol/L。

（5）受体与配体结合后可通过第二信使（如 cAMP、Ca^{2+}等）引发细胞内的生理效应。

（二）受体的类型

根据受体在细胞信号转导中所起的作用，可将受体分为 4 种类型。

1. 配体门控通道型

这类受体一般是快速反应的神经递质受体，如乙酰胆碱受体和 γ-氨基丁酸受体。它们位于膜上，直接与离子通道相连，控制着离子进出的大门。在配体与受体结合后的数毫秒内就能引起生物膜对离子通透性的改变，继而引起膜电位的改变。

2. G 蛋白偶联型

很多激素的膜受体属于这种类型，如肾上腺素受体等。它们通过 G 蛋白的参与控制着第二信使的产生或离子通道。

3. 酪氨酸激酶型

这类受体本身具有酪氨酸激酶的活性，因此受体可以直接调节细胞内效应蛋白质的磷酸化过程，进而引起生理效应。生长因子受体就属于这一类。

4. DNA 转录调节型

此类受体存在于胞质或核内。这类受体的激活直接影响 DNA 的转录和特定基因的表达。其效应过程比较长，甚至要数天。固醇类激素的受体属于这一类。

二、G 蛋白

G 蛋白（鸟苷酸结合蛋白）位于细胞膜的内侧，与激素的受体相偶联，可参与许多种信号的转导过程。例如，与肾上腺素 β-受体相偶联的蛋白 Gs，当肾上腺素专一地与 β-受体结合后，首先活化与受体相偶联的 G 蛋白，G 蛋白再携带激动信号到腺苷酸环化酶上，活化腺苷酸环化酶，从而触发一系列由 cAMP 引起的级联反应。

现在已分离出十多种 G 蛋白，它们分别介导不同的信号转导系统（表 10-1），但它们无论在结构还是在功能上都有许多共性。

表 10-1　几种 G 蛋白的基本特征

G 蛋白		分子质量/kDa	细菌毒素的作用	主要功能
G_S	G_{S1} G_{S2}	46 44.5	霍乱毒素（激活 G_S） 霍乱毒素（激活 G_S）	激活腺苷酸环化酶
G_i	$G_i'G_i''$（G_P'）	40.5	百日咳毒素（抑制 G_i'）	抑制腺苷酸环化酶
G_P	G_PG_P'（G_i''）	—	对毒素不敏感 百日咳毒素（抑制 G_P'）	介导肌醇磷酸的代谢 同上
G_t	G_{t1} G_{t2}	40 40.5	百日咳毒素和霍乱毒素 同上	视杆细胞内激活 GTP 磷酸二酯酶 视椎细胞内激活 GTP 磷酸二酯酶
G_O	—	39	百日咳毒素（抑制 G_O）	抑制 Ca^{2+}流
GK	—	40	—	刺激 K^+通道的开放
G_{Ca}	—	—	—	介导内质网的 Ca^{2+}释放

所有的 G 蛋白都是膜蛋白，都是由 α、β、γ 三个亚基组成，其中 β 和 γ 通常紧密结合为 $\beta\gamma$ 二聚体，对所有 G 蛋白都是相同的，差别仅存在于 α 亚基上，不同的 G 蛋白的 α 亚基不同。α 亚基上有鸟苷酸结合位点和 GTP 酶活性，可与 GDP 或 GTP 结合，所以 G 蛋白有两

种形式，GDP 形式为无活性状态，GTP 形式为有活性状态，两种形式之间可以互变。G_α-GDP 与 $\beta\gamma$ 二聚体有很高的亲和力，可结合为无活性（$G_{\beta\gamma\alpha}$-GDP）形式。无激素时，几乎所有的 G 蛋白都处于无活性的 GDP 形式；当激素结合到受体上时，GTP 取代 GDP，使 G 蛋白转变成有活性形式（G_α-GTP），即激素-受体复合物使得结合状态的 GDP 从 G 蛋白上释放出来，而使 GTP 进入 G_α 亚基的结合位点，G_α-GTP 与 $\beta\gamma$ 二聚体的亲和力低，从 $\beta\gamma$ 亚基上解离出来成为活性形式，然后 G_α-GTP 作用于细胞内的效应蛋白（酶）。所以，信息的流向是：激素-受体复合物→G 蛋白→胞内效应蛋白（酶）。在 G_α-GTP 完成传达信息的任务之后，由于它本身具有 GTP 酶活性，可使 GTP 水解成 GDP 和 Pi，G_α-GDP 又与 $\beta\gamma$ 二聚体结合，恢复 G 蛋白的无活性状态。

G 蛋白对于效应酶（如腺苷酸环化酶）的作用可以有激活和抑制两种情形，激活腺苷酸环化酶的 G 蛋白为 G_s 蛋白，抑制腺苷酸环化酶的 G 蛋白是 G_i 蛋白。

与 G 蛋白相偶联的受体通常是一条肽链形成的过膜蛋白，有 7 段 α-螺旋往返于质膜的脂质双层，如 β-肾上腺素的受体（图 10-8）。

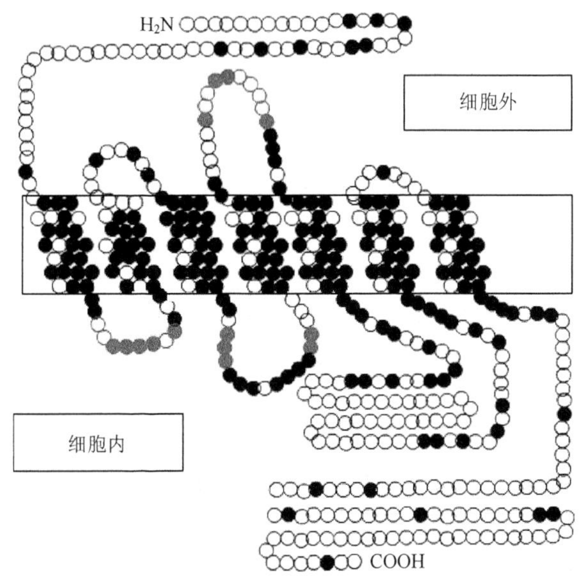

图 10-8 β-肾上腺素的受体的结构图像——七螺旋区

三、几种重要的信号转导系统

（一）cAMP 信号转导系统

在激素-受体复合物的作用下，G 蛋白转变为活性形式 G_α-GTP，G_α-GTP 作用于腺苷酸环化酶，通过对该酶的激活或抑制作用来改变细胞内第二信息物质 cAMP 的浓度，再通过 cAMP 将激素的调节信息传递到胞内的相关蛋白质或酶分子上，从而起到调节代谢的作用。例如，β-肾上腺素与受体结合后，G_s 蛋白转变为有活性形式，G_α-GTP 与 $G_{\beta\gamma}$ 二聚体分离而与腺苷酸环化酶结合，激活了腺苷酸环化酶，使 cAMP 的生成增加。cAMP 可在磷酸二酯酶的催化下，水解开环成为 5′-AMP 而灭活。

凡有 cAMP 的细胞，都有一类催化蛋白质磷酸化反应的酶，称为蛋白激酶 A（PKA），

cAMP 通过蛋白激酶 A 发挥它的作用。

蛋白激酶 A 的无活性形式含有两种亚基，一种是催化亚基（C），另一种是调节亚基（R），调节亚基抑制催化亚基。蛋白激酶的别构调节物就是 cAMP。当 cAMP 结合到调节亚基上时，就使无活性的催化亚基-调节亚基复合物解离，产生有活性的自由的催化亚基和 cAMP-调节亚基复合物。也就是说 cAMP 消除了酶活性的抑制物（调节亚基）。有活性的催化亚基一方面使磷酸化酶激酶磷酸化而具有活性，后者再激活磷酸化酶使糖原分解；另一方面使糖原合成酶磷酸化而失去活性，使糖原合成停止，最终导致血糖浓度升高（图 10-9）。

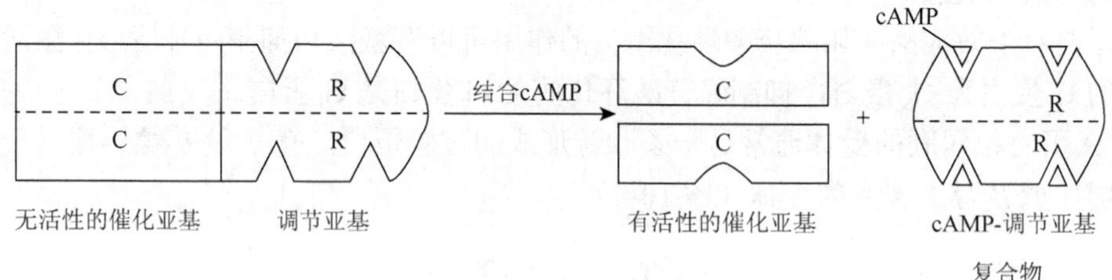

图 10-9　cAMP 激活蛋白激酶

有活性的蛋白激酶 A 不仅能使磷酸化酶激酶磷酸化，还可以使许多蛋白质如组蛋白、核糖体蛋白、脂肪细胞的膜蛋白、线粒体的膜蛋白、微粒体蛋白及溶菌酶等产生磷酸化作用。

动物体在遇到意外情况时，随着肾上腺素的分泌，cAMP 的浓度极其迅速地增加，于是动物体表现出上述一系列的应激反应，其中对糖原分解作用的调节过程如图 10-14 所示（级联放大作用）。一旦意外消除，肾上腺素分泌随之停止，结合在细胞膜上的肾上腺素就解离下来，随之发生一系列的变化：cAMP 不再形成，遗留下来的 cAMP 被磷酸二酯酶分解；蛋白激酶的两个亚基又联结成无活性的催化亚基和调节亚基复合物；有活性的磷酸化酶激酶脱磷酸变成无活性形式；磷酸化酶 a 在磷酸酶的作用下脱磷酸成为无活性的磷酸化酶 b；于是上述糖原分解体系恢复到正常的休止状态。同时无活性的磷酸化形式的糖原合成酶经过脱磷酸作用又变得活跃起来，继续合成糖原。

肾上腺素除能促使肝细胞中的糖原分解成葡萄糖外，还能促进骨骼肌及心肌细胞中的糖原分解为乳酸。因为肌肉组织中没有 6-磷酸葡萄糖酶，所以肌糖原分解后不能转变成葡萄糖，只能通过糖酵解途径氧化分解。除肾上腺素之外，还有很多激素也是通过 cAMP 起作用的，但是每一种激素只能与其专一的靶细胞膜上的专一性受体结合，而且所形成的 cAMP 只存留在这种细胞中，并不能随血液循环而影响其他细胞，因此，不同的激素引起不同的生理效应（图 10-10）。

（二）磷酸肌醇信号转导系统

当激素与细胞膜受体结合时，活化细胞膜上的受体，活化的受体激活 G 蛋白，通过 G 蛋白将信息传递到结合在细胞膜上的磷酸肌醇酶使其活化。磷酸肌醇酶又称为磷脂酶 C 或磷酸肌醇磷酸二酯酶。它能催化磷脂酰肌醇-4, 5-二磷酸（PIP_2）水解，生成两个细胞内信号物质（第二信使）：肌醇-1, 4, 5-三磷酸（IP_3）和二酰基甘油（DAG 或 DG）（图 10-11）。

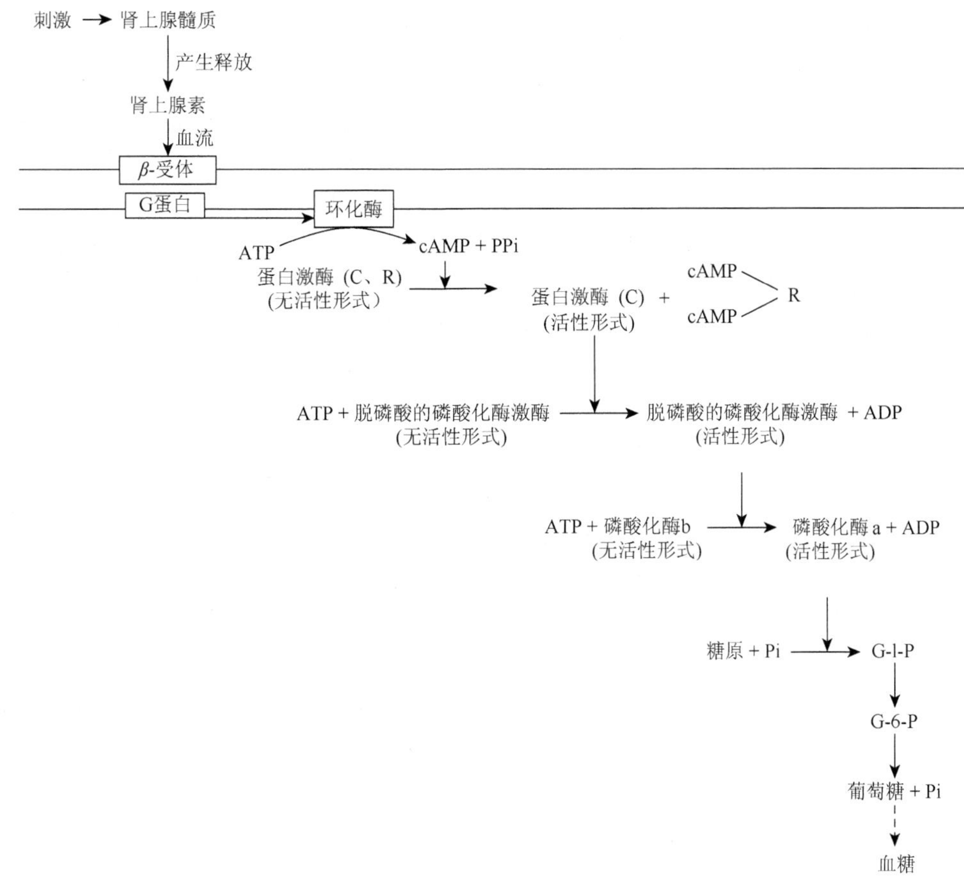

图 10-10　肾上腺素在促进糖原分解中的级联放大作用

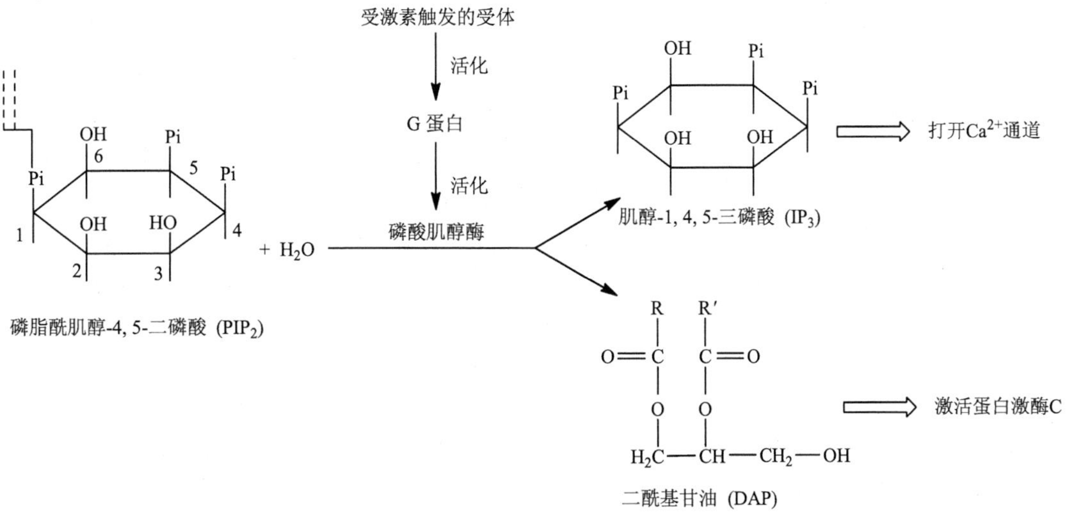

图 10-11　磷酸肌醇信号转导系统

IP_3是一个短寿命的信使，只能维持几秒钟。它可以在 3 个磷酸酶的作用下，以 5、1、4 的顺序脱去 3 个磷酸基形成肌醇。

一方面，DAG 可以被磷酸化形成磷脂肪酸，此磷脂肪酸再与 CTP 反应生成 CDP-二酰甘油磷酸，CDP-二酰甘油磷酸进一步与肌醇反应生成磷酸肌醇（PI），后者与 ATP 反应生成磷脂酰肌醇-4, 5-二磷酸（PIP_2）。另一方面，DAG 可以被水解生成甘油和两个组成 DAG 的脂肪酸。此脂肪酸是二十碳的不饱和脂肪酸——花生四烯酸，它是一系列前列腺激素的前体。还可以在脂酰 CoA 转移酶的作用下，与其他脂肪酸合成三酰甘油。

IP_3 的作用是打开细胞内膜结构上的 Ca^{2+} 通道，使 Ca^{2+} 释放到细胞质中。在对 IP_3 的研究中，将 IP_3 用微注射法加到细胞内或将 IP_3 加到细胞膜受过处理可以通透的细胞的外面之后，发现 Ca^{2+} 从细胞内的储藏场所——内质网及肌肉中的肌浆网中迅速地释放出来，致使细胞质中的 Ca^{2+} 水平升高，由此触发许多过程，如平滑肌收缩、糖原分解、胞吐现象等。

DAG 激活蛋白激酶 C（PKC）。蛋白激酶 C 是一个相对分子质量为 77 000 的酶，由一条肽链组成。具有一个催化结构域和一个调节结构域。DAG 结合到蛋白激酶 C 上，逆转了酶分子调节区造成的抑制作用，使酶能发挥其催化活性。活性蛋白激酶 C 可使许多种靶蛋白中丝氨酸残基和苏氨酸残基上的羟基磷酸化，从而改变这些靶蛋白的生物活性，使其活化或者失活。例如，糖原合成酶被蛋白激酶 C 磷酸化后，失活而停止糖原的合成；胰岛素、β-肾上腺素等激素的膜受体磷酸化后，阻塞了信息的转导途径。还可以使 DNA 甲基转移酶，Na^+，K^+-ATP 酶和转铁蛋白等磷酸化。

由磷脂酰肌醇-4, 5-二磷酸水解产生的 DAG 只引起短暂的 PKC 活化。近年来还发现了 DAG 的另一个来源：在微量 Ca^{2+} 存在下，膜上的磷脂酶 D 可使磷脂酰胆碱水解产生磷脂肪酸，后者再由磷脂肪酸磷酸酶水解生成 DAG。这种 DAG 也同样激活 PKC，但可引起 PKC 持久的活化，与出现较慢的细胞增殖、分化等生物学效应有关。

（三）Ca^{2+} 信号转导系统

Ca^{2+} 是一种广泛存在的胞内信使，对细胞反应起着重要的调节作用。通常动物细胞质中游离的 Ca^{2+} 浓度很低（$\leqslant 10^{-7}$mol/L），与细胞外的浓度（$\geqslant 10^{-3}$mol/L）比较相差 1000 倍以上。这是由于质膜上的 Ca^{2+} 泵能主动地将 Ca^{2+} 排出细胞外，内质网膜和线粒体膜上的 Ca^{2+} 泵能主动摄取大量的 Ca^{2+}。激素与受体作用后产生第二信使物质 IP_3，IP_3 与内质网膜的 Ca^{2+} 门控通道结合，促使内质网中的 Ca^{2+} 释放到细胞质中，使细胞质中的 Ca^{2+} 浓度瞬间升高，从而诱发一系列的生理效应。因此，Ca^{2+} 可以看作第三信使。

信使 Ca^{2+} 在胞内的调节机制与一系列钙结合蛋白有关。Ca^{2+} 与钙调蛋白（CaM）结合，使 CaM 转变成活性构象，极大提高了对靶酶的亲和力。已知依赖 Ca^{2+}/CaM 的酶有十几种，其中包括几种蛋白激酶、磷酸酯酶、核苷酸环化酶、离子通道蛋白和肌肉收缩蛋白等。通过影响这些酶的活性来控制细胞反应。

钙调蛋白（CaM）是钙传感器家族的成员之一，其相对分子质量为 17 000，它存在于所有真核细胞中，对于任何微量的钙都能敏感地捕获。在二级结构中 Ca^{2+} 的结合位点由这个蛋白质的 E（α-螺旋）区和 F（α-螺旋）区及结合 Ca^{2+} 的泡区构成，它们的相对位置就好像右手的大拇指和食指夹着一个吸 Ca^{2+} 区那样。Robert 和 Krettwo 称这种螺旋区-泡区-螺旋区结构为 EF 手图像。

牛脑的 CaM 是一条由 148 个氨基酸残基组成的肽链，等电点为 4.0，相对分子质量为 16 700，对热稳定，不易氧化，是一个相当稳定的分子，这可能为 CaM 的多功能提供了结构基础。它的氨基酸排列顺序已经阐明，有近 1/3 的氨基酸是谷氨酸和天冬氨酸。

CaM 分子内有 4 个可以与 Ca^{2+}结合的结构域，这些结构域的结构相似，并与前后的 α-螺旋形成 EF 手图像，可以说它是 4 个相连的 EF 手图像。在进化上，CaM 是一个非常保守的蛋白质。

当 Ca^{2+}与其结合位点结合时，激活 CaM，CaM 再去刺激其他酶。分光光度研究和模型构建研究的结果表明，当 Ca^{2+}结合到 E 螺旋和 F 螺旋之间的泡区时，引起每个螺旋在其轴线附近的旋转并改变其所在的位置，这种改变可能使得钙调蛋白转变成一种对于靶蛋白具有很高亲和性的构象。

综上所述，CaM 只有与 Ca^{2+}结合成 Ca^{2+} • CaM 复合物后，才有生物活性。Ca^{2+} • CaM 复合物可以通过两种方式调节代谢，一是直接与靶酶起作用；二是通过活化依赖于 Ca^{2+} • CaM 复合物的蛋白激酶（如蛋白激酶 C）起作用。

受钙调蛋白调控的酶至少有 15 种，另外还有许多生理活动受它的协调，现分别介绍如下。

1. 调节环式腺苷酸代谢

细胞内有多种类型的水解 cAMP 和 cGMP 的磷酸二酯酶，其中有些磷酸二酯酶可被 CaM 活化。同时人们也发现了依赖于 CaM 的腺苷酸环化酶。CaM 对磷酸二酯酶和腺苷酸环化酶的影响主要是增大酶促反应的最大速度（V_{max}），而对于 K_m 值则影响不大。

2. 调节钙的代谢

钙调蛋白不仅能将 Ca^{2+}的信息传递给不同的酶，而且可以激活 Ca^{2+}-ATPase（钙泵），促进 Ca^{2+}的吸收及转运。当细胞受激素和神经脉冲刺激后，质膜上的 Ca^{2+}通道被打开，同时也将 Ca^{2+}从胞内 Ca^{2+}库中释放出来，致使胞内 Ca^{2+}浓度瞬间极大提高，形成 Ca^{2+} • CaM 复合物，此复合物与膜上的 Ca^{2+}-ATPase 结合，酶活性因而提高 6～7 倍，运转 Ca^{2+}的能力大大增强，这样又降低细胞质中的 Ca^{2+}浓度，使其迅速地恢复到兴奋前的稳态水平。

3. 促进肌肉收缩及细胞运动

CaM 作为 Ca^{2+}受体蛋白，具有激活 MLCK（肌球蛋白轻链激酶）的作用。MLCK 促使肌球蛋白轻链磷酸化后，发生了构象变化，从而可以与肌动蛋白作用，触发产生 ATPase 活性，使 ATP 水解，为肌肉的收缩提供必需的能量。CaM 对非肌细胞如血小板、巨噬细胞的运动也有影响。

4. 促进糖原代谢

Ca^{2+} • CaM 在触发肌肉收缩的同时，也活化磷酸化酶激酶，从而促进糖原分解，为肌肉收缩提供能量。Ca^{2+} • CaM 也能激活糖原合成酶，所以对糖原的代谢具有双重调节作用。

5. 促进细胞分裂

Ca^{2+} • CaM 促进细胞分裂的前期（G_1 期）向 DNA 合成期（S 期）转变。所以具有促进细胞分裂的作用。

6. 促进神经递素的合成及神经递素和激素的释放

依赖于 Ca^{2+} • CaM 的蛋白激酶可使与神经递质合成有关的酶磷酸化而被激活，如酪氨酸-3-加单氧酶、色氨酸-5-加单氧酶等，从而促进儿茶酚胺类物质和 5-羟色胺的合成。Ca^{2+} • CaM 还能促进神经递素和激素（如胰岛素等）的释放和分泌。

7. 调节磷脂和前列腺素代谢

在血小板中，CaM 刺激磷脂酶 A_2 的活性，也调节血栓素 A_2 的代谢，导致血小板聚集，血管收缩。CaM 还可抑制催化前列腺素降解反应的酶，5-羟基前列腺素脱氢酶，从而抑制前列腺素的分解。

综上所述，目前已知至少有 15 种酶受 Ca^{2+} · CaM 的调节，其中特别重要的是它对各种代谢调节剂如激素、神经递素、细胞内第二信使（cAMP、Ca^{2+}）等有直接或间接的调控作用。

以上几种代谢调节剂在空间和时间上是有互补作用的，如激素负责细胞间的通讯，Ca^{2+}、cAMP 则为细胞内信使；从时间上看，激素的作用时间以分、小时乃至用天计算，而 cAMP 则在秒、分的范围之内；Ca^{2+}因无需再合成，适合于快速反应，反应时间是毫秒级的。

鉴于 CaM 对这些代谢调节剂的调控作用，有人称它为细胞代谢调控的综合剂。特别是它作为细胞内 Ca^{2+}的受体，既调节细胞内 Ca^{2+}的功能，同时还调节第二信使 cAMP 的合成与分解。因此，在调节体系中，CaM 处于中心地位。正是因为它在代谢调控中有如此重要的地位，才被人们誉为 20 世纪 70 年代发现和发展重组 DNA 技术。

（四）酪氨酸蛋白激酶信号转导系统

跨膜受体本身是一种酪氨酸蛋白激酶，其胞外部分是受体识别和结合配体的区域，跨膜部分是一个疏水的 α-螺旋，质膜内侧部分是酪氨酸蛋白激酶的催化部位，具有使自身的酪氨酸残基磷酸化并催化其他效应蛋白（或酶）的酪氨酸残基磷酸化的作用。配体一旦与受体的结合位点结合，就激活了酪氨酸蛋白激酶催化部位，它一方面自动地对催化部位的酪氨酸残基进行磷酸化，这种自动地自身磷酸化作用增大了该激酶对效应蛋白的酪氨酸残基进行磷酸化的容量；另一方面，催化效应蛋白的酪氨酸残基磷酸化，从而表现出生理效应。

例如，表皮生长因子（EGF）受体为单条肽链，可分成 3 个结构域：质膜外侧 N 端肽段包含糖基化部位，富含半胱氨酸，是与 EGF 的结合区；中间为疏水性的跨膜螺旋区；质膜内侧 C 端肽段具有酪氨酸蛋白激酶活性。EGF 与受体结合后，激活酪氨酸蛋白激酶活性，使受体自身及其他效应蛋白的酪氨酸残基磷酸化，从而发挥促进细胞生长和分化的效应。同时 EGF-受体复合物还通过与 G 蛋白的作用，激活蛋白激酶 C 系统，而对细胞的代谢施加影响。

再如，胰岛素受体是一种跨膜糖蛋白，由 4 条肽链组成，即 $\alpha_2\beta_2$，α 亚基位于质膜外侧，含有胰岛素结合部位；β 亚基的 N 端在质膜的外侧，与 α 亚基结合，经一跨膜区段使其含酪氨酸蛋白激酶的 C 端肽段位于质膜内侧。受体与胰岛素结合后，立即激活酪氨酸蛋白激酶，导致 β 亚基自身及效应蛋白酪氨酸残基的磷酸化。胰岛素与受体复合物除促进细胞生长的长期效应外，还能作用于 G 蛋白，导致 $G_{i\alpha}$ 的释放并激活磷脂酶 C，通过磷酸肌醇系统发挥作用。此外，它还具有蛋白水解酶活性，通过水解膜蛋白释放化学介质，直接调节细胞内控制糖代谢和脂肪代谢的主要酶类的生物活性。胰岛素的调节机制十分复杂，它可促进葡萄糖、其他糖类和氨基酸进入肌肉和脂肪细胞；促进肌肉、肝和脂肪组织的合成代谢，抑制分解代谢，特别是增加糖原、脂肪酸和蛋白质的合成速度，增强糖酵解作用，引起多种效应（图 10-12）。

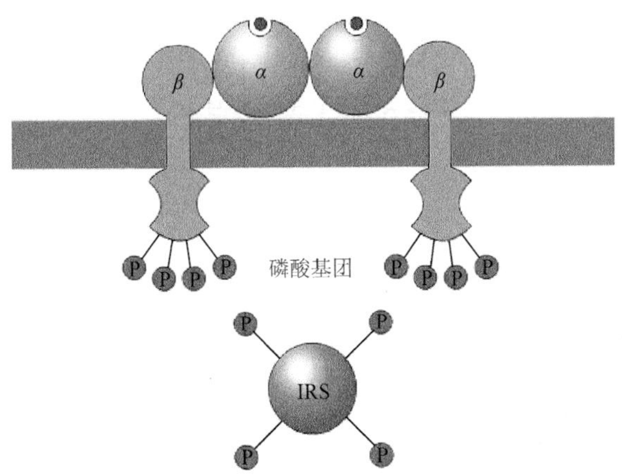

图 10-12 胰岛素受体的作用机制

（五）cGMP 信号转导系统

甘油二酯（DAG）在 α-脂肪酸水解酶或磷脂酰肌醇二磷酸在磷脂酶 A_2 作用下产生花生四烯酸，后者经脂加氧酶形成两个重要的前列腺素过氧化物 PGG_2、PGH_2。它们均能激活鸟苷酸环化酶（GC），使 cGMP 浓度升高。cGMP 通过激活多种酶及依赖于 cGMP 的蛋白激酶而发挥生理效应。依赖于 cGMP 的蛋白激酶是蛋白激酶 G（PKG），它由两条肽链组成，与 cGMP 结合后被活化，但二聚体并不解离。蛋白激酶 G 对底物蛋白质的磷酸化方式与蛋白激酶 A 类似，但它们的天然底物不同，产生的生理效应也往往是相互制约的。例如，蛋白激酶 A 可使糖原分解加快，而蛋白激酶 G 则使糖原合成加快。

主要参考文献

郭蔼光. 2001. 基础生物化学[M]. 北京：高等教育出版社.

靳德明. 2000. 现代生物学基础[M]. 北京：高等教育出版社.

李济宾，张晋昕. 2010. 代谢综合症的研究进展[J]. 中国健康教育，26（7）：528-532.

马休兹，佛里兰德，米斯菲尔德. 2001. 生物化学简明教程[M]. 吴相钰译. 北京：北京大学出版社.

孙大业，郭艳林，马力耕. 2000. 细胞信号转导[M]. 2 版. 北京：科学出版社.

瓦尔基. 2003.糖生物学基础[M]. 张树政等译.北京：科学出版社：61-260.

王镜岩. 2002. 生物化学[M]. 3 版. 北京：高等教育出版社.

王玮. 2012. 简明生物化学[M]. 北京：科学出版社.

查锡良. 2007. 生物化学[M]. 7 版. 北京：人民卫生出版社.

张楚富. 2003. 生物化学原理[M]. 北京：高等教育出版社.

张洪渊. 2002. 生物化学教程[M]. 四川：四川大学出版社.

张丽萍，杨建雄. 2015. 生物化学简明教程[M]. 5 版. 北京：高等教育出版社.

郑集. 2007. 普通生物化学[M]. 北京：高等教育出版社.

周秋香，余晓斌，涂国全，等. 2013. 代谢组学研究进展及其应用[J]. 生物技术通报，1：59-53.

Ackers G. K.，Hazzard J. H. 1993. Transduction of binding energy into hemoglobin cooperativity[J]. Trends Biochem. Sci，18，385-390.

Antonio M.，Susan C.，Serafino D. D.，et al. 2008. Understanding the role of the topology in protein folding by computational inverse folding experiments[J]. Computational Biology and Chemistry，32（4）：233-239.

Aoki-Kinoshita K.F.，Ueda N，Mamitsuka H，et al. 2006. Capturing tree-structure motifs in carbohydrate sugar chains[J]. Bioinformatics，22（14）：25-34.

Apgar J. R.，Gutwin K. N.，Keating A. E. 2008. Predicting helix orientation for coiled-coil dimmers[J]. Proteins：Structure，Function，and Bioinformatics，72（3：）1048-1065.

Baker D. A. 2000. Surprising simplicity to protein folding[J]. Nature，405：39-42.

CondòS G.，Tamburrini M. 1991. Oxygen transport in extreme environments[J]. Trends Biochem. Sci，16，471-474.

David L. N.，Michael M. C. 2000. Lehninger Principles of Biochemistry[M]. 3rd ed. New York：Worth Publishers.

Deber C. M.，Therien A. G. 2002. Putting the β-breaks on membrane protein misfolding[J]. Nature Structural Biology，9：318-319.

Ehrmann M.，Clausen T. 2004. Proteolysis as a regulatory mechanism[J]. Annual Review of Biochemistry，38：709-724.

Garret R. H.，Grisham C. M. 1999. Biochemistry[M]. 2nd ed. USA：Saunders College Publishing.

Hammes-Schiffer S.，Benkovic S. J. 2006. Relating protein motion to catalysis[J]. Annual Review of Biochemistry，75：519-541.

Hannon G. J. 2001. RNA interference. The short answer[J]. Nature，411（6836）：428-442.

Jiang G.，Zhang B. B. 2003. Glucagon and regulation of glucose metabolism[J]. American Journal of Physiology ：Endocrinology and Metabolism，284：E671-E678.

Kirby A. J. 2001. The lysozyme mechanism sorted-after 50 years[J]. Nat Struct Biol，8：737-739.

Kraut J. 1988. How do enzymes work?[J] Science，242：533-540.

Manning G. 2002. The protein kinase complement of the human genome[J]. Science，298：1912-1934.

Miller B. G.，Wolfenden R. 2002. Catalytic proficiency：The unusual case of OMP decarboxylase[J]. Annual Review of Biochemistry.，71：847-885.

Perutz M. F. 1989. Myoglobin and haemoglobin：role of distal residues in reactions with haem ligands[J]. Trends Biochem. Sci，14：42-44.

Reichard P. 2002. Oswald T Avery and the Nobel Prize in medicine[J]. Journal of Biological Chemistry，277：13355-13362.

Rothman J. E. 1989. Polypeptide chain binding proteins：Catalysts of protein folding and related processes in cells[J]. Cell，59（4）：591-601.

Sijen T. 2001. On the role of RNA amplification in dsRNA-triggered gene silencing[J]. Cell，107（4）：465-476.

Toso C.，Emamaullee J. A.，Merani S.，et al. 2008. The role of macrophage migration inhibitory factor on glucose metabolism and diabetes[J]. Diabetologia，51（11）：1937-1946.

Tsou C. L. 1993. Conformational flexibility of enzyme active sites[J]. Science，282：380-381.

Wand A. J. 2001. Dynamic activation of protein function：A view emerging from NMR spectroscopy[J]. Nature Structure Biology，8：926-931.

Webster D. M. 2000. Protein Structure Prediction-Methods and protocols[M]. New Jersey：Humana Press.

Wilson J. E. 2003. Isozymes of mammalian hexokinase：Structure，subcellular localization and metabolic function[J]. Journal of Experimental Biology，206：2049-2057.

Yang L.，Güell M.，Niu D. 2015. Genome-wide inactivation of porcine endogenous retroviruses（PERVs）[J]. Science，350：6264.

Zamore P. D.，Tuschl T. 2010. RNAi：double-stranded RNA directs the ATP-dependent cleavage of mRNA at 21 to 23 nucleotide intervals[J]. Cell，1：25-33.

《生物化学精要》教学课件索取表

凡本书使用者，均可免费获赠由我社提供的配套教学课件一份。欢迎来函、来电联系。本课件知识产权属于本书作者，禁止用于其他商业用途。本活动解释权归科学出版社。

读者反馈表

<table>
<tr><td colspan="2">姓名：</td><td colspan="2">职称/职务：</td></tr>
<tr><td colspan="2">学校：</td><td colspan="2">院系：</td></tr>
<tr><td colspan="2">电话：</td><td colspan="2">传真：</td></tr>
<tr><td colspan="4">电子邮件（重要）：</td></tr>
<tr><td colspan="4">通信地址及邮编：</td></tr>
<tr><td colspan="3">所授课程（一）：</td><td>人数：</td></tr>
<tr><td colspan="3">课程对象：□研究生　□本科（____年级）　□其他________</td><td>授课专业：</td></tr>
<tr><td colspan="4">使用教材名称/作者/出版社：</td></tr>
<tr><td colspan="3">所授课程（二）：</td><td>人数：</td></tr>
<tr><td colspan="3">课程对象：□研究生　□本科（____年级）　□其他________</td><td>授课专业：</td></tr>
<tr><td colspan="4">使用教材名称/作者/出版社：</td></tr>
<tr><td colspan="4">您对本书的评价及修改意见：</td></tr>
<tr><td colspan="4">贵校（学院）开设的与生命科学相关课程有哪些？使用的教材名称/作者出版社？</td></tr>
<tr><td colspan="4">推荐国外优秀教材：作者/书名/出版社：</td></tr>
<tr><td colspan="4"></td></tr>
</table>

表格回执地址：北京市东黄城根北街16号科学出版社，邮编100717

联系人：刘畅　　Tel：010-64030233　　E-mail：liuchang@mail.sciencep.com